Physik
für Chemisch-technische
Assistenten

Herausgegeben von W. Fresenius, B. Fresenius, I. Lüderwald, W. Dilger und W. Flad

Verantwortlicher Herausgeber für diesen Band: W. Flad

## Ebenfalls in der CTA-Reihe sind erschienen:

F. Bergler
**Physikalische Chemie für Chemisch-technische Assistenten**
2. Auflage 1991, ISBN 3-527-30846-6

W. Voigt
**Fachenglisch für Chemisch-technische Assistenten**
2. Auflage 1988, ISBN 3-527-30876-8

# Physik

## für Chemisch-technische Assistenten

Volker Joos

WILEY-VCH Verlag GmbH & Co. KGaA

Dr. rer. nat. Volker Joos
Dornierstr. 48
88048 Friedrichshafen



Titelfotos mit freundlicher Genehmigung von
Institut Dr. Flad, Stuttgart und
Ken Karp / The Wiley Image Archive

Bibliografische Information Der Deutschen Bibliothek

Die Deutsche Bibliothek verzeichnet diese Publikation in der Deutschen Nationalbibliografie; detaillierte bibliografische Daten sind im Internet über http://dnb.ddb.de abrufbar.

ISBN: 978-3-527-30853-8



Gedruckt auf säurefreiem Papier

# Geleitwort

Für eine erfolgreiche Arbeit von Schülern und Lehrern sind brauchbare Lehr- und Lernmittel unverzichtbar. Gerade für die berufsbildenden Schulen aber fehlen oft die geeigneten Schulbücher. Speziell die Berufsfachschulen und Berufskollegs für Chemisch-technische Assistenten müssen sich oft behelfen und haben teilweise schon zur Selbsthilfe gegriffen und eigene Lehrmittel verfaßt. Doch hierbei muß ein hoher Aufwand betrieben werden, und viel Wissen und Erfahrung bleiben dennoch nur wenig genutzt. Ziel dieser Buchreihe ist es nun, die jahrelange Ausbildungserfahrung vieler Kollegen allen interessierten Schülern und Dozenten zur Verfügung zu stellen.

Der Physikunterricht an Chemieschulen muß mit zahlreichen Schwierigkeiten fertigwerden. Die begrenzte Stundenzahl zwingt zur knappen Behandlung des Stoffes, aber auch zu Auslassungen. Fehlende mathematische Kenntnisse bei den Schülern zwingen den Dozenten zu weiteren Abstrichen. Schließlich vermissen die Hörer auch oft den Bezug zur praktischen Tätigkeit eines Chemisch-technischen Assistenten, wenn dem unterrichtenden Physiker die verschiedenen Bereiche der Chemie nicht hinreichend vertraut sind. Soll also ein Physikbuch einen CTA-Schüler ansprechen und ihm nützlich sein, so muß es in knapper Form und ohne viel Mathematik ausgewählte Kapitel der Physik behandeln, die im Chemieunterricht dann vorausgesetzt und zur praktischen Anwendung fortgeführt werden.

Ich bin überzeugt, daß dem Autor Volker Joos ein solches Buch gelungen ist. Er unterrichtet seit vielen Jahren in Stuttgart und ist eine „glückliche Mischung" aus Diplomphysiker, promoviertem Physikochemiker und examiniertem und praxisbewährtem Chemielehrer. Ich hoffe, daß sein Buch für viele Schüler von Nutzen sein wird und wünsche diesem daher eine große Verbreitung.

Stuttgart, im November 1983

Für die Herausgeber
*Wolfgang Flad*

# Vorwort

Dieses Buch soll angehende Chemisch-technische Assistenten während ihrer Ausbildungszeit im Physikunterricht begleiten. Selbstverständlich finden aber auch Schüler der anderen naturwissenschaftlich-technischen Berufsfachschulen, Laboranten und Studenten an den Fachhochschulen und Universitäten in den Anfangssemestern für sie wichtige Kapitel in diesem Buch.
Wichtig war mir bei der Abfassung dieses Physikbuches, daß es sich nicht an Physikstudenten und spätere Physiker wendet, sondern vielmehr an „Nicht-Physiker", die die Physik als „Hilfswissenschaft" betreiben.
Die Auswahl und Gewichtung der einzelnen Themen erfolgte so, daß dieses Buch zwar ein Stück physikalischer Allgemeinbildung vermittelt, vor allem aber das weitgehende Verständnis der Erscheinungen ermöglicht und die Funktion der Apparate und Geräte erläutert, die einem Chemisch-technischen Assistenten während der Ausbildung und danach in der beruflichen Praxis häufig begegnen. Die Physik als eigenständige Wissenschaft um ihrer selbst willen in „geschlossener Form" darzustellen, darauf wurde bewußt verzichtet. Die Mechanik des Massenpunktes wurde deswegen sehr knapp und die im Hinblick auf optische Analysenverfahren viel wichtigere Optik sehr viel ausführlicher behandelt.
Nicht behandelt werden z. B. der Flaschenzug, die schiefe Ebene oder die Corioliskraft. Dank dieses „Mutes zur Lücke" bleibt mehr Raum für die Mohr-Westphalsche Waage, das Refraktometer und Polarimeter, den Monochromator oder die Dekametrie – alles Begriffe, denen der Chemisch-technische Assistent im Labor häufig begegnet.
Dem für diesen Band verantwortlichen Herausgeber Wolfgang Flad danke ich besonders für seine wertvolle Unterstützung bei der Konzeption des vorliegenden Textes. Dank gebührt auch meinem Kollegen Johannes Zwanzger für seine Unterstützung.

Stuttgart, im November 1983 *Volker Joos*

# Inhaltsverzeichnis

## Kapitel 1
# Mechanik

Unter Mechanik verstehen wir die Lehre von der Bewegung oder Verformung von Körpern und den dafür verantwortlichen Kräften.
In diesem ältesten Teilgebiet der Physik werden wir einige wesentliche Grundbegriffe kennenlernen – beispielsweise die Energie.
Wir werden zunächst die entsprechenden Größen einführen und uns anhand einfacher mechanischer Bewegungen mit ihnen und der physikalischen Denkweise vertraut machen.
Für die Laborpraxis wichtiger ist der zweite Abschnitt dieses Kapitels, in dem wir uns mit der Mechanik der ruhenden Flüssigkeiten und Gase befassen: Neben den Möglichkeiten zur Volumen- und Dichtebestimmung werden uns hier z. B. auch die Grundlagen der Vakuumdestillation interessieren.
Der dritte und letzte Abschnitt der Mechanik ist den Schwingungen und Wellen gewidmet. Das Verständnis der hier diskutierten Wellenerscheinungen ist vor allem für die Optik, aber auch für Teile der Elektrizitätslehre und Atomphysik notwendig. Weiterhin erörtern wir die Phänomene Schall und Ultraschall.

## 1. Grundbegriffe und Mechanik des Massenpunktes

### 1.1 Physik als experimentelle Wissenschaft

Die Physik ist eine Naturwissenschaft. Von der Chemie oder Biologie unterscheidet sie sich dadurch, daß sie im wesentlichen Erscheinungen der unbelebten Natur, die ohne stoffliche Veränderungen ablaufen, beschreibt.
Diese Beschreibung von Vorgängen benützt nur teilweise die Umgangssprache. Vielmehr wird oft der quantitative Zusammenhang zwischen Ursache und Wirkung in Form von Gleichungen (Formeln) angegeben, z. B. wie die bei der Elektrolyse abgeschiedene Stoffmenge oder die dabei entwickelte Wärmemenge von der Stromstärke abhängt, und ob bzw. wie andere Einflußgrößen zu berücksichtigen sind.
Die Aufstellung solcher Beziehungen erfolgt dabei meist aufgrund von Experimenten, die es gestatten, gewisse Einflußgrößen gezielt zu ändern (im obigen Beispiel etwa die Stromstärke), während die anderen (im Beispiel die Spannung, die Elektrolytkonzentration, die Temperatur, ...) konstantgehalten werden. Durch eine derartige Variation aller erkennbaren Einflußgrößen nacheinander erhalten wir in verhältnismäßig einfacher Weise Kenntnis über die Natur des physikalischen Vorgangs. Bei einer gleichzeitigen Änderung all dieser Größen ist dies nicht so leicht möglich.
Experimente dienen aber nicht nur zum mehr oder weniger zufälligen Auffinden von Zusammenhängen, sie stellen auch den Prüfstein für Formeln und Modelle dar. Auch geniale Ideen wie die Einsteinsche Relativitätstheorie sind nur dann richtig, wenn sie vom Experiment bestätigt werden.
Um die so gewonnenen Ergebnisse und Zusammenhänge überall verstehen, vergleichen und anwenden zu können, bedarf es eines einheitlichen Vorgehens bei den Messungen.

Deshalb werden **Grundgrößen** und **Grundeinheiten** definiert und sogar gesetzlich verankert.

## 1.2 Grundgrößen und Grundeinheiten im SI*

Eine physikalische Größe besteht immer aus zwei Teilen, dem **Zahlenwert** (Maßzahl) und der **Einheit** (Maßeinheit).
In der Mechanik benötigen wir **drei** der insgesamt sieben **Grundgrößen** bzw. **Grundeinheiten** des **Internationalen Einheitensystems SI.**

Dafür wurden (willkürlich, aber sinnvoll) festgelegt:
- die **Länge:** Formelzeichen $l$ oder $s$, Einheit: $[l] = 1\,\text{m}$ (Meter)
- die **Masse:** Formelzeichen $m$, Einheit: $[m] = 1\,\text{kg}$ (Kilogramm)
- die **Zeit:** Formelzeichen $t$, Einheit: $[t] = 1\,\text{s}$ (Sekunde)

Alle anderen mechanischen Größen nennt man **abgeleitete Größen,** da wir sie auf diese drei Grundgrößen zurückführen können. So gilt beispielsweise für das Volumen $V$ eines Würfels der Kantenlänge $a$: $V = a^3$; die (abgeleitete) Größe Volumen besitzt also die (abgeleitete) Einheit $1\,\text{m}^3$.

## 1.3 Bewegungslehre

Bewegungen können beliebig kompliziert sein, denken wir etwa an einen Artisten beim Salto mortale.
Wir wollen uns hier aber nicht mit der Drehbewegung von Körpern beschäftigen, sondern nur mit deren reiner Fortbewegung.
Diesen Teil der Mechanik nennt man auch Mechanik des Massenpunkts, da wir uns dabei die gesamte Masse eines Körpers in seinem Schwerpunkt vereinigt denken und uns nur für die Bewegung dieses Schwerpunkts interessieren.
Eine derartige Bewegung wird durch drei Größen beschrieben, die sich mit der Zeit ändern können:
- den Weg $s(t)$
- die Geschwindigkeit $v(t)$
- die Beschleunigung $a(t)$

Die **Geschwindigkeit** $v$ ist definiert als zurückgelegtes Wegstück $\Delta s$ dividiert durch die dazu benötigte Zeitspanne $\Delta t$:

$$v = \frac{\Delta s}{\Delta t}; \quad [v] = 1\,\frac{\text{m}}{\text{s}}$$

Entsprechend ist die **Beschleunigung** $a$ die Geschwindigkeitsänderung $\Delta v$ durch die dazu benötigte Zeit $\Delta t$:

$$a = \frac{\Delta v}{\Delta t}; \quad [a] = 1\,\frac{\text{m}}{\text{s}^2}$$

Um den **Momentanwert** der Geschwindigkeit oder Beschleunigung zu erhalten, müssen wir $\Delta t$ **sehr klein** wählen, sonst berechnen wir Durchschnittswerte.

---

* Die exakte Definition der Größen des in der Bundesrepublik Deutschland verbindlichen Internationalen Einheitensystems wird im Anhang gegeben

Die Geschwindigkeit zu einem bestimmten Zeitpunkt stellt die Steigung der Tangente der Weg-Zeit-Kurve in diesem Punkt dar und die Beschleunigung die Tangentensteigung der Geschwindigkeits-Zeit-Kurve.
Häufig müssen wir beachten, daß Weg, Geschwindigkeit und Beschleunigung **gerichtete Größen** (Vektoren) sind, d. h. neben ihrem **Betrag** spielt ihre **Richtung** eine Rolle. Wer versehentlich beim Anfahren an einer Ampel den Hintermann gerammt hat, weil er den Rückwärtsgang statt des 1. Ganges eingelegt hatte, kann dies bestätigen.
Wir erkennen solche gerichteten Größen (zu denen auch die Kraft gehört) daran, daß sich uns die Frage: „Wohin? In welcher Richtung?" aufdrängt. Bei einer anderen Art physikalischer Größen dagegen ist diese Frage völlig sinnlos, beispielsweise bei der Masse, der Temperatur oder der Dichte eines Körpers. Man bezeichnet solche Größen daher als **ungerichtete Größen** (Skalare).

Auch die reine Fortbewegung eines Körpers kann sehr schwierig zu beschreiben sein. Versuchen Sie etwa, die Bewegung des Schwerpunkts eines Rennwagens bei einem Bergrennen formelmäßig zu erfassen! Von all den möglichen **Bahnbewegungen** wollen wir daher nur zwei einfache, aber wichtige, herausgreifen:

1. Die Bewegung entlang einer geraden Linie, bei der sich zwar der **Betrag** der Geschwindigkeit ändern kann, nicht aber ihre **Richtung,**
2. die gleichmäßige Kreisbewegung, bei der sich der **Betrag** der Geschwindigkeit nicht, die **Richtung** jedoch laufend ändert.

### 1.3.1 Gleichförmige Bewegung

Wenn ein Stück Holz in einem breiten, geraden Fluß treibt, führt es eine **gleichförmige Bewegung** aus: Schauen wir eine Sekunde später wieder hin, so treibt zwar das Holz an einer anderen Stelle, hat also einen Weg $s$ zurückgelegt, aber seine Geschwindigkeit $v$ ist (nach Betrag und Richtung) genau gleich. Das Holz wurde offensichtlich nicht beschleunigt.

Für diesen Sonderfall gelten also folgende Gesetze:

$$a = 0$$
$$v = \text{const.}$$
$$s = v \cdot t$$

### 1.3.2 Gleichmäßig beschleunigte Bewegung

Nehmen wir an, daß sich der Fluß, in dem das Holzstück dahintreibt, plötzlich verengt: Das Wasser fließt schneller, und damit wächst auch die Geschwindigkeit des Holzes, es wird beschleunigt. Nach der Engstelle vermindert sich die Geschwindigkeit wieder, das Holz wird abgebremst, also negativ beschleunigt. In diesem Beispiel wird der Zeitverlauf der Beschleunigung kompliziert sein.
Wir wollen hier nur den einfachsten Fall einer beschleunigten Bewegung betrachten, nämlich eine Bewegung mit konstanter Beschleunigung. Eine solch **gleichmäßig beschleunigte Bewegung** können wir beispielsweise beobachten, wenn wir einen schweren Gegenstand fallen lassen, sofern der Luftwiderstand vernachlässigbar bleibt. (Dann fallen nämlich alle Gegenstände mit derselben Beschleunigung, der Fallbeschleunigung; wir sprechen daher vom **freien Fall.**)

Dafür gelten folgende Gesetze:

$$a = \text{const.}$$
$$v = a \cdot t$$
$$s = \frac{1}{2} a \cdot t^2$$

**Beispiel**
Ein Auto beschleunigt gleichmäßig aus dem Stand mit $a = 4\,\text{m/s}^2$. Stellen Sie die ersten 5 Sekunden der Bewegung in einem Geschwindigkeits-Zeit- und einem Weg-Zeit-Diagramm dar.
**Lösung**

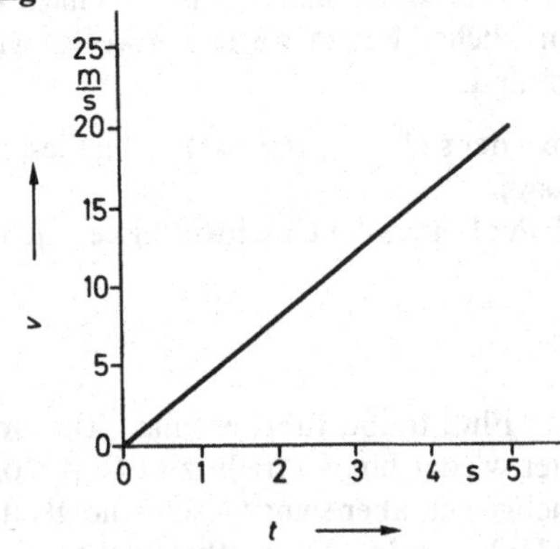


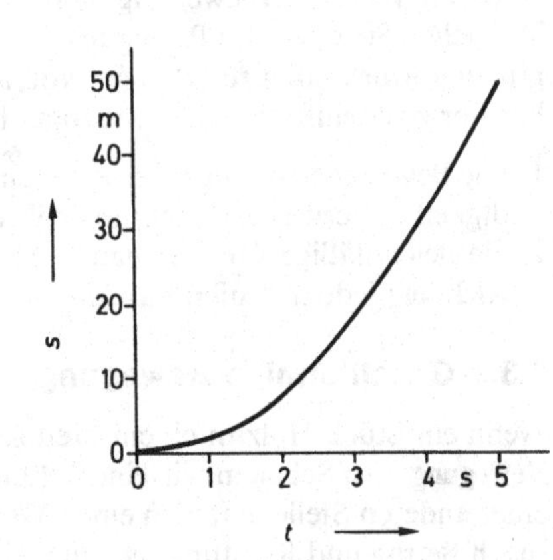


### 1.3.3 Kreisbewegung

Ein Kind fährt Karussell; ein Satellit umkreist die Erde; Wäsche wird geschleudert; der Inhalt eines Reagenzglases wird zentrifugiert. Diese Bewegungen sind Beispiele für **Kreisbewegungen** mit – vom Ein- und Ausschalten abgesehen – konstantem Betrag der Geschwindigkeit. Die **Richtung** der Geschwindigkeit ändert sich jedoch fortwährend; auch eine solche Geschwindigkeitsänderung stellt eine **Beschleunigung** dar. Wir werden anschließend sehen, daß ohne Kraft keine Beschleunigung erfolgt und umgekehrt. Die **Zentrifugalkraft** kennen wir vom Autofahren in Kurven, von der Achterbahn oder vom oben erwähnten Karussell. Die zugehörige **Zentrifugalbeschleunigung** $a_Z$ ist gegeben durch

$$a_Z = \frac{v^2}{r}$$

wobei $v$ den Betrag der Bahngeschwindigkeit und $r$ den Radius der Kreisbahn bedeutet. Bei schnell gefahrenen (großes $v$) engen Kurven (kleines $r$) ist ja die Zentrifugalkraft bzw. Zentrifugalbeschleunigung besonders groß.

**Beispiel**
Welche Zentrifugalbeschleunigung spürt ein Wassertropfen, der auf einer mit 1400 U/min (= Umdrehungen pro Minute) rotierenden Trommel einer Wäscheschleuder sitzt, bei einem Trommeldurchmesser von 24,0 cm?

**Lösung**

Pro Minute legt der Wassertropfen als Weg 1400mal den Trommelumfang zurück; seine (vom Betrag her konstante) Geschwindigkeit beträgt also:

$$v = \frac{s}{t} = \frac{1400 \cdot \pi \cdot 0{,}24\,\mathrm{m}}{60\,\mathrm{s}} = 17{,}6\,\frac{\mathrm{m}}{\mathrm{s}}$$

**Anmerkung**

Wir werden auch im folgenden die Ergebnisse stets sinnvoll runden, meist auf 2 oder 3 geltende Ziffern; das Ergebnis kann ja nicht genauer sein als die eingesetzten Werte.

Der Wassertropfen spürt somit eine Zentrifugalbeschleunigung von:

$$a_Z = \frac{v^2}{r} = \frac{17{,}6^2\,\mathrm{m}^2}{0{,}12\,\mathrm{m} \cdot \mathrm{s}^2} = 2580\,\frac{\mathrm{m}}{\mathrm{s}^2}$$

Dieser Wert ist über 250mal so groß wie die Fallbeschleunigung eines frei fallenden Körpers. In Zentrifugen erfolgt der Absetzvorgang (Sedimentation) eines flüssig/festen Gemisches daher wesentlich rascher als im reinen Schwerefeld der Erde.

## 1.4 Der Kraftbegriff

Um Körper zu verformen oder ihren Bewegungszustand zu ändern, können wir beispielsweise unsere Muskelkraft einsetzen. Wir verallgemeinern nun:

> Die Ursache der Verformung oder Geschwindigkeitsänderung eines Körpers nennen wir Kraft.

In der Mechanik haben wir es vor allem mit der Gewichtskraft, der Federkraft und der Reibungskraft zu tun. Später werden wir auch elektrische und magnetische Kräfte kennenlernen. Denken Sie daran, daß auch die **Kraft** eine **gerichtete Größe** ist! Werden Sie beispielsweise von einer Person nach rechts, von einer anderen mit betragsmäßig gleicher Kraft nach links gezogen, so verändert Ihr Schwerpunkt seine Lage nicht: Die beiden entgegengesetzt gerichteten gleichgroßen Kräfte heben sich gegenseitig auf; die **resultierende Kraft** ist dann Null.

### 1.4.1 Masse und Kraft; das Grundgesetz der Mechanik

Der englische Physiker Isaac **Newton** entdeckte schon vor rund 300 Jahren, daß **Massen** (also beispielsweise auch Ihr Körper) Bewegungsänderungen einen Widerstand entgegensetzen.

Diese Eigenschaft der Masse, Massenträgheit genannt, gestattet eine eindeutige Definition der Kraft:

Bei gegebener Masse $m$ ist deren Beschleunigung $a$ proportional zur (in diese Richtung wirkenden) Kraft $F$. Wenn Sie mit voller Kraft einen Wagen anschieben und dabei beispielsweise eine Beschleunigung von $1\,\mathrm{m/s^2}$ erreichen, so könnten Sie zusammen mit einem gleichstarken Helfer eine Beschleunigung von $2\,\mathrm{m/s^2}$ erzielen. Ferner ist die erreichte Beschleunigung umgekehrt proportional zur beschleunigten Masse. Schieben Sie also mit voller Kraft einen Wagen der doppelten Masse an, so beträgt dessen Beschleunigung nur noch $0{,}5\,\mathrm{m/s^2}$; für eine Beschleunigung von $1\,\mathrm{m/s^2}$ ist dann die doppelte Kraft erforderlich.

Kurz gesagt gilt also: $F \sim m \cdot a$
Wenn wir aus dieser Proportionalbeziehung eine Gleichung herstellen, indem wir als **Proportionalitätsfaktor 1** wählen, so definieren wir damit die Kraft:

$$F = m \cdot a$$

Diese Gleichung ist aber nicht nur die Definitionsgleichung der Kraft, vielmehr stellt sie die wichtigste Gleichung der Mechanik dar und wird daher auch als **Grundgesetz der Mechanik** bezeichnet. Wir werden sie auf S. 8 nochmals als 2. Newtonsches Axiom erwähnen.
Für die **Einheit der Kraft** erhalten wir dann:

$$[F] = 1\,\text{kg} \cdot 1\,\frac{\text{m}}{\text{s}^2} = 1\,\text{N (Newton)}$$

Eine Kraft von 1 N vermag also – völlig unabhängig vom Ort – einer Masse von 1 kg eine Beschleunigung von $1\,\text{m/s}^2$ zu erteilen.

**Beispiel**
Ein Auto der Masse 800 kg wird in 12 s gleichmäßig von 0 auf 100 km/h beschleunigt. Welche Kraft ist dazu notwendig?
**Lösung**
Wir verwenden $F = m \cdot a$ mit:

$$a = \frac{\Delta v}{\Delta t} = \frac{100\,\text{km}}{12\,\text{s} \cdot \text{h}} = \frac{100 \cdot 1\,000\,\text{m}}{12\,\text{s} \cdot 3\,600\,\text{s}} = 2{,}31\,\frac{\text{m}}{\text{s}^2}$$

also:

$$F = 800\,\text{kg} \cdot 2{,}31\,\frac{\text{m}}{\text{s}^2} = 1850\,\text{N}$$

Eine spezielle Art von Kraft ist das **Gewicht;** darunter versteht man die Kraft, mit der die Erde einen Körper anzieht.

### 1.4.2 Federkraft

Eben haben wir die eine Wirkung der Kraft, nämlich die Änderung der Geschwindigkeit von Körpern (d. h. ihre Beschleunigung) zur Definition der Kraft verwendet. Die in der Praxis hauptsächlich verwendeten Kraftmesser beruhen jedoch auf der verformenden Wirkung von Kräften:
Wenn Sie sich morgens auf Ihre Badezimmerwaage stellen, wird durch Ihre Gewichtskraft die in der Waage eingebaute Feder etwas zusammengedrückt und dies auf einen Zeiger oder eine drehbare Scheibe übertragen. Wenn Sie die Waage nicht überlasten, zeigt sie nachher wieder Null an, die Verformung der Feder ist also vollständig zurückgegangen (reversible Verformung). Ein solches Verhalten von Körpern nennen wir **elastisch.** Treten Sie dagegen in eine Schüssel mit Knetmasse, so bleibt eine Verformung zurück; wir sprechen von **plastischem** Verhalten.
Federn zeigen Elastizität; die durch die Kraft bewirkte Verlängerung $s$ und die Kraft sind proportional zueinander: $F \sim s$
Um aus der Proportionalität eine Gleichung zu erhalten, setzen wir einen Proportionalitätsfaktor ein, der für jede Feder einen anderen, charakteristischen Zahlenwert besitzen wird. Wir nennen diese Konstante daher **Federkonstante** $D$:

$$F = D \cdot s$$

$D$ wird bestimmt durch die Materialeigenschaften und geometrischen Abmessungen der Feder. (Auch die elastischen Eigenschaften chemischer Bindungen lassen sich durch entsprechende Konstanten beschreiben.)

**Beispiel**
Eine Feder wird durch eine Kraft von 11,0 N um 1,90 cm gedehnt.
a) Wie groß ist die Federkonstante?
b) Welche Kraft ist erforderlich, um die Feder um 3,4 cm zu dehnen?

**Lösung**

a) $$F = D \cdot s \quad \Rightarrow \quad D = \frac{F}{s} = \frac{11\,\mathrm{N}}{0{,}019\,\mathrm{m}} = 580\,\frac{\mathrm{N}}{\mathrm{m}}$$

b) $$F = D \cdot s = 580\,\frac{\mathrm{N}}{\mathrm{m}} \cdot 0{,}034\,\mathrm{m} = 19{,}7\,\mathrm{N}$$

### 1.4.3 Reibungskraft

Im Sommer ist es hierzulande kaum möglich, mit einem Schlitten einen Hang hinunterzurutschen; wenn im Winter der Hang eingeschneit ist, erreichen wir dagegen mühelos hohe Rodelgeschwindigkeiten. Die Erklärung ist die unterschiedlich große (stets aber der Bewegung entgegengerichtete) Reibungskraft der Schlittenkufen auf Gras bzw. Schnee. Neben dieser verschiedenen Gleitfähigkeit von Materialien aufeinander spielt offensichtlich auch die Beladung des Schlittens eine Rolle (genauer gesagt: die Kraft, mit der der Schlitten gegen den Boden gepreßt wird). Ein Schlitten mit Kind benötigt zur Fortbewegung auch auf ebener Bahn mehr Zugkraft als der leere Schlitten. Versuche zeigen, daß die eben beschriebene Art von Reibung, die **Gleitreibung** genannt wird, nur von diesen beiden Faktoren abhängt. Die Gleitgeschwindigkeit beispielsweise spielt für die Gleitreibungskraft keine Rolle.
Bei anderen Reibungsvorgängen jedoch hängt die Reibungskraft auch von der Geschwindigkeit $v$ ab. Beim Sinken einer Kugel in einer Flüssigkeit ist die Reibungskraft proportional zur Geschwindigkeit; dies wird zur Bestimmung der Zähigkeit (Viskosität) von Flüssigkeiten verwandt. Der Luftwiderstand eines schnell fahrenden Autos wächst sogar mit dem Quadrat der Geschwindigkeit an.
In der Praxis verwendet man für die jeweilige Reibungskraft $F$ den (vereinfachten) Ausdruck

$$F = \text{const.} \cdot v^n \text{ mit } n = 0, 1 \text{ oder } 2,$$

wobei const. eine den betreffenden Fall charakterisierende Konstante darstellt.

Wie können wir das Auftreten der Reibung fester Körper aneinander verstehen?
Wenn wir eine sich glatt anfühlende Oberfläche unter dem Mikroskop betrachten, kommt sie uns wie eine Gebirgslandschaft vor. Gleiten zwei solche Oberflächen aufeinander, so verhaken sie sich wie zwei Bürsten ständig ineinander und wir brauchen deshalb Kraft, um sie in Bewegung zu halten.
Wäre dies der einzige Grund für die Reibung, so müßten extrem gut polierte Oberflächen besonders leicht aufeinander gleiten. Dies ist aber keineswegs der Fall; es erfordert sogar

außerordentlich viel Kraft, solche Oberflächen gegeneinander zu bewegen oder voneinander zu trennen. Offensichtlich spielt die gegenseitige Anziehungskraft der Moleküle beider Oberflächen eine wichtige Rolle. In die dafür notwendige enge Nachbarschaft gelangen um so mehr Moleküle, je glatter die beiden Oberflächen sind.

## 1.5 Die 4 Newtonschen Axiome als Grundlage der Mechanik

### 1.5.1 Die Axiome

Unter einem Axiom verstehen wir einen Sachverhalt, den wir aller Erfahrung nach für wahr halten, den wir aber nicht beweisen können.
Kurz gesagt: An Axiome glauben wir.

Der vorher schon erwähnte Isaac Newton stellte vier solcher **Axiome** auf, die zur Beschreibung der gesamten (auch der hier nicht behandelten) Mechanik ausreichen:

1. der **Trägheitssatz:** Massen sind träge; sie behalten ihre Geschwindigkeit nach Betrag und Richtung bei, wenn keine resultierende Kraft auf sie einwirkt.
2. das **Grundgesetz der Mechanik:** $F = m \cdot a$ (s. S. 6)
3. **„actio = reactio“:** Kraft = Gegenkraft
   Übt ein Körper auf einen anderen eine Kraft aus, so übt dieser eine gleichgroße, aber entgegengesetzt gerichtete Kraft auf den ersten Körper aus.
4. **Bewegungen und Kräfte überlagern sich ungestört.**

### 1.5.2 Anwendungen; freier Fall, senkrechter Wurf nach oben

Das **1. Axiom** ist, wie Sie bemerken werden, im 2. enthalten. Begründen Sie dies!

Das **2. Axiom,** das wir schon kennen, sagt für den **freien Fall** aus:
Unter der alleinigen Einwirkung der Gewichtskraft – also ohne Luftwiderstand – fallen alle Körper mit **derselben Beschleunigung** $g$, die **Fallbeschleunigung** heißt.
Wie die Gewichtskraft hängt auch die Fallbeschleunigung etwas vom Ort ab (sie ist am Äquator etwa um 0,5% kleiner als an den Polen); meist verwendet man den Mittelwert:

$$g = 9{,}81\,\frac{\mathrm{m}}{\mathrm{s}^2}$$

Jetzt können wir die Gewichtskraft $G$ einer beliebigen Masse ausrechnen:

**Beispiel**
Ein Mädchen besitzt eine Masse von 55 kg. Wie groß ist seine Gewichtskraft?
**Lösung**
Es gilt: $G = m \cdot g = 55\,\mathrm{kg} \cdot 9{,}81\,\frac{\mathrm{m}}{\mathrm{s}^2} = 540\,\mathrm{N}$

Das **3. Axiom** hilft Ihnen, eine der Lügengeschichten des Barons von Münchhausen aufzudecken: Er behauptete, sich an den eigenen Haaren aus dem Sumpf gezogen zu haben. Warum ist das unmöglich?
Wenn er mit einer Hand auf seine Haare eine Kraft nach oben ausübt, so üben die Haare auf die Hand nach dem 3. Axiom eine gleichgroße, aber entgegengesetzt gerichtete Kraft nach unten aus. Die insgesamt auftretenden gleichgroßen entgegengerichteten Kräfte heben sich gegenseitig auf. Wenn aber keine resultierende Kraft auf ihn einwirkt, so behält er nach dem 1. Axiom seine Geschwindigkeit bei. Diese beträgt momentan Null, und somit bleibt er im Schlamm stecken.

Begründen Sie in ähnlicher Weise, warum er sich mittels eines an einen Baum gebundenen Seils tatsächlich hätte aus dem Sumpf ziehen können!
Auch der Raketenantrieb läßt sich aufgrund des 3. Axioms verstehen: Der Massenausstoß (Treibstoff) nach hinten bewirkt eine Beschleunigung der Rakete nach vorn.

Das **4. Axiom** erlaubt uns, komplizierte, zusammengesetzte Bewegungen auf einfache zurückzuführen. Dabei verläuft jede (gedachte) Einzelbewegung so, als ob die andere(n) gar nicht vorhanden wäre(n).
Betrachten wir als Beispiel den **senkrechten Wurf nach oben** (unter Vernachlässigung des Luftwiderstands).
Werfen wir einen Ball mit einer Anfangsgeschwindigkeit $v_0$ senkrecht nach oben, so nimmt seine Geschwindigkeit während der Aufwärtsbewegung immer mehr ab. Im höchsten Punkt seiner Bahn, der gleichzeitig Umkehrpunkt ist, kommt er einen Moment lang zum Stillstand. Dann dreht sich die Bewegungsrichtung um, der Ball fällt jetzt frei mit zunehmender Geschwindigkeit nach unten.

Während die Abwärtsbewegung also der eben erwähnte freie Fall ist, setzt sich die **Aufwärtsbewegung** aus **zwei Einzelbewegungen** zusammen:
Wenn wir den Ball nach oben werfen würden, **ohne** daß gleichzeitig die Gewichtskraft auf ihn wirkt, also im (gedachten) Zustand der Schwerelosigkeit, so würde der Ball eine **gleichförmige Bewegung nach oben** ausführen.
Werfen wir den Ball nicht ab, sondern lassen ihn lediglich los, so **fällt** er **frei** aus der Ruhe.
Beim senkrechten Wurf nach oben finden offensichtlich **beide Bewegungen gleichzeitig** statt; dabei sind die beiden Bewegungen **entgegengesetzt** gerichtet.
Zur Vereinfachung bezeichnen wir eine der beiden Richtungen (willkürlich) als positiv; wir wählen dafür die Richtung nach oben. Die Richtung nach unten ist dann negativ und erhält das Vorzeichen „–". Zur Bestimmung der resultierenden Geschwindigkeit bzw. des resultierenden Weges müssen wir dann nur noch die jeweiligen Zahlenwerte beider Bewegungen addieren; das Vorzeichen des Ergebnisses gibt uns dabei die Richtung der resultierenden Größe an.
Mit dieser Vereinbarung gilt für die beiden **Einzelbewegungen:**

I) gleichförmige Bewegung nach oben

$$v_{\mathrm{I}} = v_0$$

$$s_{\mathrm{I}} = v_0 \cdot t$$

II) freier Fall (nach unten)

$$v_{\mathrm{II}} = -g \cdot t$$

$$s_{\mathrm{II}} = -\frac{1}{2} g \cdot t^2$$

Für die **Gesamtbewegung** beim senkrechten Wurf nach oben erhalten wir dann als Überlagerung der beiden Einzelbewegungen:

$$v = v_{\mathrm{I}} + v_{\mathrm{II}} = v_0 - g \cdot t$$

$$s = s_{\mathrm{I}} + s_{\mathrm{II}} = v_0 \cdot t - \frac{1}{2} g \cdot t^2$$

**Beispiel**
Ein Ball wird mit einer Anfangsgeschwindigkeit $v_0 = 20$ m/s senkrecht nach oben geworfen.

Zeichnen Sie das Geschwindigkeits-Zeit- und das Weg-Zeit-Diagramm für die ersten 4 Sekunden der Bewegung, indem Sie die beiden (gedachten) Einzelbewegungen nach jeder Sekunde überlagern.
Vernachlässigen Sie dabei den Luftwiderstand und verwenden Sie für die Fallbeschleunigung den gerundeten Wert $g = 10\,\mathrm{m/s^2}$.

**Lösung**

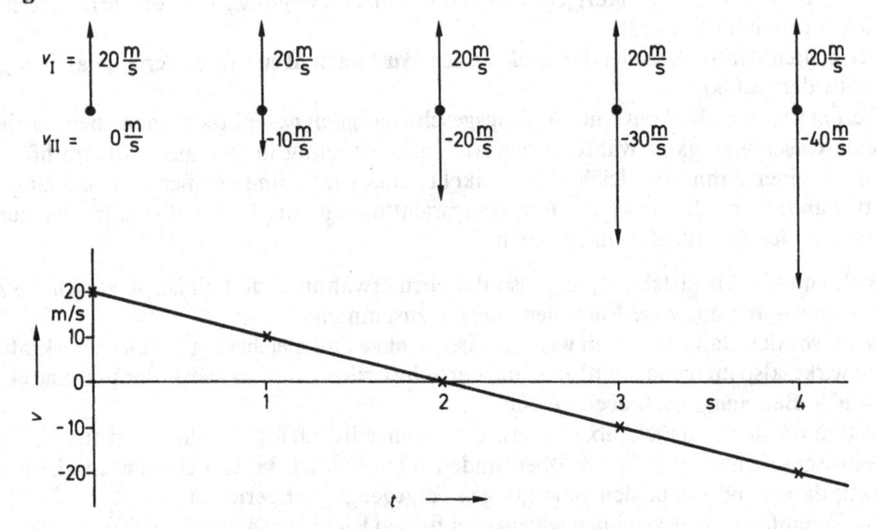


Wir müssen natürlich die Einzelbewegungen nicht zeichnerisch addieren, sondern können zur Berechnung der Punkte des Diagramms bequemer die Gleichungen für die Gesamtbewegung (S. 9) verwenden. Für das Weg-Zeit-Diagramm des Beispiels erhalten wir so:

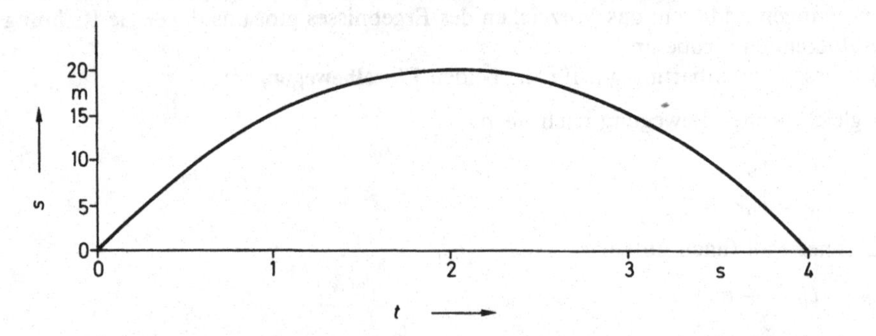


## 1.6 Arbeit, Energie, Leistung

Unter der **Arbeit** $W$ verstehen wir das **Produkt aus Kraft und Weg,** dabei wird nur der Anteil der Kraft in Richtung des Weges berücksichtigt:

$$W = F \cdot s$$

$[W] = 1\,\mathrm{Nm} = 1\,\mathrm{J}$ (Joule) $= 1\,\mathrm{Ws}$ (Wattsekunde)

Sie verrichten also eine Arbeit von 1 Nm, wenn Sie entlang eines Weges von 1 m eine Kraft von 1 N ausüben.

**Beispiel**
Sie tragen einen mit Wasser gefüllten 10-Liter-Eimer in einem 30 m hohen Haus nach oben. Welche Arbeit haben Sie verrichtet?

**Lösung**
Um den Eimer zu tragen, müssen Sie eine Kraft vom Betrag der Gewichtskraft des Eimers aufbringen:

$$F = G = m \cdot g = 10\,\text{kg} \cdot 10\,\frac{\text{m}}{\text{s}^2} = 100\,\text{N}$$

Dabei haben wir berücksichtigt, daß Wasser eine Dichte von 1 kg/dm³ besitzt und für $g = 10\,\text{m/s}^2$ eingesetzt. Für die Arbeit erhalten wir damit:

$$W = F \cdot s = 100\,\text{N} \cdot 30\,\text{m} = 3000\,\text{Nm} = 3000\,\text{J} = 3000\,\text{Ws}$$

Oben angekommen, schütten wir den Inhalt des Eimers in ein Becken. Lassen wir das Wasser von dort nach unten fließen, so kann es dabei Arbeit verrichten, indem es beispielsweise ein Wasserrad antreibt. Oder wenn wir das Gewichtsstück einer Uhr unter Arbeitsaufwand anheben, kann es nachher selbst wieder Arbeit verrichten.
Das hochgehobene Wasser oder Gewichtsstück speichert also gewissermaßen die Arbeit, die wir beim Heben hineingesteckt haben; beim Herabsinken kann es wieder Arbeit verrichten. Wir sagen kurz: Der Körper besitzt **Energie.**

Allgemein definieren wir:

> Energie ist gespeicherte Arbeit bzw. die Fähigkeit, Arbeit zu verrichten.

Neben der eben im Beispiel verwendeten **Lageenergie** eines Körpers gibt es noch zwei weitere mechanische Energieformen:
Wenn wir Arbeit verrichten, indem wir einen Körper beschleunigen, so besitzt der bewegte Körper **Bewegungsenergie,** auch **kinetische Energie** genannt.
Auch eine unter Arbeitsaufwand gespannte Feder kann beim Entspannen Arbeit verrichten (denken Sie an mechanische Uhren oder aufziehbares Kinderspielzeug), sie besitzt **Spannenergie.**
Reiben wir dagegen einen Körper auf einer Unterlage, so verrichten wir dabei zwar auch Arbeit, diese wird aber vom Körper offenbar **nicht** gespeichert. Der Körper kann nachher ja nicht mehr Arbeit verrichten als vorher. Die verrichtete **Reibungsarbeit** wird stattdessen in **Wärme** umgewandelt. (Wenn wir kalte Hände haben, reiben wir sie aneinander, um sie zu wärmen.)

Verwenden wir für die Energie das Symbol $E$, so können wir zusammenfassend schreiben:

$W_H \Rightarrow E_L$ **H**ubarbeit führt zu **L**ageenergie

$W_B \Rightarrow E_k$ **B**eschleunigungsarbeit führt zu **k**inetischer Energie

$W_{Sp} \Rightarrow E_{Sp}$ **Sp**annarbeit führt zu **Sp**annenergie

**aber:**

$W_R \Rightarrow$ **keine** mechanische Energieform durch **R**eibungsarbeit, dafür **Wärme**erzeugung

Für die Berechnung der drei mechanischen Energieformen gilt:

| | |
|---|---|
| Lageenergie | $E_L = m \cdot g \cdot h$ |
| kinetische Energie | $E_k = \frac{1}{2} m \cdot v^2$ |
| Spannenergie | $E_{Sp} = \frac{1}{2} D \cdot s^2$ |

($D$ = Federkonstante, $s$ = Verlängerung der Feder)

Die Ableitung dieser Formeln geht von $W = F \cdot s$ aus. Im einfachsten Fall (Lageenergie) gilt beispielsweise: $F = G = m \cdot g$ und $s = h \Rightarrow W_H = m \cdot g \cdot h \Rightarrow E_L = m \cdot g \cdot h$

Da Energie gespeicherte Arbeit darstellt, besitzt sie natürlich dieselben Einheiten wie die Arbeit:

$$[E] = 1\,\text{Nm} = 1\,\text{J} = 1\,\text{Ws}$$

Die **Leistung** $P$ ist die Arbeit dividiert durch die dazu benötigte Zeit:

$$P = \frac{W}{t}$$

$[P] = 1\,\text{W}$ (Watt; gebräuchlichste Leistungseinheit)

**Beispiel**
Sie benötigen für das Hochtragen des Eimers aus dem vorigen Beispiel 1 Minute. Welche Leistung vollbringen Sie?

**Lösung**

$$P = \frac{W}{t} = \frac{3000\,\text{Ws}}{60\,\text{s}} = 50\,\text{W}$$

Dabei haben wir die Leistung des Hochtragens des eigenen Körpers nicht mitberücksichtigt. Die Dauerleistung eines Sportlers liegt bei 100 W (beim Leistungssport kurzfristig bis zu 2 kW); ein Mittelklassewagen dagegen verfügt über eine Leistung von mehr als 50 kW!

## 1.7 Der Energieerhaltungssatz der Mechanik

Betrachten wir den vorher schon diskutierten senkrechten Wurf nach oben jetzt vom energetischen Standpunkt aus:
Wenn wir der Abwurfstelle die Höhe $h = 0$ zuordnen, so besitzt der Ball im Moment des Abwurfs als einzige mechanische Energieform kinetische Energie. Während der Aufwärtsbewegung nimmt die Geschwindigkeit und damit die kinetische Energie ab, aber dafür gewinnt der Ball zunehmend an Höhe und damit an Lageenergie.
Im höchsten Punkt ist die Geschwindigkeit 0, der Ball besitzt jetzt nur noch Lageenergie, die ihren Maximalwert erreicht hat. Bei der Abwärtsbewegung wird die Lageenergie entsprechend in kinetische Energie umgewandelt.
Beim Passieren der Abwurfstelle besitzt der Ball nur kinetische Energie, und zwar offensichtlich (Geschwindigkeits-Zeit-Diagramm, s. S. 10) genausoviel wie bei der Aufwärtsbe-

wegung an dieser Stelle. Beim gesamten Vorgang ging also keine Energie verloren, es haben sich lediglich die Energieformen ineinander umgewandelt.
Unsere Überlegungen gelten aber nur, wenn keinerlei Reibung auftritt, da sonst mechanische Energie in Wärme umgewandelt wird!
Auch wenn wir kompliziertere Vorgänge betrachten und die Spannenergie als dritte mechanische Energieform mit einbeziehen, finden wir stets, daß bei **reibungsfreien Vorgängen,** in die wir **nicht** von außen **eingreifen,** die **mechanische Gesamtenergie erhalten** bleibt.

Man kann diesen **Energieerhaltungssatz der Mechanik** kurz so schreiben:

$E_{ges} = \text{const.}$ im reibungsfreien, abgeschlossenen System

bzw.

$E_{ges}$ (Zustand 1) $= E_{ges}$ (Zustand 2)

mit

$E_{ges} = E_L + E_k + E_{Sp}$

Mittels dieses Erhaltungssatzes lassen sich viele mechanische Probleme sehr einfach lösen. Allerdings erhalten wir **keine** Information über den **Zeit**verlauf einer Bewegung.

**Beispiel**
Welche maximale Höhe über der Abwurfstelle erreicht ein mit $v_0 = 20\,\text{m/s}$ senkrecht nach oben geworfener Ball bei Vernachlässigung der Reibung?
**Lösung**
Da der Vorgang reibungsfrei ist und wir nicht eingreifen, dürfen wir den Energieerhaltungssatz der Mechanik anwenden.
Als Zustand 1 wählen wir den Moment des Abwurfs, als Zustand 2 das Erreichen der Maximalhöhe, die wir $H$ nennen wollen.

Dann gilt: $E_{ges}$ (Zustand 1) $= E_{ges}$ (Zustand 2)

$E_k$ (Zustand 1) $= E_L$ (Zustand 2)

(In Zustand 1 ist ja die Lageenergie Null, in Zustand 2 ist die kinetische Energie Null; Spannenergie tritt hier gar nicht auf.)

Nun setzen wir für die beiden Energieformen die auf S. 12 angegebenen Formeln ein und schreiben für $v = v_0$ und für $h = H$:

$$\frac{1}{2} m \cdot v_0^2 = m \cdot g \cdot H,$$

wir erhalten

$$H = \frac{1}{2} \cdot \frac{v_0^2}{g} = \frac{400\,\text{m}^2 \cdot \text{s}^2}{20\,\text{m} \cdot \text{s}^2} = 20\,\text{m}.$$

Dieselbe Maximalhöhe entnehmen wir dem Weg-Zeit-Diagramm auf S. 10, das wir mit Hilfe der Bewegungsgleichung für den senkrechten Wurf nach oben gewonnen haben. Zu welcher Zeit der Ball die Maximalhöhe erreicht, sagt uns der Energiesatz jedoch nicht.

## 1.8 Der Impulserhaltungssatz

Beim Eisstockschießen prallt beispielsweise die Scheibe zentral auf eine ruhende, gleichschwere Scheibe.
Die erste Scheibe bleibt dann liegen, während die zweite mit der Geschwindigkeit der ersten weitergleitet.

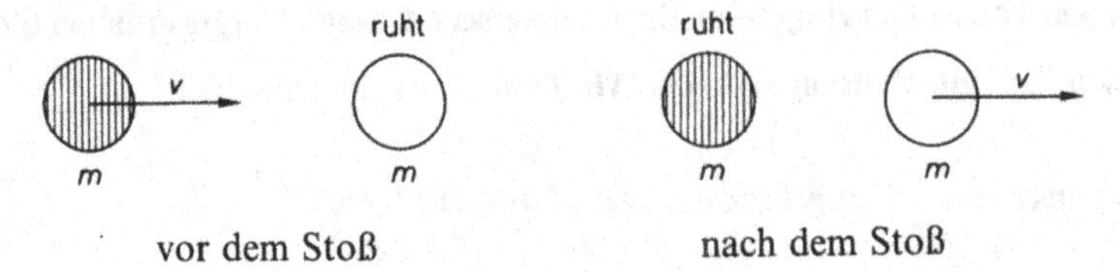


vor dem Stoß nach dem Stoß

Dieses Ergebnis des Stoßvorgangs steht in Übereinstimmung mit dem Energieerhaltungssatz der Mechanik; dieser wäre jedoch auch erfüllt, wenn beide Scheiben mit entsprechend verminderter Geschwindigkeit nach dem Stoß weitergleiten würden. Letzteres beobachten wir jedoch nie.
Auf viele andere Stoßprobleme darf der Energieerhaltungssatz der Mechanik gar nicht angewandt werden, da dabei ein beträchtlicher Teil der mechanischen Energie durch Reibung verloren geht, beispielsweise bei einem Autounfall.
Der allgemeine Energieerhaltungssatz, der auch die nichtmechanischen Energieformen einschließt, gilt universell. Die Beschreibung von Stoßvorgängen mit Hilfe dieses Erhaltungssatzes ist jedoch für die Praxis zu kompliziert.
Glücklicherweise gibt es eine weitere mechanische Größe, die in einem **abgeschlossenen** System (d. h. einem System, in das wir nicht von außen eingreifen) **erhalten** bleibt, auch wenn (gegenseitige) **Reibung** der Körper auftritt. Diese Größe heißt **Impuls.**

Der Impuls $p$ eines Körpers ist das **Produkt** aus seiner **Masse** und **Geschwindigkeit:**

$$p = m \cdot v$$

$$[p] = 1\,\frac{\mathrm{kg} \cdot \mathrm{m}}{\mathrm{s}}$$

Der Impuls ist im Gegensatz zur Energie eine **gerichtete Größe.** Bei der Addition mehrerer Impulse müssen wir daher deren Richtung beachten.

In Kurzschreibweise lautet der **Impulserhaltungssatz** (er läßt sich aus dem 2. und 3. Newtonschen Axiom herleiten):

$\underline{p_{ges} = \text{const.}}$ im abgeschlossenen System

bzw.

$\underline{p_{ges}\,(\text{Zustand 1}) = p_{ges}\,(\text{Zustand 2})}$

$p_{ges}$ ist dabei der Gesamtimpuls, der sich durch Überlagerung der Einzelimpulse unter Beachtung der Richtung ergibt.

Verwendet wird der Impulserhaltungssatz vor allem zur Berechnung von Geschwindigkeiten bei Stoßvorgängen.

Wenn nur während des Stoßvorgangs eine Verformung auftritt (Stöße elastischer Körper untereinander) und damit **keine Energie** durch Reibung **verlorengeht,** sprechen wir von einem **elastischen Stoß** (Beispiel: Der Stoß zweier Eisstöcke, Stöße von Gasmolekülen untereinander und auf die Behälterwand).

Bleibt bei Stoßvorgängen eine Verformung zurück, so geht auch ein Teil der mechanischen Energie durch Reibung während des Verformungsvorgangs in Wärme über (Beispiel: Ein Lehmklumpen wird gegen die Wand geworfen); der **Impulserhaltungssatz gilt** hier trotzdem! Man spricht hier von einem **unelastischen Stoß.**

**Beispiel**
Die Geschwindigkeit $v_1$ einer Gewehrkugel ($m_1 = 12$ g) soll bestimmt werden, indem diese auf einen ruhenden Holzblock abgefeuert wird, in dem sie stecken bleibt ($m_2 = 22$ kg). Der Holzblock ruht auf einem – nahezu reibungsfreien – Luftkissengleiter; direkt nach dem Schuß ermittelt man seine Geschwindigkeit zu $v' = 0{,}34$ m/s (s. Skizze).

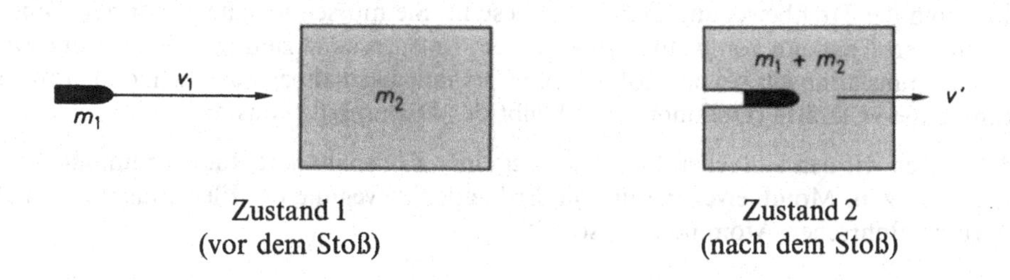


Zustand 1 (vor dem Stoß) — Zustand 2 (nach dem Stoß)

**Lösung**
Es handelt sich um einen unelastischen Stoß, auf den wir den Impulserhaltungssatz (nicht jedoch den Energieerhaltungssatz der Mechanik) anwenden dürfen:

$$p_{\text{ges}}\,(\text{Zustand 1}) = p_{\text{ges}}\,(\text{Zustand 2})$$

$$m_1 \cdot v_1 = (m_1 + m_2) \cdot v'$$

$$v_1 = \frac{(m_1 + m_2)}{m_1} \cdot v'$$

$$v_1 = \frac{22{,}012\,\text{kg}}{0{,}012\,\text{kg}} \cdot 0{,}34\,\frac{\text{m}}{\text{s}} = 625\,\frac{\text{m}}{\text{s}}$$

(Eine direkte Bestimmung der vergleichsweise hohen Geschwindigkeit der Gewehrkugel wäre mit einem wesentlich höheren apparativen Aufwand – z. B. elektronische Zeitmessung durch Lichtschranken – verbunden gewesen.)

## 1.9 Der Drehimpulserhaltungssatz

Nachdem wir uns überlegt haben, weshalb sich Münchhausen nicht an den eigenen Haaren aus dem Sumpf ziehen konnte, müssen wir uns eigentlich wundern, weshalb sich dann eine Eisläuferin allein durch Anziehen der Arme – ohne sich dabei mit Armen oder Beinen irgendwo abzustoßen – bei einer Pirouette immer schneller dreht.
Durch das Anziehen der Arme nimmt die Eisläuferin eine andere Gestalt an, anders gesagt, sie bringt ihre Arme näher zur Körperachse, um die sie sich dreht: ihre Masse hat sich dadurch nicht verändert, wohl aber die Massenverteilung bezüglich dieser Drehachse.

Die beobachtete Änderung der Drehgeschwindigkeit hängt offensichtlich mit dieser Veränderung der Massenverteilung zusammen.

Eine Größe bleibt jedoch bei dieser Bewegungsänderung konstant: der **Drehimpuls.** Der Drehimpuls $L$ ist definiert als

$$L = J \cdot \omega$$

$$[L] = 1 \frac{\text{kg} \cdot \text{m}^2}{\text{s}} = 1\,\text{Nms} = 1\,\text{Js};$$

dabei charakterisiert das **Trägheitsmoment** $J$ die Masse und ihre Verteilung bezüglich der Drehachse, während die **Winkelgeschwindigkeit** $\omega$ angibt, wie schnell sich der Körper um die Achse dreht. Wenn Sie diese Definition des Drehimpulses mit der des Impulses vergleichen, fällt Ihnen auf, daß eine Analogie zwischen der geradlinigen Bewegung (Translation) und der Drehbewegung (Rotation) besteht. Sie müssen lediglich $m$ durch $J$ und $v$ durch $\omega$ ersetzen, um von $p$ auf $L$ zu kommen. Entsprechend zum Impulserhaltungssatz bei der Translation gilt bei der Rotation der **Drehimpulserhaltungssatz,** d. h. ohne Einwirkung äußerer Kräfte (Drehmomente) bleibt der Drehimpuls konstant.

Betrachten wir den einfachen Fall einer auf einer Kreisbahn mit Radius $r$ umlaufenden Masse $m$ (z. B. Mondbewegung um die Erde oder Bewegung des Elektrons um den H-Kern im Bohrschen Atommodell), so gilt

$$J = m \cdot r^2 \quad \text{und} \quad \omega = \frac{v}{r},$$

damit ergibt sich

$$L = J \cdot \omega = m \cdot r^2 \cdot \frac{v}{r} = m \cdot v \cdot r\,.$$

Jetzt können wir die oben beschriebene Pirouette erklären:
Durch Annähern der Arm-Massen an die Drehachse ($r$ wird kleiner) verringert sich das Trägheitsmoment $J$; damit der Drehimpuls $L$ konstant bleibt, muß die Winkelgeschwindigkeit $\omega$ entsprechend anwachsen.
In der Atom- bzw. Molekülphysik steht die Rotation gegenüber der Translation im Vordergrund: So wird beispielsweise im Bohrschen Modell die Bewegung der Elektronen um den Atomkern als Kreisbewegung beschrieben, außerdem kann man den Elektronen eine Drehbewegung um ihre eigene Achse, den **Spin,** zuschreiben. Bei Molekülen in der Gasphase bestimmt die Rotation (neben der elektronischen Anregung und der Schwingung der Molekülbausteine gegeneinander) den Energiezustand eines Moleküls.
Bemerkenswert ist, daß sich dabei der Drehimpuls nicht kontinuierlich ändern kann, vielmehr müssen die Änderungen in bestimmten Portionen erfolgen. Die kleinste mögliche Drehimpulsänderung beträgt $h/2\pi$, wobei $h$ das berühmte Plancksche Wirkungsquantum bezeichnet ($h = 6{,}626 \cdot 10^{-34}$ Js; s. S. 128). Im atomaren Bereich sind stets nur derartige gestufte (diskrete) Zustände und Zustandsänderungen möglich; diese werden durch die sogenannten Quantenzahlen charakterisiert. Aufgrund der Kleinheit dieser Stufen scheint in unserer makroskopischen Umwelt die Änderung stufenlos zu verlaufen.

# 2. Mechanik der ruhenden Flüssigkeiten und Gase

## 2.1 Aufbau der festen Körper, Flüssigkeiten und Gase

Typische **feste Körper** besitzen ein Kristallgitter, das aus Atomen, Molekülen oder Ionen bestehen kann. Der Diamant beispielsweise stellt einen Kristall aus Kohlenstoff-Atomen dar, der Eiskristall besteht aus Wassermolekülen, und Salze sind aus Ionen beiderlei Vorzeichens aufgebaut. Diese Bausteine befinden sich dabei in einer regelmäßigen dreidimensionalen Anordnung auf festen Plätzen innerhalb dieses Kristallgitters. Starke Kräfte zwischen den einzelnen Gitterbausteinen verhindern, daß sie ihre Plätze im Kristallgitter verlassen.
Bei einer Veränderung des Abstands der Gitterbausteine treten – wie beim Dehnen oder Zusammendrücken einer Feder – Rückstellkräfte auf, die versuchen, den vorherigen Gleichgewichtsabstand wieder herzustellen.
Wirken äußere Kräfte auf einen festen Körper ein, so verformt sich dieser deshalb gerade so weit, bis die Rückstellkräfte die äußeren Kräfte aufheben (Erinnerung: „actio = reactio").

In **Flüssigkeiten** sind die zwischenmolekularen Kräfte* vergleichsweise schwächer. Sie vermögen daher keine feste Anordnung der Moleküle mehr zu erzwingen, sind aber andererseits stark genug, um die Moleküle zusammenzuhalten. In Flüssigkeiten sind also die Moleküle nahezu so dicht gepackt wie in festen Körpern, sind jedoch (bei langsamen Bewegungen) leicht gegeneinander verschiebbar.
Die Moleküle einer Flüssigkeit weichen darum einer angreifenden Kraft aus, ohne daß irgendwelche Rückstellkräfte auftreten. Anders ausgedrückt: Flüssigkeiten leisten – im Gegensatz zu festen Körpern – gegen verformende Kräfte nur dann einen Widerstand, wenn wir sie einsperren und damit das Ausweichen der Moleküle verhindern.

Bei **Gasen** können die äußerst schwachen zwischenmolekularen Kräfte nicht einmal mehr die Moleküle (bzw. Atome) zusammenhalten. Gase nehmen deshalb jeden zur Verfügung stehenden Raum ein, und die Abstände zwischen den Gasmolekülen hängen nur von den äußeren Bedingungen ab (z. B. dem Druck, s. u.). Um auf ruhende Gase Kräfte ausüben zu können, müssen wir sie daher ebenfalls einsperren.

Ganz grob können wir einen festen Körper mit einer in Reih und Glied angetretenen Armee vergleichen, eine Flüssigkeit mit einer Menschenmasse am ersten Tag des Schlußverkaufs und ein Gas mit einer spielenden Fußballmannschaft.

## 2.2 Druck

Gastwirte zittern um ihre Fußböden, wenn die Damenwelt wieder Pfennigabsätze trägt. Die Damen belasten den Fußboden mit derselben Kraft wie vorher, nämlich ihrem Gewicht; die Kraft wird jedoch auf eine geringere Fläche verteilt.
Der **Druck** $p$ gibt die Verteilung der Kraft $F$ – nur der **senkrecht** zur Fläche angreifende Anteil der Kraft wird hierbei berücksichtigt – auf die Fläche $A$ an:

* Flüssigkeiten und Gase können aus Atomen (Quecksilber; Edelgase) oder Molekülen (Wasser; Sauerstoff) bestehen.
Der Einfachheit halber reden wir oft generell von „Molekülen". In diesem Sinne wollen wir unter „zwischenmolekularen Kräften" die Wechselwirkungskräfte der jeweiligen Bausteine verstehen

$$p = \frac{F}{A}$$

$$[p] = 1\,\frac{\mathrm{N}}{\mathrm{m}^2} = 1\,\mathrm{Pa}\ \text{(Pascal)}$$

Gebräuchlicher ist die Druckeinheit **1 bar** bzw. **1 mbar** (Millibar):

$$1\,\mathrm{bar} = 10^3\,\mathrm{mbar} = 10^5\,\mathrm{Pa}$$

Außerdem wird der Druck teilweise noch in physikalischen bzw. technischen Atmosphären sowie in Torr gemessen (s. S. 22):

$$760\,\mathrm{Torr} = 1013{,}25\,\mathrm{mbar} = 1\,\mathrm{atm}\ \text{(physikalische Atmosphäre)}$$

$$\approx 1\,\mathrm{at}\ \text{(technische Atmosphäre)}$$

Um einen hohen Druck zu erzeugen, muß eine große Kraft auf eine kleine Fläche einwirken: Nägel und Pfähle sollen daher spitz, Messer und Scheren scharf sein.
Umgekehrt führt eine Vergrößerung der Angriffsfläche zu einer Verringerung des Drucks: Geländefahrzeuge besitzen breite Reifen oder Ketten, Schneeschuhe oder Skier verhindern das tiefe Einsinken in Pulverschnee.
Unentbehrlich ist die Größe Druck zur **Beschreibung des Zustands von Flüssigkeiten und Gasen.**
In der nebenstehenden Abbildung sei beispielsweise eine Flüssigkeit in einen Zylinder mit leicht beweglichem Kolben eingeschlossen. Üben wir auf den Kolben eine Kraft aus, so wird diese auf die unmittelbar angrenzenden Moleküle übertragen. Diese versuchen, der angreifenden Kraft auszuweichen und drücken dabei auf die benachbarten Moleküle. Nach kurzer Zeit hat sich ein einheitlicher Druckzustand, d. h. ein überall gleich großer Druck, in der gesamten Flüssigkeit ausgebildet: Stellen Sie sich eine überfüllte Straßenbahn vor, in die sich noch jemand hineinquetscht! (Bei ausgedehnten Flüssigkeiten müssen wir jedoch zusätzlich den hydrostatischen Druck berücksichtigen – s. S. 19).

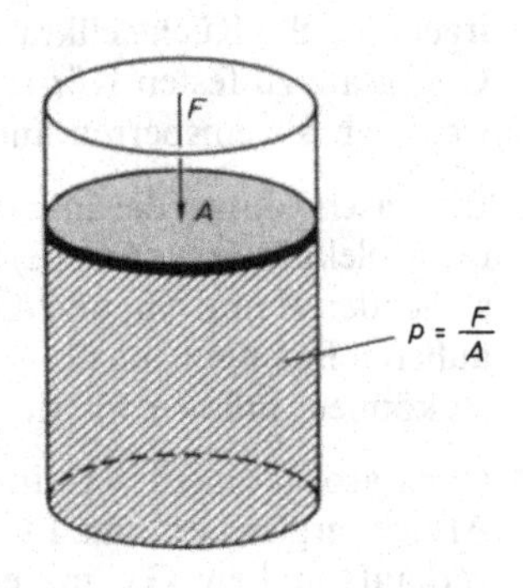


Aufgrund dieser allseitigen Druckausbreitung besitzt der Druck (im Gegensatz zur Kraft) keine Richtung, er ist eine ungerichtete Größe.
Auf jede Fläche, die die Flüssigkeit bzw. das Gas begrenzt, wirkt eine Kraft, die proportional zum Druck und zur Fläche selbst ist (je größer die Fläche ist, desto mehr Moleküle drücken dagegen) und senkrecht zur Fläche steht.

**Beispiel**
Der Kolben einer Arztspritze besitzt einen Durchmesser von 1 cm.

a) Welcher Druck herrscht in der eingeschlossenen Flüssigkeit, wenn Sie den Kolben mit einer Kraft von 2 N hineindrücken?
b) Welche Kraft benötigen Sie, um die $1\,\mathrm{mm}^2$ große Öffnung am gegenüberliegenden Ende der Spritze zu verschließen?

**Lösung**

a) $p = \frac{F}{A}$; $A = \frac{\pi \cdot d^2}{4} = \frac{\pi \cdot (0{,}01\,\text{m})^2}{4} = 7{,}85 \cdot 10^{-5}\,\text{m}^2$

$$\Rightarrow \quad p = \frac{2\,\text{N}}{7{,}85 \cdot 10^{-5}\,\text{m}^2} = 25\,500\,\frac{\text{N}}{\text{m}^2} = 25\,500\,\text{Pa} = 0{,}255\,\text{bar}$$

b) $p = \frac{F}{A} \quad \Rightarrow \quad F = p \cdot A = 25\,500\,\frac{\text{N}}{\text{m}^2} \cdot 10^{-6}\,\text{m}^2 = 0{,}0255\,\text{N}$

Eingesperrte Flüssigkeiten gestatten also nicht nur die Übertragung von Kräften, sondern auch deren Vergrößerung oder Verkleinerung durch geeignete Wahl der Größe beider (Kolben-)Flächen.
In der Technik wird diese Art der Kraftübertragung und -wandlung viel verwendet (hydraulische Bremsanlage von Autos, hydraulische Wagenheber und Pressen). Wie mit allen einfachen Maschinen läßt sich allerdings auch hier keine Arbeit gewinnen, denn eine kleinere Kraft bedingt einen entsprechend größeren Weg des Kolbens und umgekehrt.

## 2.3 Hydrostatischer Druck

Eben haben wir den Druck in einer Flüssigkeit aufgrund einer äußeren Kraft betrachtet. Wir wissen aber, beispielsweise vom Tauchen her, daß der Druck in der Flüssigkeit auch mit zunehmender Tiefe wächst. Dieser Druck, der von der Gewichtskraft der darüber lastenden Flüssigkeit herrührt, heißt **Schweredruck** oder **hydrostatischer Druck.**
Diese Gewichtskraft – und damit der durch sie verursachte hydrostatische Druck – ist nun um so größer, je größer die **Dichte** der Flüssigkeit ist.

### 2.3.1 Dichte

Die **Dichte** $\varrho$ gibt den Quotienten aus der Masse $m$ eines Stoffes und seinem Volumen $V$ an:

$$\varrho = \frac{m}{V}$$

$$[\varrho] = 1\,\frac{\text{kg}}{\text{m}^3}$$

Handlicher für die Laborpraxis ist die Einheit $1\,\frac{\text{g}}{\text{cm}^3} = 10^{-3}\,\frac{\text{kg}}{\text{m}^3}$.
$\varrho$ ist eine für den betreffenden Stoff charakteristische Konstante; für die wichtigsten Stoffe ist sie tabelliert. (Wegen der Volumenänderung der Stoffe bei Temperaturänderung gelten die in Tabellen genannten Zahlenwerte der Dichte nur für die dort angegebene Temperatur genau.)

**Wasser** besitzt (genaugenommen bei 4 °C) eine **Dichte** von:

$$\varrho = 1\,\frac{\text{g}}{\text{cm}^3} = 1\,\frac{\text{kg}}{\text{dm}^3} = 10^3\,\frac{\text{kg}}{\text{m}^3}$$

Bei den meisten anderen **Flüssigkeiten** liegt die Dichte in derselben Größenordnung, wobei Quecksilber erheblich nach oben abweicht (s. Beispiel auf S. 22).

Die Dichte der **Feststoffe** variiert mehr als die der Flüssigkeiten; so ist die Dichte der leichten Alkalimetalle kleiner als die des Wassers, während Osmium mit 22,5 g/cm³ die höchste Dichte aller Elemente aufweist.

Gegenüber Flüssigkeiten oder Festkörpern ist die Dichte von **Gasen** bei Normalbedingungen, d. h. bei einem Druck von 1013 mbar und einer Temperatur von 0 °C, etwa um den Faktor 1000 kleiner. Dies ist auf den relativ großen Abstand zwischen den Gasteilchen (s. S. 17) zurückzuführen. Von allen Gasen besitzt Wasserstoff mit 0,0899 mg/cm³ erwartungsgemäß die geringste Dichte: Die Physikalische Chemie lehrt nämlich, daß sich die Dichten der Gase bei gleichen Bedingungen wie ihre molaren Massen (Molmassen) verhalten. So besitzt beispielsweise $O_2$ ($M = 32$ g/mol) die 16fache Dichte wie $H_2$ ($M = 2$ g/mol).
Wir werden in diesem Abschnitt noch Methoden zur Bestimmung der Dichte kennenlernen.

### 2.3.2 Hydrostatischer Druck und Energieerhaltung

Für ein von senkrechten Wänden begrenztes Gefäß, beispielsweise einen Zylinder, läßt sich der hydrostatische Druck leicht berechnen:

Über der schraffiert gezeichneten (beliebig herausgegriffenen) Flüssigkeitsschicht mit der Fläche $A$ befindet sich eine Flüssigkeitssäule der Höhe $h$.
Die Gewichtskraft dieser Flüssigkeitssäule wirkt als äußere Kraft $F$ auf die Fläche $A$.

Für die Gewichtskraft $G$ der Flüssigkeitssäule erhalten wir wegen $G = m \cdot g$ und $\varrho = \frac{m}{V}$:

$$G = V \cdot \varrho \cdot g = A \cdot h \cdot \varrho \cdot g$$

Für den hydrostatischen Druck ergibt sich damit:

$$p = \frac{F}{A} = \frac{G}{A} = \frac{A \cdot h \cdot \varrho \cdot g}{A} \quad \Rightarrow \quad \boxed{p = h \cdot \varrho \cdot g}$$

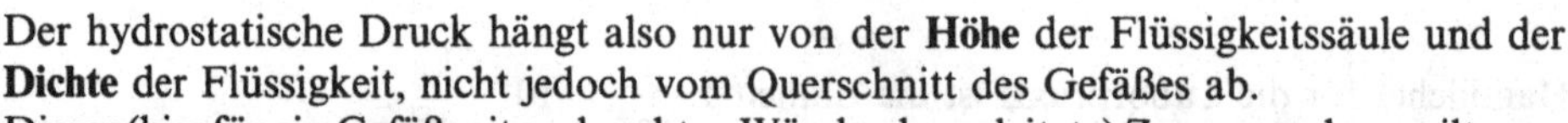

Der hydrostatische Druck hängt also nur von der **Höhe** der Flüssigkeitssäule und der **Dichte** der Flüssigkeit, nicht jedoch vom Querschnitt des Gefäßes ab.
Dieser (hier für ein Gefäß mit senkrechten Wänden hergeleitete) Zusammenhang gilt ganz allgemein für eine **beliebige** Gefäßform:

Sind beispielsweise die drei nebenstehenden Gefäße gleich hoch mit derselben Flüssigkeit gefüllt, so herrscht in den Gefäßen in der gleichen Tiefe, z. B. am Boden, auch der gleiche hydrostatische Druck.

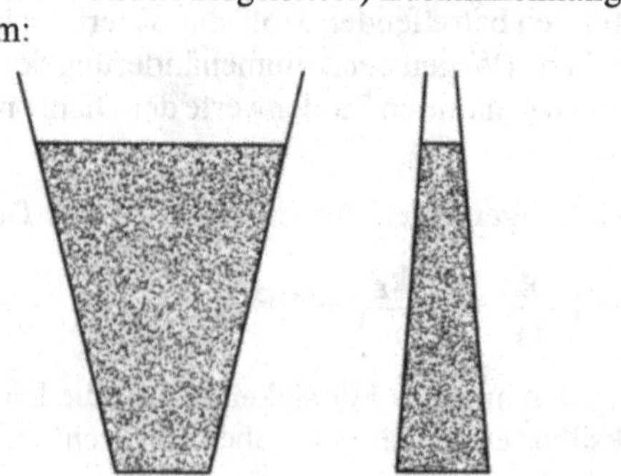


Dieser – wegen des unterschiedlichen Gewichts der Flüssigkeit – zunächst überraschende Befund wird als **hydrostatisches Paradoxon** bezeichnet.

**Beispiel**

Welcher hydrostatische Druck herrscht in 10 m Wassertiefe?

**Lösung**

$$p = h \cdot \varrho \cdot g \quad \Rightarrow \quad p \approx 10\,\text{m} \cdot 10^3 \frac{\text{kg}}{\text{m}^3} \cdot 10 \frac{\text{m}}{\text{s}^2} = 10^5 \frac{\text{N}}{\text{m}^2} = 10^5\,\text{Pa} = 1\,\text{bar}$$

Der durch eine Wassersäule von 10 m Höhe erzeugte hydrostatische Druck ist also etwa gleich groß wie der durchschnittliche Luftdruck in Meereshöhe, der durch das Gewicht des über uns befindlichen Luftozeans erzeugt wird.

Wäre der hydrostatische Druck auch von der **Gefäßform** abhängig, so könnten wir die Diskussion um Kernkraftwerke und steigende Erdölpreise vergessen. Wir könnten dann nämlich eine Maschine bauen, die Energie aus dem Nichts erzeugt, ein **Perpetuum mobile:**

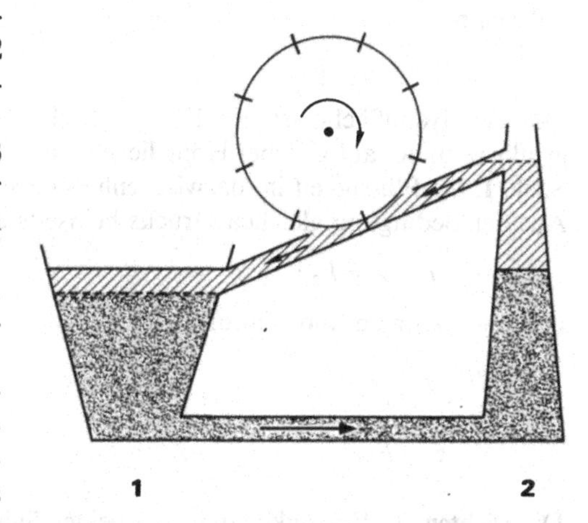


Dazu füllen wir zunächst die beiden miteinander verbundenen Gefäße **1** und **2** gleich hoch (durchgezogene Linie) mit einer Flüssigkeit, z. B. Wasser.

Wäre nun der Druck am Boden in Gefäß **1** größer als in Gefäß **2**, so würde Wasser durch die Verbindungsleitung von **1** nach **2** strömen.

Dadurch fiele der Wasserstand in Gefäß **1** und stiege in Gefäß **2** (gestrichelte Linien).

Das Wasser könnte nun beim Zurückfließen von **2** nach **1** aufgrund des unterschiedlichen Wasserstandes (Höhenunterschiedes) ein Wasserrad antreiben. Das Wasser würde unaufhörlich zirkulieren und unser Wasserkraftwerk könnte fortwährend Energie erzeugen.

Tatsächlich ist ja der hydrostatische Druck von der Gefäßform unabhängig und die beschriebene Maschine darum nicht realisierbar.

Viele vermeintliche Erfinder mußten erfahren, daß es auch **keine** andere Möglichkeit gibt, **Energie aus dem Nichts** zu erzeugen. Wir glauben daher heute fest an das **Gesetz von der Erhaltung der Energie.**

### 2.3.3 Verbundene Gefäße

In miteinander verbundenen (kommunizierenden) Gefäßen steht also – unabhängig von der Form von Gefäßen und Verbindungsleitung – **dieselbe** Flüssigkeit stets **gleich hoch.** Dieser Sachverhalt hat vielfältige technische Anwendung (Anzeige des Flüssigkeitsstands von Behältern mittels eines damit verbundenen Schauglases; Ermittlung der Niveaugleichheit zweier entfernter Punkte, z. B. beim Brückenbau, mit der Schlauchkanalwaage).

Für uns interessanter ist es, wenn beide verbundenen Gefäße **verschiedene** – nicht miteinander mischbare – Flüssigkeiten enthalten. (Im Abschnitt Luftdruck, s. S. 27ff, lernen Sie eine Variante dieses Verfahrens kennen, die auch für miteinander mischbare Flüssigkeiten geeignet ist.) Kennen wir nämlich die Dichte der einen Flüssigkeit, so können wir aus den jetzt unterschiedlich hohen Flüssigkeitssäulen in beiden Gefäßen die **unbekannte Dichte** der zweiten Flüssigkeit berechnen.

Meist verwendet man dazu ein U-förmig gebogenes Glasrohr. In der Abbildung enthält der linke Schenkel und der die Schenkel verbindende Bogen die Flüssigkeit mit der höheren Dichte.

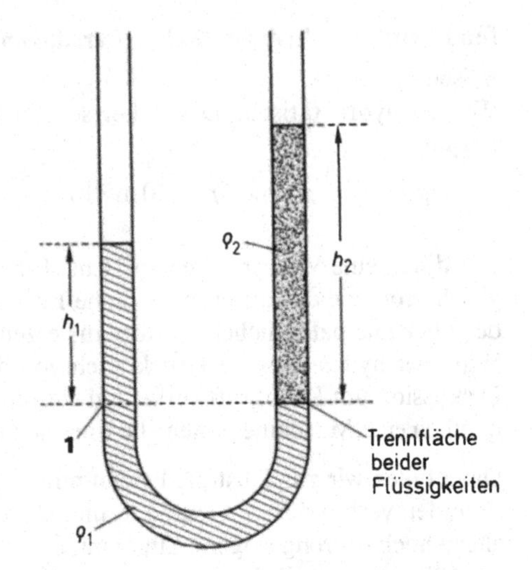


Auf beiden Seiten der Trennfläche beider Flüssigkeiten muß der Druck genau gleich groß sein, sonst würde sich die Trennfläche verschieben.

Direkt oberhalb der Trennfläche herrscht der hydrostatische Druck

$$p_2 = h_2 \cdot \varrho_2 \cdot g,$$

unterhalb

$$p_1 = h_1 \cdot \varrho_1 \cdot g.$$

(An der Trennfläche ist der Druck gleich groß wie an der auf gleicher Höhe liegenden Stelle **1**; die Flüssigkeit im dazwischenliegenden Bogen überträgt lediglich den Druck.)

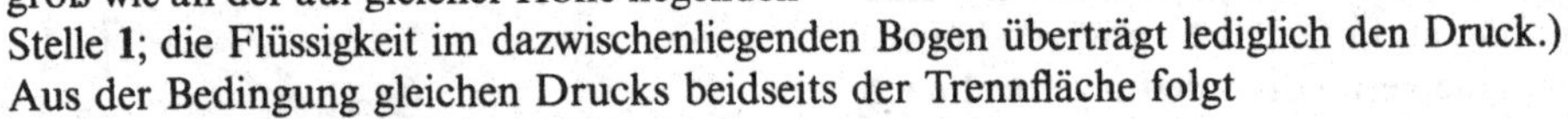

Aus der Bedingung gleichen Drucks beidseits der Trennfläche folgt

$$h_1 \cdot \varrho_1 \cdot g = h_2 \cdot \varrho_2 \cdot g$$

und nach Kürzen und Umformen

$$\frac{\varrho_1}{\varrho_2} = \frac{h_2}{h_1}$$

Die **Dichten** der Flüssigkeiten in den beiden Schenkeln verhalten sich also **umgekehrt wie ihre Höhen** über der gemeinsamen Trennfläche.

**Beispiel**
In den einen Schenkel eines U-Rohrs wird Quecksilber, in den anderen Wasser eingefüllt. Die auf die Trennfläche beider Flüssigkeiten bezogene Höhe der Quecksilbersäule beträgt 2,5 cm, die der Wassersäule 34,0 cm. Welche Dichte besitzt Quecksilber demnach?

**Lösung**

$$\frac{\varrho_1}{\varrho_2} = \frac{h_2}{h_1} \Rightarrow \varrho_1 = \frac{h_2}{h_1} \cdot \varrho_2 = \frac{34{,}0\,\text{cm}}{2{,}5\,\text{cm}} \cdot 1\,\frac{\text{g}}{\text{cm}^3} = 13{,}6\,\frac{\text{g}}{\text{cm}^3}$$

Aufgrund der für eine Flüssigkeit außergewöhnlich hohen Dichte erzeugt eine Quecksilbersäule von nur 76 cm (= 760 mm) Höhe einen hydrostatischen Druck von 1013 mbar (durchschnittlicher Luftdruck in Meereshöhe), während eine Wassersäule dazu rund 10 m hoch sein müßte (s. Beispiel auf S. 21).
Früher wurden Drucke meist durch Vergleich mit dem hydrostatischen Druck einer Quecksilbersäule gemessen; man führte dazu eine eigene Druckeinheit ein:

1 Torr = hydrostatischer Druck einer Quecksilbersäule von 1 mm Höhe

Zur Umrechnung merkt man sich am einfachsten 760 Torr = 1013 mbar.

## 2.4 Auftrieb

Wir wissen, daß manche Körper in Wasser **sinken** (Steine, Metallstücke), andere dagegen **schwimmen** (Holz, Styropor). Mit Wasser gefüllte Luftballone bleiben an jeder Stelle in ruhendem Wasser stehen, sie **schweben.**
Vom Schwimmen oder Tauchen her ist uns das Gefühl der scheinbaren Gewichtsabnahme (nahezu Schwerelosigkeit) bekannt. Offensichtlich wird beim Eintauchen eines Körpers in eine Flüssigkeit dessen Gewichtskraft ganz oder teilweise aufgehoben. Die Gegenkraft, die dies bewirkt, nennen wir **Auftriebskraft** oder kurz **Auftrieb.**

### 2.4.1 Archimedisches Gesetz

Der Auftrieb ist eine **Folge des hydrostatischen Drucks.**
Für eine vereinfachte Herleitung betrachten wir einen Quader, der vollständig in eine Flüssigkeit eintaucht und dessen Deckfläche parallel zur Flüssigkeitsoberfläche ausgerichtet ist.

Infolge des hydrostatischen Drucks in der Flüssigkeit wirken auf alle sechs Flächen Kräfte.
Die **Seitenkräfte** heben sich jedoch gegenseitig auf, da sie paarweise gleich groß und entgegengesetzt gerichtet sind.

Die **Kräfte** auf die **Grund- bzw. Deckfläche** mit Flächeninhalt $A$ sind zwar auch entgegengesetzt gerichtet, wegen der unterschiedlichen Eintauchtiefe $h_1$ bzw. $h_2$ der beiden Flächen jedoch **nicht** gleich groß.
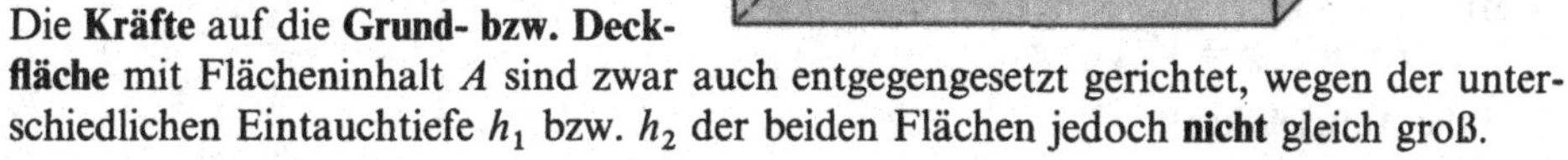

Der resultierende **Auftrieb**

$$F_A = F_2 - F_1$$

ist daher nach oben gerichtet.
In der Tiefe $h_1$ bzw. $h_2$ beträgt der hydrostatische Druck

$$p_1 = h_1 \cdot \varrho_{fl} \cdot g \quad \text{bzw.} \quad p_2 = h_2 \cdot \varrho_{fl} \cdot g,$$

wobei $\varrho_{fl}$ die Dichte der Flüssigkeit bedeutet.

Aus $p = \frac{F}{A}$ folgt für die vom hydrostatischen Druck hervorgerufene Kraft auf die Fläche $A$
$F = p \cdot A$ und damit

$$F_1 = h_1 \cdot \varrho_{fl} \cdot g \cdot A \quad \text{bzw.} \quad F_2 = h_2 \cdot \varrho_{fl} \cdot g \cdot A.$$

Für den Auftrieb ergibt sich somit

$$F_A = A \cdot (h_2 - h_1) \cdot \varrho_{fl} \cdot g$$

und, da $h_2 - h_1 = h$ (Höhe des Körpers),

$$F_A = A \cdot h \cdot \varrho_{fl} \cdot g.$$

Da $A \cdot h$ das Volumen $V$ des eintauchenden Körpers darstellt, gilt:

$$F_A = V \cdot \varrho_{fl} \cdot g$$

Das von einem völlig eintauchenden Körper verdrängte Flüssigkeitsvolumen ist gleich dem Volumen des Körpers. Aus der Definition der Dichte $\varrho = m/V$ und $G = m \cdot g$ folgt $G = V \cdot \varrho \cdot g$.
Wir können daher unser Ergebnis so formulieren:

Der Auftrieb ist gleich dem Gewicht der verdrängten Flüssigkeit.

Diese Erkenntnis ist über 2000 Jahre alt und wird **Archimedisches Gesetz** genannt.

Entsprechend der im Vergleich zu Flüssigkeiten geringen Gasdichte ist der auch in Gasen auftretende Auftrieb relativ klein. Luftschiffe und Ballone besitzen daher verhältnismäßig große Volumina. Sie sind meist mit dem Edelgas Helium gefüllt, das bei sehr geringer Dichte (etwa ein Siebtel von der der Luft) unbrennbar ist.

### 2.4.2 Dichtebestimmung mit Hilfe des Auftriebs

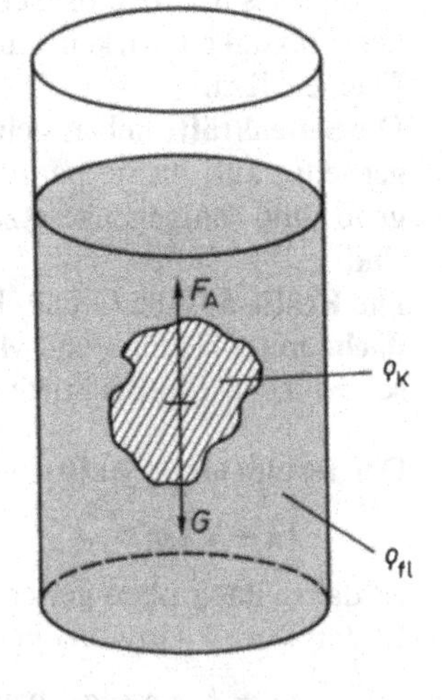


Wir verstehen nun besser, warum bzw. wann Körper sinken, schweben oder schwimmen:

Befindet sich ein Körper mit der Dichte $\varrho_K$ und dem Volumen $V$ im Innern einer Flüssigkeit der Dichte $\varrho_{fl}$, so wirken zwei **entgegengesetzt gerichtete** Kräfte auf ihn ein, die **Gewichtskraft**

$$G = m_K \cdot g = V \cdot \varrho_K \cdot g$$

und die **Auftriebskraft**

$$F_A = V \cdot \varrho_{fl} \cdot g .$$

Ist die Dichte des Körpers größer als die Dichte der Flüssigkeit, so überwiegt die Gewichtskraft und der Körper **sinkt.** Besitzt der Körper dieselbe Dichte wie die Flüssigkeit, so sind Gewicht und Auftrieb ebenfalls gleich groß, der Körper **schwebt.**
Wenn die Dichte des Körpers kleiner als die der Flüssigkeit ist, so überwiegt der Auftrieb bei zunächst voll untergetauchtem Körper.
Der Körper bewegt sich daher nach oben und taucht schließlich ein Stück weit auf: er **schwimmt.**
Dabei verdrängt er gerade so viel Flüssigkeit, daß deren Gewicht (das ja gleich dem Auftrieb ist) ebenso groß wird wie sein eigenes.

Bestimmt haben Sie beim Herumtollen im Freibad schon festgestellt, daß Sie nur sehr wenig Kraft brauchen, um eine andere Person hochzuheben, wenn diese untergetaucht ist; erst wenn Sie die Person **aus** dem Wasser heben, benötigen Sie erheblich mehr Kraft.

Hängen wir einen Körper an einen Federkraftmesser und tauchen ihn dann in eine Flüssigkeit geringerer Dichte ein, so zeigt der Federkraftmesser nur noch das um den Auftrieb verminderte Gewicht, also das Tauchgewicht an:

$$F = G - F_A$$

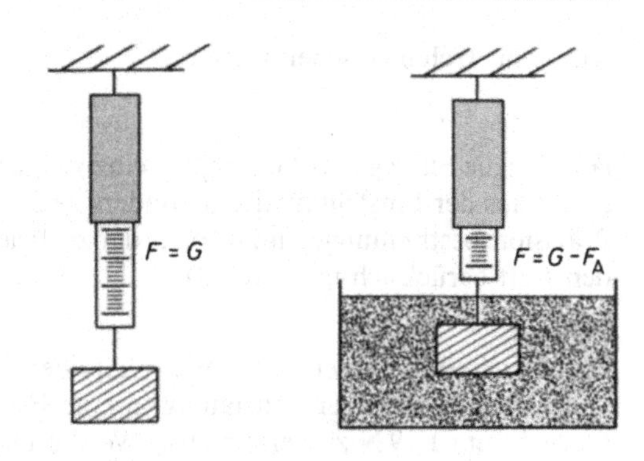


Daraus und aus dem wirklichen Gewicht $G$ läßt sich bei bekannter Dichte der Flüssigkeit die **Dichte des Körpers** bestimmen:
Bilden wir den Quotienten aus Gewicht und Auftrieb, wobei wir für das Gewicht $G = V \cdot \varrho_K \cdot g$ und für den Auftrieb $F_A = V \cdot \varrho_{fl} \cdot g$ einsetzen, so erhalten wir

$$\frac{G}{F_A} = \frac{V \cdot \varrho_K \cdot g}{V \cdot \varrho_{fl} \cdot g};$$

für das Verhältnis der Dichten ergibt sich damit:

$$\frac{\varrho_K}{\varrho_{fl}} = \frac{G}{F_A} = \frac{G}{G - F}$$

Das Verhältnis der Dichte des festen Körpers zu der der Flüssigkeit ist also gleich dem Verhältnis des Gewichts des Körpers zu seinem Auftrieb.
Die Dichte fester oder flüssiger Stoffe läßt sich natürlich auch direkt aus Masse und Volumen gemäß $\varrho = m/V$ (z. B. mit dem Pyknometer) bestimmen. Volumenmessungen sind aber meist umständlicher und ungenauer als eine Wägung.

**Beispiel**
Ein Metallklotz hat ein Gewicht von 5,00 N. In Wasser vollständig eingetaucht, scheint der Klotz nur noch 3,14 N zu wiegen. Wie groß ist seine Dichte?

**Lösung**

$$\frac{\varrho_K}{\varrho_{fl}} = \frac{G}{G - F} \quad \Rightarrow \quad \varrho_K = \frac{G}{G - F} \cdot \varrho_{fl} = \frac{5{,}00\,\text{N}}{5{,}00\,\text{N} - 3{,}14\,\text{N}} \cdot 1\,\frac{\text{g}}{\text{cm}^3} = 2{,}69\,\frac{\text{g}}{\text{cm}^3}$$

Auf diese Weise lassen sich sogar die Anteile beider Komponenten einer binären Legierung (z. B. Messing besteht aus Kupfer und Zink) berechnen, wenn deren qualitative Zusammensetzung bekannt ist.

Die **Dichte von Flüssigkeiten** kann man sehr genau mit der **Mohr-Westphalschen Waage** ermitteln.
Ein Tauchkörper bekannten Volumens (durch Eichmessung mit einer Flüssigkeit bekannter Dichte bestimmt) hängt an einem Arm einer ausbalancierten Waage.
Wird der Tauchkörper vollständig in eine Flüssigkeit eingetaucht, so gerät die Waage aufgrund des Auftriebs aus dem Gleichgewicht.
Der Auftrieb wird durch das Verschieben bzw. zusätzliche Auflegen von Massestücken kompensiert und dadurch bestimmt.

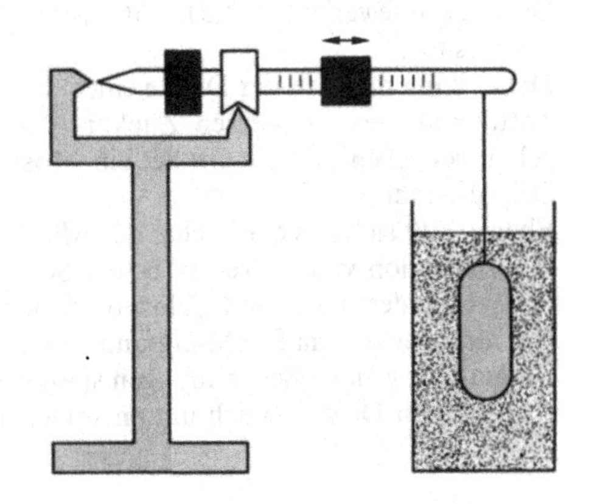

Aus dem Archimedischen Gesetz

$$F_A = V \cdot \varrho_{fl} \cdot g$$

läßt sich die Flüssigkeitsdichte $\varrho_{fl}$ als einzige Unbekannte ermitteln, falls diese nicht schon direkt aus der Einstellung der besonders geeichten Waage abgelesen werden kann. (Für Präzisionsbestimmungen muß sogar der Auftrieb des Tauchkörpers in der ihn umgebenden Luft berücksichtigt werden!)

**Beispiel**
Der Tauchkörper einer Mohr-Westphalschen Waage besitzt ein Volumen von $100\,cm^3$. Wird der Tauchkörper vollständig in eine Flüssigkeit eingetaucht, so scheint sich sein Gewicht um 1,19 N zu vermindern. Welche Dichte besitzt die Flüssigkeit?

**Lösung**

$$F_A = V \cdot \varrho_{fl} \cdot g \quad \Rightarrow \quad \varrho_{fl} = \frac{F_A}{V \cdot g}$$

$$\Rightarrow \quad \varrho_{fl} = \frac{1{,}19\,N \cdot s^2}{10^{-4}\,m^3 \cdot 9{,}81\,m} = \frac{1{,}19\,kg \cdot m \cdot s^2}{10^{-4}\,m^3 \cdot s^2 \cdot 9{,}81\,m} =$$

$$= 1{,}21 \cdot 10^3\,\frac{kg}{m^3} = 1{,}21\,\frac{g}{cm^3}$$

Ganz ohne Wägung kann man die **Dichte von Flüssigkeiten** mit einer **Senkwaage,** auch **Aräometer** oder **Meßspindel** genannt, bestimmen.

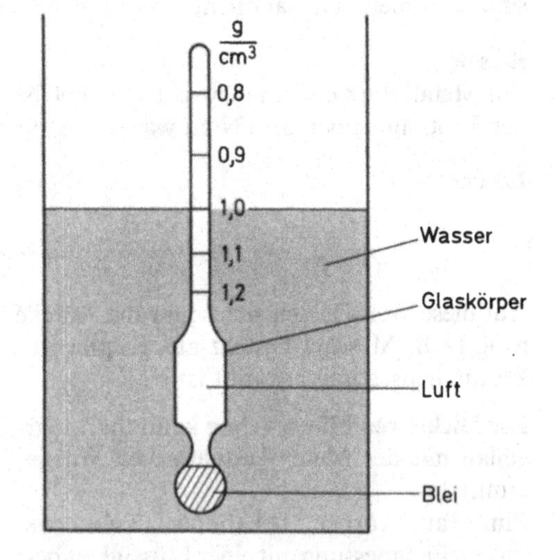


Diese taucht als schwimmender Körper gerade so tief in die Flüssigkeit ein, daß das Gewicht der verdrängten Flüssigkeit gleich ihrem eigenen Gewicht ist.
Bei geringer Flüssigkeitsdichte taucht die Senkwaage daher tief, bei hoher Flüssigkeitsdichte weniger tief, in die Flüssigkeit ein.
Die Skalenstriche der Senkwaage sind dabei nicht gleich weit voneinander entfernt; nach entsprechender Eichung läßt sich die Dichte der Flüssigkeit direkt ablesen.
Gelöste Stoffe verändern die Dichte einer Lösung.
Daher kann man aus der Dichte eines Traubenmostes auf dessen Zuckergehalt schließen (Öchsle-Grade: ein Most mit einer Dichte von $1{,}080\,g/cm^3$ besitzt 80 Öchsle-Grade).
Ebenso läßt sich aus der Dichte der Alkoholgehalt einer Alkohol-Wasser-Mischung, die Konzentration von Säuren (z. B. der Schwefelsäure des Autoakkus zur Ermittlung des Ladezustandes) und von Salzlösungen oder auch der Fettgehalt der Milch bestimmen.
Um nicht gewissermaßen Milligramm auf der Küchenwaage ermitteln zu müssen, verwendet man für genaue Bestimmungen spezielle Meßspindeln, die nur den jeweils erforderlichen kleinen Dichtebereich mit entsprechend erhöhter Genauigkeit erfassen.

## 2.5 Luftdruck

Wie bereits erwähnt, befinden wir uns am Boden eines Luftozeans. Deshalb wirkt der als **Luftdruck** bezeichnete Schweredruck der Luft auf uns ein.

**Torricelli** – dem zu Ehren die Druckeinheit Torr eingeführt wurde – gelang es schon vor über 300 Jahren, den Luftdruck mit der nebenstehend skizzierten Anordnung zu messen.

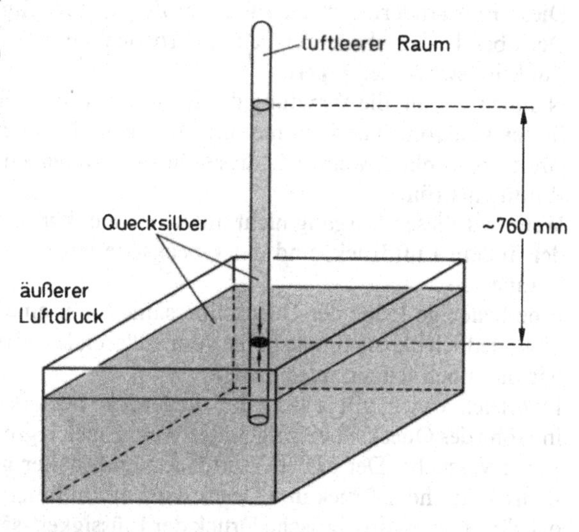


Dazu füllte er ein etwa 1 m langes, einseitig verschlossenes Glasrohr völlig mit Quecksilber und richtete es mit der Öffnung unter Quecksilber auf. Dabei lief gerade so viel Quecksilber aus, daß die Höhe der über dem Quecksilberspiegel der Wanne befindlichen Quecksilbersäule rund 760 mm (hydrostatischer Druck rund 760 Torr) betrug.

Der Druck direkt unterhalb der schwarz gezeichneten Fläche ist gleich dem Luftdruck, der auf das Quecksilber in der Wanne einwirkt; der Druck direkt oberhalb ist der hydrostatische Druck der Quecksilbersäule.

Damit Kräftegleichgewicht bezüglich der schwarz gezeichneten Fläche herrscht (sonst würde sich ja die Höhe der Säule noch ändern), müssen beide Drücke gleich groß sein: Beim Torricellischen Versuch ist der hydrostatische Druck der Quecksilbersäule gleich dem Luftdruck.

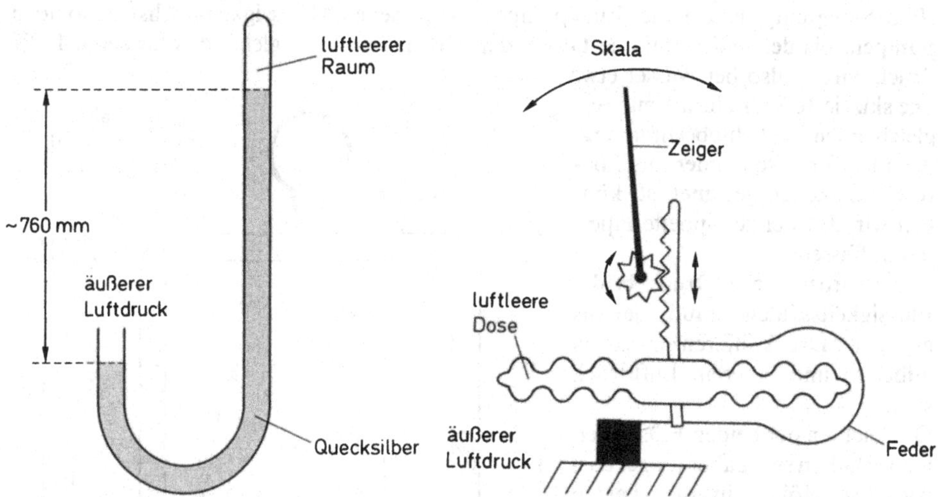


In der Praxis verwendet man statt Rohr und Wanne ein einseitig geöffnetes U-Rohr als sogenanntes **Quecksilberbarometer** (Geräte zur Messung des Luftdrucks heißen Barometer).

Aus Bequemlichkeitsgründen und wegen der Giftigkeit des Quecksilbers (vor allem des bei offenen Anordnungen oder Bruch derselben stets entweichenden Quecksilberdampfs)

werden heute überwiegend **Dosenbarometer** verwendet, die Sie vielleicht auch unter der Bezeichnung Wetterglas von zuhause her kennen.
Eine evakuierte Blechdose wird je nach äußerem Luftdruck verschieden stark durch diesen zusammengepreßt.
Diese Formänderung wird auf einen Zeiger übertragen.
Der oben beschriebene Versuch von Torricelli mit Wanne und Glasrohr erklärt auch die Funktionsweise der **Pipette:**
Nehmen wir an, die Wandung des luftleeren Raums am oberen Ende des quecksilbergefüllten Glasrohres besitze eine zunächst verschlossene Öffnung. Die Quecksilbersäule beginnt abzusinken, wenn wir diese Öffnung freigeben, und Luft in den zuvor luftleeren Raum einströmt.
Wenn wir diesen Vorgang nicht unterbrechen, herrscht schließlich im Glasrohr ebenfalls der äußere Luftdruck, und der Quecksilberspiegel im Rohr ist gleich hoch wie in der Wanne.
Eine beliebige Höhe der Quecksilbersäule (oder einer anderen Flüssigkeitssäule – dabei hängt jedoch die maximale Höhe vom äußeren Luftdruck ab) können wir einstellen, wenn wir das Loch früher verschließen.
Im Gleichgewicht gilt ja stets, daß die Drücke beiderseits der schwarz gezeichneten Fläche in Höhe des Quecksilberspiegels der Wanne gleich groß sind (s. Abbildung zum Torricellischen Versuch). Der äußere Luftdruck muß daher gleich groß sein wie die **Summe** aus hydrostatischem Druck und Druck der Luft im Innern des Glasrohrs. Oder anders ausgedrückt ist der hydrostatische Druck der Flüssigkeitssäule im Glasrohr gleich der **Differenz** zwischen dem äußeren Luftdruck und dem Gasdruck über der Flüssigkeitssäule (Prinzip des auf S. 32 erwähnten offenen Flüssigkeitsmanometers).
Beim sogenannten Ansaugen einer Flüssigkeit mit der Pipette – oder auch beim Trinken mit dem Strohhalm – wird durch Verringerung des Gasdrucks im Rohr eine Druckdifferenz erzeugt, die durch ein entsprechendes Steigen der Flüssigkeit ausgeglichen wird. Es ist also der vergleichsweise höhere Luftdruck, der die Flüssigkeit im Rohr nach oben preßt. (Eine Saugpumpe bzw. Unterdruckpumpe kann daher eine Flüssigkeit höchstens so hoch pumpen, bis der hydrostatische Druck der Flüssigkeitssäule gleich dem äußeren Luftdruck wird – also bei Wasser etwa 10 m.)
Die skizzierte Vorrichtung zur vergleichenden Dichtebestimmung, die auch für miteinander mischbare Flüssigkeiten geeignet ist, können wir als zwei gekoppelte Pipetten auffassen:
Der hydrostatische Druck **beider** Flüssigkeitssäulen muß jeweils gleich der Druckdifferenz zwischen äußerem und innerem Luftdruck sein.
Die Dichten der beiden Flüssigkeiten verhalten sich daher umgekehrt wie ihre Höhen in den beiden Schenkeln (s. S. 22):

$$\frac{\varrho_1}{\varrho_2} = \frac{h_2}{h_1}$$

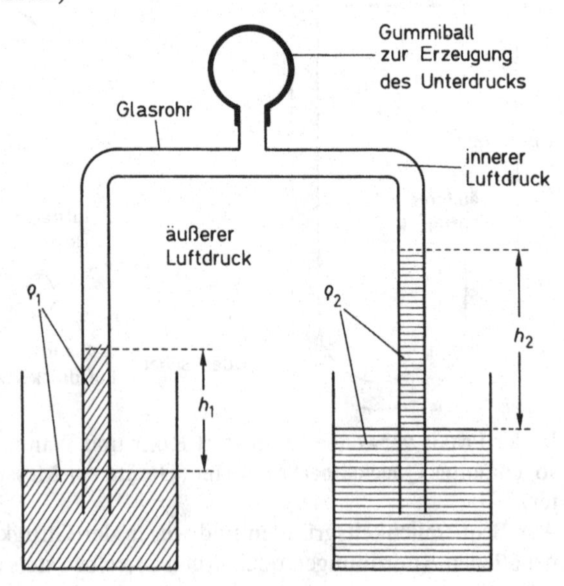

Tauchen wir vom Boden eines Schwimmbeckens auf, so nimmt der hydrostatische Druck des Wassers gleichmäßig ab. Besteigen wir einen hohen Berg (tauchen also gewissermaßen langsam aus dem Luftozean auf), so **nimmt** nicht nur der **Luftdruck ab,** auch die **Luft wird dünner,** d. h. ihre Dichte wird geringer, weil Gase leicht zu komprimieren sind.
Wegen der Dichteabnahme der Luft mit zunehmender Höhe nimmt der Luftdruck nicht linear ab. Etwa alle 5 500 m sinkt der Luftdruck um die Hälfte; in 11 km Höhe (typische Flughöhe für Verkehrsflugzeuge) beträgt er somit noch etwa ein Viertel des Normalwertes. Umgeeichte Dosenbarometer können daher als Höhenmesser verwendet werden, wenn der (auf Meereshöhe bezogene) aktuelle Luftdruck bekannt ist.
Die vergleichsweise hohe Kompressibilität von Gasen beruht auf den großen zwischenmolekularen Abständen; die Dichte idealer Gase ist proportional zum Druck.
Bei Festkörpern und Flüssigkeiten läßt sich aufgrund der vergleichsweise dichten Packung ihrer Bausteine dagegen auch bei Anwendung hoher Drücke nur eine geringe Volumenabnahme bzw. Dichtezunahme erreichen (sie sind praktisch inkompressibel).

## 2.6 Boyle-Mariottesches Gesetz

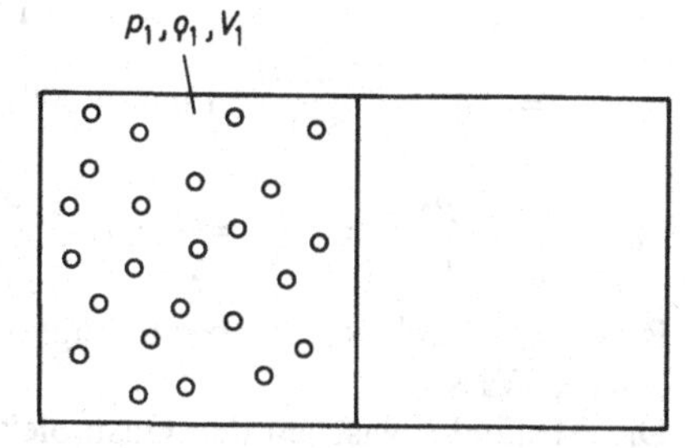


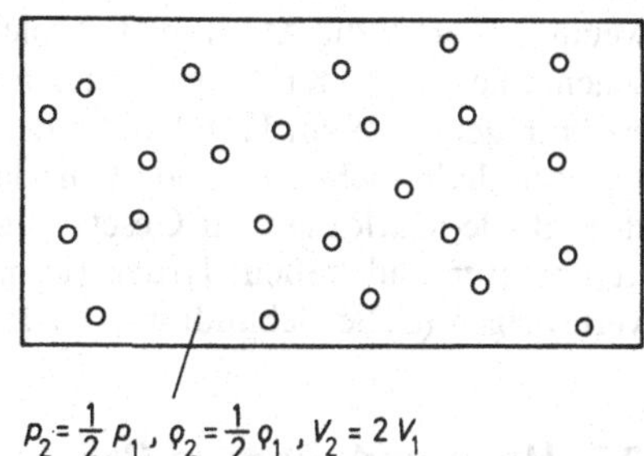


Stellen wir uns einen in der Mitte geteilten Kasten vor, dessen linke Hälfte mit einem Gas gefüllt und dessen rechte Hälfte evakuiert ist – ein perfektes Vakuum gibt es in Wirklichkeit übrigens nicht (s. S. 32). Ziehen wir die Trennwand heraus, so fliegen auch Gasmoleküle in die vorher leere rechte Hälfte. Schließlich enthalten beide Hälften etwa gleich viele Gasmoleküle, und zwar jeweils die Hälfte der ursprünglich in der linken Kastenhälfte befindlichen.
Das dem Gas zur Verfügung stehende Volumen hat sich dadurch verdoppelt, die Dichte des Gases halbiert.
Wenn Sie an eine Schulklasse denken, die laufend Bälle gegen eine Wand wirft, können Sie sich vielleicht vorstellen, daß der Druck eines Gases als ständiges Bombardement der Behälterwände durch die Gasmoleküle erklärt werden kann.
Bei halber Gasdichte ist es daher naheliegend, anzunehmen, daß sich die Zahl der Stöße auf eine Behälterwand – und damit der Druck – ebenfalls halbiert.
Komprimieren wir ein Gas bei konstanter Temperatur, so steigen Druck und Dichte auf das **Doppelte,** wenn wir das Gasvolumen gerade **halbieren.** (Da sich Gase bei Kompression erwärmen – denken Sie an Ihre Fahrradpumpe bei Gebrauch –, muß zur Konstanthaltung der Temperatur diese Wärme abgeführt werden.)

Offensichtlich gilt folgender Zusammenhang, den **Boyle** und **Mariotte** (unabhängig voneinander) schon vor über 300 Jahren entdeckt haben:

> Boyle-Mariottesches Gesetz:
> Bei konstanter Temperatur ist das Produkt aus Druck und Volumen einer abgeschlossenen Gasmenge konstant:
>
> $p \cdot V = \text{const.}$ bzw. $p_1 \cdot V_1 = p_2 \cdot V_2 = \ldots = \text{const.}$

Oft ist auch die alternative Formulierung nützlich:

$$\frac{p}{\varrho} = \text{const.} \quad \text{bzw.} \quad \frac{p_1}{\varrho_1} = \frac{p_2}{\varrho_2} = \ldots = \text{const.}$$

**Beispiel**
Eine Preßluftflasche besitzt ein Volumen von 50 l.

a) Welcher Druck herrscht in einer vollen Preßluftflasche, wenn die darin enthaltene Luft bei Normaldruck (ca. 1 bar) ein Volumen von $10\,\text{m}^3$ einnimmt?
b) Welche Dichte besitzt die Preßluft?
(Die Dichte von Luft bei 1 bar und Zimmertemperatur beträgt etwa $1{,}3\,\text{mg/cm}^3$.)

**Lösung**

a) $$p_1 \cdot V_1 = p_2 \cdot V_2 \quad \Rightarrow \quad p_1 = \frac{V_2}{V_1} \cdot p_2$$

$$\Rightarrow \quad p_1 = \frac{10000\,\text{l}}{50\,\text{l}} \cdot 1\,\text{bar} = 200\,\text{bar}$$

b) $$\frac{p_1}{\varrho_1} = \frac{p_2}{\varrho_2} \quad \Rightarrow \quad \varrho_1 = \frac{p_1}{p_2} \cdot \varrho_2 = \frac{200\,\text{bar}}{1\,\text{bar}} \cdot 1{,}3\,\frac{\text{mg}}{\text{cm}^3} = 260\,\frac{\text{mg}}{\text{cm}^3}$$

Bei einem Druck von 200 bar beträgt die Dichte der Luft also schon etwa ein Viertel von der des Wassers.
Die Abstände zwischen den Gasmolekülen sind daher bei so hohen Drücken nur noch wenig größer als die Atom- bzw. Moleküldurchmesser, und die abstandsabhängigen zwischenmolekularen Kräfte gewinnen an Einfluß, das sind die van der Waalsschen Kräfte; sie betragen etwa ein Hundertstel der chemischen Bindungskräfte.
Es ist deshalb nicht verwunderlich, daß die Gase dann vom **idealen Verhalten,** das auch dem Boyle-Mariotteschen Gesetz zugrunde liegt, abweichen. Bei ausreichend niederer Temperatur und hohem Druck (je nach Gas verschieden) lassen sich alle Gase sogar verflüssigen (siehe Behandlung der **realen Gase** in der Physikalischen Chemie).

## 2.7 Hohe und niedere Drücke

Wenn in der Bedienungsanleitung eines Autos steht: Reifendruck 1,5 bar, so meint der Hersteller damit einen **Überdruck** dieser Größe (entspricht etwa der früheren Bezeichnung als 1,5 atü) gegenüber dem äußeren Luftdruck, also einen tatsächlichen Reifendruck von 2,5 bar.
Entsprechend herrscht bei einem **Unterdruck** von 600 mbar in einem Gefäß ein tatsächlicher Druck von etwa 400 mbar (für den genauen Wert des Drucks müssen Sie natürlich den Luftdruck am Meßort kennen).

Viele chemische Großprozesse, an denen gasförmige Substanzen beteiligt sind, laufen bei **hohen Drucken** ab. (Neuerdings bemüht man sich, die Drücke bei industriellen Verfahren auf etwa 30 bar zu begrenzen, da derartige Drücke noch mit Turboverdichtern – und damit vergleichsweise billig – erzeugt werden können.)
Ein bekanntes Beispiel für ein Hochdruckverfahren ist die Ammoniaksynthese nach dem Haber-Bosch-Verfahren bei 200 bar (und 500 °C).
Auch der Transport von Industriegasen erfolgt meist unter relativ hohem Druck, um die Transportvolumina gering zu halten.

Die im Labor verwendeten Gasflaschen weisen meist einen Anfangsdruck von 200 bar auf (s. obiges Beispiel). Durch ein Reduzierventil wird das Gas auf den benötigten Druck von meist nur wenig mehr als 1 bar entspannt.
Aus apparativen und sicherheitstechnischen Gründen (Glasgeräte!) wird im Laborbereich nämlich kaum unter hohem Druck gearbeitet.

Wichtiger für die Laborpraxis ist dagegen das Arbeiten im **Vakuum,** d. h. bei erheblichem Unterdruck. Besonders häufig wird die **Vakuumdestillation** durchgeführt. Sie ermöglicht es, auch solche Flüssigkeiten destillativ zu trennen bzw. zu reinigen, die sich bei Normaldruck schon vor Erreichen des Siedepunktes thermisch zersetzen.
Der Siedepunkt einer Flüssigkeit steigt nämlich mit dem auf ihr lastenden Druck (denken Sie an den Dampfdrucktopf Ihrer Mutter), wird aber durch Druckerniedrigung entsprechend herabgesetzt*. So siedet Wasser auf einem 5,5 km hohen Berg, wo nur noch der halbe Luftdruck herrscht, bereits bei etwa 80 °C.
Kleinere Gefäße werden im Labor meist mit der einfachen und preiswerten **Wasserstrahlpumpe** evakuiert. Der Dampfdruck des Wassers stellt dabei die Grenze des erreichbaren Vakuums dar (je nach Temperatur des verwendeten Leitungswassers etwa 10 bis 20 mbar Restdruck), das für viele Laborbelange ausreicht.
Zur Herstellung niedrigerer Drücke dient die **Drehschieberpumpe** (auch Kapselluftpumpe oder einfach Ölpumpe genannt). Ihre Funktionsweise geht aus der nachstehenden Abbildung hervor.

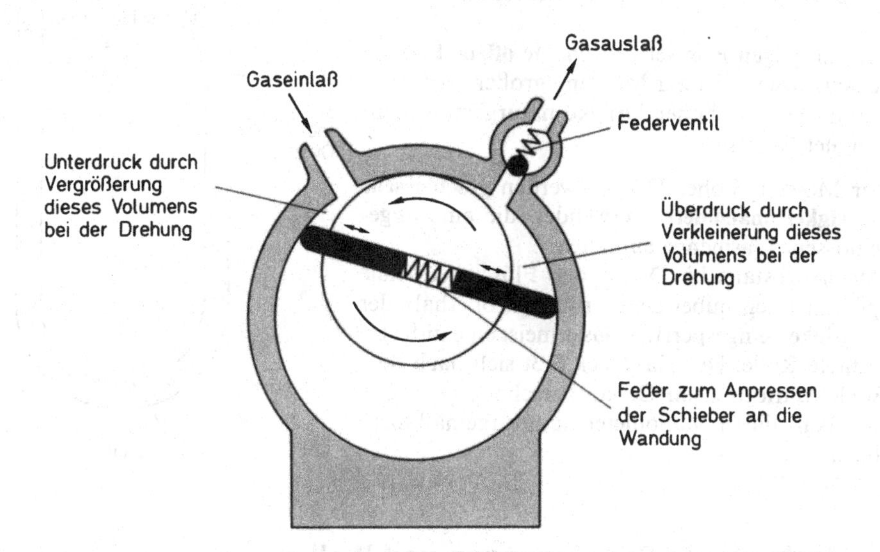


Mit diesem Pumpentyp läßt sich ein Vakuum von etwa $10^{-3}$ mbar erzeugen. In Forschung und Industrie wird jedoch vielfach – z. B. Aufdampfanlagen in der Halbleiterfertigung – bei noch niedrigeren Drücken gearbeitet. Zu deren Erzeugung dienen mehrstufige Pumpanordnungen – z. B. wird einer Drehschieberpumpe eine Diffusionspumpe nachgeschal-

* Eine Flüssigkeit siedet, wenn ihr Dampfdruck den äußeren Druck erreicht. Unter Dampfdruck versteht man dabei den Druck, der sich bei Abwesenheit anderer Gase in einem verschlossenen Gefäß im Dampfraum über einer Flüssigkeit einstellt. Der Dampfdruck wächst rasch (nach einem Exponentialgesetz) mit der Temperatur an – s. S. 150

tet –, mit denen sich Drücke bis unter $10^{-10}$ mbar erzielen lassen. Selbst bei diesem extrem niedrigen Druck enthält 1 $cm^3$ eines Gases noch über 2000000 Atome bzw. Moleküle!

**Manometer,** d. h. Geräte zur Druckmessung, funktionieren ähnlich wie die vorher besprochenen Barometer. Auch hier werden die Flüssigkeitsmanometer zunehmend von den Dosen- oder Röhrenmanometern verdrängt.

**Beispiel**
Welcher Druck herrscht im Rezipienten der nebenstehenden Abbildung, wenn der äußere Luftdruck zur Zeit der Messung 987 mbar beträgt?

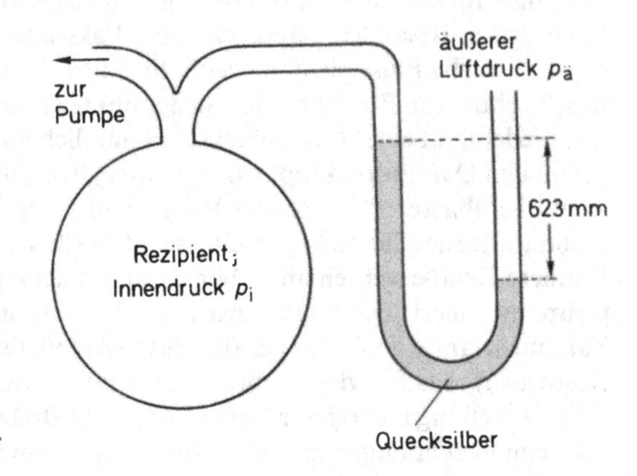


**Lösung**
Der Druck $p_i$ im Gefäß ist um den hydrostatischen Druck $p_h$ der Quecksilbersäule, also um 623 Torr, kleiner als der äußere Luftdruck $p_ä$:

$$p_i = p_ä - p_h;$$

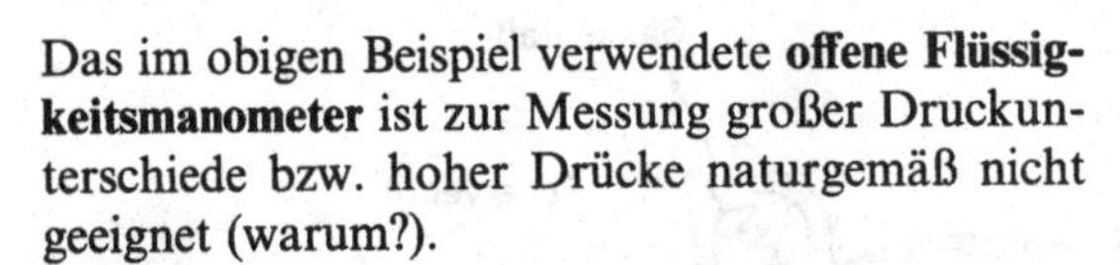

$$p_h = 623\,\text{Torr} \cdot \frac{1013\,\text{mbar}}{760\,\text{Torr}} = 830\,\text{mbar}$$

$$\Rightarrow \quad p_i = 987\,\text{mbar} - 830\,\text{mbar} = 157\,\text{mbar}$$

Das im obigen Beispiel verwendete **offene Flüssigkeitsmanometer** ist zur Messung großer Druckunterschiede bzw. hoher Drücke naturgemäß nicht geeignet (warum?).

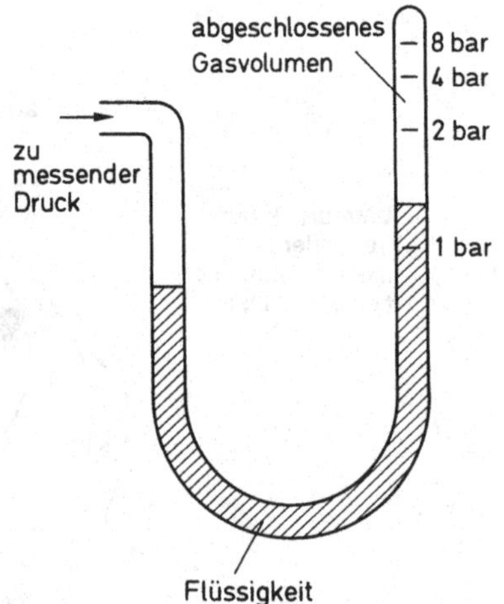


Zur Messung hoher Drücke werden **geschlossene Flüssigkeitsmanometer** verwendet, die eine abgeschlossene Gasmenge enthalten.
Der hydrostatische Druck der Flüssigkeitssäule spielt hier gegenüber dem Druck des oberhalb der Flüssigkeit eingesperrten Gases meist eine untergeordnete Rolle. Der Gasdruck läßt sich nach dem Boyle-Mariotteschen Gesetz berechnen (s. S. 29). Die Skala dieser Manometer ist naturgemäß nicht linear.

## 3. Mechanische Schwingungen und Wellen

Wenn Sie diese Überschrift lesen, denken Sie beim Wort **Schwingungen** vielleicht an manche vergnügliche Stunde auf der Gartenschaukel oder an das schwingende Pendel von Omas Wanduhr. Beim Begriff **Wellen** fallen Ihnen sicher Wasserwellen und Schallwellen ein.
Schwingungen und Wellen begegnen uns aber nicht nur in der Mechanik; auch in der Elektrizitätslehre (drahtlose Nachrichtenübertragung aller Art durch elektromagnetische Wellen) und der Atomphysik (atomare Schwingungen bedingen beispielsweise die unvorstellbar hohe Genauigkeit der Atomuhr) spielen Schwingungsvorgänge eine wesentliche Rolle.

Wir erörtern mechanische Schwingungen und Wellen daher nicht nur zum Verständnis von **Schall** und **Ultraschall,** sondern auch wegen ihres **Modellcharakters** für nichtmechanische Schwingungs- bzw. Wellenerscheinungen.

## 3.1 Schwingungen

### 3.1.1 Schwingungsfähige Systeme

Eine Kugel in einer Mulde **1**, ein Federpendel **2**, ein Fadenpendel **3** und ein mit Flüssigkeit gefülltes U-Rohr **4** sind Beispiele für **schwingungsfähige Systeme:**

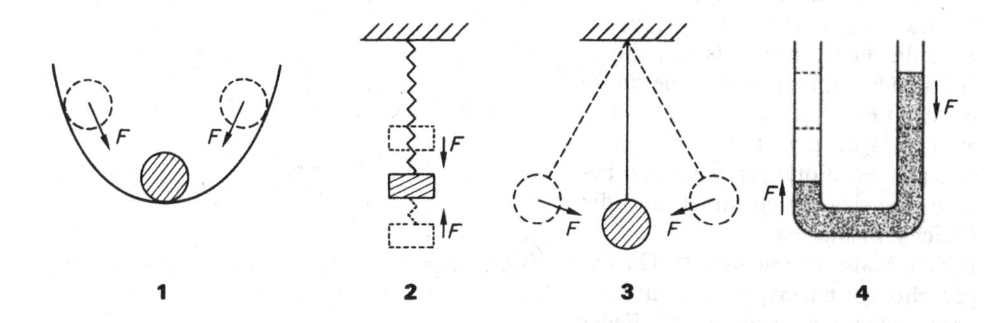


Bei einer Störung des Gleichgewichts dieser Systeme (durch kurzzeitige Einwirkung einer äußeren Kraft) führen die betreffenden beweglichen Massen periodische Bewegungen um die Gleichgewichtslage aus, die **Schwingungen** genannt werden.

Lassen wir dagegen auf die Masse in System **5, 6** oder **7** kurzzeitig eine Kraft einwirken, so findet **keine** nachfolgende Schwingung statt. Es handelt sich hierbei offensichtlich um **nicht** schwingungsfähige Systeme:

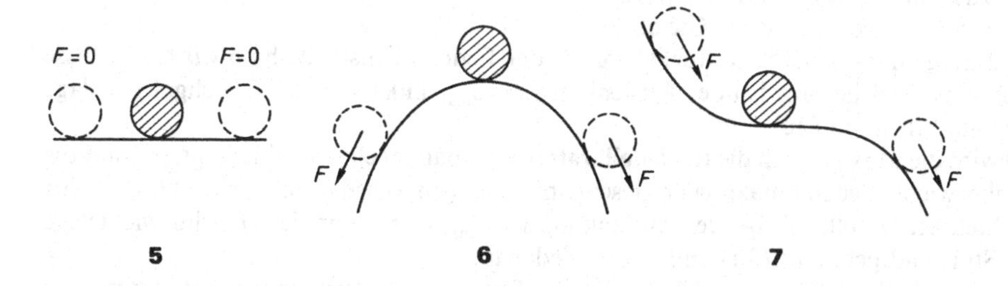


Im folgenden Abschnitt sehen wir uns den Ablauf einer Schwingung näher an und beantworten dann die Frage, wann es zu einer Schwingung kommen kann. (Vielleicht können Sie diese Frage schon jetzt beantworten, wenn Sie die obigen Beispiele vergleichen?)

### 3.1.2 Ablauf einer Schwingung

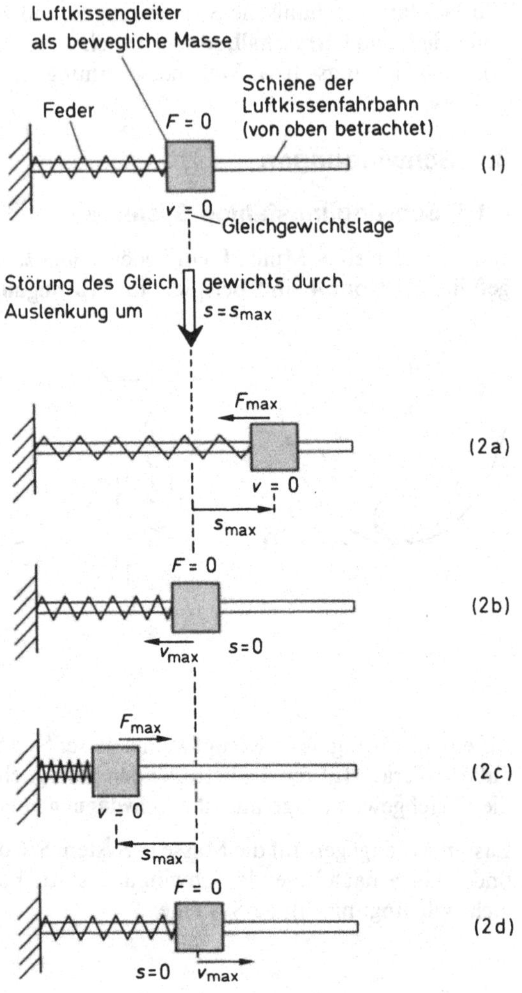

Betrachten wir beispielsweise die Schwingung eines **Federpendels,** das sich nur in waagrechter Richtung bewegen kann. (Bei Verwendung einer Luftkissenfahrbahn – s. Skizze – läßt sich die Reibung stark reduzieren.) In der **Gleichgewichtslage** (1) wirkt auf die an der Feder befestigte Masse keine resultierende Kraft ein: $F = 0$.
Lenken wir nun die Masse um das Stück $s = s_{max}$ nach rechts aus (2a), so wird die Feder ebenfalls um dieses Stück gedehnt, und es tritt eine **Rückstellkraft** $F = F_{max}$ auf, die zur Gleichgewichtslage hin zeigt. Wird die Masse in dieser Position losgelassen, so bewegt sie sich beschleunigt auf die Gleichgewichtslage zu.
In dem Maße, wie sie sich der Gleichgewichtslage nähert, nimmt mit kleinerwerdender Auslenkung der Feder auch die Rückstellkraft ab. Beim Erreichen der Gleichgewichtslage wirkt auf die Masse keine (resultierende) Kraft mehr ein. Aufgrund der **Massenträgheit** (1. Newtonsches Axiom, s. S. 8) behält die Masse zunächst ihre Geschwindigkeit bei und bewegt sich über die Gleichgewichtslage hinaus nach links weiter (2b).
Dadurch wird die Feder zunehmend mehr zusammengepreßt, und die jetzt nach rechts – also wieder zur Gleichgewichtslage hin – gerichtete **Rückstellkraft** der Feder wächst. Deshalb wird die Masse abgebremst und kommt bei der Auslenkung $s = s_{max}$ links von der Gleichgewichtslage kurz zum Stillstand (2c).
Nun wird die Masse durch die **Rückstellkraft** wieder nach rechts beschleunigt, passiert die Gleichgewichtslage mit maximaler Geschwindigkeit (2d), wird durch die jetzt umgekehrt gerichtete Rückstellkraft bei der Auslenkung $s = s_{max}$ rechts von der Gleichgewichtslage zum Stillstand gebracht (2a) und kehrt wieder um.
Die am Ende des letzten Abschnitts gestellte Frage können wir jetzt beantworten:

> Durch das Zusammenwirken einer Rückstellkraft mit der Massenträgheit kann eine mechanische Schwingung zustande kommen.

Da die Trägheit eine grundsätzliche Eigenschaft jeder Masse ist, sind schwingungsfähige Systeme dadurch ausgezeichnet, daß bei **jeder** möglichen Auslenkung eine Rückstellkraft auftritt.

Wenn keine Reibung existieren würde, könnte sich der oben beschriebene Schwingungsvorgang beliebig oft wiederholen.

### 3.1.3 Energieumwandlung bei einer Schwingung

Für ein reibungsfreies, abgeschlossenes System gilt der **Energieerhaltungssatz der Mechanik** (s. S. 13).
Analysieren wir daher den obigen Schwingungsvorgang vom energetischen Standpunkt aus:
Beim erstmaligen Auslenken der vorher in der Gleichgewichtslage ruhenden Masse des Federpendels (d. h. beim Schritt (1) → (2a)) haben wir **Spannarbeit** verrichtet, die von der Feder zunächst in (2a) als **Spannenergie** gespeichert wurde.
Wird das als reibungsfrei angenommene System nun sich selbst überlassen, so bleibt seine mechanische **Gesamtenergie konstant,** d. h. gleich der in (2a) vorhandenen Spannenergie der Feder.
Bei der Bewegung (2a) → (2b) wandelt sich die **Spannenergie** der Feder zunehmend in **kinetische Energie** der schwingenden Masse um; bei (2b) → (2c) geht die kinetische Energie wieder in Spannenergie über usw.
Wir stellen fest:

> Bei einer Schwingung findet eine periodische Umwandlung von Energieformen ineinander statt, wobei die Gesamtenergie (im reibungsfreien Fall) konstant bleibt.

So findet beim Fadenpendel, der Kugel in der Mulde oder der schwingenden Flüssigkeitssäule im U-Rohr ein periodischer Wechsel zwischen Lageenergie und Bewegungsenergie statt.
Die obige Formulierung schließt aber auch nichtmechanische Schwingungsvorgänge ein – z. B. periodische Fluktuation der Energie zwischen elektrischem und magnetischem Feld beim elektrischen Schwingkreis.

### 3.1.4 Harmonische Schwingung

Beim Federpendel ist die Rückstellkraft **proportional** zur Auslenkung (s. Federkraft, S. 6f); dies gilt auch beim Fadenpendel für hinreichend kleine Auslenkungen.
Wenn – wie hier – ein **lineares** Kraftgesetz gilt, spricht man von einer **harmonischen Schwingung.**
Diese läßt sich mathematisch besonders einfach, nämlich durch die wohlbekannte **Sinusfunktion** (oder die lediglich dazu phasenverschobene Cosinusfunktion) beschreiben, man nennt sie daher auch **Sinusschwingung.**
Alle anderen Schwingungstypen kann man sich aus Sinusschwingungen zusammengesetzt denken. Bei den komplizierten Schallschwingungen einer Geigensaite beispielsweise spricht man von der Grundschwingung und den Oberschwingungen, die ihrerseits einfache Sinusschwingungen darstellen (s. S. 44).
Das Auslenkungs-Zeit- ($s$-$t$-), Geschwindigkeits-Zeit- ($v$-$t$-) und Beschleunigungs-Zeit- ($a$-$t$-)Diagramm dieser Schwingung hat folgendes Aussehen:

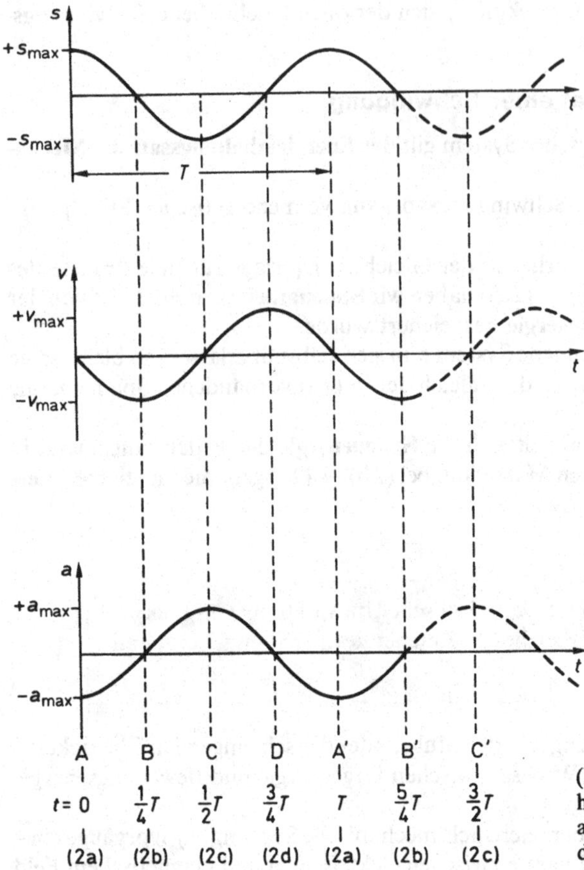


(Die Bezeichnungen (2a) bis (2c) beziehen sich auf die zugehörigen Momentaufnahmen des horizontal schwingenden Federpendels auf S. 34.)

Ein positiver Wert von $s$, $v$ oder $a$ in dem jeweiligen Diagramm bedeutet dabei, daß die entsprechende Größe nach rechts gerichtet ist; bei einem negativen Wert zeigt sie entsprechend nach links.
Als Zeitnullpunkt haben wir das Losschwingen der bis $s = +s_{max}$ nach rechts ausgelenkten Masse gewählt, d. h. beim Loslassen der Masse starten wir die Stoppuhr.
Sie sollten selbst in der Lage sein, diese Diagramme anhand der auf S. 34 dargelegten Schwingung eines horizontalen Federpendels zu diskutieren.

**Beispiel**
**Zeitpunkt** A ($t = 0$): Zu Beginn ist die Masse des Federpendels maximal nach rechts ausgelenkt ($s = +s_{max}$); die Geschwindigkeit ist 0 ($v = 0$); die der Auslenkung entgegengerichtete Rückstellkraft der Feder und damit (wegen $F = m \cdot a$) die Beschleunigung der Masse zeigt nach links und besitzt ihren größten Betrag ($a = -a_{max}$).
Erörtern Sie selbst die Diagramme für die Zeitpunkte B bis A'!
(Als zusätzliche Übung können Sie übrigens von der $s$-$t$-Kurve ausgehend den qualitativen Verlauf der $v$-$t$-Kurve ermitteln. Dazu müssen Sie sich daran erinnern, daß die Steigung der Tangente an die $s$-$t$-Kurve zu einem bestimmten Zeitpunkt die entsprechende Geschwindigkeit $v$ darstellt – s. S. 2f. Analog erhält man aus der $v$-$t$- die $a$-$t$-Kurve.)

### 3.1.5 Schwingungsdauer und Frequenz

Von A bis A′ hat sich der gesamte Schwingungsvorgang genau einmal abgespielt. Das restliche Diagramm stellt lediglich eine beliebig häufige Wiederholung dieses ersten Kurvenstückes dar.
Die für eine komplette Schwingung benötigte Zeit heißt **Schwingungsdauer** $T$. Den Diagrammen können Sie entnehmen, daß die Masse z. B. für den Weg vom Umkehrpunkt bis zur Gleichgewichtslage (beispielsweise von A bis B) ein Viertel der Schwingungsdauer, also $T/4$, benötigt.
Die Zahl der Schwingungen pro Sekunde nennt man die **Frequenz** $\nu$ der Schwingung. Beträgt die Schwingungsdauer $T$ beispielsweise 1/10 s, so finden pro Sekunde 10 Schwingungen statt. Es gilt demnach:

$$\nu = \frac{1}{T}$$

$$[\nu] = \frac{1}{s} = 1\,\mathrm{s}^{-1} = 1\,\mathrm{Hz}\ \text{(Hertz)}$$

Die Schwingungsdauer eines Federpendels kann man nach

$$T = 2\pi \cdot \sqrt{\frac{m}{D}}$$

berechnen ($m$ = schwingende Masse, $D$ = Federkonstante), und für ein Fadenpendel gilt

$$T = 2\pi \cdot \sqrt{\frac{l}{g}}$$

($l$ = Pendellänge, $g$ = Fallbeschleunigung).

Bemerkenswerterweise hängt die Schwingungsdauer nicht von der maximalen Auslenkung ab, sofern diese nicht zu groß ist. (Andernfalls gilt nämlich das vorausgesetzte lineare Kraftgesetz nicht mehr, d. h., es liegt dann keine harmonische Schwingung vor.) Pendel – oder andere Schwinger (z. B. die Unruhe in kleineren mechanischen Uhren) – bilden daher seit Jahrhunderten das **Zeitnormal** in Uhren. Auch die modernen Quarzuhren und die Atomuhr besitzen als Zeitnormal Systeme, die harmonische Schwingungen ausführen, allerdings mit weit kleinerer Schwingungsdauer bzw. höherer Frequenz (und erhöhter Genauigkeit).

### 3.1.6 Ungedämpfte und gedämpfte Schwingung

Bei der bisher besprochenen ideal reibungsfreien Schwingung ist die maximale Auslenkung ($+s_{max}$ bzw. $-s_{max}$), die **Amplitude** der Schwingung genannt wird, stets gleich groß. Man bezeichnet eine derartige Schwingung als **ungedämpfte Schwingung.**
Beobachten wir die Schwingung eines realen Pendels, das einmal ausgelenkt und dann losgelassen wird, so klingt die Amplitude je nach **Dämpfung,** wie die verschiedenen Arten von Reibung hier genannt werden, verschieden schnell ab und wird schließlich Null, d. h. die schwingende Masse kommt nach einer gewissen Anzahl von Schwingungen in der Gleichgewichtslage zur Ruhe.
Das $s$-$t$-Diagramm einer **gedämpften Schwingung** hat also etwa folgendes Aussehen:

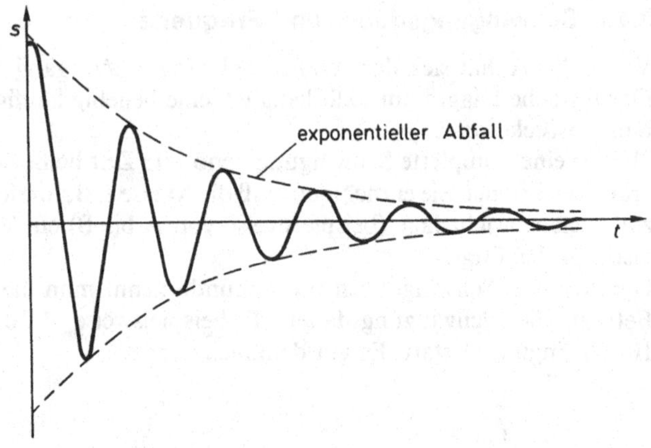


Bei extrem starker Dämpfung kommt es sogar zu überhaupt keiner Schwingung mehr, die ausgelenkte Masse **kriecht** vielmehr allmählich zur Ruhelage zurück, ohne über sie hinauszuschwingen (aperiodischer Fall). Beim Autofahren auf schlechter Straße beispielsweise soll die Federung Stöße abfangen. Damit es nicht zu Schwingungen kommt, die die Bodenhaftung des Fahrzeugs erheblich verringern würden, werden Stoßdämpfer eingebaut.

### 3.1.7 Rückkopplung

Das Pendel einer Wanduhr scheint trotz der vorhandenen Reibung **ungedämpft** zu schwingen.
Tatsächlich wird der durch Reibung verlorengehende (d. h. in Wärme umgewandelte) Teil der Pendelenergie aus dem Energievorrat der Uhr ersetzt. Durch Aufziehen der Uhrfeder oder Hochheben des Gewichtsstücks der Uhr müssen wir diesen Energievorrat ab und zu ergänzen, wenn die Schwingung nicht zum Stillstand kommen soll.
Zur **Entdämpfung** der Schwingung, d. h. zum Ausgleich der Reibungsverluste, wirkt in den Umkehrpunkten kurzzeitig eine beschleunigende Kraft auf das Pendel ein (denken Sie an das Anstoßen eines schaukelnden Kindes).
Da der Zeitpunkt und die Dauer der Krafteinwirkung durch den Ausschlag des Pendels selbst gesteuert werden, spricht man von **Selbststeuerung** oder **Rückkopplung**.

### 3.1.8 Erzwungene Schwingung; Resonanz

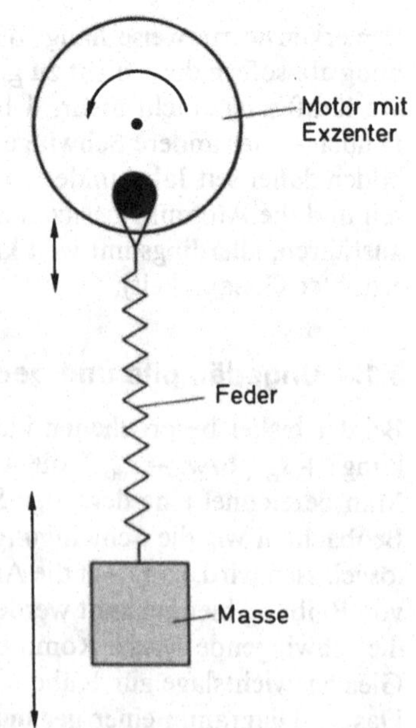


Bisher haben wir nur schwingungsfähige Systeme betrachtet, die wir nach anfänglicher Störung sich selbst überließen (z. B. haben wir das Federpendel ausgelenkt und losgelassen).
Eine derartige Schwingung heißt **freie Schwingung;** dabei schwingt das System stets mit seiner **Eigenfrequenz** $\nu_0$. Für das Federpendel und das Fadenpendel beispielsweise können wir die Schwingungsdauer $T$ der freien Schwingung und damit die Eigenfrequenz $\nu_0 = 1/T$ leicht ausrechnen (s. S. 37).
Nun lassen wir auf ein schwingungsfähiges System **ständig** eine periodische Kraft einwirken.
In der nebenstehenden Anordnung wird beim Drehen der Scheibe eine solche periodische Kraft auf das Federpendel ausgeübt, und damit das Pendel zum Schwingen gezwungen.

Bei der **erzwungenen Schwingung** schwingt das System nicht mit seiner Eigenfrequenz $\nu_0$, sondern mit der **Frequenz** $\nu$, die ihm von der erregenden Kraft aufgeprägt wird.

Wie die nebenstehende Abbildung zeigt, hängt die **Amplitude** der erzwungenen Schwingung stark von der Frequenz der erregenden Kraft ab.
Je näher diese bei der Eigenfrequenz des schwingenden Systems liegt, desto größer wird die Amplitude. Stimmen die beiden Frequenzen exakt überein ($\nu = \nu_0$), so wird die Amplitude maximal, man spricht von **Resonanz.**
Bei geringer Dämpfung kann im Resonanzfall die Amplitude so groß werden, daß das System dadurch zerstört wird, es tritt die **Resonanzkatastrophe** ein.
Um eine zufällige Resonanzkatastrophe zu verhindern, dürfen marschierende Soldaten Brükken nicht im Gleichschritt überqueren. Varietékünstler dagegegen benutzen diese Erscheinung, um durch Töne der richtigen Frequenz Gläser zerspringen zu lassen. (Nur im Resonanzfall läßt sich eine merkliche Energiemenge auf ein schwingungsfähiges System übertragen. Dies bildet übrigens die Grundlage jeder Art von Spektroskopie und erlaubt den gezielten Empfang eines bestimmten Radio- oder Fernsehsenders.)

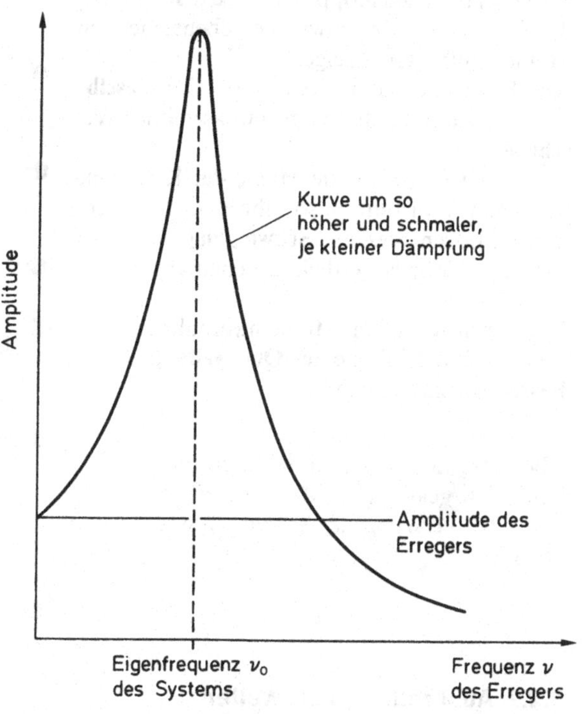


Bei schlecht ausgewuchteten Rädern wird ebenfalls eine periodische Kraft auf das Fahrzeug ausgeübt, und bei einer bestimmten Geschwindigkeit – und damit einer bestimmten Frequenz, die ihm von der erregenden Kraft aufgeprägt wird – treten wegen der Resonanz besonders starke Schwingungen des Fahrzeugs auf (Autos besitzen daher Lenkungsdämpfer).

## 3.2 Wellen

Die eingangs erwähnten Wasserwellen breiten sich als Oberflächenwellen in zwei Dimensionen, die Schallwellen als räumliche Wellen sogar in drei Dimensionen aus.
Wir untersuchen daher die Entstehung und Ausbreitung von Wellen anhand eines leichter zu überschauenden Vorgangs.

### 3.2.1 Entstehung von Wellen

Auf einem Tisch liege eine Kette von kleinen Massen, die durch Federn miteinander verbunden sind (wir wollen diese Anordnung im folgenden kurz Federkette nennen). Die bei einer Bewegung der Federkette auftretende Reibung sei vernachlässigbar klein.

Bewegen wir die erste Masse ruckartig ein Stück nach unten und halten sie dort fest, so läuft wegen der elastischen Kopplung diese **Querstörung** durch die ganze Kette, wie die nebenstehenden Momentaufnahmen zeigen.
Jede Einzelmasse der Kette führt also **dieselbe** Bewegung durch, allerdings jeweils **zeitlich verschoben.**
Lassen wir nun die erste Masse der Kette eine Schwingung ausführen, so führen auch alle anderen Massen **dieselbe Schwingung** aus, aber wiederum jeweils zeitlich gegeneinander versetzt.
Die nebenstehenden Momentaufnahmen machen die Entstehung einer **Querwelle** deutlich.
Fassen wir zusammen:

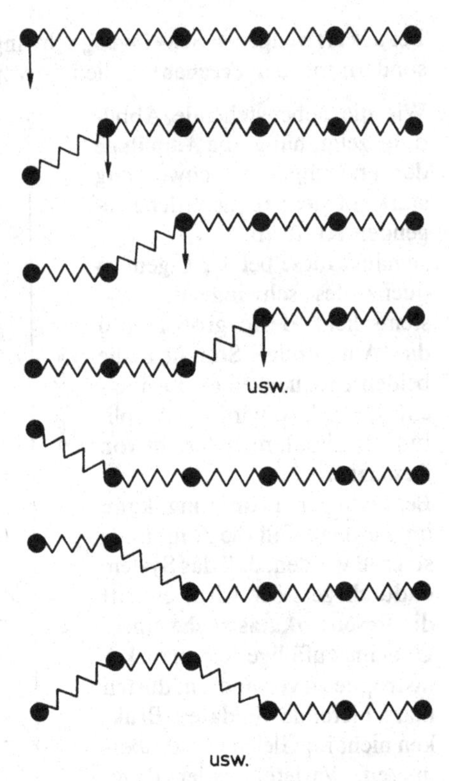


> Bei einer mechanischen Welle führen elastisch gekoppelte Massen zeitlich versetzt erzwungene Schwingungen aus.

### 3.2.2 Ausbreitung von Wellen

Sind die Federn hart, d. h. ist die Kopplung zwischen den Massen stark, so treten bei der Auslenkung der Massen große Kräfte auf. Die Massen nehmen daher schnell ihre neue Lage ein, und die Querstörung bzw. Querwelle läuft rasch die Kette entlang.
Umgekehrt ist bei weichen Federn, d. h. schwacher Kopplung, die Ausbreitungsgeschwindigkeit der Störung bzw. Welle gering.

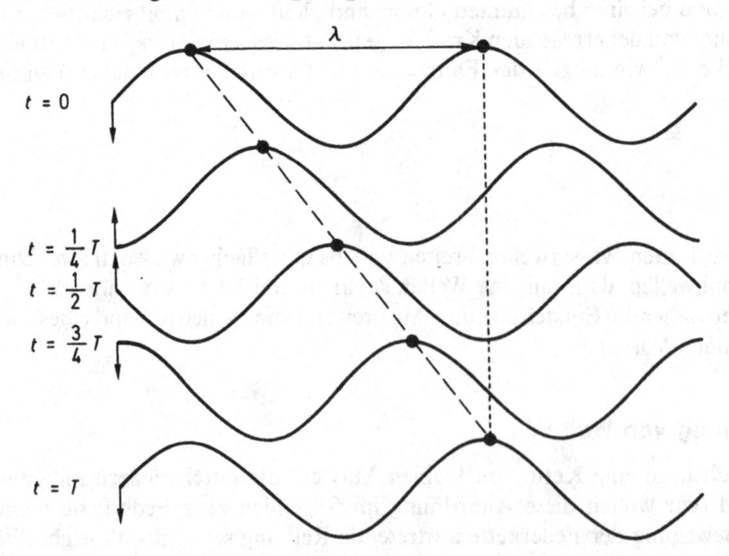

Um die Wellenausbreitung übersichtlich darstellen zu können, ersetzen wir die Kette aus gekoppelten Massen jetzt durch eine dünne, lange Schraubenfeder; auch hier sind ja die Massen (z. B. der einzelnen Windungen) elastisch miteinander gekoppelt.
Versetzen wir das linke Ende der Schraubenfeder in Sinusschwingungen, so wandert eine **sinusförmige Querwelle** die Feder entlang nach rechts. Die Abbildung auf S. 40 zeigt fünf Momentaufnahmen einer nach rechts laufenden sinusförmigen Querwelle.
Unter der **Wellenlänge** $\lambda$ verstehen wir den Abstand zweier benachbarter Punkte gleichen Schwingungszustands (gleicher Phase), also z. B. zweier Wellenberge.
Den Momentaufnahmen der sich ausbreitenden Welle in der Abbildung auf S. 40 entnehmen wir: Während der **Schwingungsdauer** $T$, d. h. der Zeit, in der jeder Punkt der Schraubenfeder eine komplette Schwingung durchgeführt hat, ist die Welle gerade um die **Wellenlänge** $\lambda$ nach rechts gewandert.
Für die konstante **Ausbreitungsgeschwindigkeit** $c$ der Welle erhalten wir, wenn wir den Weg $\lambda$ durch die zugehörige Zeit $T$ dividieren:

$$c = \frac{\lambda}{T} \quad \text{bzw. mit} \quad \nu = \frac{1}{T}:$$

$$c = \lambda \cdot \nu$$

**Die Ausbreitungsgeschwindigkeit einer Welle ist gleich dem Produkt aus Wellenlänge und Frequenz der Welle.**

Dieser Zusammenhang gilt für alle fortschreitenden Wellen, also auch für elektromagnetische Wellen.
Die Ausbreitungsgeschwindigkeit einer Welle hängt normalerweise nicht von der Amplitude ab. Bei mechanischen Wellen hängt sie nur in Sonderfällen von der Frequenz ab.*

### 3.2.3 Transversal- und Longitudinalwellen; Polarisation

Die bisher betrachteten Wellen sind Beispiele für **Transversal-** oder **Querwellen,** da die Schwingung der einzelnen Massen senkrecht (also quer) zur Ausbreitungsrichtung erfolgt.
Lenken wir die erste der elastisch miteinander gekoppelten Massen der Kette stattdessen **längs** der Kette aus, so läuft eine **Längsstörung** die Kette entlang nach rechts.
Entsprechend breitet sich eine **Längswelle** oder **Longitudinalwelle** entlang der Kette aus, wenn wir die erste Masse **längs** der Kette hin- und herschwingen lassen.
Die Schwingung der einzelnen Massen erfolgt bei Longitudinalwellen also **parallel** zur Ausbreitungsrichtung.

usw.

Dieser wesentliche Unterschied zwischen Transversal- und Longitudinalwellen hat zwei wichtige Konsequenzen.
Die eine betrifft die **Ausbreitungsmöglichkeiten** der beiden Wellentypen, die andere die Möglichkeit der **Wahl einer bestimmten Schwingungsrichtung** der Welle (Polarisation).

---

* Die Ausbreitungsgeschwindigkeit elektromagnetischer Wellen in Materie hängt dagegen stark von deren Frequenz ab. Die Lichtbrechung, die zur Farbzerlegung des Lichtes im Prisma führt, beruht darauf (s. S. 89)

Mechanische **Transversalwellen** können sich nur in Stoffen mit **Quersteifigkeit** ausbreiten, d. h. nur in **festen** Körpern (oder – unter dem Einfluß der Schwerkraft – an der Oberfläche von Flüssigkeiten, wie z. B. die Wasserwellen).
**Longitudinalwellen** dagegen können sich in **allen** Stoffen, d. h. in Festkörpern, Flüssigkeiten und Gasen fortpflanzen.
Nehmen wir beispielsweise eine gasgefüllte Röhre, in der sich ein beweglicher Kolben befindet, und drücken den Kolben ruckartig ein Stück hinein, so wird dadurch zunächst das Gas direkt neben dem Kolben verdichtet und damit dort der Druck erhöht. Diese **Überdruckstörung** breitet sich dann weiter aus (entsprechend dem Beispiel der Federkette).
Bei raschem Zurückziehen des Kolbens erzeugen wir entsprechend eine Verdünnungszone, und eine **Unterdruckstörung** läuft in die Röhre hinein.
Bewegen wir den Kolben periodisch hin und her, so wechseln Verdichtungs- und Verdünnungszonen bzw. Über- und Unterdruckstörungen ab. Es ist eine **Schallwelle** entstanden (denken Sie an die schwingende Membran eines Lautsprechers).
Schallwellen in Gasen sind die wichtigsten Longitudinalwellen, wir werden uns in diesem Kapitel noch näher mit ihnen beschäftigen.
Da bei **Longitudinalwellen** die Schwingung parallel zur Ausbreitungsrichtung erfolgt, ist die Schwingungsrichtung eindeutig festgelegt, und wir haben **keine** Wahlmöglichkeit.
Die Schwingungsrichtung bei Transversalwellen dagegen ist durch die Angabe „erfolgt senkrecht zur Ausbreitungsrichtung" keineswegs eindeutig festgelegt. Wir haben vielmehr **beliebig viele** Richtungen zur Auswahl, von denen die nebenstehende Abbildung zwei zeigt.

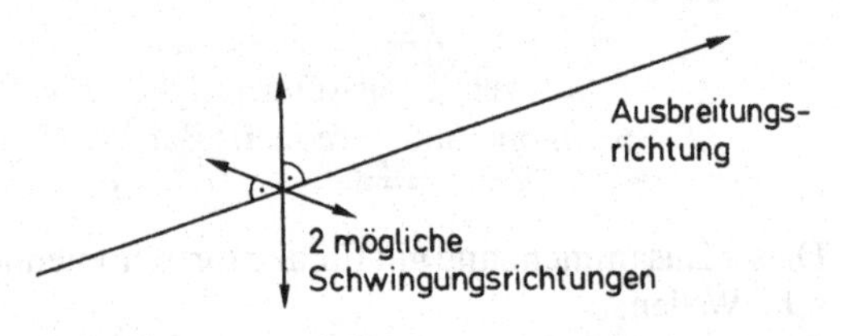


Wechseln wir ständig die Schwingungsrichtung der ersten Masse unserer Federkette, so ändert sich damit auch fortwährend die Schwingungsrichtung der erzeugten Welle. Diese Art von Transversalwellen heißt **unpolarisiert.**
Besitzt die Welle dagegen eine feste Schwingungsrichtung, nennt man sie linear **polarisiert.**
Geräte, die aus einer unpolarisierten eine polarisierte Welle erzeugen, heißen **Polarisatoren** (wichtig in der Optik). Zwei parallele Stäbe in geringem Abstand bilden beispielsweise einen Polarisator für die eindimensionale Transversalwelle (z. B. einer Schraubenfeder):

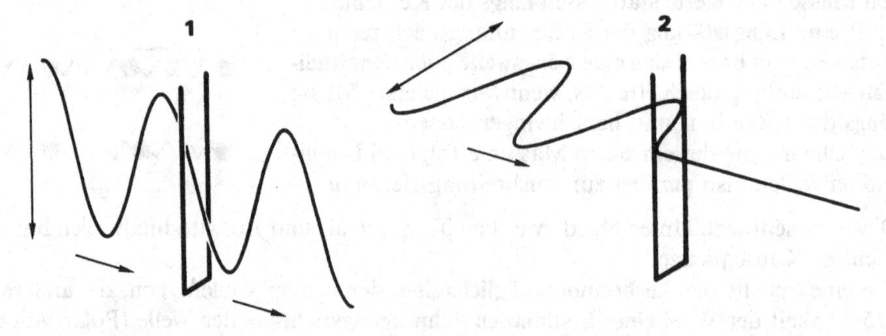


Den engen Spalt kann eine Welle nur dann **ungestört** passieren, wenn ihre Schwingungsrichtung **parallel** zum Spalt verläuft **1.** Erfolgt die Schwingung dagegen **senkrecht** zum Spalt **2,** kann die Welle den Spalt **nicht** durchqueren.
Bei einem **beliebigen** Winkel zwischen Schwingungsrichtung der Welle und Spalt wird die

Welle beim Durchlaufen des Spaltes entsprechend geschwächt, ihre Amplitude nach dem Spalt ist kleiner. Zur genauen Ermittlung des durchgelassenen Anteils der Welle zerlegt man ihre Schwingung gedanklich in zwei Teilschwingungen (Vektorzerlegung), von denen eine parallel und die andere senkrecht zum Spalt erfolgt. Nur der parallel zum Spalt schwingende Anteil wird durchgelassen.

### 3.2.4 Interferenz

Was geschieht, wenn sich zwei Wellen begegnen?
Wenn Sie in einen See in geringem Abstand voneinander zwei Steine werfen, so sehen Sie, daß sich die beiden erzeugten Kreiswellensysteme **ungestört** durchdringen.
Während des Kontaktes der beiden Wellensysteme miteinander treten Überlagerungen auf, die man **Interferenzen** nennt. 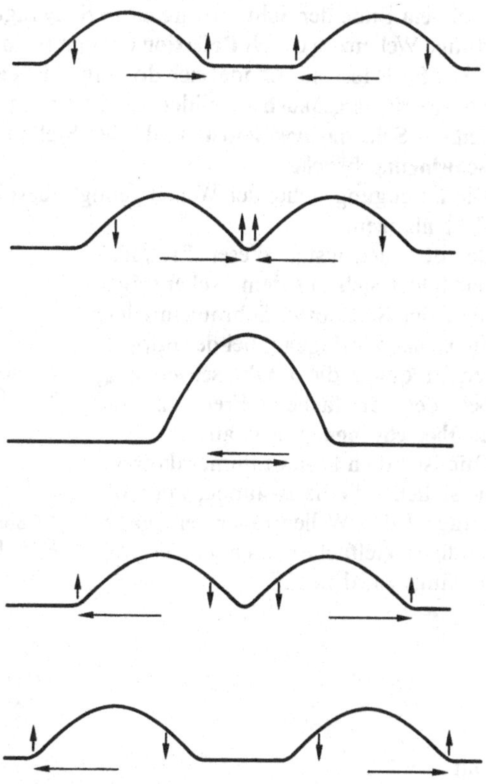
Wir machen uns das Zustandekommen der Interferenz wieder am Beispiel einer eindimensionalen Transversalwelle einer Schraubenfeder klar.
Dazu nehmen wir an, wir bewegen das linke Ende der Feder kurz nach oben und gleich wieder zurück in die ursprüngliche Lage. Dadurch haben wir einen **Wellenberg** erzeugt, der nach **rechts** läuft.
Zur gleichen Zeit führt eine Person mit dem rechten Ende der Feder dieselbe Bewegung aus, wodurch ein nach **links** laufender **Wellenberg** entsteht.
Treffen die beiden Wellenberge aufeinander, so überlagern sich gemäß dem 4. Newtonschen Axiom (s. S. 8) die Bewegungen der schwingenden Massen ungestört. Die **Amplituden addieren sich** daher, und es entsteht kurzzeitig ein doppelt so großer Wellenberg.
Kurz darauf haben sich die beiden Wellenberge passiert, ohne durch die vorherige Begegnung miteinander verändert worden zu sein.
Lassen wir in ähnlicher Weise einen **Wellenberg** auf ein gleich großes **Wellental** treffen, so heben sich die Amplituden im Moment der Begegnung sogar völlig auf!

Zusammenfassend gilt also:

> Unter Interferenz verstehen wir die ungestörte Überlagerung von Wellen. Dabei addieren sich (Richtung beachten!) die jeweiligen Amplituden der schwingenden Massen.

Die Interferenz ist ein **charakteristisches Wellenphänomen** und wird uns daher vor allem in der Optik nochmals beschäftigen.

Aus der Beobachtung von Interferenzerscheinungen können wir auf die Beteiligung von Wellen an dem entsprechenden Vorgang schließen.
Auch die im nächsten Abschnitt erörterten **stehenden Wellen** verdanken ihre Existenz der Interferenz fortschreitender Wellen.

### 3.2.5 Stehende Wellen

Die bisher behandelten Wellen werden als **fortschreitende Wellen** bezeichnet. Diese Art von Wellen **transportiert Energie** (ohne gleichzeitigen Massentransport).
Wenn Sie den im vorigen Abschnitt geschilderten Interferenzversuch wiederholen, aber jetzt vom linken und rechten Ende der Schraubenfeder aus statt einzelner Wellenberge oder -täler fortdauernd gleichgroße Sinuswellen einander entgegenschicken, so kann sich durch Interferenz der gegenläufigen Wellen eine **stehende Welle** ausbilden. Es genügt aber auch, **ein** Ende der Schraubenfeder in Schwingung zu versetzen, da der benötigte gegenläufige Wellenzug durch **Reflexion** des ersten am **anderen Ende** der Feder erzeugt wird. Ist dieses Ende fest, so befindet sich dort ein **Schwingungsknoten,** während sich am losen Ende ein **Schwingungsbauch** ausbildet. Die Stellen, an denen gar keine Schwingung stattfindet, heißen **Schwingungsknoten** und die Stellen mit maximaler Schwingungsamplitude **Schwingungsbäuche.**
Die Erzeugung stehender Wellen gelingt allerdings nur bei **bestimmten** Frequenzen bzw. Wellenlängen.
Bei der niedrigsten dieser Frequenzen bildet sich auf dem Wellenträger (hier der Saite bzw. Schraubenfeder) die **Grundschwingung,** bei der doppelten Frequenz die **1. Oberschwingung,** bei der dreifachen Frequenz die **2. Oberschwingung** usw. aus.
Offensichtlich kommt immer dann eine stehende Welle zustande, wenn die Länge $l$ des Wellenträgers ein ganzzahliges Vielfaches einer halben Wellenlänge ist, d.h. für

$$l = n \cdot \frac{\lambda}{2}$$

mit $n = 1, 2, 3, \ldots$

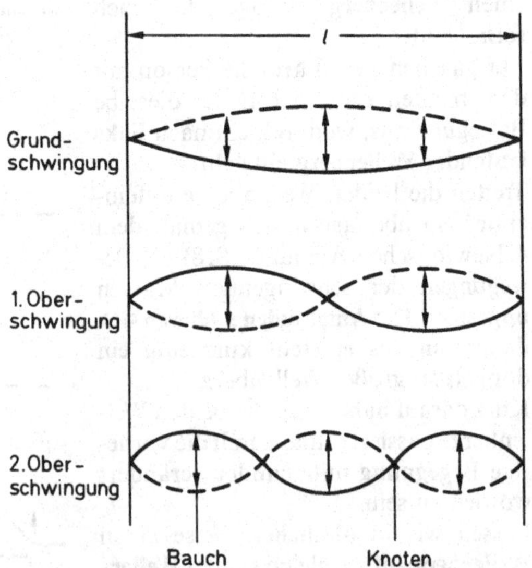

Eigenschwingungen einer auf beiden Seiten eingespannten Saite (oder Schraubenfeder)

Im Unterschied zur fortschreitenden Welle führt bei der **stehenden Welle** nicht jede Teilmasse dieselbe Schwingung aus.
Stehende Wellen **transportieren** keine Energie, aber enthalten Energie in Form der kinetischen Energie der schwingenden Massen und der Spannenergie des elastischen Mediums.

Die hier für eine stehende Transversalwelle angestellten Überlegungen gelten sinngemäß auch für die ebenfalls auftretenden **stehenden Longitudinalwellen.**
Diese spielen in Form **stehender Schallwellen,** beispielsweise bei der Tonerzeugung mit Blasinstrumenten, eine große Rolle.

Stehende Wellen gestatten eine vergleichsweise einfache Bestimmung der **Wellenlänge.** Erzeugt man beispielsweise stehende Schallwellen in einer Glasröhre, deren Boden mit feinem Korkmehl bestreut ist, so sammelt sich an den Schwingungsknoten das Korkmehl, während es von den Schwingungsbäuchen wegbewegt wird (Kundtscher Versuch).
Da stehende Wellen durch die Überlagerung fortschreitender Wellen entstehen, gilt auch hier die Beziehung $c = \lambda \cdot \nu$, d. h. aus der Messung der Wellenlänge $\lambda$ läßt sich bei bekannter Frequenz $\nu$ die Ausbreitungsgeschwindigkeit $c$ fortschreitender Wellen ermitteln (bzw. umgekehrt).

## 3.3 Schallwellen

Longitudinalwellen, speziell in Luft, werden als **Schallwellen** bezeichnet. Schallwellen bestehen also aus abwechselnd aufeinanderfolgenden Verdichtungen und Verdünnungen, sind also periodische Druckänderungen, die sich räumlich ausbreiten (Druckwellen).
Die Lehre von der Entstehung und Ausbreitung der Schallwellen heißt **Akustik,** wobei zwischen **physikalischer** und **physiologischer** Akustik unterschieden wird.
Erstere beschäftigt sich mit den **objektiv meßbaren Schallgrößen** und letztere mit dem **Schallempfinden** des Menschen.
Nach der Einteilung der Schallwellen befassen wir uns mit beiden Aspekten.

### 3.3.1 Einteilung der Schallwellen

Schallwellen lassen sich von beliebig kleinen Frequenzen bis zu Frequenzen von über $10^9$ Hz erzeugen.
Das menschliche Ohr spricht nur in einem vergleichsweise kleinen Bereich auf Schallwellen an. Dieser **Hörschall** genannte Frequenzbereich erstreckt sich von etwa **20 bis 20000 Hz** (individuell verschieden; ältere Personen hören oft nur noch bis 10000 Hz).
Schallwellen mit kleineren Frequenzen (d. h. unterhalb etwa 20 Hz) heißen **Infraschall.** Sie treten als Boden- oder Gebäudeschwingungen (verursacht durch Fahrzeuge, Wind oder Erdbeben) auf, manchmal auch beim Autofahren mit halbgeöffnetem Fenster.
Liegt die Frequenz der Schallwellen oberhalb der Hörgrenze, so spricht man von **Ultraschall.** Seine technische Anwendung gewinnt in letzter Zeit zunehmend an Bedeutung, worauf wir später noch kurz eingehen.
Bei der Besprechung des **Spektrums der elektromagnetischen Wellen** in der Optik (s. S. 55ff) werden wir sehen, daß auch das menschliche Auge auf elektromagnetische Wellen nur in einem engen Frequenz- bzw. Wellenlängenbereich anspricht, den wir sichtbares Licht nennen. Entsprechend gibt es hier auch die Frequenzbereiche Infrarot (niedrigere Frequenz) und Ultraviolett (höhere Frequenz).
Außer nach Frequenzen können wir Schallwellen auch je nach **Art** der ihnen zugrunde liegenden **Schallschwingung** einteilen. Im Bereich des Hörschalls wird dabei zwischen Tönen, Klängen, Geräuschen und Knallen unterschieden.
Bei einem **Ton** handelt es sich um eine reine **Sinusschwingung,** die jeweils eine einzige, feste Frequenz besitzt. Diese Frequenz bestimmt die **Tonhöhe.** Dabei empfinden wir die höheren Frequenzen als höhere Töne; Intervalle werden durch das Verhältnis der Frequenzen festgelegt, beispielsweise entspricht einem Oktavsprung die Verdopplung der Frequenz.
Die Tonstärke ergibt sich aus der Amplitude der Schwingung. Töne können durch Stimmgabeln oder elektrische Tongeneratoren erzeugt werden.
Ein **Klang** stellt auch eine **periodische,** aber **nicht sinusförmige** Schallschwingung dar. Wir können uns einen Klang als aus mehreren reinen Sinusschwingungen aufgebaut vorstel-

len, deren Frequenzen ganzzahlige Vielfache der Frequenz einer sinusfömigen **Grundschwingung** sind.
Wir können daher sagen, ein Klang bestehe aus einem **Grundton** (Grundschwingung) und den (sogenannten harmonischen) **Obertönen** (Oberschwingungen); denken Sie an die Grund- und Oberschwingungen der Schraubenfeder bzw. Saite bei den stehenden Wellen (s. S. 44).
Die **Klanghöhe** und **Klangstärke** wird durch die Frequenz bzw. Amplitude der (meist überwiegenden) Grundschwingung bestimmt und ist daher gleich der Tonhöhe bzw. Tonstärke des Grundtons. Während sich reine Töne völlig farblos anhören, geben die Obertöne dem Klang die **Klangfarbe.** So hört sich der Kammerton a einer Geige ganz anders an als der gleiche Ton eines Klaviers oder einer Trompete, da die Obertöne – und damit die Klangfarbe – je nach Instrument verschieden sind.
**Geräusche** werden durch **nichtperiodische** Druckschwankungen hervorgerufen. Ein Geräusch besteht gewissermaßen aus sehr vielen Tönen, zwischen denen aber kein gesetzmäßiger Zusammenhang besteht.
Laufende Maschinen, im Wald rauschende Blätter (Geräusch kommt von Rauschen) oder ein Wasserfall erzeugen Geräusche.
Einen **Knall** können wir als Geräusch kurzer Dauer und hoher Schallstärke (d. h. großer Schwingungsamplitude) beschreiben. Derart plötzliche Druckschwankungen werden durch Explosionen (Gewehr, Feuerwerkskörper) erzeugt.

### 3.3.2 Physikalische Schallgrößen

In diesem Abschnitt befassen wir uns mit den **objektiv meßbaren** Größen einer Schallwelle. Dazu gehören die Schallstärke, die von Schallwellen erzeugte Druckdifferenz, die Schwingungsgeschwindigkeit der schwingenden Luftmoleküle und ferner die Schallgeschwindigkeit sowie die Wellenlänge von Schallwellen.
Fortschreitende Schallwellen transportieren – wie alle fortschreitenden Wellen – Energie. Es ist daher sinnvoll, die Stärke einer Schallwelle, die sogenannte **Schallstärke,** als die Schall-Leistung zu definieren, die pro Flächeneinheit auf eine senkrecht zur Ausbreitungsrichtung stehende Fläche auftrifft. Die Einheit der Schallstärke ist damit $1\ W/m^2$.
Breitet sich der Schall einer ausreichend kleinen Schallquelle gleichmäßig in alle Richtungen aus, so entstehen **Kugelwellen.** Die Verdichtungs- bzw. Verdünnungszonen liegen dabei jeweils auf konzentrischen Kugelschalen, deren Radien mit Schallgeschwindigkeit anwachsen. Die Schallenergie bzw. -leistung verteilt sich dadurch auf eine immer größere Fläche, je weiter sich die Kugelwellen von der Schallquelle entfernen. Da die Fläche einer Kugel mit dem Quadrat des Radius anwächst, nimmt die Schallstärke entsprechend ab (bei doppelter Entfernung z. B. auf ein Viertel).
Die im Alltagsleben vorkommenden Schallstärken variieren enorm, sind aber durchweg überraschend **gering;** so beträgt die in 2 m Entfernung von einer sprechenden Person gemessene Schallstärke nur etwa $10^{-7}\ W/m^2$!
Entsprechend klein sind die **Druckschwankungen,** die durch eine Schallwelle hervorgerufen werden. Selbst bei lauter Radiomusik überschreiten sie kaum $\pm 10^{-3}$ mbar, d. h. ein Millionstel des normalen Luftdrucks.
Die **Schwingungsgeschwindigkeit** der Luftmoleküle, auch Schnelle genannt (nicht mit der Ausbreitungsgeschwindigkeit der Schallwelle, also der Schallgeschwindigkeit, verwechseln!), nimmt sich mit etwa 1 mm/s bescheiden aus im Vergleich mit der Geschwindigkeit der ungeordneten Wärmebewegung (Brownsche Bewegung) der Gasmoleküle von etwa 500 m/s.
Die **Schallgeschwindigkeit** dagegen liegt mit etwa 340 m/s (vom Luftdruck praktisch unab-

hängig, aber mit der Temperatur der Luft zunehmend) etwa in derselben Größenordnung wie die der eben erwähnten ungeordneten thermischen Bewegung der Moleküle.
Die **Wellenlänge** von Schallwellen können Sie jetzt selbst ausrechnen:

**Beispiel**
Welchen Wellenlängenbereich umfaßt der Hörschall?
**Lösung**

$$c = \lambda \cdot \nu \quad \Rightarrow \quad \lambda = \frac{c}{\nu}$$

kleinste Wellenlänge $\lambda_{min}$ für größte Frequenz $\nu_{max}$:

$$\lambda_{min} = \frac{340\,\text{m}}{20000\,\text{s}^{-1} \cdot \text{s}} = 0{,}017\,\text{m} = 1{,}7\,\text{cm}$$

größte Wellenlänge $\lambda_{max}$ für kleinste Frequenz $\nu_{min}$:

$$\lambda_{max} = \frac{340\,\text{m}}{20\,\text{s}^{-1} \cdot \text{s}} = 17\,\text{m}$$

Diese Werte werden durch direkte Wellenlängemessungen an stehenden Schallwellen bestätigt (s. S. 44f).
Schallwellen können sich als Longitudinalwellen in allen Stoffen ausbreiten. Da in flüssigen und besonders in festen Körpern die effektiv wirkenden Rückstellkräfte bei Auslenkungen der Atome bzw. Moleküle größer sind als in Gasen, ist dort die Schallgeschwindigkeit auch entsprechend höher (s. S. 40). In Wasser beispielsweise beträgt sie 1 500 m/s und in Stahl mehr als 5000 m/s.

### 3.3.3 Schallempfindung und Schallschutz

Wie laut wir Töne empfinden, d. h. die **Lautstärke** von Tönen, hängt stark von deren Frequenz ab.
Im Gegensatz zur (objektiv meßbaren) **physikalischen** Größe **Schallstärke (Schallintensität)** stellt die **Lautstärke** also eine (subjektiv empfundene) **physiologische** Größe dar.
Bei einer Frequenz von etwa 1 000 Hz ist das durchschnittliche menschliche Ohr am empfindlichsten. Bei Tönen niederer oder höherer Frequenz ist für dieselbe Lautstärke eine höhere Schallstärke erforderlich.
Bei 1 000 Hz vermag das menschliche Ohr eine Schallstärke von nur **$10^{-12}$ W/m²** eben noch wahrzunehmen (Hörschwelle), während eine Schallstärke von **10 W/m²** Schmerz auslöst (Schmerzschwelle). Schon aus diesem gigantischen Hörbereich der Schallstärke von insgesamt 13 Zehnerpotenzen erkennen Sie, daß die subjektive Schallempfindung, also die Lautstärke, **nicht** proportional mit der Schallstärke anwachsen kann. Auch kommt Ihnen ein hundertstimmiger Chor nicht hundertmal lauter vor als ein Solosänger. Die Meß- bzw. Berechnungsvorschrift für die Lautstärke* berücksichtigt, daß diese offensichtlich langsamer anwächst als die Schallstärke.

---

* Nach dem Weber-Fechnerschen Gesetz gilt in grober Näherung, daß die Lautstärke **logarithmisch** mit der Schallstärke anwächst. Man definiert daher und aus den oben dargelegten Gründen für die **Lautstärke** $L$ eines Schalles:

$$L = 10 \cdot \lg \frac{J}{J_0}\,\text{phon}$$

Dabei bedeutet $J$ die Schallstärke des jeweiligen Schalles und $J_0$ die Schallstärke der Hörschwelle, jeweils bezogen auf die Frequenz 1 000 Hz. (Statt in phon wird die Lautstärke neuerdings auch in der – gleichbedeutenden – Einheit dB (A) angegeben.)

Dazu bezieht man auf die Schallstärke der **Hörschwelle** (bei 1000 Hz), der die **Lautstärke 0 phon** zugeordnet ist.
Die Phon-Skala ist dabei so gewählt, daß Lautstärkeunterschiede von 1 phon gerade noch wahrnehmbar sind.
Jede Vergrößerung der Lautstärke **um 10 phon** bedeutet dabei eine **Verzehnfachung** der Schallstärke, eine Vergrößerung der Lautstärke um 20 phon (also $2 \cdot 10$ phon) entsprechend eine Verhundertfachung (d. h. Faktor $10^2$) der Schallstärke.

**Beispiel**
Welcher Lautstärke entspricht die Schmerzschwelle des Ohres?

**Lösung**
Die Schallstärke der Schmerzschwelle ist mit $10\,\text{W/m}^2$ $10^{13}$mal so groß wie die Hörschwelle mit $10^{-12}\,\text{W/m}^2$. Die **Lautstärke** ist dann um $13 \cdot 10$ phon $=$ 130 phon größer als die der Hörschwelle von 0 phon und beträgt damit **130 phon.**

Eine normale Unterhaltung erfolgt bei einer Lautstärke von 50 bis 65 phon, ein dicht vorbeifahrender Lastwagen kann über 90 phon erzeugen, und im Innern mancher Diskotheken herrscht eine Lautstärke von über 110 phon.
Medizinisch ist erwiesen, daß – auch wenn das jeweilige Geräusch nicht als Lärm empfunden wird – schon oberhalb 65 phon vegetative Reizerscheinungen hervorgerufen werden können (z. B. Änderungen der Herztätigkeit).
Bei Lautstärken von über 90 phon kommt es bei längerfristiger Einwirkung zu Schädigungen des Innenohrs (bis hin zur Lärmschwerhörigkeit).
Auch psychische Erkrankungen scheinen durch Lärm mitverursacht zu werden.
Da Lärm also krank macht, ist Lärm- bzw. **Schallschutz** dringend geboten. Allerdings ist wegen des nichtlinearen Zusammenhangs zwischen Lautstärke und Schallstärke für eine deutliche Verringerung des Lärms (also der Lautstärke) eine ungleich größere Reduzierung der Schallstärke erforderlich. Lärmdämmende Maßnahmen können daher unter Umständen sehr teuer sein.

### 3.3.4 Ultraschall und seine Anwendungen

Die – im Vergleich zum Hörschall – höhere Frequenz und damit (wegen $c = \lambda \cdot \nu$ bei konstanter Ausbreitungsgeschwindigkeit $c$) **kleinere Wellenlänge** bilden die Grundlage für vielfältige Anwendungen des Ultraschalls. Ultraschall wird heute vorwiegend mit **piezoelektrischen*** Schallgebern erzeugt.
Fledermäuse orientieren sich mit bewundernswerter Präzision in völlig dunklen Räumen, indem sie Ultraschallsignale aussenden (Frequenzen bis 80 kHz) und deren Echo auswerten.
Das **Echolotung** genannte Verfahren zur Ermittlung der Wassertiefe in der Schiffahrt beruht auf demselben Prinzip. Aber **warum** wird dazu Ultraschall und kein Hörschall verwendet?

---

* Bei manchen Kristallen, zu denen Turmalin und Quarz gehören, kann durch geeignete Deformation eine elektrische Spannung zwischen zwei gegenüberliegenden Endflächen erzeugt werden; diesen **piezoelektrischen Effekt** kennen Sie von Feuerzeugen oder Gasanzündern her.
Umgekehrt deformieren sich diese Kristalle bei Anlegen einer elektrischen Spannung und führen daher unter dem Einfluß einer Wechselspannung erzwungene Schwingungen aus. Eine maximale Schwingungsamplitude tritt im Resonanzfall auf; die Quarzuhr verdankt ihre Präzision einem mit seiner Eigenfrequenz schwingenden Quarzkristall. Durch Wahl der Abmessungen des Kristalls läßt sich die Eigenfrequenz der Grundschwingung leicht in den Ultraschallbereich legen; für höhere Frequenzen werden Oberschwingungen verwendet

Prinzipiell gilt für jede Wellenerscheinung, daß bei Kontakt mit Hindernissen **Beugung,** d. h. eine Abweichung von der geradlinigen Ausbreitung der Welle, auftritt. Die Beugung tritt dann besonders stark in Erscheinung, wenn Wellenlänge und Abmessungen der Hindernisse vergleichbar sind.
Der Wellenlängenbereich des Hörschalls liegt im Bereich von Zentimetern bis Metern (s. Beispiel auf S. 47); vor allem bei tiefen Tönen mit entsprechend großer Wellenlänge tritt daher an praktisch allen Hindernissen (Autos, Bäumen, Personen) merkliche Beugung auf. Wir beobachten also normalerweise keine geradlinige Schallausbreitung; der Schall scheint vielmehr um die Ecke zu biegen. (Die Wellenlänge des sichbaren Lichts dagegen ist so viel kleiner als die meisten Objekte, daß sich Licht in Form geradliniger Strahlen auszubreiten scheint – Strahlenoptik, s. S. 65ff).
Wegen der Beugungserscheinungen können uns Wellen Informationen über die Lage und die Struktur von Körpern nur mit der Genauigkeit von etwa einer Wellenlänge liefern. Das Auflösungsvermögen beispielsweise einer Echolotung ist daher um so besser, je kleiner die Wellenlänge (bzw. je höher die Frequenz) der verwendeten Schallwelle ist.
Dieses vergleichsweise **gute Auflösungsvermögen** von Ultraschalluntersuchungen ist vor allem erforderlich in der Werkstoffprüfung (z. B. starke Ultraschallreflexion an Rissen oder Lufteinschlüssen) und der Medizin (z. B. Sichtbarmachung des ungeborenen Kindes im Mutterleib).
Wellen transportieren aber auch **Energie.**
Die hohe Frequenz des Ultraschalls erlaubt, da er sich wegen der vergleichweise geringen Beugung gut bündeln läßt, die **Übertragung beachtlicher Energien** auf Objekte.
Sicher wurde auch bei Ihnen der Zahnstein schon einmal durch Ultraschall zerschmettert. Bei sehr hohen Ultraschalleistungen lassen sich sogar chemische Wirkungen beobachten (Abbau hochpolymerer Stoffe wie Stärke; Bildung von Wasserstoffperoxid in Wasser u. a.).
Ultraschall wird in großem Umfang zur gründlichen und schonenden **Reinigung** empfindlicher Geräteteile eingesetzt (denken Sie z. B. an die Brillenreinigung beim Optiker), wozu Ultraschallwannen dienen. Für die Chemie ist ferner die **verteilende Wirkung** des Ultraschalls von Bedeutung. So lassen sich unter Verwendung einer Ultraschallwanne leicht Emulsionen bilden (sogar Benzin/Wasser oder Quecksilber/Wasser) oder gesättigte Lösungen herstellen.
Andererseits wird die **Ausfällung** (Koagulation) fester oder flüssiger Teilchen, die in einem Gas fein verteilt sind, in stehenden Ultraschallwellen wesentlich beschleunigt. Manche Gasreinigungsanlagen in Industrieschornsteinen verwenden diese Technik zur Ruß- und Rauchabscheidung.
Schließlich wird die Messung der Ultraschallgeschwindigkeit in zunehmendem Maße zur **Strukturaufklärung von Kolloiden** herangezogen.

Kapitel 2
# Optik

Dieses Kapitel gliedert sich in vier Hauptabschnitte.
Im Anschluß an die Behandlung der mechanischen Wellen beschäftigen wir uns im ersten Abschnitt mit den (nichtmechanischen) **elektromagnetischen Wellen.** Diese umfassen einen sehr großen Frequenz- und Wellenlängenbereich, von dem das sichtbare Licht nur einen winzigen Ausschnitt darstellt. Nach einem kurzen Überblick über die für den Chemiker wichtige Spektroskopie diskutieren wir das menschliche Farb- und Helligkeitsempfinden.
Die **geometrische Optik** oder Strahlenoptik ist der Gegenstand des zweiten Abschnitts. Hier interessieren wir uns für die optischen Phänomene, bei denen wir die Ausbreitung des Lichts in Form gerader Linien (Lichtstrahlen) darstellen. Ein Großteil der optischen Bauelemente (Spiegel, Prismen, Linsen) wird hier besprochen.
Im dritten Abschnitt befassen wir uns mit einigen Erscheinungen und der Arbeitsweise optischer Geräte (z. B. dem Gittermonochromator), die mit der Abweichung von der geradlinigen Lichtausbreitung zusammenhängen. Außer Beugungs- und Interferenzphänomenen diskutieren wir im Rahmen der **Wellenoptik** auch die Polarisation des Lichts.
Der vierte und letzte Abschnitt behandelt die Wechselwirkung von **Licht und Materie.** Neben den Strahlungsgesetzen betrachten wir hier die quantenhafte Absorption und Emission von Licht, wobei auch der Laser angesprochen wird.

## 1. Licht als elektromagnetische Welle

Diese Überschrift klingt so selbstverständlich.
Aber **warum** beschreiben wir Licht nicht als mechanische, sondern als elektromagnetische Welle?
Wie paßt das mit der Vorstellung von **Lichtquanten** (Photonen) zusammen, von denen Sie vielleicht schon gehört haben?
Wir wollen zunächst versuchen, auf diese und ähnliche Fragen eine Antwort zu geben, bevor wir uns mit den elektromagnetischen Wellen selbst befassen.

### 1.1 Unsere Vorstellung vom Licht

#### 1.1.1 Energietransport durchs Vakuum

Das Licht der Sonne war vor der Nutzung der Kernenergie direkt oder auf dem Umweg über Wasserkraft oder Holz, Kohle und Erdöl unsere einzige Energiequelle.
Wie können solch gewaltige Energiemengen über derart riesige Entfernungen transportiert werden?
Wir wissen inzwischen, daß fortschreitende Wellen Energie transportieren. Daher ist die Annahme naheliegend, daß es sich bei der Sonnenstrahlung um Wellen handelt.
Tatsächlich wurde der **Wellencharakter des Lichts** (vor allem durch Interferenzversuche,

s. S. 108ff) schon zu Beginn des 19. Jahrhunderts nachgewiesen. Aber um was für Wellen handelt es sich dabei?

Da die Mechanik als erstes physikalisches Teilgebiet abgeschlossen und außerdem bei der Erklärung vieler Phänomene sehr erfolgreich war, glaubte man im 19. Jahrhundert zunächst, alle Erscheinungen seien letztlich mechanisch erklärbar. Man hielt daher auch das Licht für eine mechanische Welle.
Mechanische Wellen aber benötigen zu ihrer Ausbreitung Materie; Schallwellen können sich im Vakuum nicht ausbreiten. Der freie Weltraum, durch den sich Licht offensichtlich ungehindert ausbreitet, stellt sogar ein besseres Vakuum dar, als wir es auf der Erde herstellen können.
Vorher haben wir gesehen, daß die Ausbreitungsgeschwindigkeit mechanischer Wellen mit der Steifigkeit der Materie wächst (in Stahl ist die Ausbreitungsgeschwindigkeit von Schallwellen größer als in Wasser und dort größer als in Luft, s. S. 47). Die Lichtgeschwindigkeit ist mit rund 300000 km/s (!) so viel größer als die Ausbreitungsgeschwindigkeit von Schallwellen, daß die Steifigkeit keines bekannten Stoffes auch nur annähernd eine so hohe Ausbreitungsgeschwindigkeit mechanischer Wellen erklären könnte.
Wir werden später sehen, daß Licht polarisiert werden kann, also eine Transversalwelle darstellen muß (s. S. 42). Transversalwellen können sich jedoch nur in festen Stoffen ausbreiten.
Wäre Licht eine mechanische Welle, so müßte das Vakuum von einem festen Stoff allerhöchster Quersteifigkeit erfüllt sein!
Derart kühne Gedankenkonstruktionen stellten manche Physiker tatsächlich auf (bekannt geworden unter dem Stichwort Lichtäther-Hypothese), um den Gedanken nicht aufgeben zu müssen, die Mechanik könne alles erklären.
Spätere Experimente widerlegten jedoch alle derartigen Hilfsvorstellungen eindeutig.

**Licht** kann also **keine mechanische Welle** sein.
In der zweiten Hälfte des 19. Jahrhunderts sagte **Maxwell** aufgrund fundamentaler theoretischer Überlegungen die Existenz **elektromagnetischer Wellen** voraus, die zu ihrer Ausbreitung keiner Materie bedürfen, sich also auch im Vakuum ausbreiten können.
Wenig später gelang es **Hertz** (nach dem die Frequenzeinheit benannt wurde), künstlich elektromagnetische Wellen zu erzeugen. Die Ausbreitungsgeschwindigkeit dieser Wellen im Vakuum erwies sich als exakt gleich mit der des Lichts.
Etwa zu Beginn dieses Jahrhunderts war die gesamte Fachwelt davon überzeugt, daß das **Licht** den **elektromagnetischen Wellen** zuzuordnen sei.

### 1.1.2 Welle-Teilchen-Dualismus

Trotzdem ließen sich einige experimentelle Befunde auch mit diesem Wellenmodell des Lichts nicht vereinbaren. Dazu gehören der lichtelektrische Effekt (Photoeffekt) oder die Absorption und Emission von Licht durch atomare Systeme sowie die Strahlung des sogenannten schwarzen Körpers (Licht und Materie, s. S. 124ff).
**Planck** und **Einstein** zeigten einerseits kurz nach der Jahrhundertwende, daß die Existenz von Lichtteilchen, den **Lichtquanten** oder **Photonen,** diese Art von Experimenten widerspruchsfrei erklären könnte.
Andererseits schienen aber die vorher erwähnten Interferenzexperimente die Wellennatur des Lichts zu beweisen; mit der Teilchenvorstellung des Lichts waren sie unvereinbar.

Sie sind nun wahrscheinlich genauso verwirrt wie viele Physiker zu Beginn des Jahrhunderts und wollen wissen, aus was denn das Licht nun wirklich bestehe – aus **Wellen oder Teilchen.**

Auf diese Frage nach der wirklichen Natur des Lichts gibt es – wie allgemein in der Naturwissenschaft – keine Antwort.
Unsere Modellvorstellungen von Wellen und Teilchen entstammen unseren (hauptsächlich mechanischen) Umwelterfahrungen.
Der Feinbau des Lichts läßt sich mit diesen groben Modellen nicht exakt und eindeutig beschreiben.
Sowohl das Wellen- als auch das Teilchenmodell des Lichts ist durchaus berechtigt und nützlich, wenn wir den jeweiligen Gültigkeitsbereich beachten:
Zur Erklärung der **Ausbreitung** eignet sich das **Wellenmodell,** zum Verständnis der **Absorption** (Einfang) oder **Emission** (Aussendung) von Licht durch Materie dagegen das **Teilchenmodell** (Photonenmodell) des Lichts.
Dieser **Welle-Teilchen-Dualismus** ist nun keineswegs eine Besonderheit des Lichts. Den modernen Vorstellungen vom Atombau und den Elementarteilchen liegt vielmehr die Überzeugung zugrunde, daß alle Materieteilchen neben dem Teilchencharakter auch Wellencharakter aufweisen.
Diese auf **de Broglie** zurückgehende Idee wurde schon vor über 50 Jahren mit der für Wellen typischen Beugungserscheinung von Elektronen nachgewiesen. Diese **Elektronenbeugung** ist heute ein vielverwendetes Verfahren zur Analyse von Kristall- bzw. Oberflächenstrukturen.

Sie meinen jetzt vielleicht, Licht und Materie seien dann wohl dasselbe, da ja beide Wellen- und Teilchencharakter aufweisen können.
Das ist nicht richtig, denn in einem Punkt unterscheiden sich Licht (bzw. alle elektromagnetischen Wellen) und Materie völlig: Licht muß sich immer mit Lichtgeschwindigkeit bewegen, es kann nicht stehenbleiben. (Es gibt zwar stehende (Licht-)Wellen, aber diese werden ja durch Überlagerung zweier gegenläufiger **fortschreitender** (Licht-)Wellen erzeugt.) Materie dagegen kann der Lichtgeschwindigkeit zwar beliebig nahekommen, sie aber niemals ganz erreichen.

Kehren wir wieder zur Optik zurück. Sofern sich diese mit der **Ausbreitung** des Lichts befaßt, können wir das **Licht** ruhigen Gewissens als **elektromagnetische Welle** beschreiben, wenn wir uns der Grenzen des Modells bewußt sind.
Im nächsten Abschnitt versuchen wir daher, uns von den elektromagnetischen Wellen eine etwas konkretere Vorstellung zu machen.

## 1.2 Elektromagnetische Wellen

### 1.2.1 Entstehung und Ausbreitung

Bei mechanischen Schwingungen findet eine periodische Umwandlung der Gesamtenergie zwischen den beteiligten Energieformen statt, beim horizontal schwingenden Federpendel beispielsweise zwischen Spannenergie und kinetischer Energie (s. S. 35).
Bei elastischer Kopplung von Schwingern, z. B. in Form der Federkette oder der Schraubenfeder, wandert Energie in Form fortschreitender mechanischer Wellen den Wellenträger entlang (s. S. 39ff). Auch dabei findet ein periodischer Wechsel zwischen beispielsweise Spannenergie der Kopplungsfedern und kinetischer Energie der schwingenden Massen statt.
Wir haben gesehen, daß auch **elektromagnetische Wellen** Energie transportieren, sogar durchs Vakuum. Auch hier ist eine Wellenausbreitung nur möglich, wenn irgend etwas schwingt und dabei ein periodischer Wechsel zwischen den beteiligten Energieformen stattfindet. Aber was kann im Vakuum schwingen, und welche Energieformen sind in Abwesenheit von Materie überhaupt denkbar?

In der Elektrizitätslehre (Kap. 4) werden wir dem **Feldbegriff** begegnen. Der Physiker nimmt nämlich an, daß der Raum um elektrische Ladungen verändert sei und ein sogenanntes **elektrisches Feld** enthalte. Dies erklärt, warum eine zweite Ladung in der Umgebung der ersten auch ohne sichtbaren Kontakt eine Kraft erfährt.
Andererseits sind auch Magnete, und zwar sowohl Dauermagnete als auch Elektromagnete (stromdurchflossene Leiter) von einem wahrnehmbaren Feld, dem **magnetischen Feld,** umgeben. In solchen Magnetfeldern wirken Kräfte auf andere Magnete oder magnetisierbare Stoffe.
Sowohl elektrische Felder als auch magnetische Felder können im leeren Raum existieren. Beide Arten von Feldern benötigen zu ihrem Aufbau Energie, die bei ihrem Abbau wieder freigesetzt wird (enthalten also Energie).
**Statische** (unveränderliche) elektrische oder magnetische Felder können sich jedoch nicht verselbständigen, d. h. von den sie erzeugenden Ladungen oder Strömen trennen.
Schwingende Ladungen dagegen erzeugen zeitlich periodisch veränderliche elektrische und magnetische Felder, sogenannte **Wechselfelder.** Diese Schwankungen der Feldstärke übertragen sich auf die Umgebung und können sich selbständig fortpflanzen (elektromagnetische Wellen).
In der Sendeantenne eines Rundfunksenders werden die Elektronen in erzwungene Schwingungen versetzt und dadurch elektromagnetische Wellen abgestrahlt. Die von diesen mitgeführte Energie wird den in der Antenne schwingenden Elektronen entzogen. Durch diese **Strahlungsdämpfung** würde die Schwingung rasch abklingen, wenn der Sender nicht laufend Energie nachliefern würde (s. S. 37f).

Die nachstehende Momentaufnahme einer fortschreitenden elektromagnetischen Welle soll verdeutlichen, daß eine elektromagnetische Welle eine Transversalwelle darstellt, bei der die **elektrische Feldstärke** und die **magnetische Feldstärke** senkrecht zueinander schwingen.

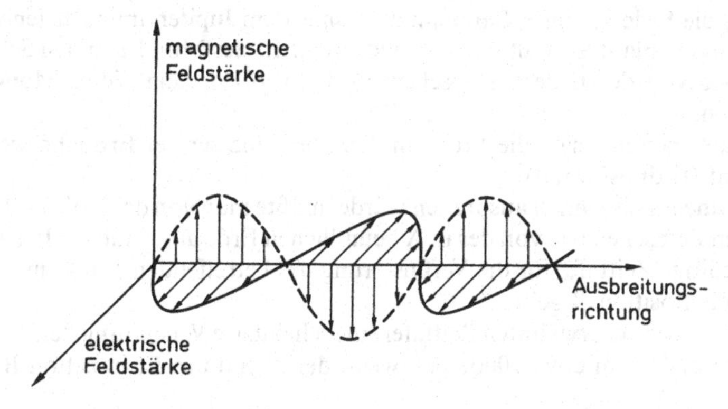


So, wie bei der mechanischen Welle ein periodischer Wechsel zwischen Spannenergie und kinetischer Energie die Ausbreitung der Welle ermöglicht, verdankt die **elektromagnetische Welle** ihre Existenz der periodischen Umwandlung von elektrischer in magnetische Feldenergie und umgekehrt:
Das sich ändernde elektrische Feld der Welle erzeugt ein magnetisches Feld, das sich ebenfalls ändert. Dieses sich ändernde Magnetfeld ruft wiederum ein elektrisches Feld hervor usw. Dieser Vorgang läßt sich analog der Ausbreitung von Schallwellen in Gasen verstehen: Durch eine Kompression des Gases wird eine Druckänderung erzeugt, die eine Deformation der Umgebung zur Folge hat, welche wiederum eine Druckänderung bewirkt usw.

Die **elektrischen und magnetischen Wechselfelder** erhalten sich daher ohne Ströme und Ladungen gegenseitig.
Eine nur elektrische oder nur magnetische Welle dagegen kann es nicht geben. Sie ist genauso unmöglich wie eine mechanische Welle, die stets nur kinetische Energie oder stets nur Spannenergie enthält.

### 1.2.2 Lichtgeschwindigkeit

Wenn wir von der **Lichtgeschwindigkeit** ohne nähere Angaben reden, so meinen wir damit die – von Frequenz bzw. Wellenlänge unabhängige – Ausbreitungsgeschwindigkeit elektromagnetischer Wellen **im Vakuum.**
Schon vor über 300 Jahren gelang es **Römer,** die Lichtgeschwindigkeit mit einer astronomischen Methode recht genau zu bestimmen:

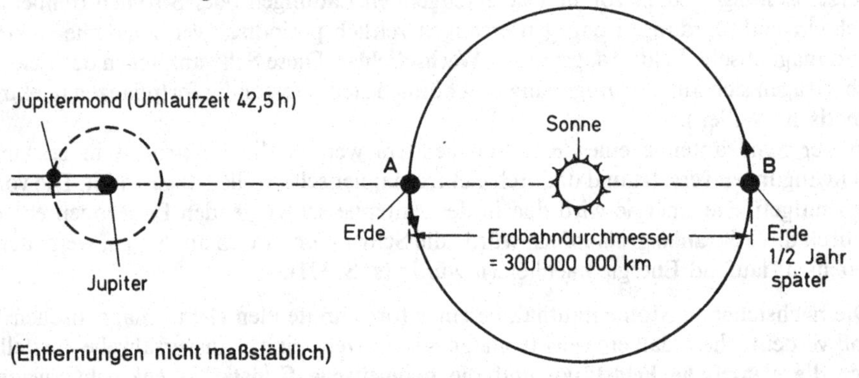


Römer maß die Zeit, die ein bestimmter Jupitermond für einen vollen Umlauf um den Jupiter benötigt, als die Erde auf ihrer Bahn um die Sonne dem Jupiter am nächsten war (Erdposition A). Diese Umlaufzeit läßt sich am Wiedereintritt des Mondes in den Schatten des Jupiters, also von der Erde aus gesehen an der Verfinsterung dieses Mondes, zuverlässig feststellen.
Ein halbes Jahr später befindet sich die Erde um den Durchmesser der Erdbahn weiter vom Jupiter entfernt (Erdposition B).
Falls das Licht sich unendlich schnell ausbreiten würde, müßte man von der Erde in B aus Ereignisse zur selben Zeit sehen wie von der in A befindlichen Erde aus. Eine für Position A berechnete und gültige Zeittafel für die Verfinsterung des betreffenden Jupitermondes müßte dann auch für Position B gelten.
Tatsächlich tritt gegenüber der erwähnten Zeittafel eine scheinbare Verspätung der Verfinsterung des Jupitermondes um etwa 1000 s ein, wenn der Mond aus Erdposition B betrachtet wird.
Römer deutete diese Zeit richtigerweise als zusätzliche Laufzeit des Lichts von A nach B, d. h. für den Durchmesser der Erdbahn um die Sonne von rund 300000000 km.

**Beispiel**
Berechnen Sie aus den angegebenen Werten die Lichtgeschwindigkeit.

**Lösung**

Lichtgeschwindigkeit $c = \frac{\text{Weg}}{\text{Zeit}}$

$$\Rightarrow \quad c = \frac{300000000\,\text{km}}{1000\,\text{s}} = 300000\,\frac{\text{km}}{\text{s}} = 3 \cdot 10^8\,\frac{\text{m}}{\text{s}}$$

Das Licht ist also so schnell, daß es in einer Sekunde den Äquator 7,5mal umrundet und von der Erde zu unserem Mond nur wenig mehr als 1 Sekunde unterwegs ist!
Römer selbst ermittelte die Lichtgeschwindigkeit zu 214 500 km/s, da er andere (weniger genaue) Werte für den Erdbahndurchmesser und die Verspätung verwendete, aber selbst dieser Wert weicht um weniger als 30% vom genauen Wert der Lichtgeschwindigkeit ab.
Dieses Beispiel zeigt, daß sich auch mit bescheidenem Aufwand – dafür aber genialen Ideen – erstaunlich gute Ergebnisse erzielen lassen. Zahlreiche weitere Meilensteine in der Geschichte der Naturwissenschaften wurden auf ähnlich pfiffige Weise gesetzt.
Dank moderner Untersuchungsmethoden ist heute die Lichtgeschwindigkeit die am genauesten bekannte Naturkonstante: Lichtgeschwindigkeit im Vakuum = $(299\,792{,}456 \pm 0{,}001)$ km/s; die Lichtgeschwindigkeit in Materie ist geringer (s. S. 82; in Luft beispielsweise ist das Licht um etwa 0,3‰ langsamer).
Für die Praxis genügt es, wenn Sie sich den oben errechneten Wert von $c = 300\,000$ km/s merken.

### 1.2.3 Spektrum der elektromagnetischen Wellen

Gesamtspektrum elektromagnetischer Wellen

| Frequenz (Hz) | Wellenlänge (m) | Bezeichnung | |
|---|---|---|---|
| $3 \cdot 10$ | $10^{7}$ | aus Wechselströmen | elektrotechnisch erzeugbare Wellen |
| $3 \cdot 10^{2}$ | $10^{6}$ | | |
| $3 \cdot 10^{3}$ | $10^{5}$ | | |
| $3 \cdot 10^{4}$ | $10^{4}$ | | |
| $3 \cdot 10^{5}$ | $10^{3}$ | Rundfunkwellen | |
| $3 \cdot 10^{6}$ | $10^{2}$ | | |
| $3 \cdot 10^{7}$ | $10$ | | |
| $3 \cdot 10^{8}$ | $1$ | | |
| $3 \cdot 10^{9}$ | $10^{-1}$ (= 10 cm) | Mikrowellen | |
| $3 \cdot 10^{10}$ | $10^{-2}$ (= 1 cm) | | |
| $3 \cdot 10^{11}$ | $10^{-3}$ (= 1 mm) | | |
| $3 \cdot 10^{12}$ | $10^{-4}$ (= 100 µm) | | |
| $3 \cdot 10^{11}$ bis $3 \cdot 10^{14}$ | | Infrarot | natürlich ausgestrahlte Wellen |
| $3 \cdot 10^{13}$ | $10^{-5}$ (= 10 µm) | | |
| $3 \cdot 10^{14}$ | $10^{-6}$ (= 1 µm) | sichtb. Licht | |
| $3 \cdot 10^{15}$ | $10^{-7}$ (= 100 nm) | Ultraviolett | |
| $3 \cdot 10^{16}$ | $10^{-8}$ (= 10 nm) | | |
| $3 \cdot 10^{17}$ | $10^{-9}$ (= 1 nm) | | |
| $3 \cdot 10^{18}$ | $10^{-10}$ (= 100 pm) | Röntgenstrahlen | |
| $3 \cdot 10^{19}$ | $10^{-11}$ (= 10 pm) | | |
| $3 \cdot 10^{20}$ | $10^{-12}$ (= 1 pm) | $\gamma$-Strahlen | |
| $3 \cdot 10^{21}$ | $10^{-13}$ | elektromagn. Wellen in der Höhenstrahlung | |
| $3 \cdot 10^{22}$ | $10^{-14}$ | | |
| $3 \cdot 10^{23}$ | $10^{-15}$ | | |

Ebenfalls im 17. Jahrhundert zerlegte **Newton** das weiße Licht der Sonne mit Hilfe eines Glasprismas in seine **Spektralfarben;** das dabei auftretende Farbenband heißt **Spektrum** des weißen Lichts (ähnlich wie beim Regenbogen).
Jeder dieser Farben kommt eine bestimmte Frequenz bzw. Wellenlänge zu. Wir verwenden in diesem Zusammenhang den Begriff **Spektrum** daher ebenfalls, wenn wir von einem beliebigen oder dem gesamten Frequenz- bzw. Wellenlängenbereich der elektromagnetischen Strahlung reden. (Übrigens wird auch das über der Frequenz oder Wellenlänge

aufgetragene Maß für die Absorption oder Emission von Atomen oder Molekülen als (Absorptions- bzw. Emissions-)**Spektrum** bezeichnet, s. S. 57ff.
Die Zusammenstellung auf S. 55 gibt einen Überblick über den **Gesamtbereich** des elektromagnetischen Spektrums; beachten Sie die nichtlineare Skalenteilung.

Wir können dabei zwei Hauptbereiche unterscheiden:
Auf rein **elektrotechnischem** Weg lassen sich heute elektromagnetische Wellen bis über $10^{12}$ Hz, entsprechend Wellenlängen von einigen Hundertsteln eines Millimeters, erzeugen.
Wellen noch höherer Frequenz bzw. noch kleinerer Wellenlänge werden von heißen Körpern, angeregten Atomen bzw. Molekülen sowie angeregten Atomkernen (radioaktiver Zerfall) ausgesandt oder stammen aus der aus dem Weltall kommenden Höhenstrahlung. Bei diesen **natürlichen** elektromagnetischen Wellen können Frequenzen bis über $10^{23}$ Hz und entsprechend Wellenlängen von um $10^{-15}$ m auftreten.
Die kürzesten elektrotechnisch hergestellten Wellen überschneiden sich dabei mit den längsten natürlich ausgesandten Wellen.
Sie brauchen sich – wie schon bei den Schallwellen – entweder nur die Frequenz oder nur die Wellenlänge einer Sie interessierenden elektromagnetischen Strahlung zu merken, da Sie jeweils die andere Größe leicht ausrechnen können.

**Beispiel**
Fernleitungen, in denen Wechselstrom von 50 Hz fließt, strahlen (unerwünschterweise) in geringem Umfang elektromagnetische Wellen ab. Welche Wellenlänge besitzen diese?
**Lösung**

$$c = \lambda \cdot \nu \quad \Rightarrow \quad \lambda = \frac{c}{\nu} = \frac{300\,000\,\text{km}}{50\,\text{s}^{-1} \cdot \text{s}} = 6000\,\text{km}$$

Betrachten wir kurz die einzelnen Bereiche des Spektrums:
Die für **Rundfunk**übertragungen verwendeten Wellen reichen etwa von 150 kHz (Langwelle) bis 100 MHz (Ultrakurzwelle), d. h. die Wellenlängen liegen zwischen 2 km und 3 m. Fernsehsender strahlen Frequenzen bis fast 1 GHz aus (1 GHz = $10^3$ MHz = $10^6$ kHz = $10^9$ Hz).
Zu kürzeren Wellenlängen hin folgt der Bereich der **Mikrowellen,** die sowohl in Radargeräten verwendet werden (in Flugzeugen, Schiffen, aber auch bei der Polizei) als auch in Mikrowellenherden.
Mit den Mikrowellen überlappt sich der langwellige Teil der von heißen Körpern ausgesandten Wärmestrahlung, die unter dem Namen **Infrarot** (IR) bekannt ist.
An das kurzwellige Infrarot schließt sich der vergleichsweise schmale Bereich des **sichtbaren Lichts** an, der von etwa 800 nm (rotes Licht) bis etwa 400 nm (violettes Licht) reicht; die entsprechenden Frequenzen liegen bei einigen $10^{14}$ Hz und sind zwar (s. o.) berechenbar, aber nicht mehr direkt meßbar. (In der Musik spricht man von einer Oktave, wenn der erste und letzte Ton im Frequenzverhältnis 1 : 2 stehen. Auf die elektromagnetischen Wellen übertragen ergibt sich ein Gesamtbereich von etwa 80 Oktaven, von denen das sichtbare Licht lediglich **eine** Oktave überdeckt.)
Noch kürzere Wellenlängen bzw. höhere Frequenzen besitzt das **Ultraviolett** (UV), das bis etwa 1 nm herabreicht.
Die **Röntgenstrahlung** überschneidet sich mit dem UV-Bereich, die **γ-Strahlung** wiederum mit dem der Röntgenstrahlen, und die **Höhenstrahlung** überlappt sich mit beiden. Überhaupt sind die Grenzen viel fließender, als es nach der Zusammenstellung scheint.
Dieser Überblick mag Ihnen zunächst verwirrend vorkommen, daher einige klärende Worte:

**Mikrowellen** und **Infrarotstrahlung** derselben Wellenlänge stellen auch **dieselbe** elektromagnetische Welle dar. Allein anhand der Welle kann daher niemand sagen, ob es sich um eine Mikrowelle oder Infrarotwelle handelt. Diese (formelle) Unterscheidung betrifft nur die **Herkunft,** nicht die Natur der Welle.
Ebenso ist Röntgenstrahlung und $\gamma$-Strahlung derselben Wellenlänge nicht unterscheidbar. Wir reden von **Röntgenstrahlung,** wenn wir wissen, daß diese einer angeregten **Atomhülle** entstammt und von **$\gamma$-Strahlung,** wenn sie von einem angeregten **Atomkern** emittiert wurde.
Elektromagnetische Wellen selbst unterscheiden sich also ausschließlich durch ihre **Frequenz bzw. Wellenlänge!**
Das **sichtbare Licht** stellt somit ebenfalls im physikalischen Sinne nichts Besonderes dar, auch wenn wir Menschen nur für diesen Spektralbereich in Form unserer Augen spezifische Wahrnehmungsorgane besitzen.
Die Situation ist ähnlich wie beim Schall, wo wir auch nur aufgrund des menschlichen Wahrnehmungsvermögens zwischen Infraschall, Hörschall und Ultraschall unterschieden haben.
Genauso, wie manche **Tiere** (z. B. Fledermäuse) Ultraschall hören können, **sehen** andere (z.B. Bienen) **Ultraviolett.**
Stellen wir abschließend noch einige Größenvergleiche an:
Atomdurchmesser liegen bei einigen hundert pm (Picometer; 1 pm = $10^{-12}$ m) und sind damit tausendfach kleiner als die Wellenlänge des sichtbaren Lichts. Früher wurde übrigens im atomaren Bereich vorwiegend die Einheit Ångström – 1 Å = 100 pm – verwendet, da sie etwa dem Durchmesser eines Wasserstoff-Atoms entspricht.
Andererseits ist die Lichtwellenlänge mindestens tausendfach kleiner als die Dimensionen der meisten Alltagsgegenstände, so daß diese für uns direkt sichtbar sind. Atomare bzw. kristalline Strukturen dagegen lassen sich mit sichtbarem Licht nicht auflösen (denken Sie an die schon auf S. 49 erwähnte Beugung). Geeignet ist hierfür vielmehr die kurzwelligere Röntgenstrahlung (Röntgenstrukturanalyse). Die Wellenlängen der Röntgen- und $\gamma$-Strahlen liegen nämlich zwischen den Abmessungen der Atome und denen der Atomkerne von einigen $10^{-15}$ m.

## 1.3 Spektroskopie und ihre Bedeutung

Unter dem Begriff **Spektroskopie** faßt man alle Verfahren zusammen, die der Erfassung des Spektrums einer Substanz dienen.
Man untersucht also sowohl qualitativ wie quantitativ die Absorption bzw. Emission von elektromagnetischer Strahlung durch die Atome oder Moleküle des zu untersuchenden Stoffs in Abhängigkeit von der Wellenlänge (bzw. der Frequenz).
Entsprechend spricht man von **Absorptionsspektroskopie** oder **Emissionsspektroskopie** bzw. vom Absorptions- bzw. Emissionsspektrum der betreffenden Substanz.
Die Spektren aller Elemente und vieler wichtiger chemischer Verbindungen wurden bestimmt und sind in der Literatur zu finden.

Aber **weshalb** sind wir am Spektrum einer Substanz überhaupt interessiert?
Spektren enthalten eine **Vielzahl von Informationen,** und zwar insbesondere im Hinblick auf zwei Interessengebiete der Chemie:
Wir können einerseits fragen, **warum** das gemessene Spektrum eines bestimmten Elements oder einer Verbindung so und nicht anders aussieht.
Durch Vergleich mit theoretischen Überlegungen (Modellen) können wir Details über den **Aufbau der Atomhülle** oder über die **Struktur von Molekülen** und die in ihnen vorliegenden **Bindungsverhältnisse** erfahren.

Tatsächlich wurden die meisten Atom- und Moleküldaten **spektroskopisch** ermittelt. Für den **analytisch** arbeitenden Chemiker andererseits ist vor allem die Tatsache interessant, daß jedes Element und jede Verbindung **ein anderes Spektrum** besitzt. Dieses Spektrum ist für den jeweiligen Stoff genauso **charakteristisch,** wie ein Fingerabdruck für einen Menschen.
Dabei gilt stets, daß **Atome Linienspektren** besitzen, d. h. nur bei ganz bestimmten, scharfen Wellenlängen Strahlung absorbieren oder emittieren.
**Moleküle** dagegen weisen **Bandenspektren** auf, also mehr oder weniger breite Absorptionsbereiche bzw. Emissionsbereiche von charakteristischer Gestalt. Dabei unterscheiden sich bei Molekülen die Wellenlängen zugehöriger Absorptions- und Emissionsbanden deutlich.
**Feste Körper** schließlich besitzen ein **kontinuierliches,** im wesentlichen unstrukturiertes **Spektrum.**
Durch Vergleich des Spektrums der Untersuchungssubstanz mit den bekannten Spektren können viele darin enthaltene Elemente oder Verbindungen **qualitativ** nachgewiesen oder sogar **quantitativ** bestimmt werden (je nach apparativer Ausstattung). Sogar unser Wissen über die chemischen Elemente oder Verbindungen auf anderen Himmelskörpern und im Weltall selbst sowie über die dort herrschenden Bedingungen (Temperatur, Druck) beruht beinahe ausschließlich auf spektroskopischen Messungen.
Sie kennen ja den Nachweis einiger Alkali- und Erdalkalimetalle im Praktikum der Anorganischen Chemie mittels der **Spektralanalyse** (Flammenfärbung).
In chemischen Labors von Forschung und Industrie gehören spektroskopische Methoden heute zu den **meistverwendeten Nachweisverfahren** überhaupt:
Einerseits gestatten sie häufig eine Steigerung der Nachweisgenauigkeit bzw. selbst die **Erfassung von Spuren** chemischer Stoffe (z. B. in Form der Atom-Absorptions-Spektroskopie, AAS), was sie auch im Umweltschutz (z. B. Überprüfung biologischen Materials auf Schwermetallspuren) unentbehrlich macht.
Andererseits ist auch die **Schnelligkeit** spektroskopischer Methoden von Vorteil, so beispielsweise bei der laufenden Überwachung und automatischen Steuerung der Konzentration von Legierungsbestandteilen bei der Stahlherstellung.

## 1.4 Bereiche der Spektroskopie

Spektroskopische Untersuchungen decken nahezu das **gesamte Spektrum** der elektromagnetischen Wellen ab (s. S. 55).
Die in den verschiedenen Frequenzbereichen üblichen Verfahren unterscheiden sich bezüglich des **apparativen Aufbaus** und der **zugänglichen Information** oft grundsätzlich. Außer der bereits erwähnten Unterscheidung zwischen Absorptions- und Emissionsspektroskopie teilt man daher nach Frequenzbereichen und der Art der Verfahren ein.

Im Rahmen einer Grobgliederung nach zunehmender Frequenz können wir drei Bereiche unterscheiden:
- Resonanzspektroskopie
- optische Spektroskopie
- Röntgenspektroskopie

### 1.4.1 Resonanzspektroskopie

Die verwendeten elektromagnetischen Wellen gehören bei der sogenannten NMR (Nuclear-Magnetic-Resonance = Kernmagnetische Resonanz) in den **Rundfunkwellenbereich** und bei der ESR (Electron-Spin-Resonance = Elektronenspinresonanz) in den **Mikrowellenbereich.**

Vor allem die **NMR-Untersuchungen** spielen bei der Strukturaufklärung komplizierter organischer Verbindungen (z. B. von Arzneimitteln) eine wichtige Rolle. Aufgrund der sehr hohen Kosten brauchbarer Geräte (bis über 500000,– DM) verfügen allerdings nur größere Firmen oder Forschungsinstitute über derartige Apparate.

Wir können uns das Verfahren stark vereinfacht folgendermaßen vorstellen:

Gewisse Atomkerne, z. B. der des Wasserstoffs (das Proton), vermögen elektromagnetische Wellen einer ganz bestimmten, im Rundfunkwellenbereich liegenden Frequenz zu absorbieren, wenn sie sich dabei zusätzlich in einem starken äußeren Magnetfeld befinden. Das tatsächliche Magnetfeld am Kernort – und damit die Resonanzfrequenz, bei der Absorption erfolgt – hängt jedoch etwas von der **chemischen Umgebung,** also den Nachbarn der betreffenden Kernsorte im Molekül ab.

Aus dieser – sehr genau meßbaren – **chemischen Verschiebung** der Resonanzfrequenz können wir daher auf die Anordnung anderer Atome im Bereich der betreffenden Kerne in der untersuchten Verbindung schließen.

### 1.4.2 Optische Spektroskopie

Diese umfaßt den **infraroten, sichtbaren** und **ultravioletten** Spektralbereich.

Im **sichtbaren** Spektralbereich wurden begreiflicherweise (z. B. das Auge als Strahlungsempfänger einsetzbar) die ersten Untersuchungen durchgeführt. In diesem und im nahen UV werden auch heute noch Spektren gemessen.

Die hier verwendeten Spektralapparate lassen sich aus den klassischen optischen Bauteilen (wie Linsen und Prismen) aufbauen. Im nahen UV allerdings müssen diese (wegen der UV-Absorption des normalen Glases) aus Quarzglas hergestellt werden.

Die meisten Informationen über die **Elektronenhülle,** und zwar über die Valenzelektronen von Atomen oder Molekülen, stammen aus Messungen in diesem Spektralbereich, in den auch die Atom-Absorptions-Spektroskopie fällt.

Untersuchungen im Infrarot und im fernen Ultraviolett wurden erst durch den Einsatz modernerer Komponenten (Strahlungsquellen, Monochromatoren und Detektoren unterscheiden sich von den im sichtbaren Bereich verwendeten) möglich.

Die **IR-Spektroskopie** läßt insbesondere die Messung der **Schwingungsfrequenzen** funktioneller Gruppen zu und dient daher beispielsweise zur Identifikation bestimmter funktioneller Gruppen in größeren Molekülen.

Die Spektroskopie im fernen UV ist für den Chemiker von geringerem Interesse (sie dient vorwiegend zur Untersuchung hochangeregter Elektronenzustände von Atomen oder Molekülen).

### 1.4.3 Röntgenspektroskopie

Die **Röntgenspektroskopie** wird beispielsweise zur Untersuchung von Kristallstrukturen mittels Röntgenbeugung eingesetzt.

Außerdem trug die Röntgenspektroskopie entscheidend zur Klärung des Aufbauprinzips des Periodensystems bei:

Das berühmte **Moseleysche Gesetz,** das schon 1913 gefunden wurde, sagt aus, daß die

Wellenlänge einer bestimmten Röntgenlinie eindeutig von der Kernladungszahl des diese Röntgenstrahlung emittierenden Elements abhängt.
Die für die Stellung eines Elements im Periodensystem maßgebende Ordnungszahl erwies sich als identisch mit der Kernladungszahl und konnte direkt aus dem Röntgenspektrum des Elements bestimmt werden.

## 1.5 Spektralfarben und Farbempfindung

### 1.5.1 Farbe als Sinnesempfindung

Wenn Sie die Eigenschaften eines Bauklötzchens beschreiben sollten, würden Sie vielleicht sagen: „Es ist quaderförmig, besitzt eine Masse von 20 g, ein Volumen von 24 $cm^3$ und ist blau."
Man könnte also meinen, die Farbangabe sei genauso eine physikalische Größe wie beispielsweise Masse und Volumen. Das ist **nicht** richtig; lediglich die vom Körper reflektierte elektromagnetische Strahlung ist objektiv meßbar.
Die Farbe ist eine **Sinnesempfindung** in unserem Gehirn, die entsteht, wenn die Netzhaut des Auges von elektromagnetischer Strahlung im sichtbaren Spektralbereich getroffen wird, also eine **physiologische** Größe. (Erinnern Sie sich an die Unterscheidung zwischen der physikalischen Größe Schallstärke und der physiologischen Größe Lautstärke auf S. 47?)
Dieser Sinneseindruck ist individuell verschieden. Ein Farbenblinder mißt dasselbe Spektrum einer farbigen Lichtquelle wie ein Sehender, ohne je eine Farbe wahrnehmen zu können.

### 1.5.2 Spektralfarben und Mischfarben

Das weiße Sonnenlicht läßt sich, wie wir schon vorher erwähnt haben, in seine **Spektralfarben** zerlegen.
Jede Spektralfarbe des sichtbaren Spektrums besitzt dabei eine bestimmte Frequenz bzw. Wellenlänge, die – im Gegensatz zum Farbeindruck – objektiv meßbar ist.

Normalerweise werden nur die Spektralfarben

Rot, Orange, Gelb, Grün, Blau, Indigo, Violett

namentlich erwähnt, aber dazwischen liegen (erinnern Sie sich an einen Regenbogen) beliebig viele weitere Farbtöne.

Da alle sichtbaren Wellenlängen von etwa 800 nm (Rot) bis 400 nm (Violett) durch diese Vielzahl von Farbtönen abgedeckt werden, erwartet man eigentlich keine weiteren Farbtöne mehr.
Die Purpurfarbtöne kommen beispielsweise aber **nicht** im Spektrum des weißen Lichts vor, sie sind also keine Spektralfarben.
Man bezeichnet sie als **Mischfarben,** da die entsprechenden Farbeindrücke durch Mischen von Spektralfarben entstehen.
Genauer gesagt: Treffen auf der Netzhaut des Auges gleichzeitig mehrere Spektralfarben (oder ein ganzer Bereich von Spektralfarben) auf, die von derselben Stelle eines Körpers ausgesandt werden, so sehen wir diese Stelle des Körpers nicht mehrfarbig, sondern stattdessen in einer **Mischfarbe.**
Die nächsten Abschnitte beantworten die Frage, wie die Mischfarbe von den verwendeten Spektralfarben abhängt.

### 1.5.3 Additive Farbmischung

Wir empfinden die **Mischfarbe Weiß,** wenn alle Spektralfarben gleichzeitig unser Auge erreichen.
Entfernen wir aus dem Gesamtspektrum des weißen Lichts eine Spektralfarbe und **vereinigen** alle anderen, so erhalten wir statt Weiß andere **Mischfarben:**

| entfernte Spektralfarbe | Rot | Orange | Gelb | Grün | Blau | Violett |
|---|---|---|---|---|---|---|
| Mischfarbe der restlichen Spektralfarben | Grün | Violett | Blau | Rot | Gelb | Orange |

Da die entfernte Spektralfarbe sich mit der Mischfarbe des Restes wieder zu Weiß vereint, sich die untereinanderstehenden Farben in diesem Sinne also ergänzen, heißt man diese Farbenpaare **Komplementärfarben** (Ergänzungsfarben).
Wie die Tabelle zeigt, kann z. B. Grün eine reine **Spektralfarbe** oder eine **Mischfarbe** sein; unser Auge kann dies nicht unterscheiden.
Erst die Spektralzerlegung unter Verwendung eines Prismas oder eines optischen Gitters gibt uns Auskunft über die am Farbeindruck beteiligten Wellenlängen bzw. Spektralfarben.
Da wir hier **Licht** verschiedener Farben zusammenwirken lassen, d. h. die Farbeindrücke sich unmittelbar **addieren,** sprechen wir hier von einer **additiven Farbmischung.**

### 1.5.4 Körperfarben

Wie kommen die Farben nichtselbstleuchtender Körper zustande?
Bei **undurchsichtigen** Körpern entsteht der Farbeindruck durch Reflexion von spektralen Teilbereichen des auftreffenden Lichts. Weiße Körper beispielsweise reflektieren sämtliche Spektralfarben und absorbieren keine, während schwarze Körper keine Farbe des Spektrums reflektieren und alle absorbieren.
Sieht ein Körper beispielsweise **rot** aus, so gibt es zwei Möglichkeiten:
Entweder er reflektiert nur die **Spektralfarbe Rot** (und absorbiert den Rest des Spektrums) oder er reflektiert die **Mischfarbe Rot** (und absorbiert die dazu komplementäre Spektralfarbe Grün).
Die Farbe des Körpers hängt aber auch vom **auffallenden Licht** ab, denn Spektralfarben, die dieses nicht enthält, können vom Körper auch nicht reflektiert werden. Das Licht einer Glühlampe oder Leuchtstoffröhre beispielsweise hat eine andere spektrale Zusammensetzung als das Sonnenlicht. Daher hat auch das von einem Körper reflektierte Licht ein anderes Spektrum, d. h. ruft einen anderen Farbeindruck hervor, wenn er mit Kunstlicht statt Sonnenlicht angestrahlt wird (Photographen versuchen dies durch Filter auszugleichen).
Ein **durchsichtiger** Körper absorbiert vom auffallenden Licht gewisse Spektralbereiche mehr oder weniger stark (je nach seinem Absorptionsspektrum). Die sich aus der additiven Farbmischung des **durchgelassenen** Lichts ergebende einheitliche Mischfarbe ist die Körperfarbe.
Wie vorher schon angesprochen, treten bei der Farbmischung auch im Spektrum nicht enthaltene Mischfarben auf. Körper können daher auch rosa, olivgrün oder braun aussehen.
Unsere obige Erklärung der Körperfarben trifft nur auf die Farbstoffe zu, die nicht selbst Licht ausstrahlen.
Tatsächlich gibt es aber eine Reihe von **Fluoreszenzfarbstoffen,** die viel mehr Licht eines bestimmten Spektralbereichs aussenden als im auffallenden Licht enthalten ist.

Die besonders grell erscheinende Grundfarbe mancher Plakate oder Werbezettel enthält fluoreszierende Farbstoffe.
Für das von ihnen absorbierte sichtbare (oder auch ultraviolette) Licht emittieren diese Farbstoffe nämlich wieder Licht, allerdings mit größerer Wellenlänge. Auf diese Weise kann z. B. blaues Licht in grünes Licht umgewandelt werden, aber auch ultraviolettes Licht in sichtbares Licht.
Das in Leuchtstoffröhren enthaltene Gas beispielsweise sendet zunächst ultraviolettes Licht aus. Dieses trifft auf eine auf der Röhreninnenseite aufgebrachte Schicht eines Leuchtstoffs, der das ultraviolette Licht absorbiert und dafür sichtbares Licht emittiert.

### 1.5.5 Subtraktive Farbmischung

Diese tritt bei der **Mischung von Farbstoffen** auf (materielle Farbmischung).
Während beispielsweise gelbe und blaue Lichtbündel durch additive Farbmischung vereinigt Weiß ergeben, ergibt die Vereinigung von **gelber** und **blauer Malerfarbe Grün.**
Dringt nämlich weißes Licht in die aus gelber und blauer Farbe gemischte Farbschicht ein, so absorbiert der gelbe Farbstoff Blau und (etwas) Violett, und der blaue Farbstoff Gelb und (etwas) Rot, lediglich Grün wird von beiden Farbstoffen **nicht** absorbiert und daher durchgelassen bzw. reflektiert.
Die Mischfarbe ergibt sich also aus der **Subtraktion** der von den Farbstoffen absorbierten Spektralfarben vom gesamten Spektrum des sichtbaren Lichts. Je mehr Farbstoffe gemischt werden, desto kleiner ist der nicht absorbierte Spektralbereich, der den Farbeindruck bestimmt.
Diese Art der Farbmischung heißt daher **subtraktiv.**
Schicken wir weißes Licht durch ein (breitbandiges) Gelb- und ein Blaufilter hindurch, erhalten wir ebenfalls durch **subtraktive Farbmischung** grünes Licht.

### 1.5.6 Dreifarbentheorie

Im menschlichen Auge werden auf der Netzhaut verkleinerte Bilder der betrachteten Gegenstände entworfen. (Das menschliche Auge als optisches Instrument wird auf S. 99f ausführlicher behandelt. Mit der Hellempfindung des Auges beschäftigt sich der Abschnitt Photometrie auf S. 63ff).
Das auf die Netzhaut auffallende Licht wird durch kleine, dicht beieinander liegende Detektoren registriert.
Neben den sehr lichtempfindlichen Stäbchen, die nur die Helligkeit registrieren (Schwarz-Weiß-Sehen bei ungenügender Beleuchtung), gibt es **Zäpfchen,** die weniger lichtempfindlich sind, aber das **Farbsehen** ermöglichen.
Von diesen Zäpfchen gibt es **drei Arten,** die jeweils in einem anderen Bereich des sichtbaren Spektrums ihr Empfindlichkeitsmaximum besitzen; diese **drei Grundfarben** sind:

Rot; Grün; Blau

Bei dicht benachbarten Spektralfarben sprechen die Zäpfchen zwar auch noch an, aber der ausgelöste Reiz ist schwächer.
Je nach relativer Stärke der ans Gehirn weitergemeldeten Reize ordnen wir der betreffenden Netzhautstelle – und damit der entsprechenden Stelle des betrachteten Gegenstands – eine Farbe zu. Weiß beispielsweise empfinden wir, wenn alle drei Zäpfchenarten gleich stark ansprechen.
Daher genügt beim Farbfernsehen oder beim Farbdruck ebenfalls der Einsatz der drei Grundfarben, um alle denkbaren Farbeindrücke zu erzeugen. Dazu wird das Farbbild gerastert; die farbigen Rasterpunkte müssen allerdings ausreichend dicht beieinander lie-

gen, damit das Auge sie derselben Stelle zuordnet und nicht einzeln als verschiedene Farben auflöst.
Bei zu grober Rasterung sehen wir daher keine Mischfarbe, sondern die drei Grundfarben getrennt* (betrachten Sie einmal einen Farbdruck aus der Nähe).

## 1.6 Photometrie

Ähnlich, wie das menschliche Ohr Töne verschiedener Frequenz trotz gleicher Schallstärke verschieden laut empfindet (s. S. 47), hängt auch die **Hellempfindung** des menschlichen Auges von der Lichtfrequenz ab.

Die nachstehende Abbildung zeigt die relative Hellempfindlichkeit des Auges als Funktion der Lichtwellenlänge (bezogen auf jeweils gleiche Leistung des ins Auge gelangenden Lichts).

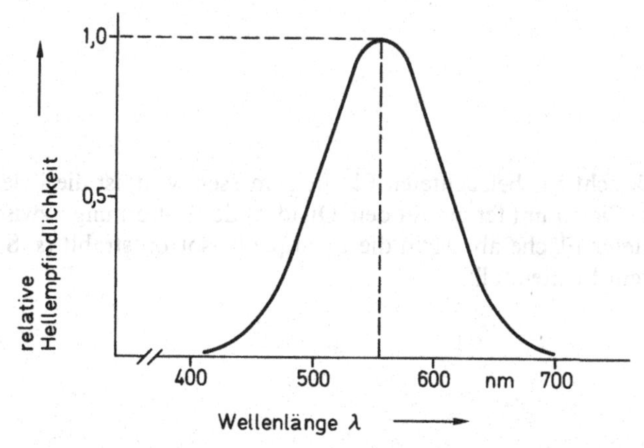


Offensichtlich spricht das Auge auf gelb-grünes Licht (555 nm) am stärksten an. (Licht dieser Wellenlänge ist im Spektrum des Sonnenlichts am stärksten vertreten; wahrscheinlich hat sich das Auge im Laufe der Evolution angepaßt.)

Als **physikalische Strahlungsgrößen** bezeichnen wir jene Größen, die sich auf die von elektromagnetischen Wellen transportierte Energie und auf die räumliche Verteilung des Energieflusses dieser Strahlung beziehen. Daneben existieren für den Bereich des sichtbaren Lichts **physiologische Lichtgrößen,** um die menschliche Hellempfindung angeben bzw. berechnen zu können.
Diese auf den Helligkeitseindruck eines Durchschnittsmenschen bezogenen Größen heißen **lichttechnische** oder **photometrische** Größen; am gebräuchlichsten sind die Lichtstärke $I$, der Lichtstrom $\Phi$ und die Beleuchtungsstärke $E$.

Erscheinen uns zwei Lichtquellen gleich hell, so besitzen sie dieselbe **Lichtstärke** $I$; gemessen wird diese durch Vergleich mit der Lichtstärke der Einheitslichtquelle.
Die Lichtstärke besitzt die Einheit **1 cd,** die als eine Basiseinheit des SI gewählt wurde. Dabei dient ein glühender Körper unter genau definierten Bedingungen als Einheitslichtquelle.

* Bei Farbdrucken wird zusätzlich zur additiven Farbmischung (durch Nebeneinanderdrucken von Farbpunkten) auch die subtraktive Farbmischung (durch Übereinanderdrucken von Farben) verwendet. Dabei setzt man häufig nicht genau die drei Grundfarben ein, sondern stattdessen z. B. Blau, Gelb und Purpur sowie zusätzlich Schwarz und unbedruckte Rasterpunkte (also Weiß)

Die Lichtstärke einer brennenden Kerze beträgt in grober Näherung etwa 1 cd (daher der Name: candela (lat.) = Kerze).

Durch geeignete Reflektoren oder Linsen kann man das von einer Lichtquelle ausgesandte Licht in eine Richtung bündeln und damit die Lichtstärke in dieser Richtung erhöhen (Schreibtischlampe, Taschenlampe, Scheinwerfer).
Das **insgesamt** von der Lichtquelle emittierte Licht ändert sich dadurch natürlich nicht. Dieser sogenannte **Lichtstrom** $\Phi$ sagt daher über eine Lichtquelle mehr aus als die leicht zu verändernde Lichtstärke.
Die **Einheit** des Lichtstroms ist **1 lm** (Lumen; lumen (lat.) = Licht). Eine isotrop, d. h. gleichmäßig in alle Raumrichtungen strahlende Lichtquelle der Lichtstärke 1 cd erzeugt einen Lichtstrom von **4 π lm** (etwa 12,5 lm).

Die **Beleuchtungsstärke** $E$ gibt an, welcher Lichtstrom pro Flächeneinheit einer beleuchteten Fläche $A$ auftrifft:

$$E = \frac{\Phi}{A}$$

Zur Lichtstärke, die senkrecht zur beleuchteten Fläche gemessen wird, ist die Beleuchtungsstärke proportional. Sie nimmt ferner mit dem Quadrat der Entfernung $r$ zwischen Lichtquelle und beleuchteter Fläche ab, wenn die Lichtquelle isotrop strahlt (s. S. 46). Daher gilt bei senkrechtem Lichteinfall:

$$E = \frac{I}{r^2}$$

Die **Einheit** der Beleuchtungsstärke ist **1 lx** (Lux; lux (lat.) = Helligkeit, Licht).
Eine Lichtquelle der Lichtstärke 1 cd erzeugt (bei senkrechtem Lichteinfall) auf einer Fläche in 1 m Abstand die Beleuchtungsstärke 1 lx; dieselbe Beleuchtungsstärke liegt vor, wenn sich ein Lichtstrom von 1 lm gleichmäßig auf eine Fläche von 1 m² verteilt.

Die Entfernungsabhängigkeit der Beleuchtungsstärke kann man zur **Messung von Lichtstärken** einsetzen:
Wird ein Fettfleck auf weißem Papier von vorn beleuchtet, so sieht er dunkel aus, bei Beleuchtung von hinten dagegen hell. Wird er von vorn und hinten gleich stark beleuchtet, so hebt sich der Fettfleck nicht mehr gegen die Umgebung ab (Bunsensches Fettfleckphotometer).
Heute werden allerdings elektrische Belichtungsmesser verwendet (denken Sie an Ihren Photoapparat).

**Beispiel**
Eine brennende Kerze und eine 40-Watt-Glühbirne beleuchten einen Fettfleck von entgegengesetzten Seiten. Bei einer Entfernung der Glühbirne von 55 cm vom Fettfleck scheint dieser zu verschwinden, wenn die Kerze dabei 10 cm von ihm entfernt ist.

a) Schätzen Sie die Lichtstärke der Glühbirne ab.
b) Welchen Lichtstrom erzeugt die Glühbirne etwa?
c) Welche durchschnittliche Beleuchtungsstärke herrscht etwa, wenn das Licht der Glühbirne mittels eines Reflektors (Wirkungsgrad 40%) auf eine Tischfläche von 2 m² gelenkt wird?

**Lösung**

a) Der Fettfleck wird von beiden Seiten gleich stark beleuchtet: $E_1 = E_2$

$$E_1 = \frac{I_1}{r_1^2};\ E_2 = \frac{I_2}{r_2^2} \quad \Rightarrow \quad \frac{I_1}{r_1^2} = \frac{I_2}{r_2^2} \quad \Rightarrow \quad I_1 = \frac{r_1^2}{r_2^2} \cdot I_2$$

(Index 1 bezieht sich auf die Glühbirne, Index 2 auf die Kerze)

Verwenden wir für die Lichtstärke der Kerze den Näherungswert 1 cd:

$$I_1 = \frac{55^2\,\text{cm}^2}{10^2\,\text{cm}^2} \cdot 1\,\text{cd} \approx 30\,\text{cd}$$

b) Unter der Annahme isotroper Lichtaussendung gilt ja:
Lichtstärke 1 cd $\Rightarrow$ Lichtstrom $4\pi\,\text{lm} \approx 12{,}5\,\text{lm}$;
entsprechend ergibt sich bei einer Lichtstärke von 30 cd:
$\Phi = 30 \cdot 12{,}5\,\text{lm} = 375\,\text{lm}$

c) Bei voller Nutzung des Lichtstroms gilt $E = \frac{\Phi}{A}$; bei 40% Wirkungsgrad entsprechend:

$$E = 0{,}4 \cdot \frac{\Phi}{A} = 0{,}4 \cdot \frac{375\,\text{lm}}{2\,\text{m}^2} = 75\,\text{lx}$$

Der eben ermittelte Wert der Beleuchtungsstärke von 75 lx liegt an der Untergrenze einer üblichen Wohnraumbeleuchtung.
Für eine Arbeitsplatzbeleuchtung werden zwischen 200 lx (Küche) und 1000 lx (Uhrmacherwerkstatt) verlangt, um eine Überbeanspruchung bzw. rasche Ermüdung der Augen zu vermeiden.
Erstaunlich ist die Anpassungsfähigkeit des menschlichen Auges (u. a. durch Variation der Pupille) an verschiedene Beleuchtungsstärken; so kann man sowohl bei Vollmond (ca. ¼ lx) als auch bei grellem Sonnenschein (ca. 100000 lx) noch Zeitung lesen.

# 2. Geometrische Optik (Strahlenoptik)

## 2.1 Gültigkeitsbereich

Beim Waldspaziergang in nebliger Luft sehen wir, wie die Sonnenstrahlen durch die Lükken zwischen den Blättern dringen. Auch im ansonsten dunklen Zimmer können wir den Verlauf von Lichtstrahlen (z. B. des Diaprojektors) gut verfolgen, wenn die Zimmerluft Staubteilchen oder Tabakrauch enthält. Die praktisch geradlinige Ausbreitung der Lichtstrahlen bewirkt nämlich, daß wir sie selbst – falls sie nicht direkt auf uns gerichtet sind – nicht sehen können. Durch Streuung an kleinen Partikeln (Tyndall-Effekt, s. S. 117) gelangt jeweils ein kleiner Teil des Lichts in unser Auge.
**Lichtstrahlen** sind also eng begrenzte Lichtbündel, die sich völlig geradlinig auszubreiten scheinen.
Wir wissen inzwischen, daß dies nicht exakt stimmen kann.
Das Licht unterliegt ja als elektromagnetische Welle – wie alle Wellen – beim Kontakt mit Hindernissen der **Beugung,** d. h. es weicht dann von der geradlinigen Ausbreitung ab.
Schallwellen beispielsweise werden so stark gebeugt, daß niemand von einer geradlinigen Ausbreitung des Schalls oder von Schallstrahlen reden würde (s. S. 49).
Beugungserscheinungen treten ja dann besonders stark auf, wenn die Wellenlänge und die Abmessungen des Hindernisses vergleichbar sind. Andererseits kann als grobe Faustregel

gelten, daß die Beugung weitgehend vernachlässigt werden darf, solange die Hindernisabmessungen wenigstens **tausendmal größer** als die Wellenlänge sind. Wir können also auch keine beliebig feinen Lichtbündel ausblenden, da bei zu kleiner Blendenöffnung die Beugung bemerkbar wird.
Bei grünem Licht beispielsweise, das eine Wellenlänge von 500 nm besitzt, müssen die Abmessungen der Einzelobjekte größer als 0,5 mm sein, damit wir guten Gewissens von der geradlinigen Ausbreitung der Lichtstrahlen reden können.
Dies ist bei praktisch allen Bauteilen von Geräten, die in der geometrischen Optik verwendet werden, der Fall.
Der gedankliche Ersatz des Lichts durch geometrische Strahlen erleichtert das Verständnis der Wirkungsweise von Spiegeln und Linsen sowie von deren Kombinationen zu optischen Geräten sehr.
Wir werden daher in diesem Abschnitt nur dann die Wellennatur des Lichts berücksichtigen, wenn wir dadurch einen Sachverhalt (wie z. B. die Brechung des Lichts) besser verstehen.

## 2.2 Reflexion

### 2.2.1 Spiegelung und diffuse Reflexion

Sie erinnern sich, daß wir undurchsichtige Körper nur deshalb sehen, weil sie zumindest einen Teil des auffallenden Lichts reflektieren.
Unabhängig von der spektralen Verteilung des reflektierten Lichts gibt es bezüglich der **Richtungsverteilung** zwei Grenzfälle, nämlich die **diffuse** (gestreute) und die **spiegelnde** (gerichtete) Reflexion, sowie natürlich alle dazwischenliegenden Möglichkeiten.
Während bei einer rauhen, unregelmäßigen Oberfläche diffuse Reflexion erfolgt, führt eine glatte, regelmäßige Oberfläche (Wasseroberfläche, polierte Metallflächen, Glasscheiben) zur Spiegelung.
So wirft eine weiß getünchte Wand ebenso wie ein Spiegel (nahezu) alles auffallende Licht zurück.
Dank der diffusen Reflexion können wir auch Gegenstände sehen, die im Schatten liegen, also nicht unmittelbar von einer Lichtquelle beleuchtet werden. Neben dieser Anwendung zur indirekten Beleuchtung ermöglicht sie das Auffangen bzw. Betrachten von optischen Bildern, z. B. bei einer Filmvorführung, mittels einer Leinwand.

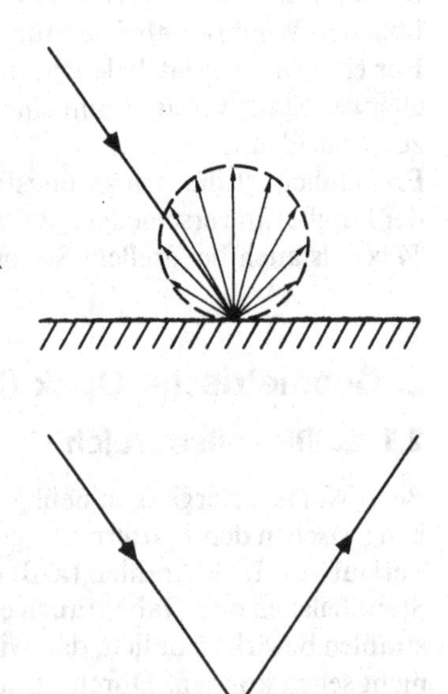

### 2.2.2 Reflexionsgesetz; Abbildung durch ebene Spiegel

Für die Reflexion am ebenen Spiegel gilt das **Reflexionsgesetz:**

> Einfallender und reflektierter Strahl liegen mit dem Einfallslot in einer Ebene, der sogenannten Einfallsebene. Beide Strahlen schließen mit dem Einfallslot denselben Winkel ein. (Einfallswinkel = Reflexionswinkel)

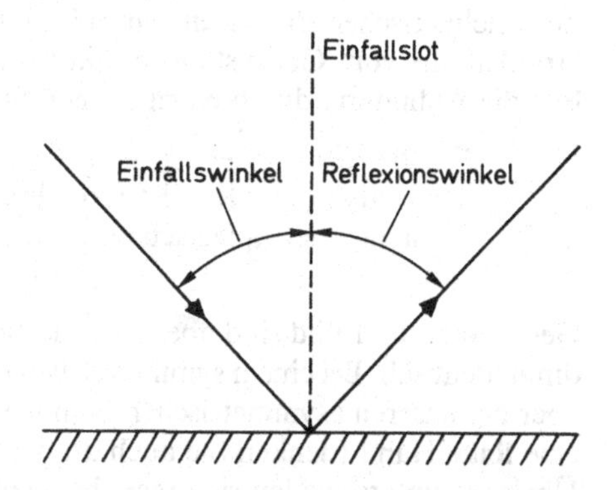


Der obigen Abbildung entnehmen wir, daß das Lichtbündel auch in umgekehrter Richtung verlaufen kann, d. h., daß einfallender und reflektierter Strahl vertauschbar sind. Auch bei (nahezu) allen anderen optischen Bauelementen ist der Lichtweg bzw. Strahlengang **umkehrbar.**

Mit Hilfe optischer Geräte können wir Bilder von Gegenständen herstellen. Von (optischer) **Abbildung** reden wir, wenn Bild und Gegenstand ähnlich sind, d. h. sie dürfen sich nur in der Größe, nicht aber in der Form unterscheiden.

Um das Bild eines Gegenstands zu erhalten, ermitteln wir die den Gegenstandspunkten entsprechenden Bildpunkte.

Dazu fassen wir jeden Punkt des Gegenstands als **punktförmige Lichtquelle** auf, die allseitig Lichtstrahlen aussendet.

Befindet sich eine derartige punktförmige Lichtquelle vor einem Spiegel, so werden die von ihr ausgehenden Lichtstrahlen so reflektiert, als ob sie von einem Punkt hinter dem Spiegel herkämen, der den gleichen Abstand vom Spiegel hat wie die Lichtquelle.

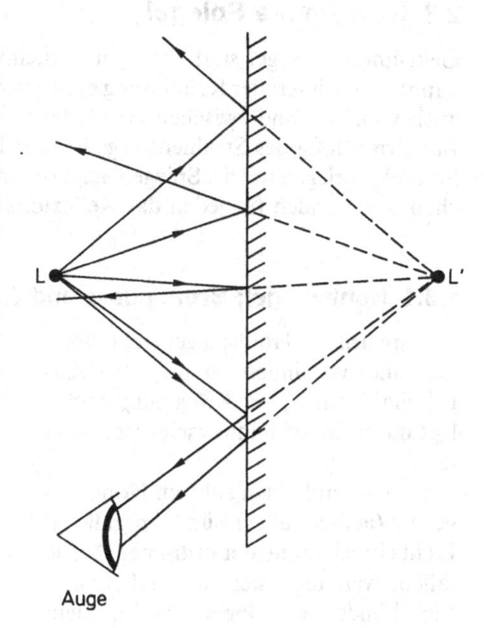


Der für den Sehvorgang zuständige Gehirnteil ist nämlich so sehr an den geradlinigen Verlauf der Lichtstrahlen gewöhnt, daß er den Herkunftsort eines divergenten Strahlenbündels, das ins Auge gelangt, in der Spitze des Bündels annimmt.

Durch diese gedankliche Rückwärtsverlängerung der ins Auge gelangenden Lichtstrahlen bis zu ihrem vermeintlichen Schnittpunkt scheint sich die punktförmige Lichtquelle im Punkt L′ hinter dem Spiegel zu befinden.

Der Punkt L′ ist also das **Bild** des Punktes L.

Da tatsächlich hinter dem Spiegel keine vom Punkt L stammenden Lichtstrahlen verlaufen, könnten wir das Bild L′ auch nicht auf einem dort befindlichen Schirm betrachten; solche Bilder nennt man **virtuell.**

Im Gegensatz dazu lassen sich **reelle** Bilder, in denen sich die Strahlen tatsächlich schneiden, auf einem Schirm auffangen (z. B. bei der Filmvorführung).
Zur zeichnerischen Ermittlung eines Bildpunkts können wir offensichtlich zwei beliebige Strahlen, die vom Gegenstandspunkt stammen, herausgreifen (s. vorige Abbildung).
Für die Abbildung durch einen ebenen Spiegel gilt also:

> Das entworfene Bild ist virtuell und zum Gegenstand symmetrisch bezüglich der Spiegelebene.

Gegenstand und Bild sind aber trotz der gleichen Größe und der Symmetrie **nicht** unbedingt identisch. Bei einem symmetrischen Gegenstand wie einer Kugel fällt dies nicht auf, aber bei unseren asymmetrischen Händen beispielsweise ist das Bild einer **rechten** Hand eine **linke** Hand (denken Sie auch an die Spiegelschrift).
Übrigens unterscheiden sich manche chemischen Substanzen wie Bild und Spiegelbild, d. h. wie linke und rechte Hand; man nennt sie chiral (griech. = händig). Bei asymmetrischen Kohlenstoff-Atomen, d. h. C-Atomen mit vier verschiedenen Bindungspartnern, gibt es nämlich genau zwei Arten, diese anzuordnen. Die beiden Verbindungen sind dann spiegelsymmetrisch zueinander, verhalten sich aber keineswegs identisch: Sie drehen die Polarisationsebene linear polarisierten Lichts zwar um gleiche Beträge, aber in entgegengesetzter Richtung (Optische Aktivität, s. S. 120).

## 2.3 Gekrümmte Spiegel

Gekrümmte Spiegel sind Ihnen als Scheinwerferreflektoren oder als Rasierspiegel bekannt. Je nach Art der Krümmung entwerfen sie verkleinerte oder vergrößerte Bilder, was auch vom Abstand zwischen Gegenstand und Spiegel abhängt.
Zur Ermittlung des Strahlengangs bei der Reflexion von Lichtstrahlen an gekrümmten Spiegeln zerlegen wir die Spiegelfläche gedanklich in viele kleine, praktisch ebene Spiegelchen und wenden für jeden das Reflexionsgesetz an.

### 2.3.1 Hohlspiegel; Brennpunkt und Brennweite

Der sphärische Hohlspiegel stellt einen Teil einer von innen verspiegelten Kugelschale dar. Der **Krümmungsradius** legt dabei die Abbildungseigenschaften fest.
Lassen wir auf einen solchen Hohlspiegel ein (achsennahes) Bündel parallelen Lichts in Richtung der optischen Achse fallen, vereinigt sich das reflektierte Lichtbündel in einem Punkt, dem **Brennpunkt** (s. nachstehende Abbildung; Sichtbarmachung des Strahlengangs z. B. mit Rauch).

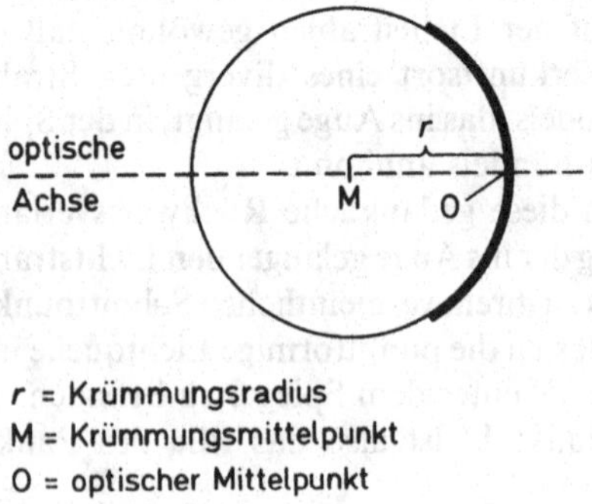

$r$ = Krümmungsradius
M = Krümmungsmittelpunkt
O = optischer Mittelpunkt

Die Entfernung zwischen optischem Mittelpunkt O und Brennpunkt F nennt man die **Brennweite** $f$.

Versuche zeigen, daß die Brennweite halb so groß wie der Krümmungsradius ist:

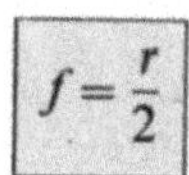

$$f = \frac{r}{2}$$

Diese Beziehung wird jedoch nur für **achsennahe** Strahlen erfüllt, d.h. der Durchmesser des parallel einfallenden Lichtbündels muß viel kleiner als der Krümmungsradius des Hohlspiegels sein.

Weit von der optischen Achse entfernt auf den Spiegel auftreffende Parallelstrahlen, Randstrahlen genannt, werden dagegen **nicht** in den Brennpunkt reflektiert. (Bei der Lichtbrechung durch sphärische Sammellinsen werden ebenfalls nur achsennahe Parallelstrahlen im Brennpunkt vereinigt. Diesen Fehler nennt man – wie auch beim Hohlspiegel – sphärische Aberration; Linsenfehler, s. S. 96ff).

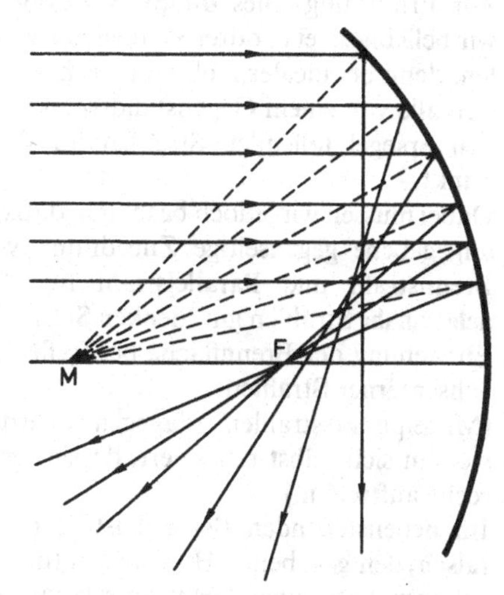


An der nebenstehenden Abbildung läßt sich erkennen, daß die Schnittpunkte der reflektierten Strahlen dann eine Fläche, die **Brennfläche** oder Katakaustik, bilden.

Die Gestalt dieser Brennfläche können Sie gut sehen, wenn Sie einen Ring im Sonnenlicht auf einen Tisch legen.

## 2.3.2 Parabolspiegel

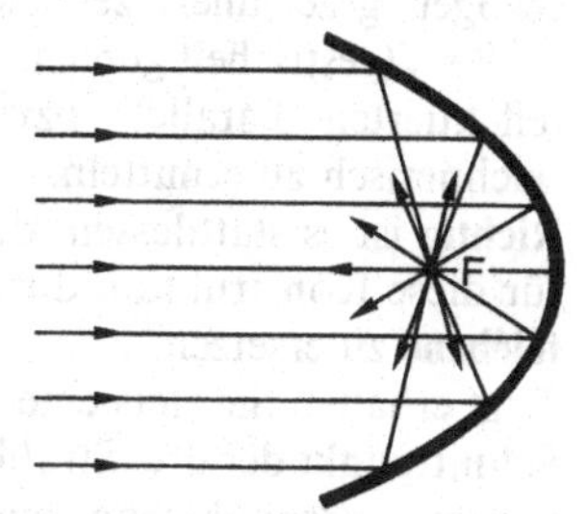


Die Reflektoren von Scheinwerfern sind meist **Parabolspiegel;** ihre Spiegelflächen kann man sich durch Rotation einer Parabel um ihre Hauptachse entstanden denken.

Im Gegensatz zum sphärischen Hohlspiegel werden hier auch **achsenferne** Strahlen in den Brennpunkt reflektiert, wenn sie parallel zur optischen Achse einfallen.

Beim Scheinwerfer wird der umgekehrte Strahlenverlauf benützt: Die Strahlen einer im Brennpunkt des Parabolspiegels sitzenden punktförmigen Lichtquelle verlassen den Spiegel als paralleles Lichtbündel.

## 2.3.3 Abbildung durch Hohlspiegel

Wenn wir uns auf achsennahe Strahlen beschränken, können wir auch mit einem sphärischen Hohlspiegel ein Parallellichtbündel erzeugen, wenn im Brennpunkt eine punktförmige Lichtquelle ist.

Auch für jede andere Lage der Lichtquelle können wir natürlich wie bisher auf zwei beliebige Strahlen, die von ihr ausgehend auf den Spiegel treffen, das Reflexionsgesetz anwenden. Der Schnittpunkt der beiden reflektierten Strahlen ist dann das Bild der Lichtquelle.

Doch es geht auch einfacher, denn vielleicht haben Sie schon bemerkt, daß einige Strahlen besonders einfach zu konstruieren sind:

Brennstrahl $\xrightarrow{\text{Reflexion am Hohlspiegel}}$ Parallelstrahl

Parallelstrahl ⟶ Brennstrahl

Mittelpunktsstrahl ⟶ Mittelpunktsstrahl

Zur Ermittlung eines Bildpunkts können wir beliebig zwei der drei Strahlen auswählen, denn bei idealer Abbildung schneiden sich alle von einem Gegenstandspunkt auf den Spiegel fallenden Strahlen im Bildpunkt.
Dabei müssen wir jedoch beachten, daß die angegebene gegenseitige Zuordnung von Brennstrahl und Parallelstrahl nur für **achsennahe** Strahlen gilt (denken Sie an die Entstehung der Brennfläche bei Reflexion achsenferner Strahlen).
(Mittelpunktsstrahlen dagegen werden stets in sich selbst reflektiert, da sie senkrecht auftreffen.)
Im nebenstehenden Beispiel ist es daher **falsch,** den gegebenen Hohlspiegel (durchgezogen gezeichnet) zeichnerisch zu vergrößern (gestrichelt gezeichnet), um so den reflektierten Parallel- bzw. Brennstrahl zeichnerisch zu ermitteln.
**Richtig** ist es stattdessen, den Hohlspiegel für diese Konstruktion durch seine **Scheitelebene** zu ersetzen.
Jetzt erhalten Sie stets einen gemeinsamen Schnittpunkt der drei Strahlen, d. h. jedem Gegenstandspunkt ist ein eindeutiger Bildpunkt zugeordnet.
Denken Sie jedoch daran, daß Sie mit dieser Konstruktion das **von Abbildungsfehlern freie Bild** erhalten, das ein Hohlspiegel mit sehr kleinem Öffnungswinkel entwerfen würde.
Wenn Sie einen größeren Öffnungswinkel zulassen, sollten Sie sich zusätzlich über die auftretende sphärische Aberration, wie man den dann auftretenden Abbildungsfehler nennt, Gedanken machen (er äußert sich in einer mit dem Öffnungswinkel rasch zunehmenden Unschärfe des Bildes).

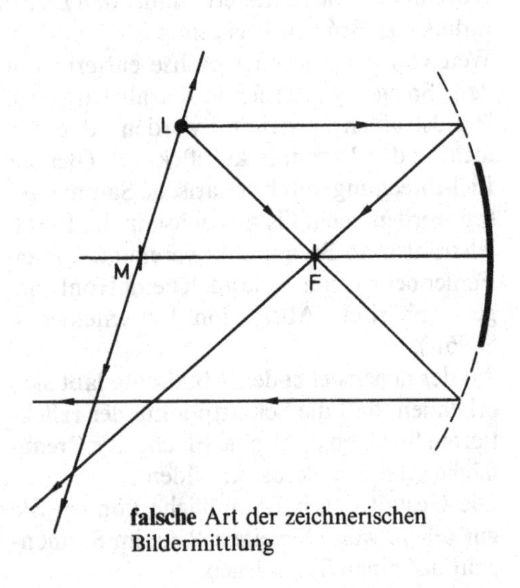

**falsche** Art der zeichnerischen Bildermittlung

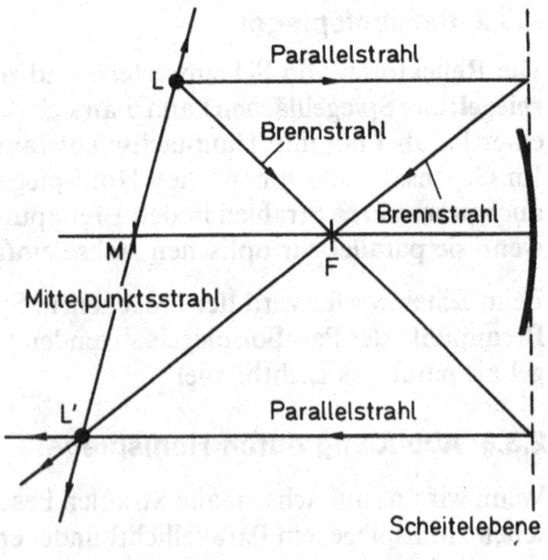

**richtige** Art der zeichnerischen Bildermittlung

Um das Bild eines ausgedehnten Gegenstands zu ermitteln (in der Fläche können wir natürlich immer nur Schnitte eines Gegenstands abbilden) ist es keineswegs notwendig, sehr viele seiner Punkte in der eben besprochenen Art abzubilden.
Wegen der Ähnlichkeit von Bild und Gegenstand genügt es vielmehr, die **Bildgröße** $B$ zu kennen, um über das Bild des Gegenstands Bescheid zu wissen. Ferner interessiert man sich noch für die Lage des Bildes, d. h. die **Bildweite** $b$. Diese beiden Werte hängen jedoch nur von der **Gegenstandsweite** $g$ und der **Gegenstandsgröße** $G$ ab.
Meist verwendet man daher der Einfachheit halber einen senkrecht auf der optischen Achse stehenden Pfeil als Gegenstand:

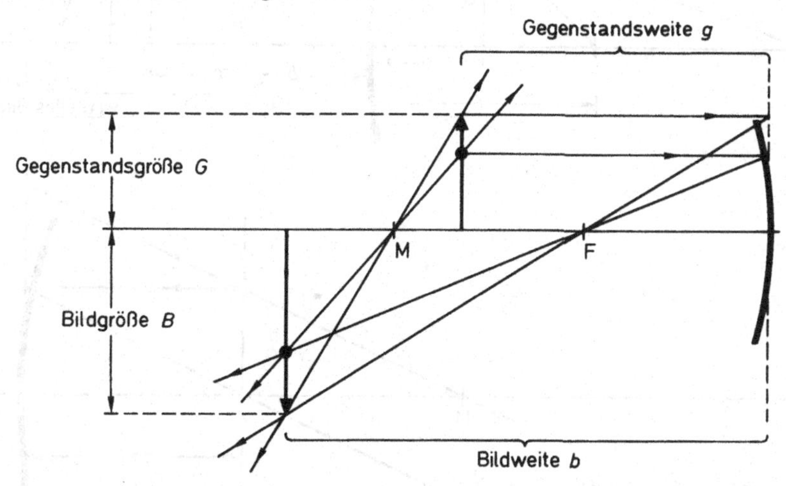


Offensichtlich genügt es, nur die Pfeilspitze abzubilden.

Beim Hohlspiegel haben wir bezüglich der **Lage des Gegenstands** drei verschiedene Bereiche zu unterscheiden, nämlich:

(1) weiter als M vom Spiegel entfernt ($g > 2f$)
(2) zwischen M und F ($f < g < 2f$)
(3) näher am Spiegel als F ($g < f$)

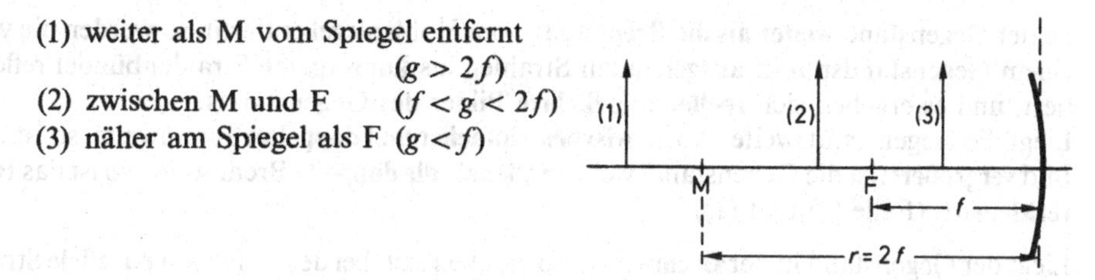


In der vorigen Abbildung lag der Fall (2) vor.

Aufgrund der Umkehrbarkeit des Strahlengangs können wir in Gedanken Bild und Gegenstand vertauschen; die Abbildung enthält daher auch Fall (1).

Mit Fall (3) sowie der Lage des Gegenstands in der **Brennebene**, wie die Ebene senkrecht zur optischen Achse durch F heißt, beschäftigen wir uns jetzt:

**Beispiel**
Ein 1,45 cm hoher Gegenstand ist von einem Hohlspiegel mit Krümmungsradius 6 cm
a) 1,5 cm b) 3 cm weit entfernt.

Bestimmen Sie zeichnerisch Bildweite und Bildgröße (falls dies möglich ist) und versuchen Sie, erkennbare Zusammenhänge zu formulieren.

**Lösung**

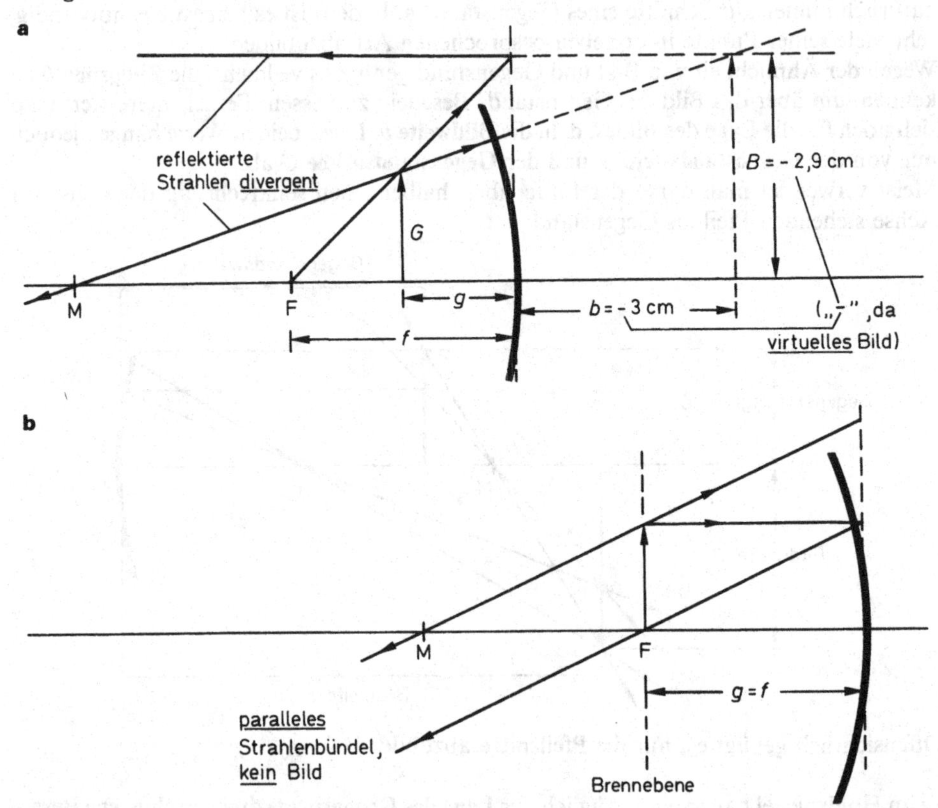


Zusammenfassend ergibt sich:

Ist der Gegenstand **weiter als die Brennweite** vom Hohlspiegel entfernt, so werden die von einem Gegenstandspunkt ausgehenden Strahlen als **konvergente** Strahlenbündel reflektiert, und es ergeben sich **reelle, umgekehrte** Bilder des Gegenstands.
Liegt die Gegenstandsweite dabei **zwischen einfacher und doppelter** Brennweite, so ist das Bild **vergrößert;** ist die Gegenstandsweite **größer als die doppelte** Brennweite, so ist das Bild **verkleinert.** (Fälle (2) und (1))

Liegt der Gegenstand in der **Brennebene,** so ergeben sich bei der Reflexion **parallele** Strahlenbündel, und es entsteht **kein** Bild.

Liegt der Gegenstand **innerhalb der einfachen** Brennweite, so verlassen **divergente** Strahlenbündel den Spiegel, und man sieht ein **virtuelles, vergrößertes** und **aufrechtes** Bild hinter dem Spiegel (Fall 3).

Bilden wir in den vorherigen Konstruktionszeichnungen jeweils die Quotienten von Bildgröße und Gegenstandsgröße sowie Bildweite und Gegenstandsweite (tun Sie es!), so stellen wir fest, daß diese jeweils gleich sind:

$$\frac{B}{G} = \frac{b}{g}$$

$\frac{B}{G}$ heißt **Abbildungsmaßstab**

Auch bei allen anderen Abbildungen mit optischen Instrumenten gilt stets dieser Zusammenhang.

Die eben zeichnerisch ermittelten Werte für die Bildweite $b$ bzw. Bildgröße $B$ hätten wir auch berechnen können:
Zwischen Brennweite $f$, Gegenstandsweite $g$ und Bildweite $b$ besteht folgender Zusammenhang, der **Abbildungsgleichung** genannt wird:

$$\frac{1}{f} = \frac{1}{g} + \frac{1}{b}$$

Genau wie die zeichnerische Bildermittlung mittels der Scheitelebene gilt er für fehlerfreie Abbildung, d. h. kleinen Öffnungswinkel des Spiegels.
Alle für Hohlspiegel gültigen Zusammenhänge stimmen auch für (sphärische) **Sammellinsen,** wenn wir von der Richtungsumkehr bei der Spiegelung einmal absehen.
Die soeben erwähnte Abbildungsgleichung leiten wir daher bei der Besprechung der Linsen ab (s. S. 95).
Bei der Anwendung dieser Gleichung müssen Sie beachten, daß $b$ **positive** Werte besitzt, wenn ein **reelles** Bild entsteht; Bild und Gegenstand befinden sich hierbei auf derselben Seite des Hohlspiegels. Ein **virtuelles** Bild erkennen Sie daran, daß sich $b$ **negativ** ergibt; das Bild liegt dann hinter dem Hohlspiegel (vergleichen Sie mit Teil a) des vorigen Beispiels).
Mit Hilfe der Gleichung für den Abbildungsmaßstab können Sie danach auch die Bildgröße $B$ berechnen, für die dieselben Vorzeichenregeln gelten.

## 2.4 Brechung

Innerhalb eines homogenen Mediums verlaufen Lichtstrahlen geradlinig.
Wie verhalten sie sich aber, wenn sie von einem durchsichtigen Stoff (Medium) in einen anderen (z. B. von Wasser in Luft) übertreten?

Tauchen wir beispielsweise einen Stab schräg ins Wasser, so scheint er bei Betrachtung von oben an der Wasseroberfläche einen Knick aufzuweisen, und der unter Wasser befindliche Teil des Stabes erscheint verkürzt.
Diesen und ähnliche Befunde können wir erklären, indem wir ein **Abknicken** der Lichtstrahlen an der Grenzfläche zweier Medien annehmen, das wir **Brechung** nennen.

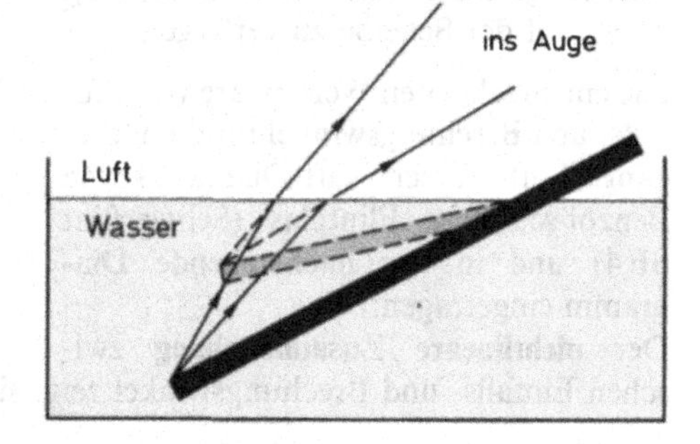


Der für den Sehvorgang verantwortliche Teil des Gehirns verlängert ja die Strahlen eines auftreffenden divergenten Lichtbündels bis zu deren vermeintlichem Schnittpunkt, wie die obige Abbildung für die vom Stabende ausgehenden Lichtstrahlen zeigt.
Die Lichtbrechung an der Grenzfläche zweier Medien können wir direkt beobachten, wenn wir den Weg eines schmalen Parallellichtbündels durch Lichtstreuung (Tyndall-Effekt, s. S. 117) sichtbar machen, z. B. in rauchiger Luft und durch Milch getrübtem Wasser. Strenggenommen müßten wir monochromatisches (= einfarbiges) Licht, d. h.

Licht eines sehr schmalen Wellenlängenbereichs verwenden, da die Brechung wellenlängenabhängig ist (s. S. 87ff).

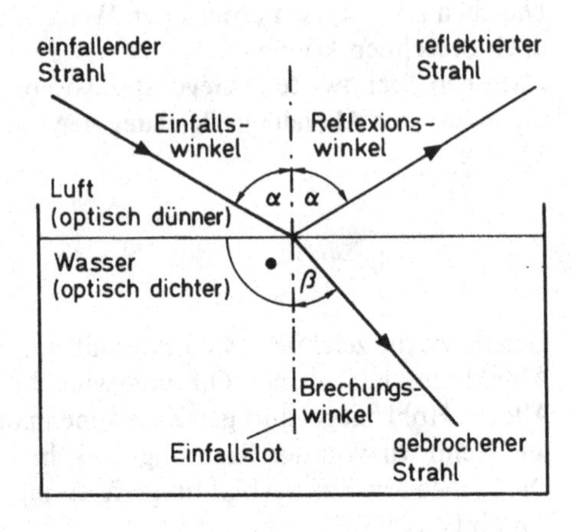


Beim Übergang Luft-Wasser wird nur ein geringer Teil des Lichts reflektiert (wofür das Reflexionsgesetz gilt), während der Hauptteil **gebrochen** wird.
Einfallender Strahl, reflektierter Strahl und gebrochener Strahl liegen dabei gemeinsam mit dem Einfallslot in der Einfallsebene.
Wird die Lichtquelle unter Wasser angebracht, so zeigt sich, daß die Richtungen von einfallendem und gebrochenem Strahl vertauschbar sind. Stets ist dabei der Winkel zwischen Lichtstrahl und Lot in Luft größer als in Wasser.
Die Strahlen werden um so mehr aus ihrer ursprünglichen Richtung abgelenkt, je schräger sie auf die Grenzfläche fallen; lediglich bei senkrechtem Einfall tritt keine Strahlablenkung auf.
Einfalls- und Brechungswinkel sind nicht proportional zueinander.

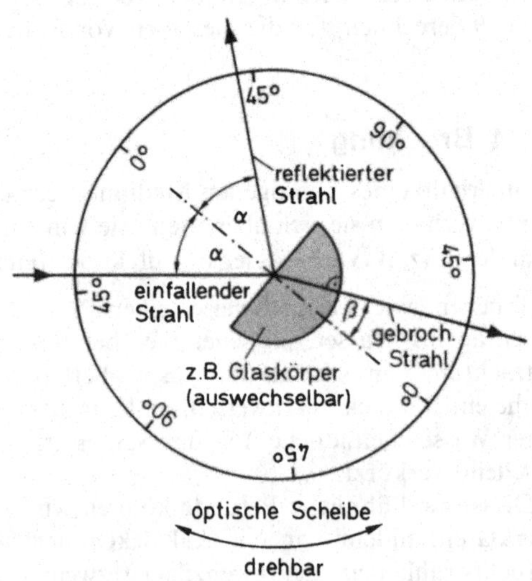


Mit der nebenstehend skizzierten Anordnung können wir die Brechung des Lichts beim Übergang von Luft oder von einer Flüssigkeit, in die die **optische Scheibe** eintaucht, in beliebige feste Medien untersuchen. Natürlich können wir auch hier den Lichtweg umkehren.
Bei streifendem Einfall des Lichtstrahls auf der optischen Scheibe ist dank der dann auftretenden diffusen Reflexion (Streuung) des Lichts der Strahlengang direkt auf der Scheibe zu verfolgen.

Die entsprechenden Wertepaare von Einfalls- und Brechungswinkel für die Übergänge Luft-Wasser, Luft-Diamant sowie Benzol-schweres Flintglas (Schwerflint SF 4) sind in das nachstehende Diagramm eingetragen:
Der **nichtlineare Zusammenhang** zwischen Einfalls- und Brechungswinkel zeigt sich bei allen drei Kurven.

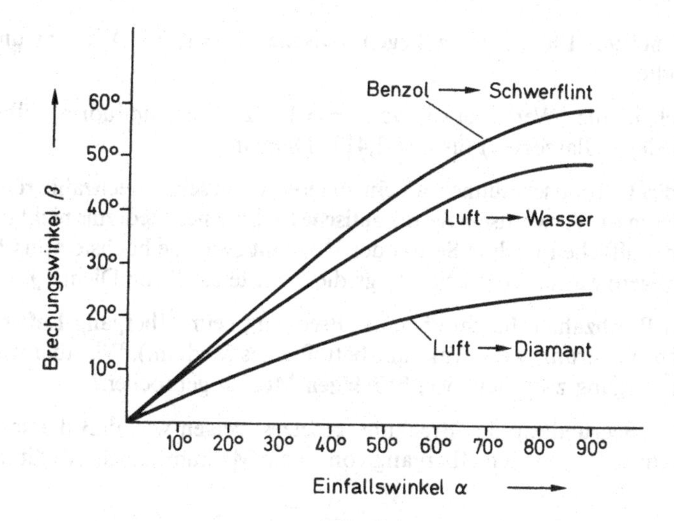


### 2.4.1 Snelliussches Brechungsgesetz

**Snellius** entdeckte zu Beginn des 17. Jahrhunderts, daß den eben dargestellten Diagrammen zur Lichtbrechung ein relativ einfacher mathematischer Zusammenhang zugrunde liegt:
Für Licht einer bestimmten Wellenlänge ist beim Übergang zwischen zwei bestimmten Medien 1 und 2 der Quotient aus dem Sinus des Einfallswinkels $\alpha$ und dem Sinus des Brechungswinkels $\beta$ eine Konstante.

**Snelliussches Brechungsgesetz:** $$\frac{\sin\alpha}{\sin\beta} = \text{const} = n_{1-2}$$

Die Konstante $n_{1-2}$ heißt **Brechzahl** oder **Brechungsindex** für den Übergang des Lichts zwischen den beiden Stoffen.
In der Literatur finden Sie die Brechzahlen vieler (durchsichtiger) Stoffe tabelliert, wobei meist angemerkt ist „Brechzahlen für $\lambda = 589$ nm und 20 °C" oder „$n_D$ für 20 °C".
Diese Angaben bedeuten folgendes:
Es handelt sich um den Wert der Brechzahl für den Übergang Luft-betreffendes Medium; dieser weicht allerdings erst in der 4. Stelle nach dem Komma von der **absoluten** Brechzahl des Stoffs (Übergang Vakuum-betreffendes Medium) ab. Da die Brechzahl von der Wellenlänge abhängt, einigt man sich zweckmäßigerweise auf eine **bestimmte Wellenlänge:**
Angeregte Natrium-Atome senden praktisch ausschließlich gelbes Licht der Wellenlänge $\lambda = 589$ nm aus (Natrium-D-Linie; denken Sie an die intensiv gelbe Flammenfärbung durch Natrium-Salze).
Natrium-Dampf-Lampen (die übrigens auch zur Straßenbeleuchtung verwendet werden) sind effektive und preiswerte Quellen für monochromatisches Licht.
Ebenso wie die Dichte der Stoffe ist auch ihre Brechzahl **temperaturabhängig.** Vor allem bei der Bestimmung der Reinheit flüssiger Substanzen anhand ihrer Brechzahl müssen Sie daher sehr genau auf deren Temperatur achten (dem Refraktometer wird daher normalerweise ein Thermostat angeschlossen).
Die Brechzahl für den Übergang Vakuum-Luft (unter Normaldruck und bei 0° C) beträgt 1,00029; für andere Gase gelten ähnliche Werte.

Die Brechzahlen der meisten Flüssigkeiten liegen zwischen $n = 1{,}333$ (Wasser) und $n = 1{,}742$ (Methyleniodid).

Bei Festkörpern reichen die Werte etwa von $n = 1{,}392$ (Lithiumfluorid) über $n = 1{,}5 \ldots 1{,}9$ (verschiedene Glassorten) bis $n = 2{,}417$ (Diamant).

Ein Stoff heißt **optisch dichter** (optisch dünner) als ein anderer, wenn seine Brechzahl **größer** (kleiner) als die des anderen ist. Verwechseln Sie die **optische Dichte** eines Mediums nicht mit der früher eingeführten stofflichen Dichte! So hat der Diamant zwar die höchste optische Dichte aller (durchsichtigen) Stoffe, aber keineswegs die höchste stoffliche Dichte $\varrho$.

Die oben angegebenen Brechzahlen beschreiben die Brechung beim Übergang **Luft**-betreffendes Medium (bzw. näherungsweise Vakuum-betreffendes Medium). Wie aber wird ein Lichtstrahl beim Übergang zwischen zwei **beliebigen** Medien gebrochen?

Im nächsten Abschnitt (Begründung des Brechungsgesetzes) zeigen wir, daß die sogenannte **relative** Brechzahl $n_{1-2}$ für einen Übergang von einem Medium 1 in ein Medium 2 gegeben ist durch

$$n_{1-2} = \frac{n_2}{n_1}$$

wobei $n_1$ und $n_2$ die (absoluten) Brechzahlen der beiden Medien darstellen. Im Zähler des Bruchs steht dabei die Brechzahl des Mediums, in das der Strahl eintritt. Diese Gleichung gilt auch, wenn das eine der beiden Medien das Vakuum ist, für dessen Brechzahl definitionsgemäß $n = 1{,}000 \ldots$ gilt.
Für einen Übergang vom optisch dünneren **ins optisch dichtere** Medium ist daher die relative Brechzahl stets **größer als 1,** und der Strahl wird **zum Lot hin** gebrochen (s. Übergang Luft-Wasser oder Luft-Glas).
Entsprechend ist beim Übergang vom optisch dichteren **ins optisch dünnere** Medium die relative Brechzahl **kleiner als 1** (nämlich genau der Kehrwert des umgekehrten Falles), und der Strahl wird **vom Lot weg** gebrochen (s. nachfolgendes Beispiel).
In beiden Fällen ist die Brechung um so geringer, je näher die Brechzahlen der beiden Medien beieinander liegen.
Sind sie exakt gleich, so wird der Strahl beim Übergang überhaupt nicht abgelenkt.
Auch beim Lichtübergang zwischen zwei beliebigen Stoffen ist der Lichtweg in dem Sinne umkehrbar, daß die Richtungen von einfallendem und gebrochenem Strahl vertauschbar sind (wegen des stets vorhandenen reflektierten Anteils gilt dies natürlich nicht für die Intensitäten von einfallendem und gebrochenem Strahl).

**Beispiel**
Ein Lichtstrahl tritt unter einem Winkel von 48° gegen das Einfallslot von Kronglas ($n = 1{,}52$) in Wasser ($n = 1{,}33$) über. Wie wird der Strahl gebrochen?

**Lösung**
Brechungsgesetz: $\dfrac{\sin\alpha}{\sin\beta} = n_{1-2} \quad \Rightarrow \quad \sin\beta = \dfrac{\sin\alpha}{n_{1-2}}$

Relative Brechzahl $n_{1-2}$ des Übergangs Glas-Wasser:

$$n_{1-2} = \frac{n_2}{n_1} = \frac{n_{\text{Wasser}}}{n_{\text{Glas}}} = \frac{1{,}33}{1{,}52} = 0{,}875$$

$$\Rightarrow \quad \sin\beta = \frac{\sin 48°}{0{,}875} = \frac{0{,}743}{0{,}875} = 0{,}849$$

$$\Rightarrow \quad \beta = 58°$$

Übergang optisch dichteres Medium → optisch dünneres Medium, also: $n_{1-2} < 1$ und Brechung vom Lot weg; ferner: $n_{1-2}$ nahe bei 1, daher nur geringe Brechung (s. Abbildung).

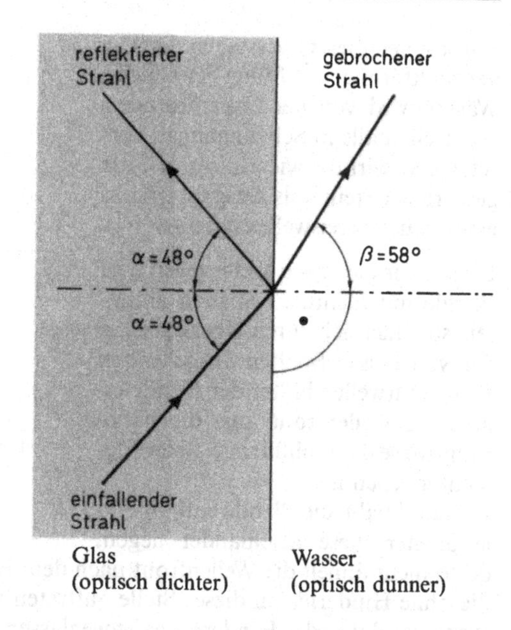


## 2.4.2 Begründung des Brechungsgesetzes

Zur Begründung des Brechungsgesetzes müssen wir einen Vorgriff auf die Wellenoptik (s. S. 108ff) machen.
Erläutern wir zuerst die notwendigen Begriffe; der Anschaulichkeit halber geschieht dies am Beispiel von Wasserwellen:
Wenn wir einen Stein ins Wasser werfen, breiten sich von der Einwurfstelle aus Wellen in Form konzentrischer Kreise aus. Auf jedem dieser Kreise schwingen die Wasserteilchen gleichphasig, d. h. im selben Takt. Jeder dieser Kreise bildet eine sogenannte **Wellenfront.**

Die **Ausbreitungsrichtung** der Welle steht stets senkrecht auf den Wellenfronten.
Sind wir sehr weit vom Entstehungsort der Welle entfernt und betrachten nur einen kleinen Ausschnitt, so fällt die Krümmung der Wellenfronten kaum noch auf. Man spricht dann von einer **ebenen Welle.**

Stellen wir einer Welle, beispielsweise einer ebenen Welle, eine Blende mit einer kleinen Öffnung in den Weg, so pflanzt sich aufgrund der Beugung die Welle hinter dem Spalt nicht geradlinig fort.
Es bildet sich vielmehr eine neue, (halb-)kreisförmige **Elementarwelle** hinter dem Spalt aus (dazu muß der Spalt kleiner als die Wellenlänge sein, s. S. 113ff).

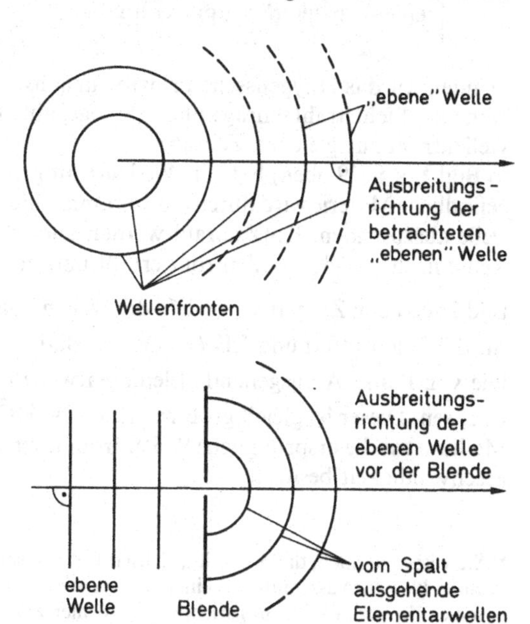

Wir können dies so verstehen: Das in der spaltförmigen Öffnung befindliche Wasser wird von der ankommenden Welle ebenfalls in Schwingungen versetzt und wirkt – wie ein ins Wasser geworfener Stein – als Ausgangspunkt eines neuen Kreiswellensystems.

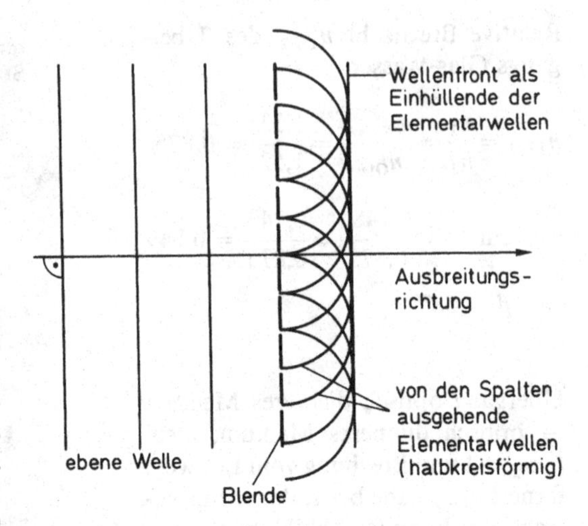


Lassen wir die ebene Welle gegen eine Blende mit mehreren Spalten anlaufen, so bildet sich durch Überlagerung der von diesen Spalten ausgehenden Elementarwellen hinter der Blende eine neue Wellenfront aus, die näherungsweise die Einhüllende dieser Elementarwellen ist.
Je mehr Spalte die Blende enthält und je dichter diese beieinander liegen, desto mehr ähnelt die Wellenfront nach dem Hindernis der ursprünglichen Wellenfront, die ohne Hindernis an dieser Stelle auftreten würde.
Wenn wir daher das Hindernis ganz weglassen und annehmen, daß von jedem Punkt der Wellenfront selbst eine Elementarwelle ausgeht, so erhalten wir als Einhüllende dieser Elementarwellen die wirklich beobachtete Wellenfront.
Der eben erläuterte Zusammenhang zwischen den Elementarwellen und der Wellenfront heißt **Huygenssches Prinzip,** es wurde bereits im 17. Jahrhundert aufgestellt:

> Jeder Punkt einer Wellenfront darf als Ausgangspunkt einer neuen, sogenannten Elementarwelle aufgefaßt werden.
> Die Einhüllende all dieser Elementarwellen gibt die Wellenfront zu einem späteren Zeitpunkt an.

Wenden wir das Huygenssche Prinzip zunächst auf die **Reflexion** eines Lichtstrahls an.*
Wenn der Lichtstrahl schräg auf den Spiegel auftrifft, kommen dort nicht alle Punkte einer Wellenfront zur gleichen Zeit an.
In Bild **1** (s. S. 79 oben) hat eine Wellenfront gerade den Spiegel erreicht; die bei Punkt A befindliche Materie wird durch die ankommende Welle erregt und beginnt eine Elementarwelle auszusenden. Kurz darauf werden auch die rechts neben A liegenden Punkte der Reihe nach von der Wellenfront erfaßt und dort ebenfalls Elementarwellen ausgelöst.

Bild **2** zeigt den Zeitpunkt, zu dem die Wellenfront bei Punkt B des Spiegels angekommen ist, d. h. die Entfernung $\overline{ED}$ (= $\overline{DC}$, s. Bild **1**) zurückgelegt hat.
Die von Punkt A ausgehende Elementarwelle ist inzwischen auf den Radius $\overline{AF}$ angewachsen. Dieser ist gleich groß wie $\overline{ED}$ bzw. $\overline{DC}$, da sich die Elementarwellen im selben Medium wie die ursprüngliche Wellenfront fortpflanzen und damit dieselbe Ausbreitungsgeschwindigkeit besitzen.

---

* Sie wissen ja noch, daß wir mit „Lichtstrahl" ein schmales Bündel parallelen Lichts meinen, d. h. einen kleinen Ausschnitt aus einer ebenen Welle. Denken Sie auch daran, daß die Wellenfronten senkrecht zur Ausbreitungsrichtung, also hier zur Strahlrichtung, stehen

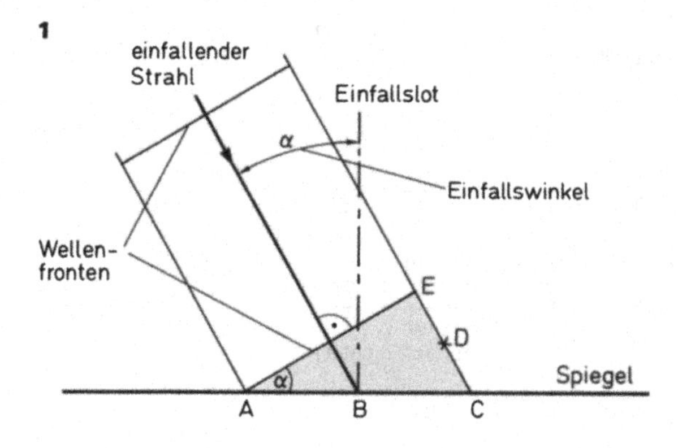


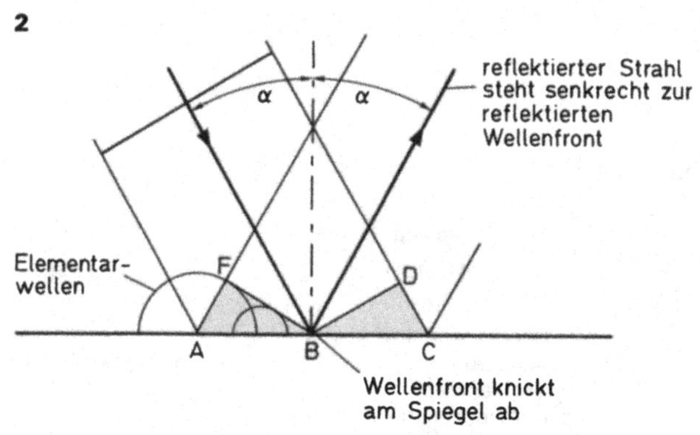


Elementarwellen, die von Punkten des Spiegels zwischen A und B ausgesandt wurden, besitzen, da sie erst später durch die einfallende Wellenfront angeregt wurden, kleinere Radien.

Die reflektierte Wellenfront $\overline{FB}$ ergibt sich als Einhüllende der Elementarwellen, und die Ausbreitungsrichtung der reflektierten Welle (also die Richtung des reflektierten Strahls) steht senkrecht auf der reflektierten Wellenfront.
Für die gesamte Wellenfront ergibt sich ein Abknicken an der Berührungsstelle B mit dem Spiegel.
Da die beiden getönten Dreiecke ABF und BCD deckungsgleich sind, müssen auch einfallender und reflektierter Strahl symmetrisch bezüglich des Einfallslotes sein; sie schließen mit diesem gleichgroße Winkel ein.

Wir entnehmen den Abbildungen also

Einfallswinkel = Reflexionswinkel,

d. h., unser Modell vermag das Reflexionsgesetz zu erklären.

Der besseren Übersicht halber vernachlässigen wir bei der nachfolgenden Erklärung der **Brechung** nach dem Huygensschen Prinzip den stets mit auftretenden reflektierten Strahl.

Versuche zeigen, daß die Lichtgeschwindigkeit in verschiedenen Medien **verschieden** ist; sie nimmt mit zunehmender optischer Dichte des Mediums ab (auf S. 80 gehen wir näher darauf ein).
Wenn wir dies beachten, können wir die oben für die Reflexion angestellten Überlegungen auch zur **Erklärung des Brechungsgesetzes** heranziehen:

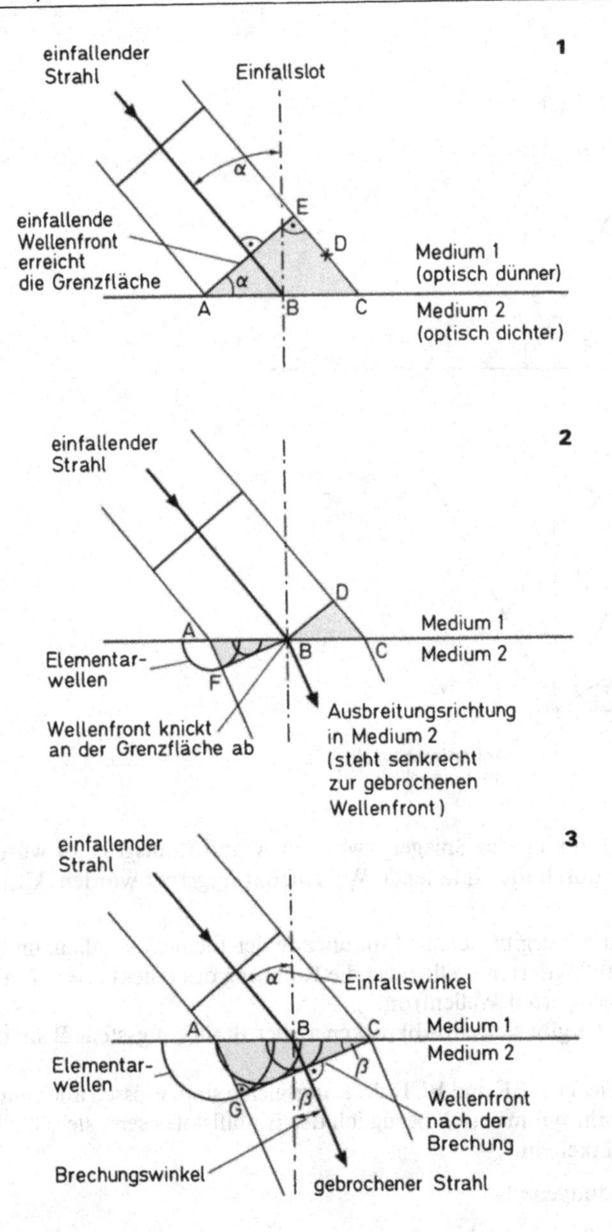


Die obenstehenden Abbildungen zeigen drei Phasen des Übergangs einer Wellenfront von einem optisch dünneren in ein optisch dichteres Medium (der umgekehrte Fall wird anschließend betrachtet).

In Bild 1 erreicht eine einfallende Wellenfront im Punkt A die Grenzfläche beider Medien. Von der Materie bei Punkt A ausgehend läuft jetzt eine Elementarwelle ins Medium 2 hinein. Das Licht besitzt im Medium 2 (das ja die höhere optische Dichte besitzen soll) eine kleinere Ausbreitungsgeschwindigkeit als im Medium 1, und die Elementarwelle pflanzt sich langsamer fort als die ursprüngliche Wellenfront.

In der Zeit, in der die einfallende Wellenfront um $\overline{ED}$ (= $\overline{DC}$) vorgerückt ist, konnte die

Elementarwelle um A daher nur auf den Radius $\overline{AF} < \overline{ED}$ anwachsen (s. Bilder **1** und **2**). Entsprechendes gilt für die Radien von Elementarwellen um Punkte rechts von A, die die einfallende Wellenfront ja später erreicht.

Die Einhüllende $\overline{FB}$ der Elementarwellen im Medium 2 ergibt die neue Wellenfront zu diesem Zeitpunkt (Bild **2**); diese breitet sich erkennbar in eine andere Richtung aus als der noch im Medium 1 befindliche Teil $\overline{BD}$ der ursprünglichen Wellenfront. Die gesamte Wellenfront knickt daher an der Grenzfläche (hier in Punkt B) ab, und es kommt zur **Brechung** des (jeweils senkrecht zur Wellenfront stehenden) Lichtstrahls an der Grenzfläche.

Bild **3** zeigt den Moment, in dem die gesamte einfallende Wellenfront die Grenzfläche beider Medien eben passiert hat. Die Einhüllende $\overline{GC}$ der Elementarwellen ist die neue Wellenfront nach der Brechung; innerhalb des Mediums 2 pflanzt sie sich ohne erneute Richtungsänderung fort.

Wir entnehmen Bild **3**, daß der Lichtstrahl beim Übertritt in ein Medium mit kleinerer Ausbreitungsgeschwindigkeit des Lichts, d. h. beim Übergang vom optisch dünneren **ins optisch dichtere** Medium, offensichtlich an der Grenzfläche **zum Lot hin** gebrochen wird.

Lassen wir dagegen den Lichtstrahl vom optisch dichteren **ins optisch dünnere** Medium übergehen, so ist die Ausbreitungsgeschwindigkeit der ausgelösten Elementarwellen größer als die der ursprünglichen Wellenfront. Entsprechend wird der Lichtstrahl **vom Lot weg** gebrochen (s. Abbildung S. 84 oben).

Beim Übergang zwischen zwei Medien mit **gleicher optischer Dichte** ist auch die Lichtgeschwindigkeit in beiden Medien gleich groß. Da sich dann die Elementarwellen gleich schnell wie die einfallende Wellenfront ausbreiten, knickt die gesamte Wellenfront beim Durchqueren der Grenzfläche nicht ab, und der Lichtstrahl wird **nicht gebrochen.**

Mit dieser qualitativen Erklärung der Lichtbrechung, die letztlich auf dem Wellenmodell für das Licht beruht, wollen wir uns nicht zufriedengeben. Die Anwendung des Huygensschen Prinzips auf die Lichtbrechung läßt nämlich auch **quantitative** Aussagen zu:

Im rechtwinkligen Dreieck ACE (Bild **1**) kommt der Einfallswinkel $\alpha$ nochmals als Winkel EAC vor; für den Sinus dieses Winkels gilt $\sin\alpha = \overline{EC}/\overline{AC}$.

Entsprechend taucht der Brechungswinkel $\beta$ im rechtwinkligen Dreieck AGC (Bild **3**) als Winkel GCA auf, und sein Sinus ist $\sin\beta = \overline{AG}/\overline{AC}$.

Für das Verhältnis der beiden Sinuswerte von Einfalls- und Brechungswinkel erhalten wir damit:

$$\frac{\sin\alpha}{\sin\beta} = \frac{\overline{EC}}{\overline{AG}}$$

Das in dieser Gleichung vorkommende Verhältnis zweier Längen läßt sich mittels der Ausbreitungsgeschwindigkeiten des Lichts in beiden Medien ausdrücken:

In derselben Zeit, in der die einfallende Wellenfront den Weg $\overline{EC}$ im Medium 1 zurücklegt, rückt die Wellenfront im Medium 2 nur um das Stück $\overline{AG}$ vor (vergleichen Sie Bild **1** mit **3**). Die beiden Strecken verhalten sich daher zueinander wie die Lichtgeschwindigkeit im Medium 1 zu der im Medium 2:

$$\frac{\overline{EC}}{\overline{AG}} = \frac{c_1}{c_2}$$

Wenn wir dies in die vorherige Gleichung einsetzen, erhalten wir:

$$\frac{\sin\alpha}{\sin\beta} = \frac{c_1}{c_2}$$

Beim Übergang eines Lichtstrahls zwischen zwei Medien verhalten sich also die **Sinuswerte** der gegen das Einfallslot gemessenen Winkel wie die **Geschwindigkeiten** des Lichts in den beiden Medien.

Wenn wir mit dem Snelliusschen Brechungsgesetz

$$\frac{\sin\alpha}{\sin\beta} = n_{1-2}$$

vergleichen, sehen wir, daß für die Brechzahl $n_{1-2}$ beim Übergang zwischen zwei Medien offenbar gilt:

$$n_{1-2} = \frac{c_1}{c_2}$$

Die **Brechzahl** gibt somit das **Verhältnis der beiden Lichtgeschwindigkeiten** an.

Die **absolute** Brechzahl eines Mediums, die ja die Lichtbrechung beim Übergang Vakuum-betreffendes Medium beschreibt, ergibt sich dann zu ($c$ = Lichtgeschwindigkeit im Vakuum):

$$n_{\mathrm{Medium}} = \frac{c}{c_{\mathrm{Medium}}}$$

Wir haben vorher gesehen, daß alle Stoffe optisch dichter sind als das Vakuum, d. h. ihre Brechzahl ist stets größer als 1 (beim Übergang Vakuum-beliebiger Stoff wird der Strahl immer zum Lot hin gebrochen). Also ist die **Lichtgeschwindigkeit im Vakuum am höchsten;** in Materie ist sie stets kleiner.

**Beispiel**
Wie groß ist die Lichtgeschwindigkeit in Wasser?
**Lösung**

$$n_{\mathrm{Wasser}} = \frac{c}{c_{\mathrm{Wasser}}} \quad \Rightarrow \quad c_{\mathrm{Wasser}} = \frac{c}{n_{\mathrm{Wasser}}} = \frac{300\,000\ \mathrm{km/s}}{1{,}33}$$

$$\Rightarrow \quad c_{\mathrm{Wasser}} = 225\,000\ \mathrm{km/s}$$

Im optisch dichtesten Medium, dem Diamanten, breitet sich das Licht sogar mit nur etwa 124000 km/s aus.
Eine direkte Messung der Lichtgeschwindigkeit bestätigt die aufgrund der Brechzahl berechneten Werte exakt.

Kommen wir zur **relativen** Brechzahl beim Übergang zwischen zwei beliebigen Medien zurück; oben hatten wir dafür abgeleitet:

$$n_{1-2} = \frac{c_1}{c_2}$$

Wir erweitern diese Gleichung mit der Lichtgeschwindigkeit $c$ im Vakuum und berücksichtigen, daß $c/c_1 = n_1$ bzw. $c/c_2 = n_2$ die absoluten Brechzahlen der beiden Medien darstellen:

$$n_{1-2} = \frac{c_1 \cdot c}{c_2 \cdot c} = \frac{\frac{c}{c_2}}{\frac{c}{c_1}} \Rightarrow \boxed{n_{1-2} = \frac{n_2}{n_1}}$$

Wie im letzten Abschnitt behauptet, ist also die relative Brechzahl für einen Übergang der Quotient aus der absoluten Brechzahl des Mediums, in das der Strahl eindringt, und der des Mediums, aus dem das Licht kommt.

Da die Lichtgeschwindigkeit in Materie kleiner ist als im Vakuum, muß sich entweder die Lichtwellenlänge oder die Lichtfrequenz in Materie entsprechend verringern. (Zwischen Ausbreitungsgeschwindigkeit $c$, Wellenlänge $\lambda$ und Frequenz $\nu$ gilt ja stets die Beziehung $c = \lambda \cdot \nu$ ; s. S. 41).
Wir haben die Lichtbrechung durch die Überlagerung von Elementarwellen erklärt. Diese werden von der durch die einfallende Welle zu Schwingungen angeregten Materie ausgesandt; eine erzwungene Schwingung (s. S. 38f) erfolgt jedoch immer mit der Anregungsfrequenz.
Da die **Frequenz der Lichtwelle** daher **stets gleich** bleibt, muß sich ihre Wellenlänge beim Übergang zwischen zwei verschiedenen Medien genauso ändern wie die Lichtgeschwindigkeit.
Für den Übergang von Vakuum in Materie gilt daher entsprechend zu $c_{\text{Medium}} = c/n_{\text{Medium}}$ für die Wellenlänge in einem bestimmten Medium:

$$\boxed{\lambda_{\text{Medium}} = \frac{\lambda}{n_{\text{Medium}}}}$$

$\lambda$ bedeutet dabei die Wellenlänge im Vakuum.*

Veranschaulichen wir uns abschließend die Lichtbrechung anhand eines Beispiels:
Eine Kompanie Soldaten marschiere im Gleichschritt schräg von der Straße in schlammiges Gelände ein. Sobald ein Soldat die Schlammgrenze überschritten hat, nimmt seine Schrittlänge ab. Trotz gleicher Schrittfrequenz wird seine Marschgeschwindigkeit geringer als die der in der gleichen Reihe, aber noch auf der Straße marschierenden Soldaten. Dadurch knickt die Marschreihe ab, und die Marschrichtung ändert sich.
Sobald alle Soldaten einer Marschreihe sich auf schlammigem Grund befinden, kommen sie gleich langsam voran, und die Marschreihe bildet wieder eine Gerade. Die verminderte Schrittlänge und das dadurch verringerte Marschtempo werden ebenso beibehalten wie die neue Marschrichtung, solange die Soldaten im Schlamm marschieren.

* Die stets gleichbleibende Frequenz scheint prinzipiell besser zur Charakterisierung einer bestimmten Lichtfarbe (Spektralfarbe) geeignet zu sein als die vom jeweiligen Medium, in dem die Lichtausbreitung stattfindet, abhängende Lichtwellenlänge. Da wir aber die Lichtwellenlänge – im Gegensatz zur Lichtfrequenz – direkt messen können, wird diese bevorzugt angegeben. Wenn keine weiteren Angaben gemacht werden, ist dabei stets die Wellenlänge im Vakuum gemeint

### 2.4.3 Totalreflexion

Wenden wir das **Huygenssche Prinzip** jetzt auf den Übergang vom **optisch dichteren** ins **optisch dünnere** Medium an.

**Beispiel**

Ein Lichtstrahl tritt von Glas in Luft über. Der Einfallswinkel $\alpha$ beträgt 35°. Wie wird der Strahl gebrochen, wenn das Glas die Brechzahl $n = 1{,}5$ besitzt?

**Lösung**

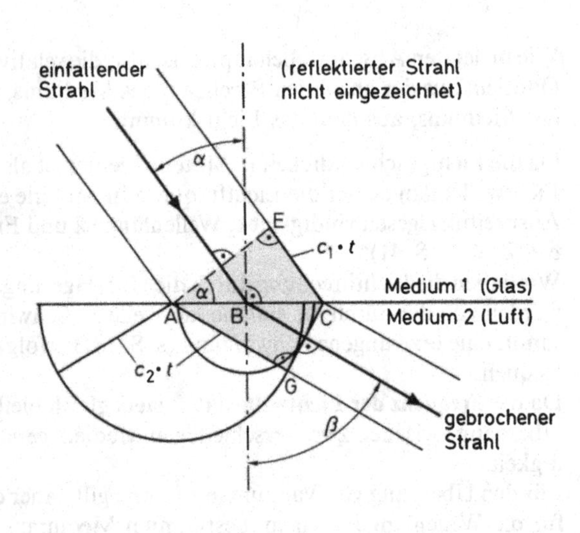


Für die Lichtgeschwindigkeiten in beiden Medien gilt (Medium 1 = Glas, optisch dichter; Medium 2 = Luft, optisch dünner):

$$\frac{c_1}{c_2} = \frac{n_2}{n_1} \quad \Rightarrow \quad c_2 = \frac{n_1}{n_2} \cdot c_1$$

$$\Rightarrow \quad c_2 = \frac{1{,}5}{1} \cdot c_1 = 1{,}5\, c_1$$

In der Zeit $t$, in der die einfallende Wellenfront den Weg $\overline{EC} = c_1 \cdot t$ zurücklegt, wächst also die gleichzeitig im Punkt A ausgelöste Elementarwelle auf den Radius $\overline{AG}$ $= c_2 \cdot t = 1{,}5\, c_1 \cdot t$ an.

Der Radius der Elementarwelle um B ist entsprechend ihrer späteren Auslösung nur halb so groß.

Der obenstehenden Abbildung, die gewissermaßen eine Zusammenfassung der vorherigen Bilder **1** und **3** darstellt, entnehmen wir einen Brechungswinkel von 60°.

**Übung**

Zeigen Sie, daß die Anwendung des Snelliusschen Brechungsgesetzes hier etwa denselben Brechungswinkel ergibt!

Versuchen wir nun, die obige Aufgabe für einen Einfallswinkel von 50° zu lösen: Obwohl wir die Elementarwellen korrekt konstruiert haben, existiert offensichtlich **keine Einhüllende!**

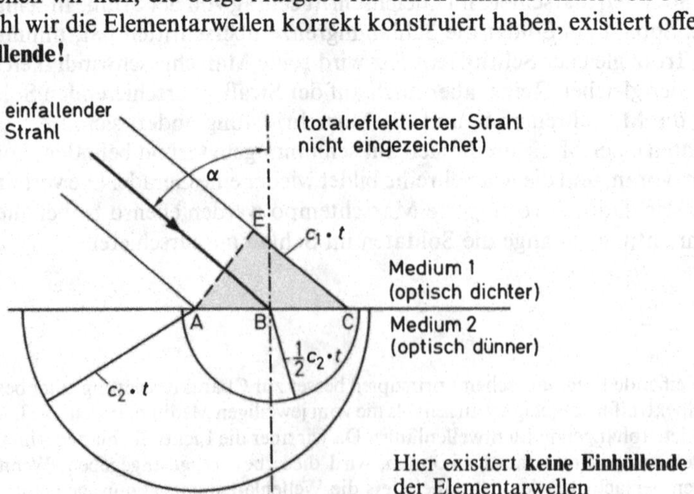

Wir können daher auch keine Richtung für die Fortpflanzung des gebrochenen Strahls ermitteln und damit keine neue Wellenfront im Medium 2. Mit anderen Worten, unser einfaches Modell sagt voraus, daß kein Licht in das optisch dünnere Medium (hier die Luft) übertritt.
Versuche zeigen tatsächlich (s. u.), daß bei so großen Einfallswinkeln gar kein gebrochener Strahl auftritt. Der **aus dem optisch dichteren Medium einfallende** Strahl wird vielmehr ab einem bestimmten Einfallswinkel **total reflektiert;** dieser heißt **Grenzwinkel $\alpha_g$ der Totalreflexion.**

Wir können uns dies so veranschaulichen:
Die nach wie vor ausgelösten Elementarwellen im Medium 1 überlagern sich dann lediglich in der Richtung des **reflektierten** Strahls unter gegenseitiger Verstärkung, während für **keine** ins Medium 2 hineinweisende Richtung eine derartige Verstärkung auftritt.
Grob gesprochen überlagern sich die ins Medium 2 hineinlaufenden Elementarwellen dann stets so, daß Wellenberg und Wellental aufeinandertreffen. Daher löschen sich die Elementarwellen im Medium 2 überall gegenseitig aus, und das Licht kann im Endeffekt nicht in Medium 2 übertreten.

Aber auch schon das Diagramm zur Lichtbrechung (s. S. 75) weist auf die Existenz der Totalreflexion hin:
Beim Übergang Luft-Wasser beispielsweise strebt der Brechungswinkel etwa gegen 49°, wenn der Einfallswinkel gegen 90° geht; größere Brechungswinkel sind also nicht möglich. Wenn wir davon Gebrauch machen, daß wir die Richtungen des einfallenden und des gebrochenen Strahls vertauschen dürfen, also den Übergang Wasser-Luft betrachten, existiert demnach für Einfallswinkel über 49° kein zugehöriger Brechungswinkel.
Für den Übergang Wasser-Luft beträgt daher der Grenzwinkel der Totalreflexion $\alpha_g \approx 49°$.

Die untenstehende Abbildung zeigt drei (willkürlich herausgegriffene) Strahlen, die von einer unter Wasser befindlichen Lichtquelle L ausgehend auf die Grenzfläche Wasser-Luft auftreffen.
Bei einem Einfallswinkel von weniger als $\alpha_g$ (hier also weniger als 49°) beobachten wir nur eine schwache teilweise Reflexion neben einem sehr viel intensiveren gebrochenen Strahl (1).

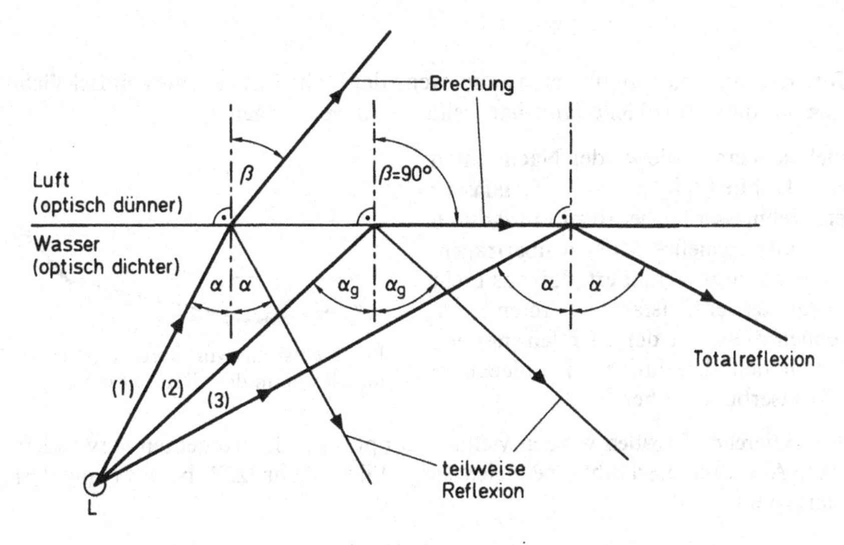

Für den Einfallswinkel $\alpha_g$ beträgt der Brechungswinkel gerade 90°. Der gebrochene Strahl tritt daher nicht mehr in die Luft über, sondern streift über die Grenzfläche (2). Wird der Einfallswinkel größer als der Grenzwinkel der Totalreflexion, so verschwindet der gebrochene Strahl vollständig, und der vorher vergleichsweise schwache reflektierte Strahl ist plötzlich genauso intensiv wie der einfallende. Es tritt also **Totalreflexion** auf (3).

Die Totalreflexion ist noch lichtstärker als die Reflexion an Metalloberflächen (Spiegeln). Luftblasen in Wasser oder Sprünge in Gläsern glitzern daher stark.

Der Grenzwinkel der Totalreflexion läßt sich leicht aus dem Brechungsgesetz ermitteln:

**Beispiel**
Bestimmen Sie den Grenzwinkel der Totalreflexion für den Übergang

a) Wasser-Luft b) Kronglas-Luft $\left(n_{\text{Glas}} = \frac{3}{2}\right)$

**Lösung**
für einen Übergang Medium 1 → Medium 2 gilt:

$$\frac{\sin\alpha}{\sin\beta} = n_{1-2};\ n_{1-2} = \frac{n_2}{n_1} \quad \Rightarrow \quad \frac{\sin\alpha}{\sin\beta} = \frac{n_2}{n_1}$$

$$\alpha = \alpha_g \quad \text{für} \quad \beta = 90° \quad \Rightarrow \quad \frac{\sin\alpha_g}{\sin 90°} = \frac{n_2}{n_1} \quad \Rightarrow \quad \boxed{\sin\alpha_g = \frac{n_2}{n_1}}$$

a) Wasser-Luft: $n_1 = n_{\text{Wasser}} = \frac{4}{3};\ n_2 = n_{\text{Luft}} = 1$

$$\sin\alpha_g = \frac{1}{\frac{4}{3}} = \frac{3}{4} = 0{,}75 \quad \Rightarrow \quad \alpha_g = 48{,}6°$$

b) Glas-Luft: $n_1 = n_{\text{Glas}} = \frac{3}{2};\ n_2 = n_{\text{Luft}} = 1$

$$\sin\alpha_g = \frac{1}{\frac{3}{2}} = \frac{2}{3} = 0{,}667 \quad \Rightarrow \quad \alpha_g = 42°$$

Die Totalreflexion, die nur auftreten kann, wenn der Lichtstrahl **aus dem optisch dichteren Medium** auf die Grenzfläche fällt, hat vielfache Anwendungen:

In zunehmendem Maße werden Nachrichten mittels Lichtleitkabeln aus **Glasfasern** (Faserdurchmesser bis herab zu 1 µm) durch eine Art ultraschnelles Morsen übertragen. Die Totalreflexion verhindert, daß das Licht unterwegs aus der Glasfaser austreten kann. Sie kennen diese Art der Lichtleitung vielleicht von den dekorativen Tischleuchten aus Glasfaserbündeln her.

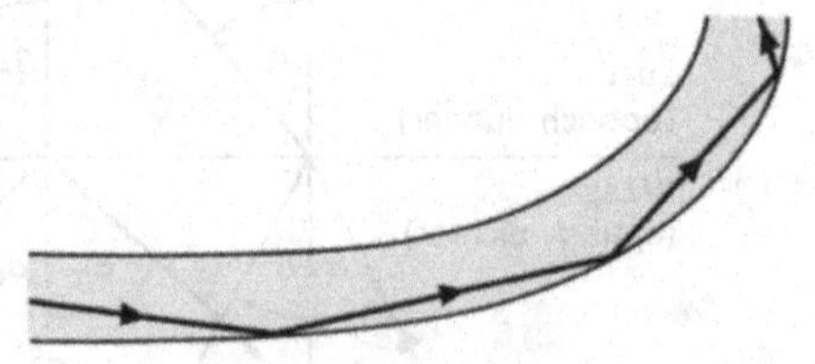

Der Lichtstrahl wird durch wiederholte Totalreflexion in der Glasfaser geführt.

**Totalreflektierende Prismen** werden vielfach in optischen Instrumenten verwendet; eine geeignete Anordnung erlaubt eine gleichzeitige Bildumkehr (z. B. beim Prismenfernglas und -fernrohr):

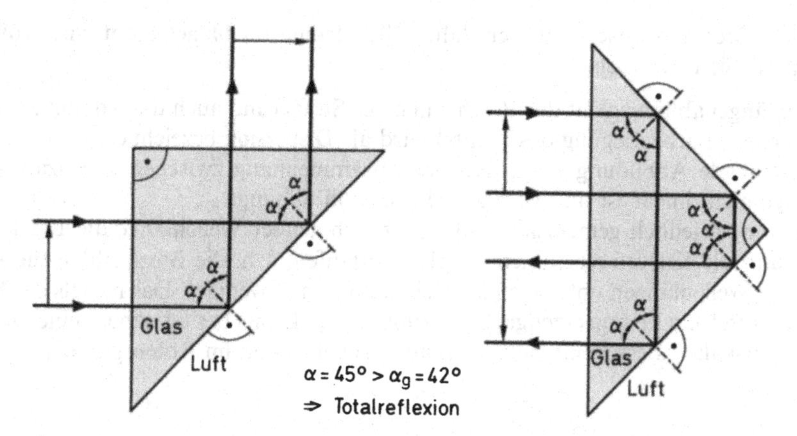


**Rückstrahler** bestehen aus vielen kleinen dreiseitigen Glaspyramiden (Würfelecken), bei denen jeder auftreffende Lichtstrahl durch Totalreflexion in seine Herkunftsrichtung zurückgeworfen wird.

Auch beim **Refraktometer** (s. S. 104ff) und beim **Nicolschen Prisma** (zur Erzeugung polarisierten Lichts, s. S. 120ff) spielt die Totalreflexion eine wesentliche Rolle.

Die **Fata Morgana** (Luftspiegelung) verdankt ihre Existenz ebenfalls einer Art von Totalreflexion: Durch starke Erwärmung bodennaher Luftschichten (Wüste, Straße im Sommer) verringert sich deren stoffliche und optische Dichte unter die der darüber liegenden kälteren Luftmasse (diese eigentlich instabile Lage kann sich bei Windstille halten). Von oben, also aus der optisch dichteren Luft, sehr flach einfallende Lichtstrahlen können in der Übergangszone gewissermaßen total reflektiert werden. Aufgrund dieser Luftspiegelung scheinen sehr heiße Straßen im Sommer naß zu sein, und Wüstenreisenden wird durch ähnliche Erscheinungen gelegentlich das Bild einer weit entfernten Oase als nahe Wirklichkeit vorgegaukelt.

### 2.4.4 Wellenlängenabhängigkeit der Brechzahl

Die in den letzten Abschnitten erwähnten Versuche zur Brechung müssen strenggenommen mit monochromatischem Licht durchgeführt werden, da die Brechung von der Lichtwellenlänge abhängt. Üblicherweise werden – wie auf S. 75 erwähnt – daher die Brechzahlen der Stoffe für eine bestimmte Wellenlänge angegeben und zwar meist für $\lambda = 589$ nm (Na-D-Linie).

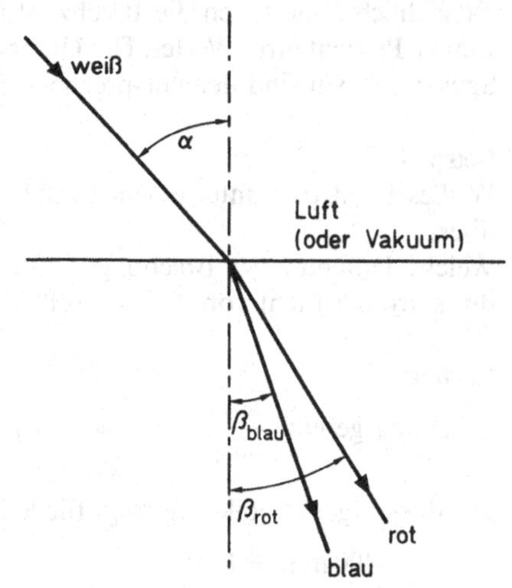


Lassen wir beispielsweise einen Strahl weißen Lichts aus Luft oder aus dem Vakuum in ein optisch dichteres Medium übertreten, so werden die einzelnen Spektralfarben unterschiedlich stark gebrochen. In der Abbildung sind nur der rote und der blaue Strahl eingezeichnet, wobei die Aufspaltung stark übertrieben ist.

Für alle durchsichtigen Stoffe gilt, daß die Brechung für rotes (d. h. längerwelliges) Licht geringer ist als für blaues (kürzerwelliges) Licht.

Gemäß dem Brechungsgesetz besitzen daher alle Medien für **blaues** Licht eine **größere** Brechzahl als für rotes Licht.

Die Wellenlängenabhängigkeit der Brechzahl eines Stoffs (und auch die – damit zusammenhängende – Farbzerlegung des Lichts) wird als **Dispersion** bezeichnet.
Die nachstehende Abbildung zeigt, daß der Zusammenhang zwischen Brechzahl und Wellenlänge nicht linear ist und vom jeweiligen Stoff abhängt.
Allen Kurven ist jedoch gemeinsam, daß mit zunehmender Wellenlänge die Brechzahl abnimmt und die Kurven zunehmend flacher verlaufen, d. h. die Brechzahlen für zwei benachbarte Wellenlängen unterscheiden sich dann immer weniger. Das mittels der **Brechung,** d. h. durch ein Prisma erzeugte Spektrum weißen Lichts besitzt daher keine lineare Wellenlängenskala; es erscheint stets im Blauen gedehnt und im Roten gepreßt.

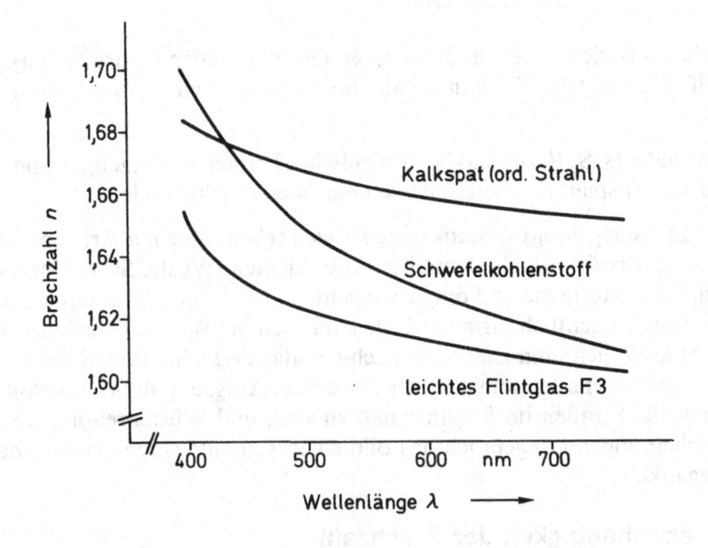


Um die Dispersion einiger Stoffe übersichtlich darstellen zu können, sind in der obigen Abbildung nur Werte der Brechzahl zwischen 1,6 und 1,7 erfaßt.
Tatsächlich ändert sich die Brechzahl im gesamten sichtbaren Spektralbereich nur um wenige Prozent ihres Wertes. Die Unterschiede im Brechungswinkel für die verschiedenen Spektralfarben sind dementsprechend klein.

**Beispiel**
Weißes Licht tritt unter einem Einfallswinkel von 60° von Luft in Schwefelkohlenstoff über.
Welche Differenz der Brechungswinkel tritt zwischen violettem Licht von 400 nm und dunkelrotem Licht von 750 nm auf?

**Lösung**

Brechungsgesetz $\dfrac{\sin\alpha}{\sin\beta} = n \quad\Rightarrow\quad \sin\beta = \dfrac{\sin\alpha}{n}$

aus der obigen Abbildung folgt für Schwefelkohlenstoff:

$n(400\,\text{nm}) = 1{,}70$
$n(750\,\text{nm}) = 1{,}61$

$$\Rightarrow \quad \sin\beta_{\text{viol.}} = \frac{\sin 60^\circ}{n(400\,\text{nm})} = \frac{0{,}866}{1{,}70} = 0{,}509 \quad \Rightarrow \quad \beta_{\text{viol.}} = 30{,}6^\circ$$

$$\sin\beta_{\text{d.r.}} = \frac{\sin 60^\circ}{n(750\,\text{nm})} = \frac{0{,}866}{1{,}61} = 0{,}538 \quad \Rightarrow \quad \beta_{\text{d.r.}} = 32{,}5^\circ$$

$$\Rightarrow \quad \text{Aufspaltungswinkel} = \beta_{\text{d.r.}} - \beta_{\text{viol.}} \approx 2^\circ$$

Dabei besitzt Schwefelkohlenstoff eine ausgeprägte Dispersion. Bei Wasser und vielen anderen Stoffen hängt die Brechzahl weniger stark von der Wellenlänge ab, und die Brechungswinkel unterscheiden sich nur um einige Zehntelgrad!

Weshalb wird Licht verschiedener Wellenlänge beim Eintritt in ein Medium verschieden stark gebrochen?
Wenn wir uns an die Begründung des Brechungsgesetzes mit Hilfe des **Huygensschen Prinzips** erinnern, können wir diesen Sachverhalt so deuten:
Langwelliges (rotes) Licht breitet sich in Materie schneller aus als kurzwelliges (blaues) Licht. Die nachstehende Abbildung zeigt dies schematisch.
Bei der Lichtausbreitung **in Materie** hängen also Geschwindigkeit und Brechzahl von der Wellenlänge bzw. Frequenz des Lichts ab.

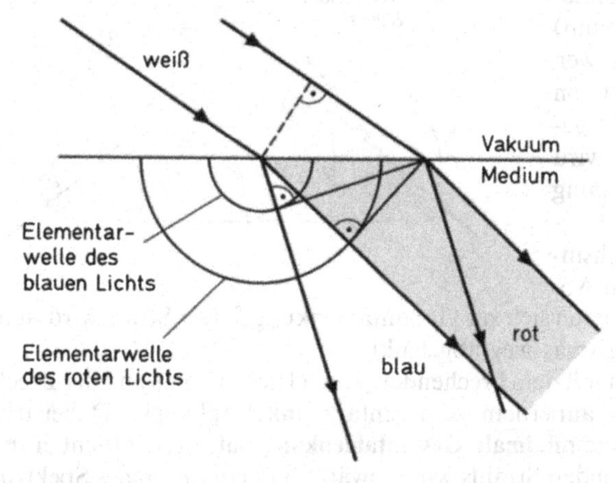


**Im Vakuum** dagegen ist die Lichtgeschwindigkeit und damit die Brechzahl unabhängig von der Wellenlänge bzw. Frequenz, und es gilt daher stets $c = 300\,000\,\text{km/s}$ und $n = 1{,}000\ldots$.

Der bereits auf S. 82 abgeleitete Zusammenhang

$$n_{\text{Medium}} = \frac{c}{c_{\text{Medium}}}$$

wird auch für die wellenlängenabhängigen Größen experimentell bestätigt.

Vielleicht merken Sie sich die umgeformte Beziehung leichter:

> $n_{\text{Medium}}(\lambda) \cdot c_{\text{Medium}}(\lambda) = c$
>
> Für jedes Medium und jede Lichtwellenlänge ist das Produkt aus Brechzahl und **zugehöriger** Lichtgeschwindigkeit gleich der Lichtgeschwindigkeit im Vakuum.

Fassen wir zusammen:
**Monochromatisches** Licht wird beim Übergang zwischen zwei Medien verschiedener optischer Dichte gebrochen, weil seine Ausbreitungsgeschwindigkeit **in beiden Medien verschieden** ist.
Tritt Licht einer **Mischfarbe** (z. B. weißes Licht) in ein Medium ein, so werden die einzelnen Spektralfarben **verschieden stark** gebrochen, weil sie sich **im selben Medium unterschiedlich** schnell fortpflanzen.

## 2.5 Farbzerlegung durch Prismen

Im Abschnitt über Totalreflexion (s. S. 84ff) sind wir dem (dreiseitigen) Prisma schon begegnet; beinahe noch wichtiger ist seine Anwendung zur Farbzerlegung des Lichts.
Betrachten wir zunächst die Lichtbrechung durch ein Prisma für **monochromatisches** Licht.
Bei einem **Prisma** schneiden sich Ein- und Austrittsfläche für das Licht in der **brechenden Kante** und schließen den **brechenden Winkel** $\gamma$ ein.

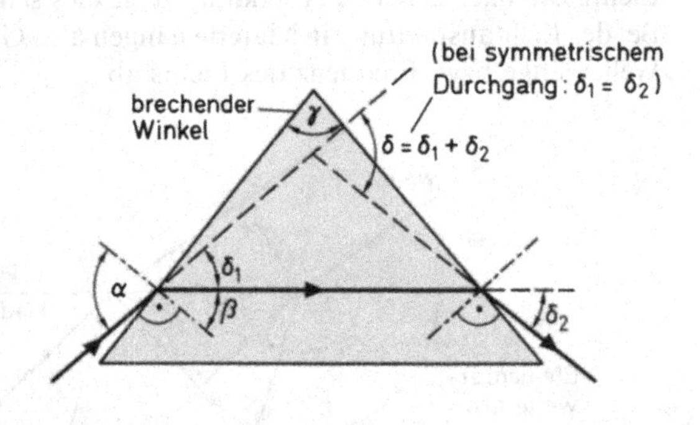


Passiert ein Lichtstrahl ein Prisma, so wird er beim Eintritt zum Lot hin (Übergang vom optisch dünneren ins optisch dichtere Medium) und beim Austritt vom Lot weg (Übergang vom optisch dichteren ins optisch dünnere Medium) gebrochen. Wie die Skizze zeigt, wird der Strahl aufgrund der Neigung von Ein- und Austrittsfläche gegeneinander beidesmal gleichsinnig abgelenkt, und die beiden Ablenkungswinkel $\delta_1$ und $\delta_2$ addieren sich zur Gesamtablenkung $\delta$. Der Strahl wird stets von der brechenden Kante des Prismas weg abgelenkt.
Die Gesamtablenkung wächst mit dem brechenden Winkel des Prismas und der Brechzahl des Prismenmaterials und ist außerdem vom Einfallswinkel abhängig. Dabei tritt bei **symmetrischem Durchgang** eine **minimale Gesamtablenkung** auf; diese Orientierung des Prismas bezüglich des einfallenden Strahls wird gewählt, um ein optimales Spektrum zu erhalten.
Lassen wir auf ein Prisma statt einem Strahl monochromatischen Lichts den einer **Mischfarbe** fallen, so werden die darin enthaltenen Spektralfarben an beiden Flächen unterschiedlich stark gebrochen und breiten sich daher nach dem Durchlaufen des Prismas in verschiedene Richtungen aus.
Diese **Farbzerlegung** des Lichts durch ein Prisma ist in der nebenstehenden Abbildung schematisch für drei Spektralfarben dargestellt. Beachten Sie, daß (entsprechend der höheren Brechzahl) kurzwelliges Licht stets stärker abgelenkt wird als langwelliges.
Dabei besteht ein eindeutiger Zusammenhang zwischen **Ablenkungswinkel** und **Lichtwellenlänge.**

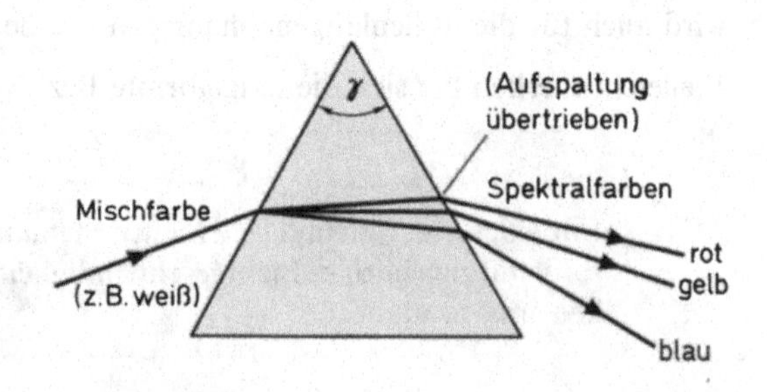

Dies erlaubt die Verwendung der Farbzerlegung des Lichts durch Prismen zur **Messung von Spektren** (Spektroskopie) bzw. zur **Erzeugung monochromatischen Lichts** wählbarer Wellenlänge (Prismenmonochromator, s. S. 106ff):
Meist sind **Prismen-Spektralapparate** so aufgebaut, daß für eine Wellenlänge in der Mitte des sichtbaren Spektrums, z. B. für die gelbe Natrium-D-Linie bei 589 nm, minimale Strahlablenkung erfolgt. Für jeden (relativ zu dieser Linie gemessenen) Ablenkungswinkel läßt sich bei bekannter Dispersionskurve des Prismenmaterials die entsprechende Lichtwellenlänge berechnen.
Aus Genauigkeitsgründen (ein Spektralapparat enthält ja noch weitere optische Komponenten) wird der Spektralapparat allerdings noch mit monochromatischem Licht bekannter Wellenlänge geeicht.
Die Wellenlängenzuordnung ist dabei natürlich um so genauer, je mehr sich die Brechzahlen des Prismenmaterials für die zu trennenden Spektralfarben **unterscheiden.** Das Prismenmaterial soll daher im interessierenden Spektralbereich eine **möglichst steil verlaufende Dispersionskurve** besitzen; der absolute Wert der Brechzahl ist dagegen für die Farbzerlegung ohne Bedeutung.
Die Aufspaltung wächst aber auch mit dem brechenden Winkel $\gamma$ des Prismas. Dieser läßt sich allerdings nicht beliebig groß wählen, da sonst anstatt der zweiten Brechung des Lichtstrahls beim Austritt aus dem Prisma Totalreflexion erfolgt.
Bei einem Prisma aus Kronglas mit einem brechenden Winkel von 80° beträgt die Winkelaufspaltung zwischen violettem und gelbem Licht rund 5° (in diesem Bereich steiler Verlauf der Dispersionskurve) und zwischen dunkelrotem und gelbem Licht nur noch etwa 1,5° (flacher Verlauf der Dispersionskurve). Allgemein läßt sich also kurzwelliges Licht durch Prismen erheblich besser trennen als langwelliges.

## 2.6 Linsen

Für die Vielzahl fehlsichtiger Menschen bedeuten Brillen oder Kontaktlinsen eine unersetzliche Hilfe. Auch die meisten anderen optischen Instrumente sind ohne die verschiedenen Arten von Linsen kaum denkbar.
Wir können daher **Linsen** als die **wichtigsten** optischen Bauteile bezeichnen.

Im Gegensatz zum Prisma, das durch ebene Flächen begrenzt wird, ist mindestens eine der beiden Begrenzungsflächen einer Linse **gekrümmt.**
**Kugelflächen** eignen sich für Abbildungszwecke und sind von allen gekrümmten Flächen am einfachsten zu schleifen, deshalb werden Linsen üblicherweise durch solche Flächen begrenzt und heißen dementsprechend **sphärische Linsen.** (Für besondere Zwecke werden auch **asphärische Linsen** mit anderen gekrümmten Flächen hergestellt, z. B. Zylinderlinsen oder spezielle Linsen für Photoapparate.)

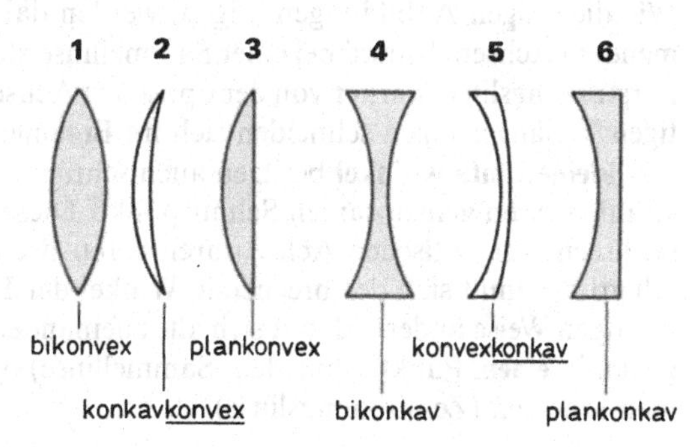


Jede der beiden Begrenzungsflächen kann dabei nach außen oder innen gewölbt (konvex oder konkav), eine der beiden auch eben (plan) sein. Daraus ergeben sich sechs Linsenformen, von denen die Bikonvexlinse die gebräuchlichste ist.

Wir haben schon bei der Besprechung der Abbildung durch Hohlspiegel s. S. 69ff erwähnt, daß **Sam-**

**mellinsen** weitgehend dieselben Abbildungseigenschaften aufweisen. Beispielsweise sammeln sie achsenparallel einfallende Strahlen im Brennpunkt; dies wird bei ihrer Verwendung als Brennglas ausgenützt.
**Zerstreuungslinsen** dagegen vergrößern die Divergenz eines auftreffenden Lichtbündels; achsenparallel einfallende Strahlen werden nach außen abgelenkt, also gewissermaßen zerstreut.
Sie können sehr einfach erkennen, zu welcher der beiden Linsentypen eine gegebene Linse gehört:
Sammellinsen sind stets in der Mitte dicker als am Rand, bei Zerstreuungslinsen ist es umgekehrt.
Dementsprechend stellen die Linsenformen **1** bis **3** Sammellinsen, die restlichen Zerstreuungslinsen dar.
Außerdem gilt als Faustregel (bei vergleichbarer Linsengröße), daß die jeweilige Eigenschaft um so ausgeprägter vorliegt, je größer der Dickenunterschied zwischen Mitte und Rand ist.
Die Bikonvexlinse **1** ist deshalb eine stärkere Sammellinse als die Plankonvexlinse **3.**

Die Eigenschaft von Linsen, parallel einfallende Strahlen je nach ihrem Abstand von der optischen Achse **verschieden** stark abzulenken, läßt sich erklären, wenn wir die Linse gedanklich in viele kleine Prismenabschnitte zerlegen (s. Abbildung). (Dies entspricht unserem Vorgehen beim Hohlspiegel: Dort haben wir die gekrümmte Spiegelfläche in Gedanken durch viele kleine, ebene Spiegelchen ersetzt und jeweils das Reflexionsgesetz angewandt.)
Die brechenden Winkel dieser Prismen nehmen zum Linsenrand hin zu; in der Linsenmitte befindet sich näherungsweise eine planparallele Platte.
Da die Strahlablenkung mit dem brechenden Winkel eines Prismas anwächst, werden achsenfern einfallende Strahlen stärker abgelenkt als achsennahe Strahlen.
Die Ablenkung erfolgt dabei stets von der brechenden Kante des Prismas weg (also zu dessen dickem Ende hin).

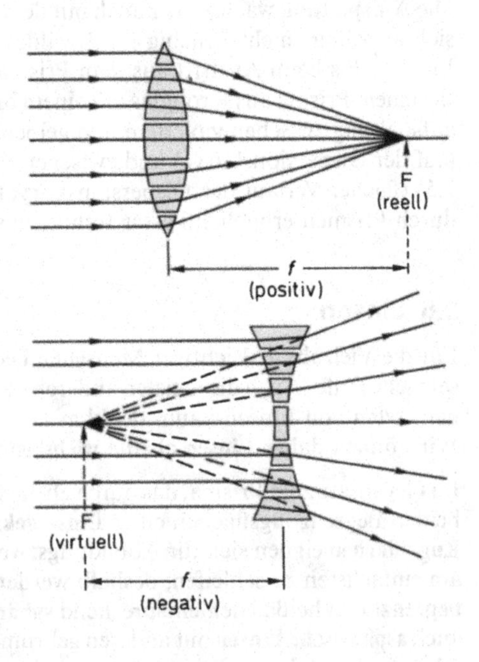


Wie die obigen Abbildungen zeigen, werden daher **achsenparallele** Strahlen mit zunehmendem Achsenabstand bei einer Sammellinse stärker zur optischen Achse hin, bei einer Zerstreuungslinse stärker von der optischen Achse weg gebrochen; sie bzw. ihre rückwärtigen Verlängerungen schneiden sich im **Brennpunkt.**
Für **kleine Einfallswinkel** besitzen auch schräg zur optischen Achse einfallende Parallelstrahlen einen gemeinsamen Schnittpunkt. Dieser liegt in der **Brennebene** der Linse, die senkrecht zur optischen Achse durch deren Brennpunkt verläuft.
Allerdings muß sich der brechende Winkel der Prismen mit dem Achsenabstand in der richtigen Weise ändern, damit sich alle zueinander parallelen Strahlen nach der Brechung genau in **einem** Punkt schneiden (Sammellinse) bzw. von genau **einem** Punkt herzukommen scheinen (Zerstreuungslinse).

Die Kugelfläche als brechende Fläche von Linsen weist eine dafür geeignete Krümmung auf, wenn wir uns auf **achsennahe Strahlen** beschränken.
Die **Brennweite einer Linse** wird durch die Krümmungsradien der beiden Kugelflächen und die Brechzahl des Linsenmaterials bestimmt; infolge der Dispersion ist die Brennweite außerdem wellenlängenabhängig: Durch die stärkere Brechung kurzwelligen Lichts ist sie für blaues und violettes Licht deutlich kleiner als für gelbes Licht, und für rotes Licht ist sie etwas größer als für gelbes Licht (Linsenfehler **chromatische Aberration**).

### 2.6.1 Abbildung durch Linsen

Da **Sammellinsen** wie **Hohlspiegel** gleicher Brennweite abbilden (wenn wir von der Richtungsumkehr der Strahlen bei der Reflexion einmal absehen), können wir zur einfachen **zeichnerischen Bildermittlung** wiederum zwei der drei besonders einfach zu zeichnenden Strahlen verwenden (s. S. 70ff):

**Brennstrahl, Parallelstrahl** und **Mittelpunktsstrahl**

Die nachfolgende Abbildung zeigt deren gegenseitige Zuordnung, die aber nur für **achsennahe** Strahlen gültig ist.

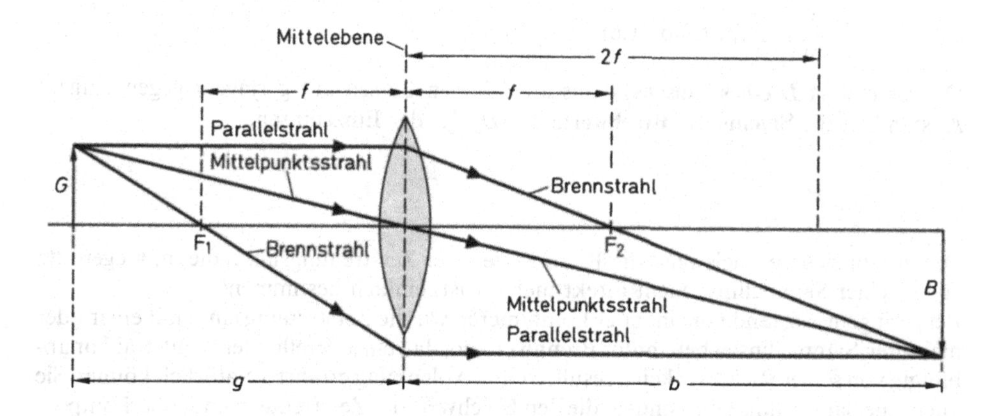


Beim Hohlspiegel mußten wir bei dieser Art Konstruktion die Strahlen statt an der Spiegelfläche an deren Scheitelebene abknicken.
Entsprechend verwenden wir hier statt der Linse ihre **Mittelebene.** D. h. die doppelte Brechung des Strahls an den beiden Linsenflächen (die bei einer ideal dünnen Linse ja praktisch zusammenfallen) ersetzen wir durch eine einzige Brechung an der Mittelebene der Linse.
Parallel- und Brennstrahl können auch dann zur Bildermittlung dienen, wenn sie nicht tatsächlich durch die Linsenöffnung gehen.
Denken Sie daran, daß diese Konstruktion das Bild liefert, das einer völlig **fehlerfreien** Abbildung durch eine dünne Linse entspricht. Da in der Praxis kaum alle dafür erforderlichen Voraussetzungen erfüllt werden, treten bei einer Abbildung durch eine Einzellinse nahezu immer **Abbildungsfehler** auf (Linsenfehler, s. S. 96ff).

Für die Art und Größe der von Linsen erzeugten Bilder gelten die beim Hohlspiegel erörterten Zusammenhänge entsprechend:
Die **Sammellinse** entwirft (wie der Hohlspiegel) **reelle,** umgekehrte Bilder, wenn die Gegenstandweite $g$ **größer** als die Brennweite $f$ ist (s. o. Abbildung); dabei ist das Bild

| | | |
|---|---|---|
| vergrößert, | wenn | $f < g < 2f$ |
| gleichgroß wie der Gegenstand, | wenn | $g = 2f$ |
| verkleinert, | wenn | $g > 2f$. |

Ist die Gegenstandsweite $g$ dagegen **kleiner** als $f$, so entstehen **virtuelle, aufrechte** und **vergrößerte** Bilder (s. **Beispiel** 2 zur Abbildungsgleichung, S. 96.)

Die **Zerstreuungslinse** dagegen erzeugt nur **virtuelle, aufrechte** und **verkleinerte** Bilder. Zerstreuungslinsen werden daher nur selten (z. B. als Brillengläser) allein verwendet; meist treten sie mit Sammellinsen kombiniert in **Linsensystemen** auf (dicht hintereinandergestellte Linsen, deren optische Achsen zusammenfallen), um Linsenfehler zu korrigieren.

Besonders geeignet zur Beschreibung von Linsensystemen ist der Begriff des **Brechwerts** $D$ (Brechkraft) einer Linse (der übrigens auch in der Augenoptik üblich ist):

$$D = \frac{1}{f}$$

$$[D] = \frac{1}{\mathrm{m}} = 1\,\mathrm{dpt}\ \text{(Dioptrie)}$$

Der **Brechwert** $D$ **eines Linsensystems** aus dünnen Linsen mit geringem gegenseitigem Abstand ist die **Summe der Brechwerte** $D_1, D_2, \ldots$ der Einzellinsen:

$$D = D_1 + D_2 + \ldots$$

Damit läßt sich beispielsweise die Brennweite einer Zerstreuungslinse, die im Gegensatz zu der einer Sammellinse nicht direkt meßbar ist, einfach bestimmen:
Bei geringem Abstand voneinander kombinieren wir die Zerstreuungslinse mit einer oder mehreren Sammellinsen bekannter Brennweite so, daß ein auftreffender Lichtstrahl unabhängig von seiner Richtung keine resultierende Ablenkung erfährt. (Natürlich können Sie auch eine Sammellinse verwenden, die den Brechwert der Zerstreuungslinse überkompensiert, wenn Sie die dann direkt meßbare resultierende Brennweite des Linsensystems berücksichtigen.)

**Beispiel**
Eine Anordnung aus einer dünnen Zerstreuungslinse und zwei Sammellinsen der Brennweiten $f_1 = 30\,\mathrm{cm}$ und $f_2 = 40\,\mathrm{cm}$ wird von Lichtstrahlen praktisch ungestört durchsetzt. Welche Brennweite besitzt die Zerstreuungslinse?
**Lösung**

$D = D_1 + D_2 + D_3$ ($D_3 =$ Brechwert d. Zerstreuungslinse)

keine resultierende Ablenkung $\Rightarrow$ $D = 0$

$$\Rightarrow\ D_3 = -D_1 - D_2 \quad \text{mit} \quad D_1 = \frac{1}{f_1} \quad \text{und} \quad D_2 = \frac{1}{f_2}$$

$$\Rightarrow\ D_3 = -\frac{1}{0{,}3\,\mathrm{m}} - \frac{1}{0{,}4\,\mathrm{m}} = -5{,}83\frac{1}{\mathrm{m}} = -5{,}83\,\mathrm{dpt}$$

$$\text{bzw.:}\quad f_3 = \frac{1}{D_3} = -0{,}17\,\mathrm{m} = -17\,\mathrm{cm}$$

### 2.6.2 Abbildungsgleichung

In der nachstehenden Abbildung ist nochmals die Konstruktion des von einer Sammellinse entworfenen Bildes mittels Brennstrahl und Mittelpunktsstrahl wiedergegeben.
Die beiden (schraffierten) Dreiecke $P_1F_1P_2$ und $OF_1P_3$ sind ähnlich und stimmen damit in entsprechenden Seitenverhältnissen überein, daher gilt:

$$\frac{B}{f}=\frac{G}{g-f} \quad \text{bzw. umgeformt} \quad \frac{B}{G}=\frac{f}{g-f} \tag{1}$$

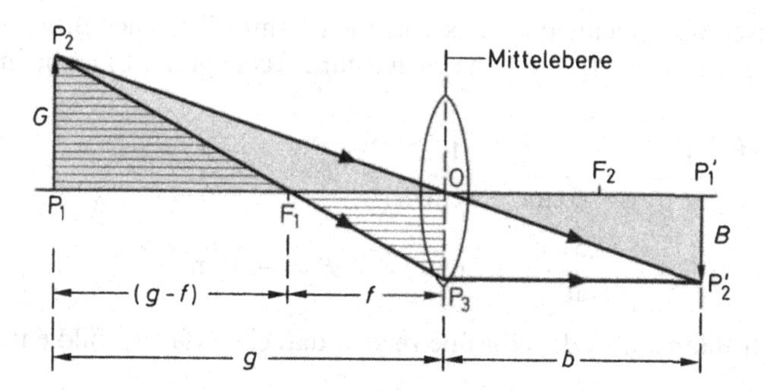


Den ebenfalls ähnlichen (getönten) Dreiecken $P_1OP_2$ und $P_1'OP_2'$ entnehmen wir

$$\frac{B}{b}=\frac{G}{g}, \quad \text{woraus folgt:} \quad \frac{B}{G}=\frac{b}{g} \tag{2}$$

Gleichsetzen von (1) und (2) ergibt:

$$\frac{b}{g}=\frac{f}{g-f}$$

und nach Multiplikation mit $g(g-f)$ erhalten wir

$$b\cdot g-b\cdot f=g\cdot f \quad \text{bzw.} \quad b\cdot g=b\cdot f+g\cdot f \tag{3}$$

Dividieren wir (3) durch $(f\cdot b\cdot g)$ erhalten wir die **Abbildungsgleichung:**

$$\frac{1}{f}=\frac{1}{g}+\frac{1}{b} \tag{4}$$

Wir haben die Abbildungsgleichung – ebenso wie die Beziehung (2) – ja schon beim Hohlspiegel als Möglichkeit zur rechnerischen Bildermittlung erwähnt.

Als Vorzeichenregel gilt dabei:
**Reelle** Größen sind **positiv, virtuelle** Größen **negativ** zu werten.
Die Brennweite einer Sammellinse erhält daher ein positives, die einer Zerstreuungslinse ein negatives Vorzeichen.
Entsprechend ergeben die beiden Gleichungen (2) und (4) für Bildweite und Bildgröße positive Werte, wenn ein reelles Bild entsteht, und negative Werte für ein virtuelles Bild.

Die Abbildungsgleichung liefert, wie die ihr zugrunde liegende zeichnerische Bildermittlung, die für eine **fehlerfreie** Abbildung geltenden Werte.

**Beispiel 1**
Ein Gegenstand ist 18 cm vor einer Sammellinse aufgestellt. Sein scharfes Bild kann 41 cm hinter der Linse auf einem Schirm aufgefangen werden. Welche Brennweite besitzt die Linse?

**Lösung 1**

$$\frac{1}{f} = \frac{1}{g} + \frac{1}{b} \quad \Rightarrow \quad \frac{1}{f} = \frac{1}{18\,\text{cm}} + \frac{1}{41\,\text{cm}} \quad \Rightarrow \quad f = 12{,}5\,\text{cm}$$

**Beispiel 2**
Bestimmen Sie rechnerisch und zeichnerisch das von einer Sammellinse der Brennweite 5 cm entworfene Bild, wenn sich der 1,2 cm hohe Gegenstand 3 cm vor der Linse befindet.

**Lösung 2**

$$\frac{1}{f} = \frac{1}{g} + \frac{1}{b} \quad \Rightarrow \quad \frac{1}{b} = \frac{1}{f} - \frac{1}{g} = \frac{1}{5\,\text{cm}} - \frac{1}{3\,\text{cm}} \quad \Rightarrow \quad b = -7{,}5\,\text{cm}$$

$$\frac{B}{G} = \frac{b}{g} \quad \Rightarrow \quad B = \frac{b}{g} \cdot G = \frac{-7{,}5\,\text{cm}}{3\,\text{cm}} \cdot 1{,}2\,\text{cm} \quad \Rightarrow \quad B = -3\,\text{cm}$$

Die **negativen** Werte von Bildweite und Bildgröße zeigen, daß ein **virtuelles** Bild entsteht (da $g < f$).

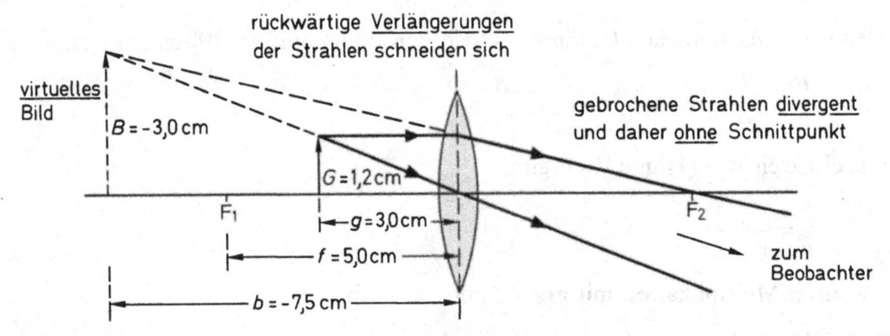


Die von einem Gegenstandspunkt ausgehenden Strahlen sind im oben abgebildeten Fall auch nach der Brechung durch die Linse noch divergent und schneiden sich daher nicht; es entsteht also kein reelles, auf einem Schirm auffangbares Bild.
Treffen die divergenten gebrochenen Strahlen dagegen ins Auge, so werden sie gedanklich bis zu ihrem vermeintlichen Schnittpunkt rückwärts verlängert:
Wir sehen deshalb ein aufrechtes und vergrößert erscheinendes Bild des durch die Sammellinse betrachteten Gegenstands, wenn er sich zwischen Brennpunkt und Linse befindet (Lupe, s. S. 101ff).

### 2.6.3 Linsenfehler

Durch aufwendige mathematische Untersuchungen läßt sich zeigen, daß **sphärische** Linsen nur bei Beschränkung auf **achsennahe Strahlen** und **monochromatisches Licht** einen Gegenstand scharf und unverzerrt abbilden.*

* Selbst eine vom Standpunkt der geometrischen Optik aus völlig fehlerfreie Abbildung ist aber nicht absolut scharf. Aufgrund der Wellennatur des Lichts tritt **Beugung** an den Begrenzungen des optischen Systems (z. B. den Linsenrändern) auf. Ein Punkt wird daher nicht wieder als Punkt, sondern als kleines Beugungsscheibchen abgebildet. Bei der Erörterung des Auflösungsvermögens optischer Instrumente (s. S. 115f) kommen wir hierauf zurück

In der Wirklichkeit gehen jedoch häufig auch Strahlen durch die Randgebiete der Linse oder fallen sehr schräg zur optischen Achse ein (achsenferne Strahlen); meist wird auch (polychromes) weißes Licht verwendet.
Dann treten Abbildungsfehler der Linse, kurz **Linsenfehler** genannt, auf.
Das durch eine einzelne Linse entworfene Bild wird daher oft **unscharf** oder **verzerrt** sein und **farbige Ränder** aufweisen.
Durch die Wahl einer dem jeweiligen Verwendungszweck angepaßten Linsenform und -orientierung (teilweise auch der Glasart) lassen sich die Fehler zwar verringern, ein gutes und helles Bild wird aber meist erst durch Kombination mehrerer geeigneter Linsen zu **Linsensystemen** erreicht.
Die Korrektur wird dabei mit **wachsendem Öffnungswinkel** und **kleiner werdender Brennweite** immer aufwendiger:
Bei (lichtschwachen) Einfachkameras, in deren kleine Objektivöffnung (üblicherweise Blende 11 entsprechend) nur achsennahe Strahlen eintreten können, wird meist nur eine Linse verwendet. Die großen Öffnungswinkel lichtstarker Kameraobjektive erfordern oft bis zu 7 Linsen, Mikroskopobjektive (Öffnungswinkel nahezu 180°, Brennweite um 1 mm) besitzen manchmal mehr als 10 Linsen!

Auf zwei Linsenfehler und ihre Korrektur gehen wir näher ein:

Die **sphärische Aberration** (Öffnungsfehler) ist uns schon beim Hohlspiegel begegnet (Entstehung der Brennfläche, s. S. 69f).
Achsenparallel einfallende Strahlen werden nur dann im Brennpunkt eines Hohlspiegels bzw. einer Linse vereinigt, wenn sie nahe der Achse verlaufen. Der Schnittpunkt achsenferner Parallelstrahlen dagegen liegt näher an der Linse, wie die untenstehende Abbildung **1** deutlich zeigt.

Jede Zone der Linse besitzt sozusagen eine eigene Brennweite. Tragen achsennahe und achsenferne Strahlen gleichzeitig zur Abbildung bei, so ist das Bild stets unscharf.
Die Entfernung der Randstrahlen mittels einer Blende stellt die einfachste Abhilfe dar, bedeutet aber meist einen zu großen Lichtverlust (mit einer Einfachkamera können Sie nicht bei Kerzenlicht photographieren).

Der Vergleich von Abbildung **1** und **2** zeigt, wie wir bei gleichbleibender Linsenöffnung die sphärische Aberration verringern können:
Während in Abbildung **1** nur die gekrümmte Fläche der Linse zur Brechung beiträgt, wird in Abbildung **2** – durch einfaches Umdrehen der Linse – die Brechung auf beide Flächen verteilt. (Beim Strahlenverlauf gemäß Abbildung **2** erfolgt sozusagen auch durch die äußeren Prismensegmente der Linse ein symmetrischer Durchgang des Strahls, wobei eine minimale Gesamtablenkung auftritt.)

**1**

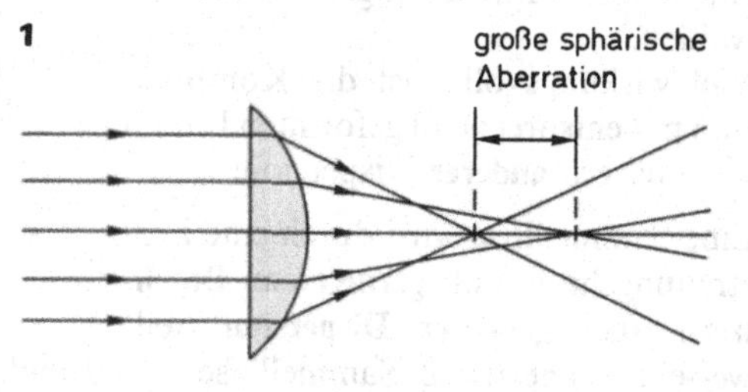


**falsch!** nur **eine** Linsenfläche trägt zur Brechung bei

**2**

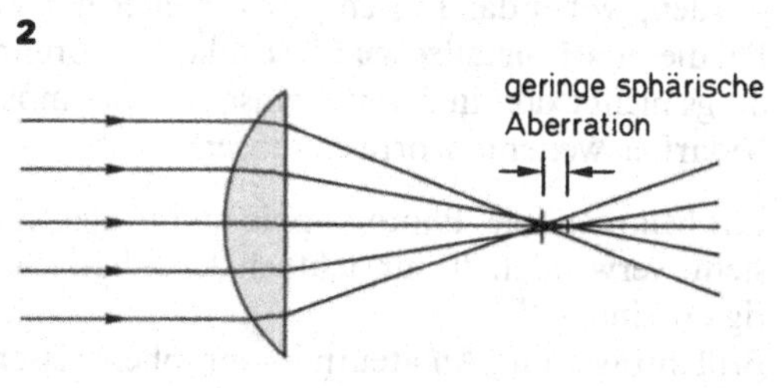


**richtig!** Brechung auf **beide** Linsenflächen verteilt

Die Bildqualität läßt sich weiter verbessern, wenn noch mehr Flächen an deren Brechung beteiligt werden. Eine stark gekrümmte Einzellinse ersetzen Sie daher vorteilhaft durch eine geeignete Kombination mehrerer (vergleichsweise schwächer gekrümmter) Linsen.

Die sphärische Aberration läßt sich also wesentlich verringern, wenn die Brechung möglichst gleichmäßig auf **viele** brechende Flächen verteilt wird.

Die Form und Anordnung der Linsen im nebenstehend abgebildeten **Beleuchtungskondensor** eines einfachen Mikroskops wird daraus verständlich.

intensive punktuelle Beleuchtung des hier befindlichen Objekts

paralleles Licht (z.B. Tageslicht vom Beleuchtungsspiegel)

Auf die nebenstehend schematisch dargestellte **chromatische Aberration** (Farbfehler) haben wir schon früher hingewiesen (s. S. 93f).

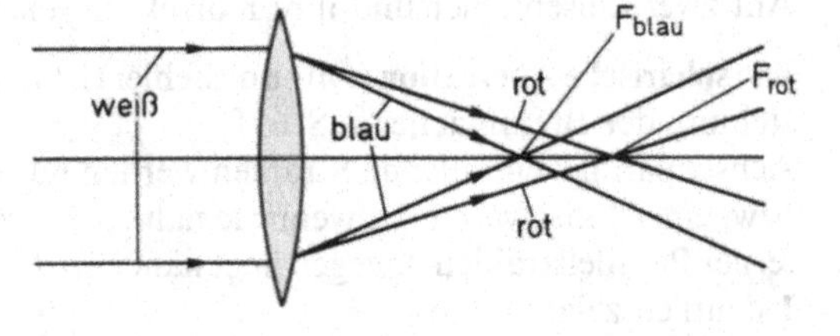


Bei Verwendung einer Einzellinse sind die Konturen eines Bildes farbig gesäumt. Das Ausblenden von Strahlen kann dies natürlich nicht verhindern. Wir können den Fehler lediglich dadurch mindern, daß wir eine Linse aus einem Glas mit geringer Dispersion wählen.
Viel wirkungsvoller ist die Kombination mit entsprechend geformten Linsen aus Gläsern **anderer** Dispersion:

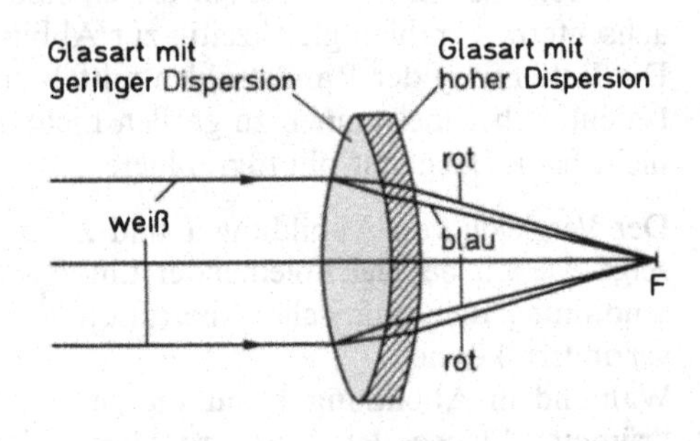


Eine Sammellinse wird durch eine Zerstreuungslinse mit **geringerem Brechwert,** aber **größerer Dispersion** (teilweise) korrigiert, z. B. Sammellinse aus Kronglas, Zerstreuungslinse aus Flintglas. Damit kann die Dispersion für zwei Farben, z. B. wie abgebildet für Blau und Rot, aufgehoben werden, wobei das Linsensystem immer noch als Sammellinse wirkt.
Bei dieser **achromatischen Linse** fallen die Brennpunkte der anderen Spektralfarben allerdings nicht exakt in den gemeinsamen Brennpunkt der beiden korrigierten Farben; dazu bedarf es weiterer Korrekturlinsen.

Für Mikroskopie, Photographie und Projektion werden nahezu ausschließlich Linsensysteme verwendet, die hinsichtlich der sphärischen und der chromatischen Aberration korrigiert sind.
Brillenträger und Amateurphotographen wissen, daß die meisten Linsen außerdem **vergütet** sind. Durch sehr dünne (aufgedampfte) Schichten wird die Reflexion an den Linsen-

oberflächen weitgehend vermindert (Steigerung der Lichtstärke und Unterdrückung unerwünschter Reflexe, s. S. 112f).

## 2.7 Optische Instrumente

Die Ihnen aus dem Alltagsleben bekannten optischen Instrumente lassen sich, ihrer Hauptaufgabe entsprechend, in zwei Klassen einteilen:

Die Lupe, das Mikroskop und das Fernrohr (bzw. das Fernglas) dienen vor allem einer Vergrößerung des auf der Netzhaut des menschlichen Auges entworfenen Bildchens sehr kleiner oder sehr weit entfernter Gegenstände. Die Betrachtung derartiger Objekte (z. B. Oberflächenstrukturen, Bakterien, ferne Sternhaufen) wird dadurch oft erst ermöglicht, zumindest aber erheblich erleichtert. Die maßgebliche Rolle spielt jedoch das Auflösungsvermögen optischer Instrumente (s. S. 115ff).

Das Auge selbst, der Photoapparat (bzw. die Filmkamera) und die verschiedenen Arten von Projektionsgeräten (Diaprojektor, Episkop, Vergrößerungsgerät, ...) sollen reelle Bilder auf einer dafür vorgesehenen Fläche (Netzhaut, Film, Leinwand) erzeugen.

Aus Platzgründen werden wir nicht die Funktionsweise aller aufgeführten Geräte beschreiben.

Aus dem Laborbereich sind außerdem (zumindest) drei weitere Arten optischer Instrumente nicht wegzudenken:
- Spektralapparate (Spektroskopie)
- Refraktometer (Brechzahl)
- Polarimeter (optische Aktivität)

In früheren Abschnitten haben wir die Namen bzw. die Aufgaben dieser Geräte bereits erwähnt. Der Aufbau und die Funktionsweise von Refraktometer und Prismenmonochromator wird in den kommenden Abschnitten erörtert, während Gittermonochromator und Polarimeter erst nach der Besprechung der Beugung bzw. Polarisation des Lichts (s. S. 117ff bzw. S. 123) behandelt werden.

Die nachfolgende Beschreibung der optischen Instrumente soll deren Funktionsweise erklären, ohne durch technische Details vom Wesentlichen abzulenken.
Aus Gründen der Übersichtlichkeit enthalten die Abbildungen daher nur die dazu nötigen optischen Elemente. Bei einem guten optischen Instrument finden Sie beispielsweise viele der hier gezeichneten Einzellinsen durch (oft sehr aufwendige) Linsensysteme ersetzt (denken Sie an die im letzten Abschnitt besprochenen Linsenfehler).

### 2.7.1 Menschliches Auge

Auf das Farbsehen und die relative Hellempfindlichkeit des menschlichen Auges sind wir in den Abschnitten über die Dreifarbentheorie (s. S. 62f) und die Photometrie (s. S. 63ff) schon eingegangen.
Wir beschäftigen uns hier nur mit dem physikalischen Teil des Sehvorgangs, d. h. der Entstehung des optischen Bilds im Auge, nicht jedoch mit dessen (zur Physiologie gehörenden) Weiterleitung und Verarbeitung im Gehirn.
Im Prinzip besteht das Auge – wie der Photoapparat und die Filmkamera – aus einer Sammellinse und einem Auffangschirm für das von dieser entworfene reelle Bild eines betrachteten Gegenstands. Auf der Netzhaut werden deshalb tatsächlich auf dem Kopf stehende Bilder entworfen. (Die notwendige Bildumkehr erfolgt nicht optisch, sondern durch einen Lernprozeß bei der Verarbeitung der Sehreize im Gehirn.)

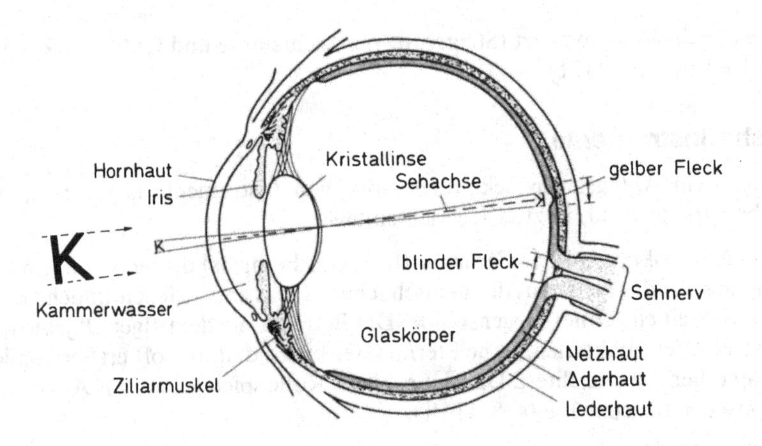


Der Bau des menschlichen Auges geht aus der obenstehenden Abbildung hervor.

Die Netzhaut ist, wenn sie sich an die Dunkelheit gewöhnt hat, überraschend lichtempfindlich; wenige Photonen erzeugen bereits einen Lichteindruck. Vor zu starkem Lichteinfall muß sie andererseits geschützt werden. Diese Aufgabe übernimmt die **Iris,** die die **Pupille** (das Sehloch) entsprechend verengt (analog der Blende des Photoapparats). Die Anpassung des Auges an wechselnde Lichtverhältnisse heißt **Adaption.**
Die Funktion der **abbildenden Linse** übernimmt die **Hornhaut,** das dahinter befindliche Kammerwasser und die verformbare **Kristallinse.**
In bezug auf die Einstellung eines scharfen Bildes unterscheidet sich das Auge von allen anderen optischen Geräten:
Bei einer Sammellinse fester Brennweite, wie wir sie bisher kennengelernt haben, ergibt sich für jede Gegenstandsweite eine andere Bildweite. Beim Photoapparat beispielsweise verändern Sie durch Drehen am Objektiv dessen Abstand vom Film.
Im menschlichen Auge dagegen bleibt der Abstand zwischen Linse und Netzhaut fest, dafür wird die **Brennweite** (der Brechwert) der Kristallinse der jeweiligen Gegenstandsweite angepaßt: Beim Betrachten sehr ferner Gegenstände ist der **Ziliarmuskel** entspannt und die Kristallinse nimmt ihre flachste Form an (geringster Brechwert). Um nähere Gegenstände scharf sehen zu können, muß der Brechwert der Kristallinse erhöht (bzw. ihre Brennweite verkleinert) werden. Dies erfolgt durch Anspannung des Ziliarmuskels, der die Kristallinse zusammenpreßt und dadurch ihre Krümmung verstärkt.
Diese als **Akkommodation** bezeichnete Entfernungseinstellung des Auges ist bis zu einer Mindestentfernung von etwa 10 cm möglich (Nahpunkt des jugendlichen Auges).
Fixieren Sie einen so dicht vor dem Auge befindlichen Gegenstand, so merken Sie selbst, wie anstrengend dies ist. Als noch angenehm wird eine Gegenstandsweite von 25 cm empfunden, die **deutliche Sehweite** heißt.

Wie groß wir einen Gegenstand sehen, ist abhängig von der Größe des von ihm entworfenen Bildchens auf der Netzhaut bzw. vom **Sehwinkel,** unter dem uns der Gegenstand erscheint. Ein dicht vor dem Auge befindlicher Daumen scheint deshalb dieselbe Größe zu besitzen wie ein entfernter Kirchturm, und der Mond erscheint uns gleich groß wie die Sonne.

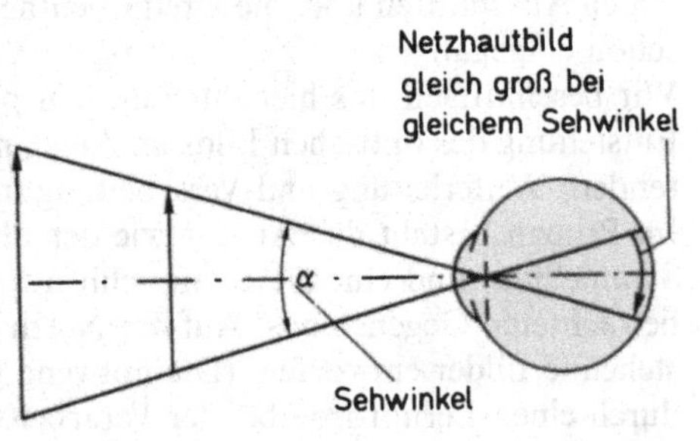

Ist das Bild eines Gegenstands so klein, daß nur noch ein einziges Zäpfchen (bzw. Stäbchen) beleuchtet wird, so nehmen wir auch nur einen einzigen Lichtpunkt wahr. Sehr weit entfernte Doppelsterne sehen wir daher mit bloßem Auge nicht mehr getrennt, wir können sie nicht mehr auflösen.
Durch Verringerung des Betrachtungsabstands können wir den Sehwinkel, unter dem wir den Gegenstand wahrnehmen, und damit sein Netzhautbild, vergrößern. Dadurch werden mehr Sehzellen überdeckt, und wir können Einzelheiten besser erkennen.
Bei sehr kleinen Objekten ist aber der Sehwinkel selbst am Nahpunkt des Auges noch zu klein; bei weit entfernten Gegenständen (z. B. Sternen) ist eine Annäherung ohnehin kaum möglich.

Hier helfen die **optischen Instrumente** Lupe, Mikroskop und Fernrohr (Fernglas), den **Sehwinkel** auf das erforderliche Maß zu **vergrößern.**
Die **Vergrößerung** eines optischen Instruments wird daher definiert als:

$$V = \frac{\text{Sehwinkel mit Instrument}}{\text{Sehwinkel ohne Instrument}} = \frac{\alpha_m}{\alpha_o}$$

**Anmerkung**
Verwechseln Sie die **Vergrößerung** eines optischen Instruments nicht mit dem früher eingeführten **Abbildungsmaßstab** $B/G$! Die Vergrößerung bezieht sich auf den **Sehwinkel** und bedeutet nicht, daß ein gegenüber dem betrachteten Gegenstand vergrößertes Bild entstehen muß (denken Sie an die Betrachtung des Mondes durch ein Fernrohr).

## 2.7.2 Lupe

Eine Sammellinse kurzer Brennweite können Sie als **Lupe** (Vergrößerungsglas) verwenden:
Wenn der Abstand zwischen betrachtetem Objekt und Sammellinse nicht größer als deren Brennweite ist, sehen Sie ein vergrößertes und aufrechtes Bild des Objekts, sonst steht das Bild auf dem Kopf (versuchen Sie es selbst, beispielsweise mit dem Brillenglas eines stark weitsichtigen Mitschülers).
Die Lupe erzeugt also ein **virtuelles** Bild (Gegenstandsweite $g$ kleiner als Brennweite $f$ der Lupe, s. Abbildung zu **Beispiel 2** auf S. 96).
Die Vergrößerung des Sehwinkels durch die Benutzung einer dicht vor das Auge gehaltenen Lupe wird aus den nachfolgenden Abbildungen deutlich:

Mit bloßem Auge erscheint Ihnen der kleine Gegenstand $G$ unter dem Sehwinkel $\alpha_o$, wenn Sie ihn aus der deutlichen Sehweite $s_o$ anschauen (Abbildung **1**).

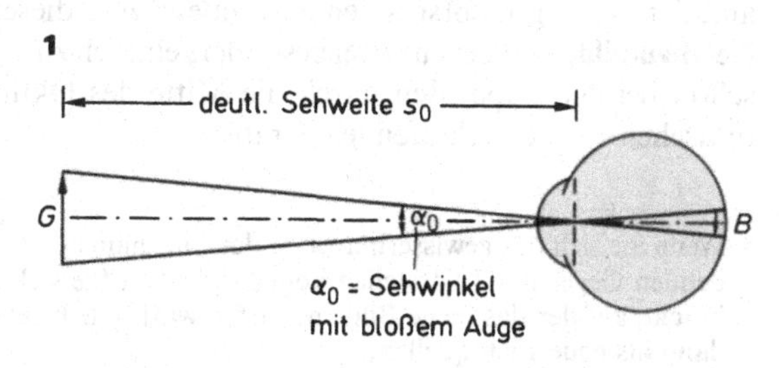


Befindet sich derselbe Gegenstand ungefähr in der Brennebene der Lupe, so scheinen die ins Auge gelangenden Strahlen von dem sehr weit entfernten virtuellen Bild des Gegenstands herzukommen; Abbildung **2** zeigt dies für die von den beiden Enden des Gegenstands ausgehenden Strahlen. Dabei blickt das Auge entspannt in die Ferne. Das auf der Netzhaut entstehende Bild des Gegenstands ist gegenüber der Betrachtung mit bloßem Auge vergrößert.

Dasselbe gilt für den Sehwinkel, der jetzt $\alpha_m$ statt $\alpha_o$ beträgt.
Anders betrachtet: Der Brechwert der Augenlinse wird durch die vorgesetzte Sammellinse so vergrößert, daß ein wesentlich kleinerer Betrachtungsabstand – und damit ein größerer Sehwinkel – ermöglicht wird.

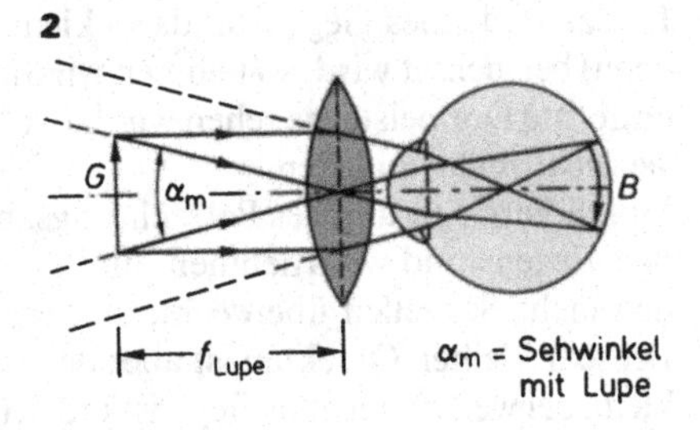


Definitionsgemäß wird die Vergrößerung von Lupe und Mikroskop auf den Sehwinkel $\alpha_o$ bezogen, unter dem ein Gegenstand aus der deutlichen Sehweite $s_o$ wahrgenommen wird; für die Vergrößerung der Lupe ergibt sich somit (näherungsweise):

$$V = \frac{\alpha_m}{\alpha_o} \quad \Rightarrow \quad V \approx \frac{s_o}{f_{Lupe}} = \frac{25\,\text{cm}}{f_{Lupe}}$$

Nur Sammellinsen mit deutlich kleinerer Brennweite als 25 cm sind demnach als Lupe geeignet.
Andererseits kann eine Brennweite von etwa 2,5 cm kaum unterschritten werden, da sonst verstärkt Abbildungsfehler auftreten und die freihändige Handhabung schwierig wird. Mit Lupen läßt sich also höchstens eine etwa zehnfache Vergrößerung erzielen (ausreichend z. B. für Briefmarkensammler und Uhrmacher).

### 2.7.3 Mikroskop

Das Mikroskop gestattet eine erheblich stärkere Vergrößerung des Sehwinkels.

Dies geschieht in zwei Stufen:
- Erzeugung eines vergrößerten, reellen Bildes des Gegenstands (Zwischenbild) durch das **Objektiv** (d. h. die dem Objekt zugewandte Linse)
- Betrachtung dieses Zwischenbildes durch das als Lupe wirkende **Okular** (dem Auge, oculus (lat.), zugewandte Linse)

Damit Sie die Bildentstehung im Mikroskop leichter nachvollziehen können, sind in der nachfolgenden Skizze des Strahlenverlaufs die vom Objekt (hier von der Spitze des kleinen Pfeils) ausgehenden Strahlen nicht bis ins Auge weitergezeichnet.
Wir fassen vielmehr das von diesen entworfene **reelle Zwischenbild** als neuen Gegenstand auf, der allseitig Lichtstrahlen aussendet.* Aus diesen wählen wir zur Konstruktion des **Netzhautbildes** wiederum zwei besonders einfach zu zeichnende Strahlen aus, nämlich (wie schon bei der Lupe) den durch die Mitte des Okulars gehenden und den parallel zur optischen Achse verlaufenden Strahl.

---

* Wenn Sie sich das gewissermaßen in der Luft hängende reelle Zwischenbild nicht als lichtaussendenden Gegenstand vorstellen können, denken Sie sich an dieser Stelle eine Mattscheibe angebracht, auf der das reelle Bild entworfen wird. Die beleuchteten Punkte der Mattscheibe wirken dann als neue Lichtquellen.
Es geht aber auch ohne diese Hilfsvorstellung, denn an einer optischen Abbildung sind ja unendlich viele Strahlen beteiligt. Bei fehlerfreier Abbildung schneiden sich alle von einem Gegenstandspunkt ausgehenden Strahlen im entsprechenden Bildpunkt. Es ist daher gleichgültig, welche Strahlen zur Bildermittlung herangezogen werden. Wir könnten sogar solche verwenden, die in Wirklichkeit ausgeblendet sind und gar nicht zur Bildentstehung beitragen

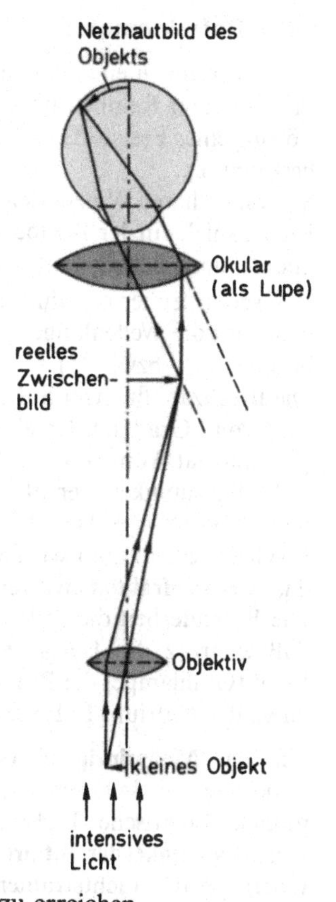


Die Gesamtvergrößerung ist das Produkt der Vergrößerung beider Stufen:
Ist das Zwischenbild beispielsweise gegenüber dem Original 40fach vergrößert ($V_{\text{Objektiv}}$ = Abbildungsmaßstab $B/G = 40$), so wächst der Sehwinkel ebenfalls auf das 40fache, wenn wir mit bloßem Auge das Zwischenbild statt des Originals betrachten (natürlich beide Male im Abstand $s_0$). Verwenden wir zusätzlich z. B. eine 8fach vergrößernde Lupe, betrachten also das Zwischenbild durch ein Okular mit $V_{\text{Okular}} = 8$, so vergrößert sich der Sehwinkel nochmals auf das 8fache. Die Gesamtvergrößerung des Sehwinkels ist also:

$$V_{\text{Mikroskop}} = V_{\text{Objektiv}} \cdot V_{\text{Okular}}$$

Im Beispiel beträgt sie 320.

Die Vergrößerung des Objektivs bzw. Okulars ist meist auf deren Fassung eingraviert. Üblicherweise ist durch Drehen des Objektivrevolvers ein rascher Wechsel zwischen verschiedenen Objektiven und damit eine Einstellung der gewünschten Vergrößerung möglich.
Im Prinzip besteht das Mikroskop also aus zwei Sammellinsen, die in festem Abstand voneinander in ein Rohr (Tubus) eingepaßt sind. Das Scharfstellen erfolgt durch Heben oder Senken des gesamten Tubus bezüglich des beobachteten Objekts. Dieses befindet sich nur wenig außerhalb der einfachen Brennweite des möglichst kurzbrennweitigen Objektivs, um eine starke Vergrößerung des Zwischenbilds zu erreichen.

Zur Erzeugung heller, scharfer und unverzerrter Bilder wäre das oben abgebildete Mikroskop nicht geeignet:
Eine Beleuchtungseinrichtung für das Objekt, die – wie bei einem Diaprojektor – aus Lampe und Kondensor (Verdichter; s. Abbildung zur sphärischen Aberration, S. 98) besteht, ist unerläßlich. Je nachdem, ob das Objekt durchsichtig oder undurchsichtig ist, spricht man von Durchlicht- bzw. Auflichtmikroskopie, die sich vor allem in der Art der Beleuchtung unterscheiden. Ferner kann man entsprechend der Beleuchtung das Objekt dunkel auf hellem Grund oder umgekehrt beobachten (Hellfeld- bzw. Dunkelfeldmikroskopie).
Auf die aufwendige Korrektur des kurzbrennweitigen Objektivs mit großem Öffnungswinkel haben wir schon früher hingewiesen. Das von dem obigen Mikroskop entworfene Bild wäre nur in der Mitte ausreichend hell, da nur ein kleiner Teil der aus dem Randbereich des Objekts stammenden Lichtstrahlen ins Okular trifft. Durch eine zusätzliche Sammellinse, die nahe dem Entstehungsort des Zwischenbilds angebracht ist, werden auch die Randbereiche hell wiedergegeben. Diese das Gesichtsfeld erweiternde Feldlinse wird auch in Fernrohren und Ferngläsern verwendet.
Die Vergrößerung eines Mikroskops sagt also über dessen Qualität nichts aus!
Die **brauchbare Vergrößerung** üblicher Lichtmikroskope beträgt höchstens etwa 1500; darüber hinausgehende Vergrößerungen fördern aufgrund von Beugungserscheinungen keine weiteren Einzelheiten eines Objekts zutage und sind wertlos (Auflösungsvermögen optischer Instrumente, s. S. 115f).

### 2.7.4 Refraktometer

Die Brechzahl $n$ einer flüssigen Substanz wird häufig zu ihrer Identifizierung oder zur Prüfung ihrer Reinheit herangezogen. Bei einer Mischung zweier Flüssigkeiten oder der Lösung eines Feststoffs in einer Flüssigkeit dient die Brechzahl auch zur Konzentrationsbestimmung.

So kontrollieren Winzer den Reifegrad der Trauben oft refraktometrisch: Sobald sich die Brechzahl des in der Traube befindlichen Saftes bis zum nächsten Tag nicht mehr merklich ändert, der Zuckergehalt also praktisch konstant bleibt, kann die Weinlese beginnen.

Wie schon früher erwähnt, sind die Brechzahlen vieler wichtiger Substanzen tabelliert, meist auf die Wellenlänge der Natrium-D-Linie und eine Temperatur von 20 oder 25 °C bezogen ($n_D^{20}$ bzw. $n_D^{25}$).

Die Brechzahl flüssiger Substanzen ändert sich oft um 0,0005 bei einer Temperaturänderung von 1 Grad; nur bei einer sorgfältigen Einhaltung der vorgeschriebenen Temperatur (Thermostat) können wir daher die gerätebedingte Meßgenauigkeit der üblichen Laborrefraktometer von etwa $\pm$ 0,0002 ausnützen.

Im chemischen Labor wird nahezu ausschließlich das **Abbe-Refraktometer** verwendet.

Die Besonderheit dieses Instruments liegt darin, daß es trotz des Einsatzes von polychromem Licht (Glühlampe) die Brechzahl bei der Wellenlänge der Natrium-D-Linie liefert.

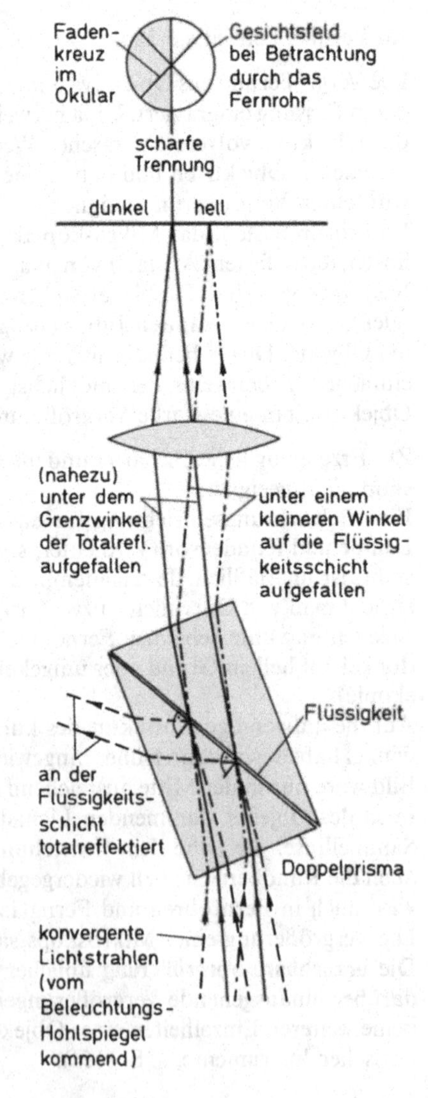


Um das **Meßprinzip** übersichtlicher darstellen zu können, diskutieren wir dieses zunächst für monochromatisches Licht:

Der **Grenzwinkel der Totalreflexion** (s. S. 85) beim Übergang der Lichtstrahlen von einem optisch dichteren Glas mit bekannter Brechzahl in die zu untersuchende Flüssigkeit wird genau bestimmt; über das Brechungsgesetz liegt damit auch die gesuchte **Brechzahl der Flüssigkeit** fest.

Zwischen den beiden Hälften des nebenstehend dargestellten **Doppelprismas** befindet sich die Untersuchungsflüssigkeit als dünne, planparallele Schicht (zum Aufbringen der Flüssigkeit können die beiden Prismenhälften aufgeklappt werden).

Die Brechzahl der Flüssigkeit muß stets kleiner als die des Prismenglases sein; daher wird hochbrechendes Glas verwendet (z. B. Schwerflint mit $n = 1{,}755$).

Das Licht einer monochromatischen Lichtquelle fällt nach Reflexion an einem Hohlspiegel schwach konvergent auf das Doppelprisma auf. Auf jede Stelle des Übergangs zwischen unterem Prisma und Flüssigkeitsschicht fallen dabei Lichtstrahlen unter etwas verschiedenen Einfallswinkeln.

Für zwei Stellen sind jeweils drei dieser Lichtstrahlen eingezeichnet:

Ein Strahl, der unter einem **kleineren** Winkel als dem Grenzwinkel der Totalreflexion einfällt (strichpunktiert gezeichnet), durchdringt die sehr dünne Flüssigkeitsschicht praktisch ungestört; ein Strahl der nahezu unter dem **Grenzwinkel** der Totalreflexion auftrifft (durchgezogen gezeichnet), wird ebenfalls noch durchgelassen; ein Strahl mit einem **größeren** Einfallswinkel jedoch (gestrichelt gezeichnet) wird total reflektiert.
Die obere Prismenhälfte verlassen also nur Strahlen, deren **Einfallswinkel kleiner** oder praktisch **gleich** dem **Grenzwinkel der Totalreflexion** für den Übergang zwischen dem Glas und der Flüssigkeit ist.
Eine dem Doppelprisma folgende Sammellinse vereinigt jeweils parallel zueinander auf sie treffende Strahlen in einem Punkt ihrer Brennebene.
Jeder Punkt der Brennebene entspricht daher einem gewissen Einfallswinkel der Lichtstrahlen. Würden wir in der Brennebene der Linse einen Schirm aufstellen, so könnten wir auf diesem eine **scharfe Trennlinie** zwischen dem hellen und dunklen Bereich beobachten, deren Lage dem Grenzwinkel der Totalreflexion entspricht.

Meßtechnisch besser erfassen läßt sich die Hell/dunkel-Grenze, wenn wir das von der Sammellinse erzeugte reelle Bild direkt mit einer Lupe betrachten. Damit haben wir aber genau ein – auf unendliche Gegenstandsentfernung eingestelltes – **Fernrohr:**
Die Sammellinse ist das Objektiv, die eben erwähnte Lupe das Okular, mit dem wir das Zwischenbild betrachten.
Der Einfallswinkel der Strahlen ins Fernrohr wird durch Drehen des Doppelprismas so variiert, daß die Hell/dunkel-Grenze genau in der Mitte des Bildes erscheint. Um eine genaue Einstellung zu ermöglichen, ist das Okular mit einem Fadenkreuz versehen (s. vorherige Abbildung).
Bei dieser Einstellung verlaufen die praktisch genau unter dem Grenzwinkel der Totalreflexion auf die Grenzfläche zwischen Glas und untersuchter Flüssigkeit gefallenen Lichtstrahlen parallel zur Fernrohrachse (vergleichen Sie die beiden Abbildungen). Statt des dazu eingestellten Winkels kann man auf der Skala des Grob- und Feintriebs zur Drehung des Doppelprismas direkt die Brechzahl ablesen (ist in der Abbildung nicht eingezeichnet). Natürlich muß die Eichung der Skala gelegentlich mit einer Flüssigkeit mit bekannter Brechzahl (z. B. destilliertem Wasser) überprüft werden.

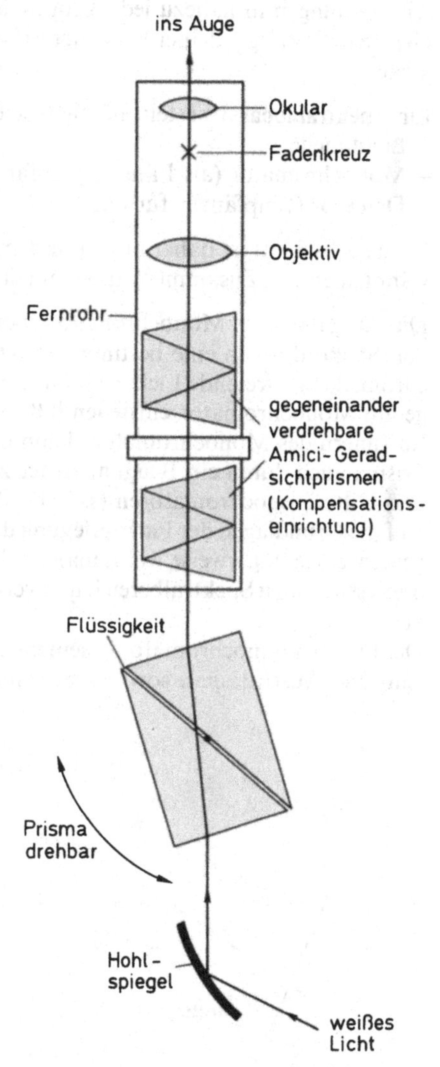


Wird statt monochromatischem Licht polychromes (weißes) Licht eingesetzt, so ergibt sich aufgrund der stoffspezifischen Wellenlängenabhängigkeit der Brechzahl (Dispersion, s. S. 88) für jede Lichtwellenlänge ein anderer Grenzwinkel der Totalreflexion.

Bei Betrachtung mit einem normalen Fernrohr würden wir daher keine scharfe Trennlinie zwischen hellem und dunklem Bereich sehen, diese wäre vielmehr verschwommen und farbig gesäumt.
Das Beobachtungsfernrohr des **Abbe-Refraktometers** (s. o. Abbildung) enthält jedoch eine Kompensationseinrichtung, die jeweils so eingestellt wird, daß eine scharfe Hell/dunkel-Grenze zu beobachten ist.

### 2.7.5 Prismenmonochromator

Die Geschichte der Spektroskopie begann vor über 100 Jahren mit dem von **Bunsen** und **Kirchhoff** stammenden **Prismenmonochromator.**
Sie zeigten damit, daß die Emissions- und Absorptionslinien der Atome charakteristisch für das jeweilige Element sind und deshalb zu dessen Identifizierung dienen können (Spektralanalyse).
Auch heute noch ist der Monochromator in seinen verschiedenen Ausführungen und Abwandlungen in nahezu jedem (optischen) Spektralapparat enthalten, d. h. in all den Geräten, die in irgendeiner Form der Erfassung des (optischen) Spektrums einer Substanz dienen.

Ein **Spektralapparat** besteht nämlich stets aus drei Grundbestandteilen:
- Lichtquelle
- Monochromator (als Filter für einfarbiges Licht)
- Detektor (Empfänger für das Licht)

Dieser Abschnitt ist daher nicht nur dem Monochromator selbst gewidmet, sondern erwähnt auch sein Zusammenwirken mit den anderen Komponenten in Spektralapparaten.

Die Aufgabe eines Monochromators besteht darin, aus dem ihm zugeführten Gemisch von Spektralfarben eine bestimmte auszusondern. D. h. das einfallende Licht ist polychrom, das austretende Licht ist monochromatisch, wobei sich die gewünschte Wellenlänge am Monochromator einstellen läßt.
Im Innern des Monochromators kann das Gemisch von Spektralfarben statt durch ein Prisma auch durch ein Beugungsgitter zerlegt werden, wir unterscheiden also Prismen- und Gittermonochromatoren (s. S. 177ff).
Auf die Grundlagen der Farbzerlegung durch Prismen sind wir auf S. 90f schon eingegangen; zweckmäßigerweise wählt man ein Prismenmaterial mit steiler Dispersionskurve im interessierenden Spektralbereich und verwendet ein Prisma mit großem brechendem Winkel.
Der Prismenmonochromator in seiner einfachsten Form besteht aus einem Prisma, einem Ein- und Austrittsspalt sowie zwei Sammellinsen:

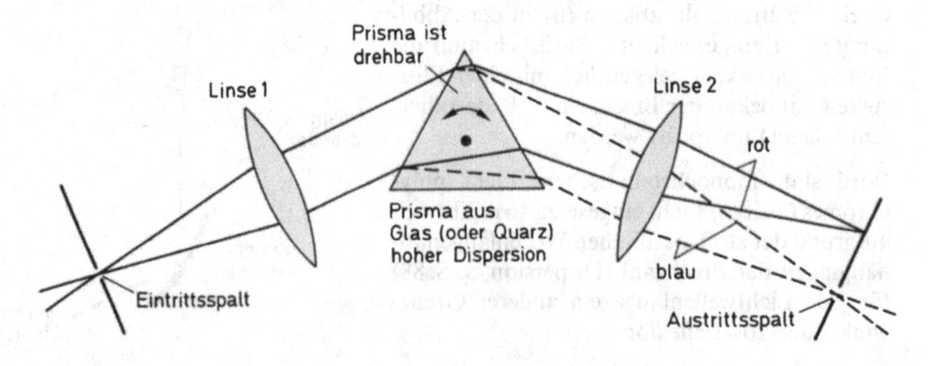

**Linse 1** hat die Aufgabe, das vom Eintrittsspalt ausgehende Licht dem Prisma als paralleles Bündel zuzuführen.
Nur dann besitzen alle Strahlen, die auf das Prisma auftreffen, denselben Einfallswinkel, und nur dann gehören alle Strahlen, die das Prisma in einer bestimmten Richtung verlassen, genau derselben Wellenlänge an.
**Linse 2** vereinigt jeweils die parallel zueinander auffallenden Strahlen in ihrer Brennebene zu einem Bild des Eintrittsspalts (fassen Sie diesen als lichtaussendenden Gegenstand auf).
In der Brennebene reihen sich also die verschiedenfarbigen Bilder des Eintrittsspaltes, die **Spektrallinien** genannt werden, aneinander, da die verschiedenen Spektralfarben unter verschiedenen Winkeln auf Linse 2 treffen.
Je schmaler der **Eintrittsspalt** ist, desto schmaler ist natürlich sein Bild, und desto weniger überlappen sich seine verschiedenfarbigen Bilder.
Das durch den in der Brennebene der Linse befindlichen **Austrittsspalt** tretende Licht ist außerdem spektral um so reiner, je schmaler der Austrittsspalt ist.
Eine gewünschte Spektralfarbe bzw. Wellenlänge läßt sich entweder einstellen, indem der Austrittsspalt verschoben oder das Prisma gedreht wird; beide Bauformen des Monochromators kommen vor. Die Skala der Einstellvorrichtung wird durch Lichtquellen bekannter Wellenlänge geeicht (Spektrallampen, z. B. Na-Dampf-Lampe).
Ein Monochromator stellt also ein Filter dar, das aus dem angebotenen Licht nur einen schmalen Spektralbereich passieren läßt, dessen zentrale Wellenlänge wir wählen können (monochromatisches Licht).
Je enger der Wellenlängenbereich des austretenden Lichts sein soll, desto schmaler müssen wir den Ein- und Austrittsspalt einstellen bzw. wählen (üblicherweise 0,01 bis etwa 1 mm), und desto mehr Licht bleibt im Monochromator stecken.
Wünschen wir eine hohe Lichtintensität, müssen wir uns andererseits mit spektral weniger reinem Licht zufrieden geben.
Damit durch den Eintrittsspalt Licht in den Monochromator gelangt, muß der Spalt von außen beleuchtet werden. Dazu wird die **Lichtquelle** durch eine oder mehrere Linsen auf den Eintrittsspalt abgebildet (s. Abbildung auf S. 108).
Bei der **Emissionsspektroskopie** stellt die leuchtende Probe selbst die Lichtquelle dar (z. B. durch ein nachzuweisendes Element gefärbte Flamme). Mit Hilfe des nachgeschalteten Monochromators läßt sich die spektrale Zusammensetzung der emittierten Strahlung bestimmen (Spektralanalyse).
Bei der **Absorptionsspektroskopie** wird dagegen eine Lichtquelle mit kontinuierlichem Spektrum verwendet, z. B. eine Glühlampe.* Nur wenn wir der zu untersuchenden Substanz insgesamt Licht **aller** Wellenlängen im interessierenden Spektralbereich anbieten, können wir ihr Absorptionsspektrum lückenlos bestimmen.
Die Probe (meist eine Küvette, die die Untersuchungssubstanz in gelöster Form enthält) kann dabei vor oder nach dem Monochromator in den Strahlengang gebracht werden; üblich ist Position (2) wegen der geringeren thermischen Belastung (nur Licht der gewünschten Wellenlänge durchsetzt die Probe).
Je nach Art der Registrierung des Spektrums bzw. des verwendeten Detektors (Auge, Film, lichtelektrischer Detektor) teilt man die Spektralapparate in **Spektroskope, Spektrographen** und **Spektrometer** ein.
In der Praxis am gebräuchlichsten ist das **Spektralphotometer,** dessen prinzipieller Aufbau nachfolgend abgebildet ist:

* Die Atom-Absorptions-Spektroskopie (AAS) bildet eine Ausnahme. Da hier nicht das Spektrum eines Elements aufgenommen werden soll, sondern dies in geringsten Spuren nachzuweisen ist (s. S. 58), werden sogenannte Hohlkathodenlampen verwendet, die nur die entsprechenden Atomlinien ausstrahlen (Erhöhung der Nachweisempfindlichkeit)

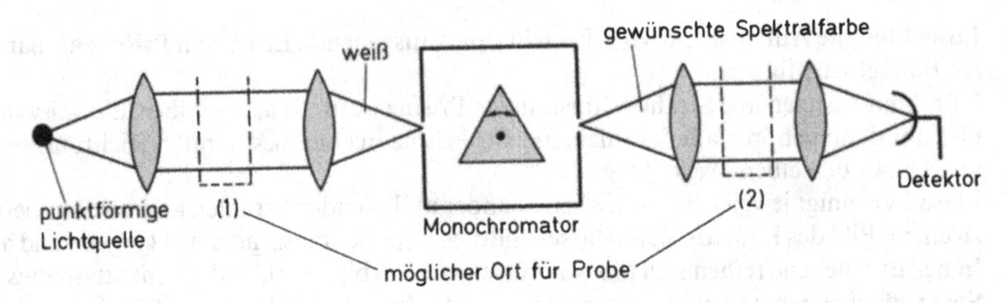


Beim **Einstrahl**-Photometer muß für jede Wellenlänge einmal die Probenküvette und einmal die Vergleichsküvette eingesetzt werden, um die wellenlängenabhängige Absorption der Substanz zu bestimmen (Vergleichsküvette enthält nur das Lösungsmittel; Vergleich ist notwendig, da Lichtintensität und Detektorempfindlichkeit von der Wellenlänge abhängen).
Im **Zweistrahl**-Photometer werden – durch Teilung des ursprünglichen Strahls – die Probenküvette und die Vergleichsküvette gleichzeitig vom Licht durchsetzt. Meß- und Vergleichsstrahlengang werden in schneller Folge abwechselnd auf den Detektor gegeben. Da üblicherweise der Wellenlängenvorschub des Monochromators mit einem Schreiber gekoppelt ist, trägt dieser direkt die gemessene Absorption der Substanz über der Wellenlänge auf. Wir erhalten also unmittelbar das gewünschte Absorptionsspektrum.

# 3. Wellenoptik

Wir haben das Licht schon auf S. 50ff als elektromagnetische Transversalwelle beschrieben.
Bei der Erklärung des Brechungsgesetzes mit Hilfe des Huygensschen Prinzips haben wir ebenfalls bereits erfolgreich das Wellenmodell für das Licht verwendet (s. S. 77ff).
In diesem Abschnitt besprechen wir zunächst die – für alle Wellen charakteristischen – Erscheinungen der Interferenz und Beugung für das Licht.
Dabei gehen wir nicht näher auf die Vielzahl historisch interessanter Versuche ein, die hauptsächlich zum Nachweis der Wellennatur des Lichts dienten.
Für uns ist die Interferenz bzw. Beugung des Lichts vor allem aus praktischen Gründen wichtig, d. h. für das Verständnis einiger optischer Erscheinungen bzw. Instrumente; außerdem begrenzt sie das Auflösungsvermögen optischer Instrumente.
Anschließend beschäftigen wir uns mit der Erzeugung polarisierten Lichts und seiner Anwendung in der Chemie.

## 3.1 Interferenz des Lichts

Schon bei der Erörterung der mechanischen Wellen sind wir auf den Begriff der **Interferenz** gestoßen; wir verstanden darunter die Überlagerungserscheinungen beim Zusammentreffen verschiedener Wellensysteme (s. S. 43).

### 3.1.1 Kohärente und inkohärente Wellensysteme

Verwenden wir zunächst wieder ein mechanisches Beispiel, nämlich die Interferenz von Wasserwellen:
Zwei dicht nebeneinander angebrachte Stifte werden **regelmäßig** und **gleichzeitig** in das Wasser eingetaucht. Um jeden der beiden Stifte bildet sich dann ein System fortschreiten-

der Kreiswellen aus, wie es die nachstehende Abbildung zeigt (die durchgezogenen Kreise sollen die Wellenberge, die gestrichelten Kreise die Wellentäler darstellen).

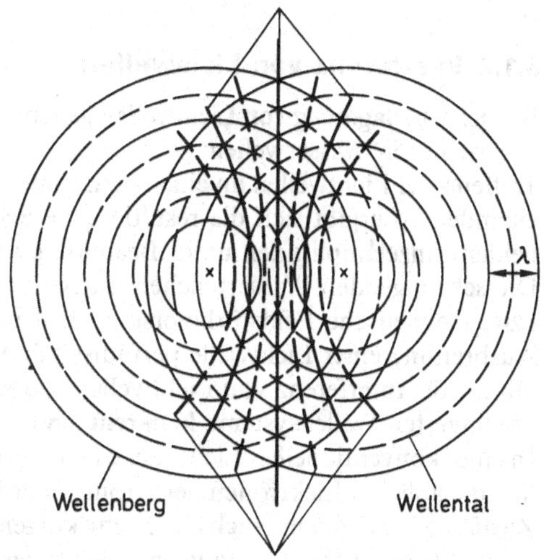

Treffen nun zwei Wellenberge aufeinander, so verstärken sie sich, und es entsteht an dieser Stelle ein doppelt so hoher Wellenberg. Entsprechend ergibt sich durch Überlagerung zweier Wellentäler ein doppelt so tiefes Wellental. Entlang der Verbindungslinien dieser Punkte verstärkter Wasserbewegung (durchgezogen gezeichnet) tritt sogenannte **konstruktive Interferenz** auf. Die Entfernungen dieser Punkte von den beiden Zentren unterscheiden sich stets um ein **ganzzahliges Vielfaches** einer Wellenlänge (also $0\lambda$, $1\lambda$, $2\lambda, \ldots$).

Verstärkung
(Wellenberg auf Wellenberg
oder-tal auf-tal)
$\lambda$
Wellenberg
Wellental
Auslöschung
(Wellenberg auf Wellental)

Fällt nun umgekehrt ein Wellenberg auf ein Wellental, so löschen sie sich gegenseitig aus, und die Wasseroberfläche bleibt in Ruhe. Diese sogenannte **destruktive Interferenz** (entsprechende Punkte durch gestrichelte Linien verbunden) findet offensichtlich immer statt, wenn der Entfernungsunterschied zu den beiden Zentren, der sogenannte **Gangunterschied,** eine **halbe Wellenlänge mehr** als das ganzzahlige Vielfache beträgt (also für $\frac{1}{2}\lambda$, $1\frac{1}{2}\lambda$, $2\frac{1}{2}\lambda, \ldots$).

Was geschieht, wenn die beiden Erregerstifte **unabhängig** voneinander arbeiten, d. h. zu willkürlichen Zeiten Wellenzüge unterschiedlicher Länge aussenden?
Dann liegt zwischen den von ihnen ausgehenden Wellensystemen **keine feste Phasenbeziehung** vor, d. h. einmal ist die Schwingung des einen Erregers weiter fortgeschritten, einmal die des andern. An einer beliebigen Stelle, an der sich die beiden Wellensysteme überlagern, ändert sich daher die Phasenbeziehung der Wellen ständig, es tritt also in unregelmäßigem Wechsel Verstärkung und Abschwächung auf. Wechselt die Phasenbeziehung sehr rasch, so sehen wir überall einen mittleren Zustand.
Genaugenommen ändert sich das Bild der Wasseroberfläche jedoch so langsam, daß unser Auge die verschiedenen Zustände unterscheiden kann.
Nehmen wir stattdessen die Wasseroberfläche mit einem Photoapparat bei sehr langer Belichtungszeit (z. B. einige Minuten) auf, so erscheint die gesamte Wasseroberfläche unstrukturiert. Da von jeder Stelle der Wasseroberfläche eine Vielzahl verschiedener Verstärkungs- und Auslöschungszustände zur Belichtung des Films beiträgt, registriert er einen Durchschnittszustand. (In einer vergleichbaren Situation befindet sich unser Auge normalerweise, wenn es Interferenzphänomene beim Licht registrieren soll.)
Zwei derartige Wellensysteme ohne feste Phasenbeziehung zueinander nennt man **inkohärent** (d. h.: ohne Zusammenhang miteinander).
Die der gleichmäßigen, gekoppelten Schwingung der beiden Erregerstifte entstammenden Wellensysteme dagegen besitzen eine **feste Phasenbeziehung** zueinander, sie sind **kohärent.**

Wir können unsere Erkenntnis so zusammenfassen:

Interferenzerscheinungen lassen sich nur bei der Überlagerung **kohärenter** Wellensysteme beobachten.

### 3.1.2 Interferenz von Lichtwellen

Bei der **Überlagerung von Lichtwellen** gehen wir prinzipiell genauso vor wie bei den eben besprochenen Wasserwellen:
Treffen zwei Lichtwellen an einer bestimmten Stelle zu einem bestimmten Zeitpunkt aufeinander, so ergibt sich die resultierende Schwingungsamplitude aus der Addition der beiden Einzelamplituden unter Beachtung ihrer Richtung.
Die schwingenden Wasserteilchen müssen wir uns jetzt allerdings durch die elektrische bzw. magnetische Feldstärke ersetzt denken, deren Betrag und Richtung sich bei der Ausbreitung einer Lichtwelle periodisch ändern (s. S. 53).
Ob wir die Interferenz von Lichtwellen beobachten können, hängt nun davon ab, ob die überlagerten Wellensysteme **kohärent** sind.
In einer konventionellen Lichtquelle (Sonne, Glüh- oder Gasentladungslampe usw.) werden die äußeren Elektronen der Atome oder Moleküle durch Energiezufuhr in angeregte Zustände angehoben. Nach einer sehr kurzen Verweilzeit (Größenordnung $10^{-8}$ s) fallen die Elektronen unter Lichtaussendung wieder in den Grundzustand zurück (denken Sie an die Flammenfärbung). Diese Emissionsakte erfolgen dabei völlig regellos und unabhängig voneinander.
Die von den verschiedenen Teilen einer solchen Lichtquelle ausgesandten Lichtwellen besitzen also keine feste Phasenbeziehung zueinander, sie sind **inkohärent.** Wir beobachten daher normalerweise keine Interferenz zwischen ihnen. Seit etwa zwanzig Jahren steht jedoch in Form des **Lasers** (s. S. 131 ff) eine **kohärente Lichtquelle** zur Verfügung, die sehr eindrucksvolle Interferenz- und Beugungsexperimente durchzuführen gestattet.
Durch einen Kunstgriff gelang es **Young** bzw. **Fresnel** schon um 1800, zwei zueinander kohärente Lichtwellensysteme zu erzeugen und zur Interferenz zu bringen. Der Grundgedanke ist, **dieselbe** kleine Stelle einer Lichtquelle zur Erzeugung **beider** Kreiswellensysteme zu verwenden. Der prinzipielle Aufbau entspricht dabei der obigen Abbildung zur Interferenz von Wasserwellen; statt der beiden gleichmäßig schwingenden Stifte dienen hier zwei schmale, leuchtende Spalte zur Erzeugung der beiden kohärenten Kreiswellensysteme. Dabei müssen Sie sich allerdings alles mehr als tausendfach verkleinert vorstellen (denken Sie an die geringe Wellenlänge des sichtbaren Lichts).
Der verstärkten Bewegung der Wasseroberfläche infolge konstruktiver Interferenz der beiden Kreiswellensysteme entspricht jetzt eine Verstärkung des Lichts an diesen Stellen. Dort, wo durch destruktive Interferenz die Wasseroberfläche in Ruhe bleibt, löschen sich entsprechend die beiden Lichtwellen gegenseitig aus, so daß dort Dunkelheit (!) herrscht. Für die dazwischen liegenden Orte findet je nach Gangunterschied der beiden interferierenden Wellen eine geringere Verstärkung oder Abschwächung des Lichts statt.
Auf einem in ausreichendem Abstand aufgestellten Schirm (parallel zur Verbindungslinie der beiden Lichtquellen) erscheinen daher abwechselnd dunkle und helle Streifen.
Aus dem Abstand dieser **Interferenzstreifen** voneinander läßt sich sogar die Wellenlänge des verwendeten Lichts berechnen (ob an einer bestimmten Stelle konstruktive oder destruktive Interferenz vorliegt, hängt ja von der Anzahl der Wellenlängen ab, die den Gangunterschied ausmachen).

Decken wir eine der beiden Lichtquellen ab, so verschwinden die Interferenzstreifen, und der Schirm wird gleichmäßig ausgeleuchtet, d. h. auch an die vorher dunklen Stellen gelangt jetzt Licht.
Bei Vorliegen **destruktiver Interferenz** gilt also:

**Licht plus Licht gibt Dunkelheit**

Was an diesen Stellen an Licht verloren geht, gewinnen jedoch die hellen Stellen an Licht dazu. Genaue Messungen und Rechnungen zeigen, daß durch die **Interferenz** das Licht – und damit die ihm entsprechende Energie – lediglich **räumlich anders verteilt** wird.

### 3.1.3 Interferenz des Lichts an dünnen Schichten

Seifenblasen oder dünne Ölschichten auf Wasser glänzen in vielerlei Farben. Auch die Farbenpracht vieler Schmetterlingsflügel oder die Anlauffarben auf erhitztem Stahl (der eine dünne Oxidhaut besitzt) sowie die Farben der manchmal bei verglasten Dias auftretenden Newtonschen Ringe sind sogenannte **Interferenzfarben.**

All diese Farberscheinungen verdanken ihre Entstehung nämlich der Interferenz von Licht, das an der Vorder- und Hinterseite einer solchen **dünnen Schicht** reflektiert wurde:
Ein Strahl weißen Lichts fällt auf eine planparallele **dünne Schicht.** Ein Teil der Intensität des einfallenden Strahls wird an der Oberfläche reflektiert, der Hauptteil in die Platte hineingebrochen. An der Plattenunterseite spaltet sich dieser Strahl erneut in einen reflektierten und einen gebrochenen Anteil auf. Durch Wiederholung dieses Vorgangs entstehen eine Vielzahl jeweils zueinander paralleler Strahlen, die die Platte nach oben (reflektierte Strahlen) bzw. nach unten (durchgehende Strahlen) verlassen.

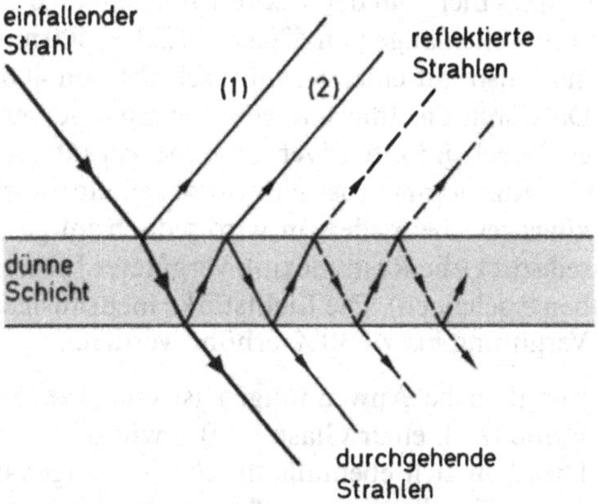

einfallender Strahl
(1) (2)
reflektierte Strahlen
dünne Schicht
durchgehende Strahlen

Betrachten wir nur die ersten beiden reflektierten Strahlen (1) und (2) (den 3. und 4. reflektierten Strahl könnten wir wiederum zusammenfassen usw.); da sie beide von demselben auf die Platte auftreffenden Strahl stammen, sind sie (bei ausreichend dünner Platte) kohärent zueinander.
Vereinigen wir diese beiden parallelen Strahlen durch eine Sammellinse in einem Punkt, so können wir dort ihre Interferenz beobachten. Dazu genügt es, die dünne Schicht einfach anzuschauen: Die entspannte Augenlinse vereinigt dann die parallelen Strahlen in einem Punkt der Netzhaut, wo sie interferieren.
Beträgt der Gangunterschied der beiden Lichtwellen gerade ein ganzzahliges Vielfaches der Wellenlänge, so tritt Verstärkung auf. Bei einem Gangunterschied von jeweils einer halben Wellenlänge mehr erfolgt dagegen praktisch gegenseitige Auslöschung.
Dieser Gangunterschied zwischen den beiden Lichtstrahlen wird durch den Zusatzweg des Lichtstrahls (2) zwischen den beiden Begrenzungsflächen der Schicht erzeugt; bei vorgegebenem Einfallswinkel und konstanter Schichtdicke hängt er nur von der jeweiligen Lichtwellenlänge ab.
Aus dem auf die Schicht fallenden weißen Licht werden daher einige Spektralfarben im reflektierten Licht ausgelöscht bzw. abgeschwächt, andere dagegen verstärkt.

Die Überlagerung verschiedener Spektralfarben auf demselben Fleck der Netzhaut erscheint uns aber als **Mischfarbe** (s. S. 60); Interferenzfarben sind also stets Mischfarben.

Für einen anderen Einfallswinkel bzw. eine geringfügig andere Schichtdicke ändern sich natürlich die Wellenlängen, für die konstruktive bzw. destruktive Interferenz auftritt. Damit ändert sich auch die Spektralverteilung des reflektierten Lichts, und wir sehen eine andere Mischfarbe.
Der Vergleich der beobachteten Interferenzfarben mit Farbtabellen erlaubt übrigens eine recht gute Abschätzung der Dicke dünner Schichten.

Eine wichtige Nutzanwendung der Interferenz an dünnen Schichten ist die (bereits früher erwähnte) **Vergütung** von Linsen (Brillengläser, Objektive), d. h. die Verminderung der hier unerwünschten Reflexion.
Auf die Linsenoberfläche wird dazu eine dünne Schicht eines durchsichtigen Stoffs aufgedampft, dessen Brechzahl kleiner als die des Linsenmaterials sein muß.
Die an der Ober- bzw. Unterseite der Schicht reflektierten Strahlen löschen sich gegenseitig aus, wenn ihr Gangunterschied $\lambda/2$ beträgt (s. o.).
Der Zusatzweg des von der Unterseite der Schicht reflektierten Strahls ist bei senkrechtem Lichteinfall die doppelte Schichtdicke. Eine Auslöschung erfolgt also gerade für eine Schichtdicke von $\lambda/4$, man spricht daher auch von **$\lambda$/4-Schichten.**
Grünes Licht mit der Vakuum-Wellenlänge 530 nm besitzt in Kryolith ($n = 1{,}33$) nur noch eine Wellenlänge von 530 nm : 1,33 = 400 nm. Eine für dieses Licht reflexfreie Oberfläche muß also mit einer Kryolithschicht von 400 nm/4 = 100 nm Dicke bedampft werden.
Da durch die Interferenz keine Energie verschluckt wird, ist der durchgehende Strahl entsprechend intensiver als ohne Vergütung.
Genaugenommen ist eine so vergütete Linse allerdings nur für **eine** Wellenlänge **reflexionsfrei;** die Reflexion wird jedoch im gesamten sichtbaren Spektralbereich erheblich **reduziert** (die Restreflexion vergüteter Linsen läßt deren Oberfläche violett bis purpurfarben erscheinen). Die Lichtstärke mehrlinsiger Objektive (z. B. Photoapparat) kann durch Vergütung bis zu 30% erhöht werden.

Für manche Anwendungen ist eine **Erhöhung des Reflexionsvermögens** durchsichtiger Stoffe (z. B. einer Glasplatte) erwünscht.
Dies läßt sich ebenfalls durch eine aufgedampfte $\lambda/4$-Schicht erreichen; jetzt muß ihre Brechzahl allerdings **größer** als die der Unterlage sein.

Um dies zu verstehen, müssen wir eine allgemeine Eigenart bei der Reflexion von Wellen berücksichtigen, die für das Licht ausgedrückt lautet:
**Am optisch dichteren** Medium wird ein Wellenberg als Wellental und ein Wellental als Wellenberg reflektiert; dies entspricht gewissermaßen der **Verschiebung der Welle um eine halbe Wellenlänge.** Bei der Reflexion **am optisch dünneren** Medium findet dagegen **keine** Verschiebung statt.
Bei der **reflexmindernden** $\lambda/4$-Schicht findet beidesmal Reflexion am optisch dichteren Medium statt (Schicht optisch dichter als Luft; Glas optisch dichter als Schicht). Die bei **beiden** reflektierten Lichtwellen auftretende Verschiebung um jeweils $\lambda/2$ hebt sich auf, und wir müssen nur den geometrischen Gangunterschied von $\lambda/2$ berücksichtigen, der zu **destruktiver Interferenz** führt.
Bei der zur **Reflexionserhöhung** verwendeten $\lambda/4$-Schicht dagegen findet einmal Reflexion am optisch dichteren Medium statt (Schicht optisch dichter als Luft), einmal am optisch dünneren Medium (Glas optisch dünner als Schicht). Daher erleidet nur das an der Oberfläche der Schicht reflektierte Licht eine Verschiebung um $\lambda/2$, die zusätzlich zum geometrischen Gangunterschied von ebenfalls $\lambda/2$ (bei senkrechtem Einfall) berücksichtigt wer-

den muß. Addition oder Subtraktion liefert im Endeffekt dasselbe Ergebnis ($\lambda/2 + \lambda/2 = \lambda$; $\lambda/2 - \lambda/2 = 0$), nämlich eine **konstruktive Interferenz** der beiden reflektierten Lichtwellen.

Verwendet werden solche stark reflektierenden Glasplatten vor allem als **Strahlteiler,** d. h. sowohl der reflektierte wie der durchgelassene Anteil des Lichts werden benötigt (z. B. beim früher erwähnten Zweistrahl-Spektralphotometer). Auch **dielektrische Vielschichtenspiegel,** die ein weit besseres Reflexionsvermögen als Metallspiegel aufweisen, und **Interferenzfilter,** die nur das Licht eines sehr schmalen Wellenlängenbereichs passieren lassen, beruhen auf der Interferenz des Lichts an dünnen Aufdampfschichten.

Warum sehen wir bei der Betrachtung **dicker Schichten** im weißen Licht keine Interferenzfarben (dies gilt selbst für ein Häutchen von z. B. 0,1 mm Dicke)?

Während bei dünnen Schichten die Bedingung für konstruktive oder destruktive Interferenz nur von jeweils einer oder wenigen Wellenlängen im sichtbaren Spektralbereich erfüllt wird, ist dies bei dicken Schichten für sehr viele, sehr dicht benachbarte Wellenlängen der Fall (berechnen Sie diese doch selbst einmal für ein konkretes Beispiel!).

In dem von **dünnen** Schichten reflektierten Licht sind also wenige, aber sehr breite Bereiche von Spektralfarben deutlich abgeschwächt bzw. verstärkt, woraus sich **kräftige Interferenzfarben** ergeben. Das von **dicken** Schichten reflektierte Licht dagegen ist in sehr vielen, jeweils sehr schmalen Wellenlängenbereichen abgeschwächt oder verstärkt; keine Farbe ist dabei besonders bevorzugt oder benachteiligt. Das Auge sieht deshalb die **Mischfarbe Weiß,** die allenfalls etwas schmutzig wirkt.

Gehen wir abschließend noch kurz auf die **Interferenz monochromatischen Lichts** an dünnen Schichten ein:

Statt der Interferenzfarben beobachten wir dann je nach den vorliegenden Bedingungen ein System von mehr oder weniger dicht liegenden hellen und dunklen Streifen bzw. Ringen.

Zwischen einem benachbarten hellen und dunklen Streifen hat sich der Gangunterschied der jeweils miteinander interferierenden reflektierten Lichtwellen um eine halbe Wellenlänge geändert. Derartige **interferometrische** Untersuchungen gestatten es, Längen auf den Bruchteil einer Lichtwellenlänge genau zu messen (denken Sie an die Definition des Meters im SI mittels einer bestimmten Lichtwellenlänge); meist wird dazu das enorm monochromatische und kohärente Laserlicht verwendet. Auch die Oberflächenbeschaffenheit z. B. optischer Komponenten wird auf diese Art kontrolliert.

Schließlich erlaubt die **Interferenzspektroskopie** auch die Trennung und exakte (Relativ-) Bestimmung der Wellenlänge dicht benachbarter Spektrallinien.

## 3.2 Beugung des Lichts

Wir haben schon mehrfach darüber gesprochen, daß Wellen beim Kontakt mit einem Hindernis von ihrer geradlinigen Ausbreitung abweichen, also sozusagen um die Ecke biegen oder gebeugt werden. Wir wissen auch, daß diese Beugungserscheinungen (nicht mit Reflexion, Brechung oder Streuung verwechseln!) dann besonders stark ausgeprägt sind, wenn die Abmessungen des Hindernisses mit der Wellenlänge vergleichbar sind (z. B. Beugung der Schallwellen, s. S. 49).

Da die Lichtwellenlänge sehr klein ist, haben wir in der geometrischen Optik von der geradlinigen Ausbreitung des Lichts in Form von Lichtstrahlen geredet. Diese Näherung ist aber nicht mehr zulässig, wenn wir uns für die vergrößerte Betrachtung sehr kleiner Objekte oder für feinste Details der von optischen Instrumenten entworfenen Bilder interessieren. Es sind vielmehr gerade die Beugungserscheinungen, die das Auflösungsvermögen optischer Instrumente begrenzen.

Die Beugung ist aber auch deshalb für uns wichtig, weil sie neben der Brechung eine weitere Möglichkeit zur Farbzerlegung des Lichts darstellt (Gittermonochromator).

### 3.2.1 Entstehung der Beugung

Nur bei Verwendung kohärenten Lichts sind gut beobachtbare Beugungserscheinungen zu erwarten; mit monochromatischem Licht werden sie besonders übersichtlich. Falls kein Laser zur Verfügung steht, wird ein sehr schmaler Spalt von hinten z. B. mit dem monochromatischen Licht einer Natrium-Dampf-Lampe beleuchtet. Das aus dem Spalt austretende Licht stammt aus einem sehr kleinen Bereich der Lampe und ist ausreichend kohärent für die meisten Versuche.
Fällt derartiges Licht auf ein Haar bzw. einen sehr dünnen Draht, so beobachten wir auf einem dahinter aufgestellten Schirm nicht den erwarteten scharfen Schatten. Im Schattenraum treten stattdessen ein oder mehrere helle und dunkle Streifen auf, und auch im eigentlich schattenfreien Raum sind Streifen sichtbar.
Lassen wir beispielsweise eine Rasierklinge in den Lichtstrahl hineinragen, so bemerken wir bei genauer Betrachtung ebenfalls derartige Streifen im Übergangsbereich zwischen Licht und Schatten.
An **Hinderniskanten** tritt also Beugung auf.

Am einfachsten zu verstehen sind die Beugungserscheinungen, die an einem **schmalen Spalt** auftreten, auf den paralleles Licht auftrifft.
Ein Versuch mit einem Spalt verstellbarer Breite als Beugungsspalt liefert folgendes Ergebnis (**schematischer** Aufbau abgebildet):

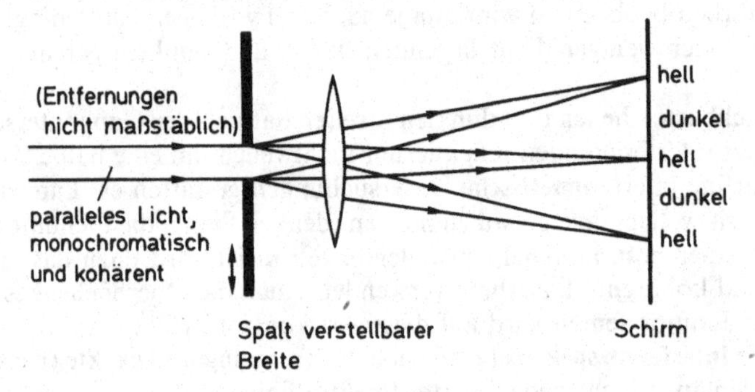


Ist der Beugungsspalt einige Millimeter breit, so sehen wir auf einem dahinter angebrachten Schirm einen hellen und scharf begrenzten Lichtfleck bzw. – bei Verwendung einer Zylinderlinse – einen Lichtstreifen (das parallele Licht wird in der Brennebene der Linse vereinigt). Zunächst nimmt bei Verringerung der Spaltbreite lediglich die Helligkeit des Streifens ab, dann aber beginnt dieser breiter (!) zu werden und die Schattengrenze wird unschärfer. Im Schattenraum rechts und links treten zudem zunehmend mehr schwache helle Streifen auf. Kurz bevor der Spalt ganz geschlossen ist, wird der Schirm praktisch gleichmäßig hell beleuchtet, d. h. der zentrale helle Streifen ist jetzt unendlich breit geworden.

Die Spaltbeugung läßt sich erklären, wenn wir wiederum die **Huygensschen Elementarwellen** heranziehen (s. S. 78).
Wir beschränken uns dabei auf die Breite des hellen mittleren Streifens.
Treffen ebene Wellenfronten (also paralleles Licht) auf den Spalt auf, so gehen von allen seinen Punkten gleichzeitig Elementarwellen aus.

Logischerweise hört der zentrale helle Streifen dort auf, wo links und rechts Dunkelheit herrscht. Wir müssen also nur die Richtungen ermitteln, für die sich alle Elementarwellen erstmals gegenseitig auslöschen, um die Breite des mittleren hellen Streifens zu bestimmen. Dies tritt ein, wenn der Gangunterschied der beiden von A und A′ ausgehenden Elementarwellen $\lambda/2$ beträgt, wobei die Strecke $\overline{AA'}$ (bzw. $\overline{BB'}$, ...) die halbe Spaltbreite ist:
Dann löschen sich auch die von B und B′, C und C′, ... ausgehenden Paare von Elementarwellen jeweils aus, da sie denselben Gangunterschied von $\lambda/2$ für diese Richtung besitzen.
Die Auslöschung ist daher komplett, und in dieser Richtung tritt erstmals Dunkelheit auf dem Schirm auf.

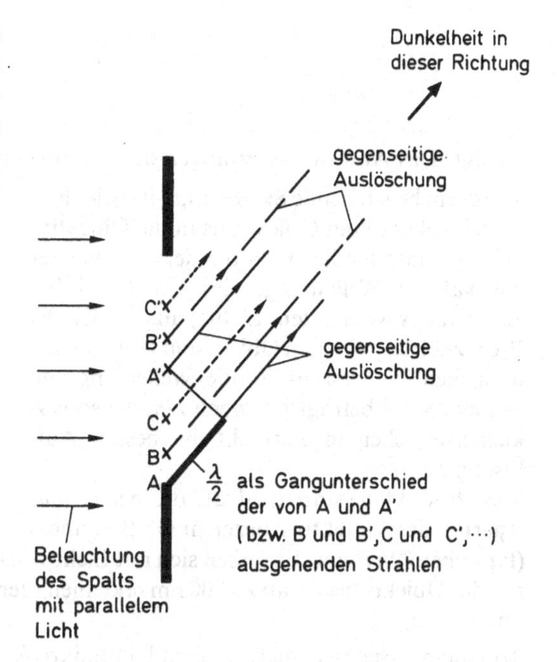


Wird der Spalt **breiter** gewählt, so wird der Gangunterschied $\lambda/2$ schon für kleinere Ablenkwinkel erreicht. Der von der Linse entworfene helle mittlere Streifen wird also **schmaler.**
Bei sehr breitem Spalt wird der Ablenkwinkel schließlich so klein, daß der Spalt praktisch von einem parallelen Lichtbündel verlassen wird, die Lichtstrahlen also geradlinig den Spalt durchsetzen. Dann gelangen wir in den Gültigkeitsbereich der geometrischen Optik.
Wird die Spaltbreite dagegen **kleiner** als die Wellenlänge $\lambda$, so erreicht selbst für sehr große Ablenkwinkel der Gangunterschied nicht den zur völligen Auslöschung erforderlichen Wert von $\lambda/2$. Der Schirm wird jetzt in seiner vollen Breite beleuchtet.
Bei Spaltbreiten von weniger als $\lambda$ ist das Beugungsbild also **nicht mehr strukturiert;** die Lichtausbreitung erfolgt dann nahezu gleichmäßig in alle Richtungen.
Deshalb können wir uns so schmale Spalte vereinfacht als Ausgangspunkt einer einzigen Elementarwelle vorstellen, deren Zentrum in der Spaltmitte liegt.

### 3.2.2 Auflösungsvermögen optischer Instrumente

Die eben erwähnte Strukturlosigkeit des Beugungsbildes von Spalten, die **schmaler** als die Lichtwellenlänge sind, hat eine grundsätzliche Konsequenz:
Die Beugungsbilder aller derartigen Spalte sehen prinzipiell praktisch gleich aus. Aus der Betrachtung des Beugungsbildes können wir daher nicht darauf schließen, ob die Spaltbreite beispielsweise $0{,}1\,\lambda$ oder $0{,}04\,\lambda$ beträgt.
Dieses Beispiel macht plausibel, daß wir Strukturen, die **kleiner** als die Wellenlänge des verwendeten Lichts sind, nicht mehr auflösen können; zwei so dicht benachbarte winzige Objekte werden in Form eines **gemeinsamen Beugungsscheibchens** gesehen.

Die auf **Abbe** zurückgehende Theorie der Abbildung durch ein Mikroskop unter Berücksichtigung der Beugung beruht auf ähnlichen Überlegungen:
Danach sind zwei Objektpunkte gerade noch getrennt wahrnehmbar, wenn ihr Abstand

$$s = \frac{\lambda}{n \cdot \sin\alpha}$$

beträgt. Das Auflösungsvermögen des Mikroskops wird als der Kehrwert 1/s definiert.

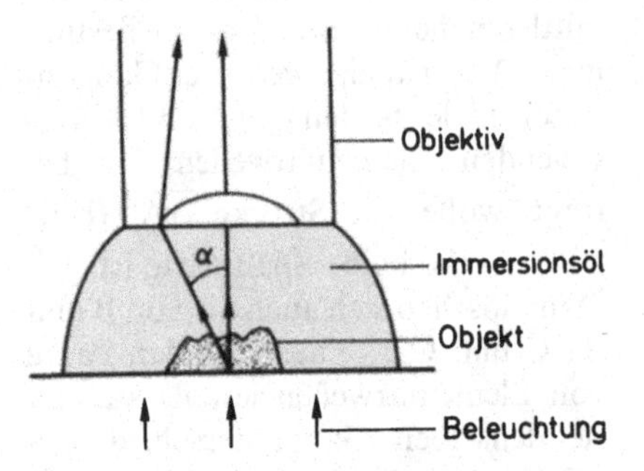


Wie die nebenstehende Skizze zeigt, ist $\alpha$ der halbe Winkel des vom Objekt aus in die Objektivöffnung eintretenden Lichtbündels, $\lambda$ bedeutet die Vakuum-Wellenlänge des zur Objektbeleuchtung verwendeten Lichts, und $n$ ist die Brechzahl des zwischen Objekt und Objektiv befindlichen Immersionsöls (die Wellenlänge im Immersionsöl beträgt nur noch $\lambda/n$; die so verkleinerte Wellenlänge erlaubt eine bessere Auflösung).

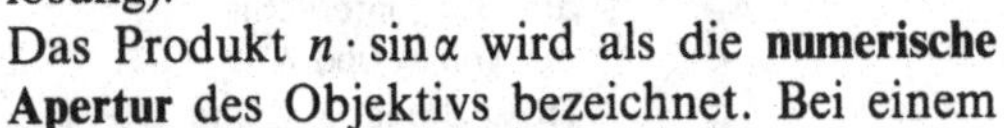

Das Produkt $n \cdot \sin\alpha$ wird als die **numerische Apertur** des Objektivs bezeichnet. Bei einem (typischen) Wert von 1,5 lassen sich mit Licht von 450 nm (Blau) also bestenfalls Strukturen des Objekts bis herab zu 300 nm erkennen (der Durchmesser der größten Atome liegt unter 1 nm!).

Trotzdem lassen sich auch mit dem Lichtmikroskop noch Teilchen **sichtbar** machen (ohne natürlich ihre Struktur erkennen zu können), die weit kleiner sind, z. B. kolloidale Teilchen bis herab zu etwa 10 nm. Dazu wird die sogenannte **Dunkelfeldbeleuchtung** angewendet: Seitlich auf die Teilchen treffendes Licht wird von diesen in alle Richtungen gestreut (**Tyndall-Effekt** in Lösungen mit kleinen Schwebeteilchen, s. S. 117) und gelangt so auch ins Objektiv des Mikroskops. Ein helles Lichtscheibchen vor dunklem Untergrund zeigt dann die Anwesenheit eines submikroskopischen Teilchens an. Dieses Verfahren heißt **Ultramikroskopie.**

Höhere anwendbare Vergrößerungen als mit dem Lichtmikroskop (etwa 1500) lassen sich bei Verwendung von Strahlung mit kürzerer Wellenlänge erreichen. Für mikrophotographische Aufnahmen wird daher häufig ultraviolettes Licht eingesetzt. Eine weitere Steigerung erlauben die Elektronenmikroskope. (Die Materie-Wellenlänge der Elektronen ist hier viel kleiner als die Lichtwellenlänge, s. S..194f.)

Auch bei der **Abbildung großer Objekte** wird das Auflösungsvermögen der dazu verwendeten optischen Instrumente letztlich durch die Beugung bestimmt (Auge, Fernrohr).

Schuld daran ist die Begrenzung des Strahlenbündels **im optischen Instrument.** Ein Punkt des Gegenstands wird deshalb auch hier nicht als Punkt, sondern als Beugungsscheibchen abgebildet. Zwei Gegenstandspunkte sind wiederum nur dann getrennt wahrnehmbar, wenn die ihnen entsprechenden Beugungsscheibchen sich nicht zu sehr überlappen. Diese sind jedoch um so größer, je kleiner die Eintrittsöffnung des optischen Instruments ist (denken Sie an die Beugung am Spalt).

Die Pupille des menschlichen Auges ist bei Tageslicht etwa 3 mm weit geöffnet. Die dabei auftretende Beugung erlaubt noch eine Auflösung von etwa 1 Winkelminute, d. h. zwei leuchtende Punkte mit einem gegenseitigen Abstand von rund 3 mm sehen wir aus 10 m Entfernung gerade noch getrennt.

Verwenden wir stattdessen ein Fernrohr mit einem Objektivdurchmesser von 30 cm (= 100 Pupillendurchmesser), so steigt das Auflösungsvermögen auf das Hundertfache. Der große Durchmesser des Objektivs bzw. Hohlspiegels astronomischer Fernrohre dient also nicht nur zur Erhöhung der Lichtstärke, sondern steigert auch das Auflösungsvermögen.

### 3.2.3 Tyndall-Effekt

**Tyndall** beobachtete schon vor über hundert Jahren, daß kolloidale Lösungen einfallendes Licht merklich streuen.
Die meist submikroskopischen Schwebeteilchen in solchen Flüssigkeiten beugen nämlich das Licht in alle Richtungen ab, wodurch sie – wie beim Ultramikroskop – ihre Anwesenheit verraten.
Bei der nebenstehend gezeichneten Anordnung ist der **Lichtkegel des Streulichts** (Tyndall-Kegel) von der Seite aus sichtbar; die Lösung erscheint dabei trüb.

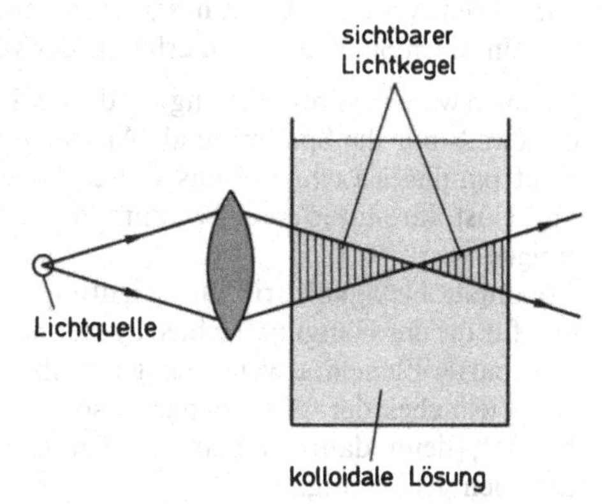


Die Intensität des Streulichts ist proportional zur Anzahl der streuenden Partikel und hängt stark von ihrer Größe ab.
Atome oder einfache Moleküle sind im Vergleich zur Lichtwellenlänge so klein (etwa 1000mal kleiner), daß sie nur zu einer sehr geringen Beeinflussung der Lichtwelle führen; von ihnen wird vergleichsweise wenig Licht abgebeugt bzw. gestreut. Wasser oder Zuckerlösung beispielsweise erscheint daher klar und zeigt keinen erkennbaren Tyndall-Effekt.
Mit wachsender Teilchengröße nimmt die Intensität des Streulichts stark zu, gleichzeitig ändert sich auch seine spektrale Verteilung:
Teilchen, die viel kleiner als die Lichtwellenlänge sind, streuen kurzwelliges Licht sehr viel stärker als langwelliges. Bei Bestrahlung mit weißem Licht ist daher das Streulicht meist blau gefärbt; bei relativ großen Schwebeteilchen jedoch auch andersfarbig.
(Die große Dicke der Atmosphäre bewirkt, daß wir trotz der geringen Streuintensität der Luftmoleküle den Himmel daher an einem wolkenlosen Tag blau sehen. Dieses Streulicht fehlt natürlich im durchgehenden Sonnenlicht, d. h. hier reichert sich der – relativ schwach gestreute – rote Anteil an. Bei sehr schrägem Sonnenstand entsteht so das Morgen- bzw. Abendrot.)
Bei der Streuung wird das Licht außerdem polarisiert; der Polarisationszustand des Streulichts für die verschiedenen Beobachtungsrichtungen hängt von der Größe und Form der streuenden Teilchen ab.
Aus der Messung von Intensität, spektraler Verteilung und vor allem Polarisation des in verschiedenen Richtungen gestreuten Lichts erhält man daher Aufschlüsse über die Anzahl und Größe der Schwebeteilchen. Dieses als **Nephelometrie** bezeichnete Verfahren findet vor allem in der Kolloidchemie Anwendung.

### 3.2.4 Beugung am optischen Gitter; Gittermonochromator

Die Beugung stellt neben der Brechung eine weitere Möglichkeit zur Farbzerlegung des Lichts dar.
Dazu wird ein sogenanntes **Beugungsgitter** (optisches Gitter) verwendet, das gewissermaßen eine dichte Aneinanderreihung sehr vieler äußerst schmaler Spalte darstellt.
Solche Gitter sind um so besser zur Trennung dicht benachbarter Lichtwellenlängen geeignet, je dichter die Spalte liegen und je gleichmäßiger diese beschaffen und angeordnet sind. Gute Gitter enthalten 1000 Striche/mm und mehr (statt von Spalten spricht man hier von Strichen).

Statt durchlässiger Gitter werden in Spektralapparaten allerdings meist Reflexionsgitter verwendet (u. a. Verkürzung der Baulänge), deren prinzipielle Funktionsweise aber dieselbe ist.
Die Arbeitsweise des Beugungsgitters können wir als eine Kombination von Beugung an den einzelnen Spalten und Interferenz der von den Spalten ausgehenden Wellen auffassen.

Nehmen wir zur Vereinfachung an, die Spaltbreite sei kleiner als die Wellenlänge, so genügt es, jeweils nur die Spaltmitte als Ausgangspunkt von Elementarwellen anzusehen.
Fällt paralleles Licht auf das Gitter, so werden all diese Elementarwellen gleichzeitig ausgelöst. Ihre Interferenz bestimmt dann die Lichtverteilung in den verschiedenen Richtungen.

**Maximale Helligkeit** tritt für Richtungen ein, für die der Gangunterschied zweier benachbarter Elementarwellen ein ganzzahliges Vielfaches der Wellenlänge, also $n \cdot \lambda$ beträgt, denn dann verstärken sich **alle** Strahlen gegenseitig.*
Wie aus der nebenstehenden Abbildung hervorgeht, gilt dann:

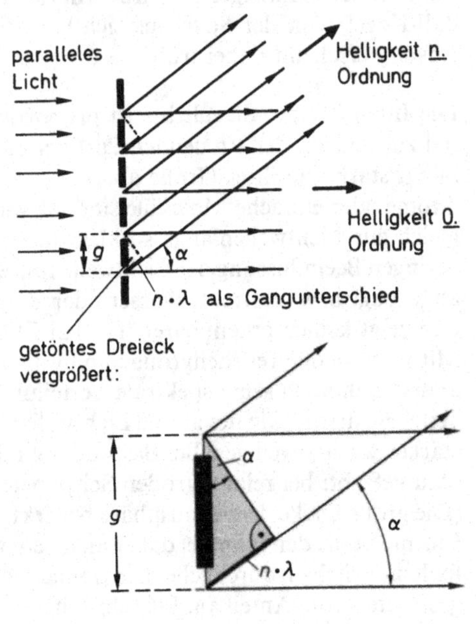


$$\sin\alpha = \frac{n \cdot \lambda}{g}$$

$n$ = Ordnung = 1, 2, 3, ...,
$g$ = Gitterkonstante

Für $n = 0$ wird $\alpha = 0$, d. h. senkrecht zum Gitter (also in der Richtung des einfallenden Lichts) verstärken sich alle Elementarwellen gegenseitig. Dieses sogenannte **Maximum 0. Ordnung** ist für alle Wellenlängen gemeinsam.
Das **Maximum 1. Ordnung** dagegen ($n = 1$, d. h. Gangunterschied 1 $\lambda$) tritt je nach Wellenlänge unter einem anderen Winkel auf. Langwelliges Licht (Rot) benötigt dazu einen größeren Ablenkwinkel als kurzwelliges (Blau).

**Beispiel**
Unter welchem Winkel bezüglich des einfallenden Lichts tritt das Maximum 1. Ordnung für violettes Licht von 395 nm und für dunkelrotes Licht von 760 nm auf, wenn das Gitter 250 Striche/mm besitzt?

---

* Eine hinter dem Gitter aufgestellte Sammellinse vereinigt zueinander parallele Strahlen jeweils in einem Punkt ihrer Brennebene, in der ein Auffangschirm angebracht ist. Bei Verwendung monochromatischen Lichts und einer spaltförmigen Lichtquelle beobachtet man auf dem Schirm abwechselnd dunkle und helle Streifen, während bei weißem Licht statt der hellen Streifen jeweils das Spektrum erscheint

**Lösung**

$$\sin\alpha = \frac{n \cdot \lambda}{g}, \quad \text{wobei} \quad n = 1\ ,\ \lambda = 395\,\text{nm},$$

$$g = \frac{1}{250}\,\text{mm} = 4 \cdot 10^{-6}\,\text{m}$$

$$\Rightarrow \quad \sin\alpha = \frac{1 \cdot 395\,\text{nm}}{4 \cdot 10^{-6}\,\text{m}}$$

$$\Rightarrow \quad \sin\alpha = 0{,}0988 \quad \Rightarrow \quad \alpha = 5{,}67^\circ \ \text{(Violett)}$$

$$\text{entsprechend:} \quad \alpha = 10{,}95^\circ \ \text{(Dunkelrot)}$$

Die Farbfolge bei der Spektralzerlegung durch ein Gitter ist also umgekehrt wie beim Prisma, wo ja blaues Licht am stärksten abgelenkt wird.
Beim Gitter ist zudem der Ablenkwinkel (etwa) proportional zur Wellenlänge (für kleine Winkel wächst der Sinus wie der Winkel an); Gitterspektren besitzen daher eine praktisch lineare Wellenlängenskala (im Gegensatz zu Prismenspektren, in denen der blau-violette Bereich relativ gedehnt ist). Gitterspektren heißen daher auch **Normalspektren.**

Gittermonochromatoren sind deshalb auch zur Absolutbestimmung unbekannter Wellenlängen **ohne** vorherige Eichung zu gebrauchen. Auf diese Weise wurden im 19. Jahrhundert die Wellenlängen der sogenannten **Fraunhoferschen Linien** im Sonnenspektrum bestimmt. Das ansonsten kontinuierliche Sonnenspektrum besitzt nämlich dunkle Linien, die infolge der Absorption des Sonnenlichts durch auf der Sonnenoberfläche in gasförmigem Zustand vorliegende Elemente entstehen. Für die Entwicklung unserer heutigen Atommodelle waren derartige Spektren von grundlegender Bedeutung.

Verwenden wir höhere Ordnungen, also einen Gangunterschied von mehreren Wellenlängen zwischen Nachbarstrahlen, so wird der Ablenkwinkel größer und das Spektrum entsprechend weiter auseinandergezogen (s. o. Formel).
Trotz dieses mit der Ordnungszahl zunehmenden Trennvermögens für Licht mit dicht benachbarten Wellenlängen arbeitet man in der Praxis überwiegend in der 1. oder 2. Ordnung. Die Helligkeitsmaxima werden mit zunehmender Ordnung rasch lichtschwächer, und nur ein kleiner Teil der einfallenden Lichtintensität wird dann noch zur Spektralzerlegung genutzt. Außerdem **überlappen** sich die Spektren höherer Ordnung zunehmend: Das Helligkeitsmaximum 5. Ordnung für $\lambda = 400$ nm fällt beispielsweise mit dem 4. Ordnung für 500 nm und dem 3. Ordnung für 666 nm zusammen (gleiches $n \cdot \lambda$, also gleicher Ablenkwinkel $\alpha$). Aus dem Spalt eines so eingestellten Gittermonochromators kann Licht aller drei Wellenlängen austreten! Die Verwendung zusätzlicher Farbfilter (zur Unterdrückung der unerwünschten Wellenlängen) ist daher bei Gittermonochromatoren meist nicht zu vermeiden.

Warum ein gutes Gitter viele Spalte (Striche) haben soll, ist noch zu begründen:
Tatsächlich ist der Ablenkwinkel für die oben erwähnten Helligkeitsmaxima (bei gleichbleibender Gitterkonstante) von der Gesamtzahl der Spalte völlig unabhängig. Die Helligkeitsmaxima werden aber um so schmaler und schärfer, je mehr Elementarwellen zu ihrer Entstehung beitragen, je mehr Spalte das Gitter also besitzt.
Während zwei dicht benachbarte **breite** Streifen in einem Spektrum oft nicht mehr von einem einzelnen Streifen zu unterscheiden sind, gelingt dies bei **schmalen** Streifen noch gut.

Das **Auflösungsvermögen** eines Gittermonochromators, ein Maß für seine Fähigkeit zur Trennung dicht benachbarter Spektrallinien, ist im Idealfall das Produkt aus Ordnung und Strichzahl. Besitzt das Gitter beispielsweise 50 000 Striche und wird in der 2. Ordnung

gearbeitet, beträgt das Auflösungsvermögen 100000. D.h. zwei Spektrallinien, die ein Hunderttausendstel ihrer Wellenlänge auseinanderliegen, könnten noch getrennt werden (z.B. 600 nm und 600,006 nm). Das Auflösungsvermögen von Prismenmonochromatoren liegt meist bei etwa 1/10 dieses Wertes, was jedoch für die meisten Anwendungen völlig ausreicht.
Im **apparativen Aufbau** unterscheidet sich der Gittermonochromator nicht grundsätzlich vom früher besprochenen Prismenmonochromator (s. S. 106), außer natürlich, daß das Prisma durch ein Beugungsgitter ersetzt ist. Darum gilt auch hier, daß das ausgesonderte Licht spektral um so reiner ist, je schmaler Ein- und Austrittsspalt gewählt werden (jedoch nicht so schmal, daß an ihnen merkliche Beugung auftritt).

## 3.3 Polarisiertes Licht

### 3.3.1 Optische Aktivität

Der Umgang mit polarisiertem Licht ist für den Chemiker nichts Außergewöhnliches. Viele organische Substanzen besitzen nämlich die Eigenschaft, die Schwingungsebene linear polarisierten Lichts zu drehen, man nennt dies **optische Aktivität.** Am bekanntesten ist wohl der Rohrzucker (Saccharose), aber alle Stoffe mit asymmetrischen Kohlenstoff-Atomen (Kohlenstoff-Atome mit vier verschiedenen Bindungspartnern) sowie zahlreiche Mineralien (z.B. Quarz) können optisch aktiv sein.
Wird eine in einer Küvette befindliche Lösung eines derartigen Stoffs mit linear polarisiertem Licht durchstrahlt, so ist der Winkel, um den die Schwingungsebene des Lichts dabei gedreht wird, das Produkt aus der **spezifischen Drehung** des Stoffs, seiner Konzentration und der Küvettenlänge.
Meist ist die Konzentration der gelösten Substanz die gesuchte Größe (z.B. Gehaltsbestimmungen von Zuckerlösungen). Die Geräte zur Messung des Drehwinkels heißen **Polarimeter** (zur Zuckerbestimmung auch **Saccharimeter**); auf ihren Aufbau gehen wir weiter unten ein.

### 3.3.2 Erzeugung polarisierten Lichts

Da Licht zu den elektromagnetischen Wellen gehört und damit eine Transversalwelle darstellt, ist es polarisierbar (Polarisation mechanischer Querwellen, s. S. 42).
Weil die angeregten Atome bzw. Moleküle einer gewöhnlichen Lichtquelle das Licht völlig regellos emittieren, kommt im Mittel jede Schwingungsrichtung gleich häufig vor; das von ihnen ausgesandte Licht ist also nicht polarisiert.
Zur Vereinfachung nehmen wir an, das unpolarisierte Licht bestehe aus zwei senkrecht zueinander schwingenden Lichtwellen, die sich gemeinsam in derselben Richtung ausbreiten. (Das Licht mit dazwischen liegender Schwingungsebene zerlegen wir gedanklich in seine Komponenten in die zueinander senkrechten Schwingungsrichtungen dieser beiden Lichtwellen.)
Wenn es uns gelingt, **eine** der beiden Lichtwellen auszusondern, haben wir linear polarisiertes Licht erzeugt.

Dies kann auf vier verschiedene Arten erfolgen, nämlich durch
- Absorption (Polarisationsfilter)
- Doppelbrechung mit anschließender Totalreflexion (Nicolsches Prisma)
- Reflexion
- Streuung.

Zur Herstellung polarisierten Lichts werden in der Praxis ganz überwiegend Polarisationsfilter oder Nicolsche Prismen verwendet, da diese hohe Lichtausbeute und Handlich-

keit vereinen. Für Präzisionsmessungen (Polarimeter) kommt allerdings praktisch nur das Nicolsche Prisma in Frage, da es die Schwingungsebene des linear polarisierten Lichts sehr genau festzulegen bzw. zu bestimmen gestattet.
Die Polarisation durch Reflexion an durchsichtigen Stoffen und durch Streuung ist für den Chemiker von geringerer praktischer Bedeutung.*

Ein **Polarisationsfilter** ist eine Kunststoffolie, in die spezielle Kristalle oder langgestreckte Moleküle in geordneter Form eingebaut sind. Trifft unpolarisiertes Licht senkrecht auf die Folie, so wird das Licht einer bestimmten Schwingungsrichtung von den Kristallen bzw. Molekülen praktisch völlig absorbiert, während das dazu senkrecht polarisierte Licht die Folie mit nur geringem Absorptionsverlust durchdringt.

Zum Verständnis der Wirkungsweise des **Nicolschen Prismas** müssen wir uns zuerst mit der sogenannten **Doppelbrechung** befassen:
Lediglich Kristalle des kubischen Kristallsystems verhalten sich für das Licht in allen Richtungen völlig gleichartig; derartige Kristalle nennt man (optisch) **isotrop.** Für die Lichtbrechung durch isotrope Kristalle (z. B. Diamant) gilt stets das Snelliussche Brechungsgesetz, d. h. diese Kristalle verhalten sich so, wie wir es im Abschnitt über die Brechung besprochen haben.
Die Kristalle aller übrigen Kristallsysteme (hexagonal, trigonal, ...) heißen **anisotrop;** in ihnen hängt z. B. die Ausbreitungsgeschwindigkeit des Lichts von der Richtung im Kristall ab (s. u.). Fällt auf einen anisotropen Kristall (z. B. Kalkspat oder Quarz) ein Strahl unpolarisierten Lichts, so wird dieser im allgemeinen in zwei Strahlen aufgespalten, die sich in verschiedene Richtungen im Kristall fortpflanzen. Diese **Doppelbrechung** genannte Erscheinung bewirkt, daß eine Schrift doppelt erscheint, wenn man sie durch einen daraufgelegten Kalkspatkristall betrachtet.
Bei der nebenstehenden Orientierung des Kalkspatkristalls (Hauptschnitt) zum einfallenden Licht beispielsweise erwarten wir aufgrund des senkrechten Einfalls keine Brechung. Neben dem sogenannten **ordentlichen** Strahl, der den Kristall ungebrochen verläßt, durchsetzt jedoch ein zweiter Strahl unter Brechung die Grenzfläche. Für diesen **außerordentlichen** Strahl gilt also das Snelliussche Brechungsgesetz nicht.
Ordentlicher und außerordentlicher Strahl sind **senkrecht zueinander linear polarisiert.**

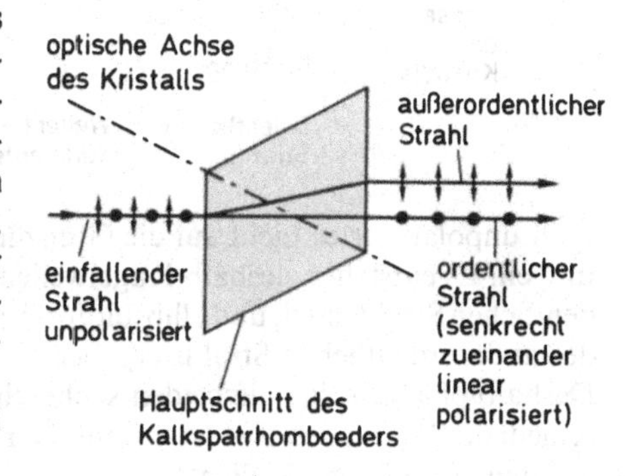


* Über die Polarisation des Streulichts haben wir ja schon beim Tyndall-Effekt geredet (s. S. 117). Die schon um 1800 entdeckte Polarisation des von durchsichtigen Stoffen reflektierten Lichts bewies, daß Lichtwellen Transversalwellen sein müssen (Longitudinalwellen sind ja nicht polarisierbar) und war für die Vorstellung vom Licht von grundlegender Bedeutung. Das reflektierte Licht ist aber nur dann vollständig polarisiert, wenn das Licht unter einem bestimmten Winkel (Brewsterwinkel) einfällt, der für Glas beispielsweise rund 57° beträgt. Das durchgehende Licht ist selbst dann nur teilweise polarisiert, d. h. die senkrecht zur Polarisationsebene des reflektierten Lichts schwingende Komponente ist im durchgehenden Licht vergleichsweise stärker vertreten als bei unpolarisiertem Licht.
In der Photographie wird die Polarisation des reflektierten Lichts zu seiner Ausfilterung mittels eines vor das Kameraobjektiv geschraubten Polarisationsfilters ausgenützt; störende Reflexe von Glasscheiben oder Wasseroberflächen werden so unterdrückt

Messungen der Lichtgeschwindigkeit im Kalkspatkristall ergeben:
Licht mit der Polarisationsebene des ordentlichen Strahls pflanzt sich in allen Kristallrichtungen gleich schnell fort.
Licht mit der Polarisationsebene des außerordentlichen Strahls dagegen besitzt je nach Richtung im Kristall eine verschiedene Ausbreitungsgeschwindigkeit, die nur in Richtung der optischen Achse des Kristalls mit der des ordentlichen Strahls übereinstimmt. Mit zunehmendem Winkel bezüglich der optischen Achse nimmt die Ausbreitungsgeschwindigkeit des außerordentlichen Strahls zu und erreicht senkrecht zur Achse ein Maximum – bei manchen Kristallen auch ein Minimum.
Unter Verwendung des Huygensschen Prinzips können wir daraus die Doppelbrechung erklären:
Trifft ein Lichtstrahl mit der Polarisation des ordentlichen Strahls unter einem beliebigen Winkel auf den Kristall, so breiten sich die erzeugten Elementarwellen in allen Richtungen gleich schnell aus, es entstehen also die altbekannten Kugelwellen (im Schnitt: Kreise). Dagegen breiten sich die von einem Strahl senkrecht dazu polarisierten Lichts (außerordentlicher Strahl) ausgelösten Elementarwellen je nach Richtung verschieden schnell aus; sie besitzen ellipsoidförmige Gestalt (im Schnitt: Ellipsen).

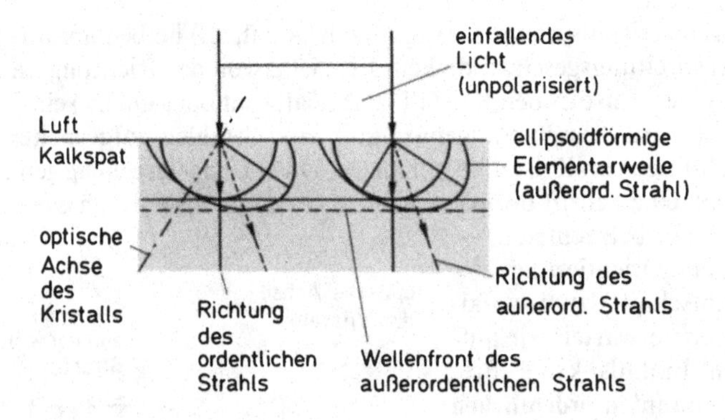


Fällt unpolarisiertes Licht auf die Grenzfläche, so enthält dieses beide Polarisationsrichtungen. Es entstehen deshalb Kugelwellen, deren Einhüllende die Wellenfronten des ordentlichen Strahls sind, und ellipsoidförmige Wellen, deren Einhüllende die Wellenfronten des außerordentlichen Strahls ergeben.
Deshalb pflanzen sich die beiden senkrecht zueinander polarisierten Lichtwellen in verschiedene Richtungen fort (Achtung: Der außerordentliche Strahl steht nicht senkrecht auf den zugehörigen Wellenfronten).

Zur Erzeugung polarisierten Lichts müssen wir nur noch einen der beiden Strahlen beseitigen.
Im **Nicolschen Prisma** geschieht dies durch **Totalreflexion** des **ordentlichen** Strahls:
Zwei geeignet geschnittene Kalkspatprismen sind mit einem (für den ordentlichen Strahl) optisch dünneren Medium (Kanadabalsam) verkittet.
Der **ordentliche** Strahl fällt aus dem optisch dichteren Kalkspat so auf die Kittfläche, daß der Grenzwinkel der Totalreflexion

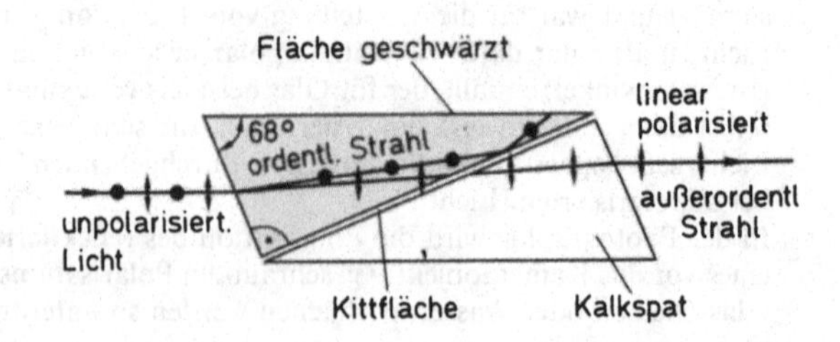

überschritten wird. Der ordentliche Strahl wird auf die geschwärzte Seitenfläche des Prismas reflektiert und dort absorbiert.
Aus dem Nicolschen Prisma tritt daher nur der **außerordentliche** Strahl aus, d. h. ein Strahl linear polarisierten Lichts.

### 3.3.3 Polarimeter

Die Messung der Drehung der Schwingungsebene linear polarisierten Lichts durch optisch aktive Substanzen erfolgt – wie eingangs erwähnt – im **Polarimeter.**
Da die spezifische Drehung einer Substanz deutlich von der Wellenlänge des verwendeten Lichts abhängt, bezieht man üblicherweise die Werte – wie schon bei der Brechzahl – auf die gelbe Natrium-D-Linie (589 nm).

In seiner einfachsten Form besitzt das Polarimeter den nachstehend dargestellten Aufbau: Das Licht einer monochromatischen Lichtquelle (Natrium-Dampf-Lampe) wird durch das erste Nicolsche Prisma, den **Polarisator,** linear polarisiert.

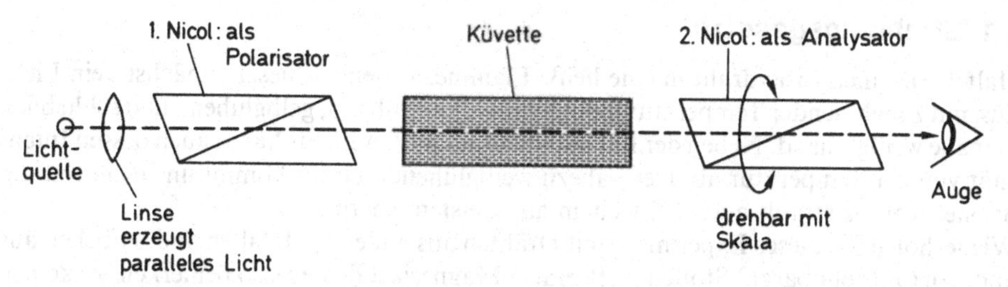


Zur Ermittlung der Schwingungsebene des linear polarisierten Lichts hinter der Küvette, die die Lösung der optisch aktiven Substanz enthält, dient das zweite Nicolsche Prisma. Dieser sogenannte **Analysator** ist drehbar gelagert und fest mit einer Skala verbunden. Hinter dem Analysator herrscht maximale Helligkeit, wenn die Schwingungsebene des auftreffenden Lichts genau mit der Polarisationsebene des Prismas (außerordentlicher Strahl, s. o.) übereinstimmt, und Dunkelheit, wenn sie senkrecht dazu steht (gekreuzte Nicols bei leerer Küvette). Die Helligkeit bzw. Dunkelheit wird mit dem Auge registriert.

Durch Vergleich der für maximale Dunkelheit notwendigen Einstellung des Analysators vor und nach dem Befüllen der Küvette mit der Untersuchungslösung wird deren Drehwinkel ermittelt.
Die Einstellung auf maximale Dunkelheit ist allerdings recht ungenau. Bei üblichen Laborgeräten muß ein – mittels eines Hilfsnicols erzeugtes – zwei- oder dreiteiliges Gesichtsfeld auf gleiche Helligkeit eingestellt werden, was genauer möglich ist (Halbschattenpolarimeter).
Eine dem Polarimeter ähnliche Anordnung erlaubt die Sichtbarmachung von Spannungszuständen belasteter fester Körper, die durchsichtig sind: Befindet sich beispielsweise ein Glasstab zwischen zwei gekreuzten Nicols, so ist zunächst das Gesichtsfeld dunkel. Wird er verbogen, so hellen sich jedoch die besonders belasteten Stellen auf (Spannungsdoppelbrechung).

Auch das **Polarisationsmikroskop** ist ähnlich aufgebaut; es gestattet unter anderem farbenprächtige mikrophotographische Aufnahmen winziger Kristalle (Verwendung weißen Lichts), aus denen sich qualitative und quantitative Rückschlüsse auf die Kristallstruktur (Anisotropie) ziehen lassen.

# 4. Licht und Materie

Die Linienspektren von Atomen und die Bandenspektren von Molekülen sind für die betreffenden Elemente bzw. Verbindungen charakteristisch.
Feste Körper dagegen besitzen ein kontinuierliches Absorptions- und Emissionsspektrum (im optischen Bereich), das nicht von deren chemischer Natur abhängt. Auch Gase unter sehr hohem Druck (Sonne, Höchstdrucklampen) zeigen dieses Verhalten.
Die von heißen Körpern ausgesandte Strahlung ist (näherungsweise) lediglich von ihrer Temperatur abhängig und für alle Körper gleich. Mit den Gesetzmäßigkeiten dieser Temperaturstrahlung, den Strahlungsgesetzen, befassen wir uns im ersten Teil dieses Abschnitts.
Sicher haben Sie noch nicht vergessen, daß der bisher so stark betonte Wellencharakter des Lichts nur eine Seite der Medaille darstellt.
Alle mit der Absorption und Emission von Licht zusammenhängenden Erscheinungen zwingen uns nämlich, dem Licht hier Teilchencharakter zuzuschreiben (Welle-Teilchen-Dualismus, s. S. 51f). Im zweiten Teil dieses Abschnitts hören Sie darüber mehr.

## 4.1 Strahlungsgesetze

Halten Sie einen Eisendraht in eine heiße Flamme, so sendet dieser zunächst kein Licht aus, mit zunehmender Temperatur jedoch wird er rotglühend, gelbglühend und schließlich beinahe weißglühend. Neben der Farbe des ausgesandten Lichts hängt auch dessen Intensität von der Temperatur ab. Der nahezu weißglühende Draht kommt uns nicht nur am hellsten vor, er strahlt auch bei weitem am meisten Energie ab.
Wiederholen Sie dieses Experiment mit Drähten aus anderen Metallen und Stäbchen aus anderen (unbrennbaren) Stoffen (z. B. einem Magnesiastäbchen), so bemerken Sie keinen wesentlichen Unterschied zwischen der von diesen Stoffen emittierten **Temperaturstrahlung.**
Tatsächlich hängt das Emissionsspektrum heißer Körper – genaugenommen sogenannter **schwarzer Strahler** (näherungsweise realisierbar durch berußte Flächen) – nicht von ihrer chemischen Natur oder sonstigen Beschaffenheit, sondern **nur von ihrer Temperatur** ab.

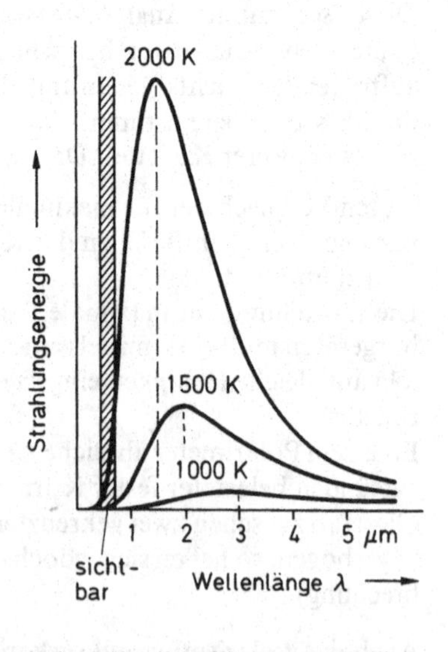


Das nebenstehende Diagramm zeigt die Wellenlängenabhängigkeit der **Schwarzkörperstrahlung** für drei verschiedene Temperaturen.
Aber auch für praktisch alle anderen Temperaturstrahler (z. B. Sonne, Glühdraht in einer Birne) stellen diese Kurven eine für die meisten Abschätzungen völlig ausreichende Näherung dar.
Der Vergleich der Kurven zeigt – in Übereinstimmung mit dem oben geschilderten Versuch – daß sich das Maximum der Strahlungsenergie zu kürzeren Wellenlängen verschiebt, wenn die Temperatur des Strahlers zunimmt (gestrichelte Linien).*

* Der skizzierte Kurvenverlauf ist nach den Gesetzen der klassischen Physik völlig unverständlich. Die **Quantisierung des Lichts,** d. h. die Annahme von Lichtquanten, ermöglicht jedoch eine Erklärung und exakte Beschreibung der Schwarzkörperstrahlung. Dies gelang **Planck** 1900 in Form des **Planckschen Strahlungsgesetzes;** hier tritt das **Plancksche Wirkungsquantum** $h$, das von fundamentaler Bedeutung in der gesamten Atomphysik – und darüber hinaus – ist, erstmals auf

Außerdem nimmt die insgesamt abgestrahlte Energie (Fläche unter der Kurve) bei Temperaturerhöhung stark zu.

Dies ist der Inhalt von zwei wichtigen **Strahlungsgesetzen:**
Das **Wiensche Verschiebungsgesetz**

$$\lambda_{max} \cdot T = \text{const.}$$

sagt aus, daß das Produkt aus der Wellenlänge $\lambda_{max}$, bei der die maximale Strahlungsintensität auftritt, und der absoluten Temperatur $T$ (s. S. 134f) des schwarzen Strahlers eine universelle Konstante ist.
Am einfachsten merken Sie sich statt der Konstanten die (gerundeten) Werte der Sonnenstrahlung: $\lambda_{max} = 500$ nm (Grün), $T = 6000$ K (entspricht etwa 5700 °C, Oberflächentemperatur der Sonne).

**Beispiel**
Bei welcher Wellenlänge liegt das Strahlungsmaximum eines 3000 K (etwa 2700 °C) heißen Körpers?

**Lösung**
Die Temperatur des Körpers ist halb so groß wie die der Sonne, daher liegt sein Strahlungsmaximum bei der doppelten Wellenlänge wie das der Sonne, also bei 1000 nm = 1 µm (nahes Infrarot).

Der Wolframdraht einer Glühbirne besitzt knapp diese Temperatur; die von Glühbirnen ausgesandte elektromagnetische Strahlung liegt überwiegend im Infrarot (Wärmestrahlung), nur ein kleiner Teil ist sichtbar (vergleichen Sie mit den obigen Kurven).
Der Abfall der Emissionskurve zu kurzen Wellen hin ist so steil, daß Glühbirnen im ultravioletten Spektralbereich praktisch gar nicht mehr strahlen (eine Glühbirne taugt daher weder als Höhensonne noch als Lichtquelle für Absorptionsmessungen im UV).
Körper mit wesentlich niedrigeren Temperaturen (z. B. ein heißer Ofen oder die Erde) senden nur noch Infrarotstrahlung aus und sind daher keine Lichtquellen mehr.
Wird andererseits die Temperatur des heißen Körpers etwas erhöht, so verschiebt sich seine Emissionskurve zu kürzeren Wellenlängen hin und wird gleichzeitig höher, er sendet also beträchtlich mehr sichtbares Licht aus. In den **Halogenbirnen** (in Autoscheinwerfern und Projektionsgeräten verwendet) ist der Glühdraht heißer als in herkömmlichen Birnen. Das Halogen (Iod) hat die Aufgabe, die rasche Zerstörung des Glühfadens zu verhindern, indem es das verdampfte Metall wieder zum Glühfaden zurücktransportiert.
Selbst dieses Licht besitzt immer noch einen höheren Rot- und einen niedrigeren Blauanteil als das der sehr viel heißeren Sonne; beim Filmen und Photographieren müssen zum Ausgleich Farbfilter verwendet werden (**Farbtemperatur** von Kunstlicht niedriger als die des Sonnenlichts).

Emittieren zwei glühende Körper dieselbe Farbe, so stimmt auch ihre Temperatur (annähernd) überein. In der **Pyrometrie** wird die Temperatur glühender Stoffe (z. B. geschmolzener Metalle) durch Farbvergleich mit einem elektrisch beheizten Wolframdraht bestimmt (Heizleistung des Drahtes in Temperatur geeicht).
Das **Stefan-Boltzmannsche Gesetz** macht eine Aussage über die **insgesamt** von einem schwarzen Strahler der Fläche $A$ abgestrahlte Strahlungsleistung $P_{St}$ (entspricht der Fläche unter den obigen Kurven):

$$P_{St} = \sigma \cdot A \cdot T^4$$

$$\sigma = 5{,}67 \cdot 10^{-8}\,\mathrm{W/(m^2 \cdot K^4)}$$

Die gesamte Strahlungsleistung wächst demnach mit der **vierten Potenz** der absoluten Temperatur $T$. Ein doppelt so heißer Körper strahlt also die **16fache** Leistung ab!

**Beispiel**
Welche Leistung strahlt ein Quadratmeter Sonnenoberfläche, welche ein Quadratmeter Erdoberfläche etwa ab?

**Lösung**
Wenn wir beide als schwarze Strahler betrachten, gilt für jeweils $A = 1\,\mathrm{m^2}$:
**Sonne**

$$P_{St} \approx 5{,}67 \cdot 10^{-8} \frac{\mathrm{W}}{\mathrm{m^2 \cdot K^4}} \cdot 1\,\mathrm{m^2} \cdot (6000\,\mathrm{K})^4 \approx 70 \cdot 10^6\,\mathrm{W} = 70\,\mathrm{MW}$$

**Erde** (für eine Temperatur von 27 °C = 300 K)

$$P_{St} \approx 450\,\mathrm{W}$$

Schon etwa $20\,\mathrm{m^2}$ Sonnenfläche geben also dieselbe Energie ab wie ein modernes Großkraftwerk! Die gesamte Sonnenoberfläche beträgt jedoch etwa $6 \cdot 10^{18}\,\mathrm{m^2}$; können Sie sich vorstellen, welch riesige Energiemengen das Atomkraftwerk Sonne liefert?

Vergessen Sie aber bitte nicht, daß die beiden Gesetze eigentlich nur für **schwarze Strahler** gelten. In den oben erwähnten Fällen sind sie brauchbare Näherungen. Dies gilt aber nicht immer. So dürfen Sie die Strahlungsgesetze z. B. nicht auf Gase unter Normaldruck anwenden, da diese ja nur Licht in sehr schmalen Wellenlängenbereichen absorbieren (z. B. in den Atomlinien), also sozusagen das Gegenteil eines schwarzen Strahlers darstellen. Das von heißen Flammen (z. B. Flamme des Bunsenbrenners) emittierte Licht entspricht daher weder in der Intensität noch der spektralen Verteilung dem schwarzen Strahler; die Atome oder Moleküle des Flammengases strahlen statt eines Kontinuums Spektrallinien oder Banden aus.

## 4.2 Quantenhafte Absorption und Emission von Licht

### 4.2.1 Photoeffekt (lichtelektrischer Effekt)

Licht kann aus Metallen Elektronen auslösen; dies wird als **Photoeffekt** oder **lichtelektrischer Effekt** bezeichnet (oft auch **äußerer Photoeffekt** genannt; den **inneren Photoeffekt** behandeln wir auf S. 198f).
Er ermöglicht auf relativ einfache Weise die Umwandlung von Lichtsignalen in elektrische Signale bzw. die elektrische Messung von Lichtintensitäten.
Dazu kann beispielsweise die nachfolgend dargestellte **Photozelle** verwendet werden: Im Dunkeln fließt trotz der angelegten Spannung kein Strom, da der Stromkreis nicht geschlossen ist (zwischen der als Kathode bezeichneten Cäsium-Schicht und dem Drahtring, der Anode genannt wird, befinden sich keine beweglichen Ladungen, die strömen können). Bei Belichtung dagegen treten Elektronen aus der **Photokathode** aus, der Stromkreis wird dadurch geschlossen, und es fließt ein meßbarer Strom. Dieser kommt natürlich sofort zum Erliegen, wenn die Belichtung aufhört.

Die Photozelle kann als Detektor im früher beschriebenen Spektralphotometer dienen; auch in Lichtton-Filmprojektoren und in Steuerungs- und Sicherungseinrichtungen (z. B. Lichtschranke) wird sie eingesetzt.

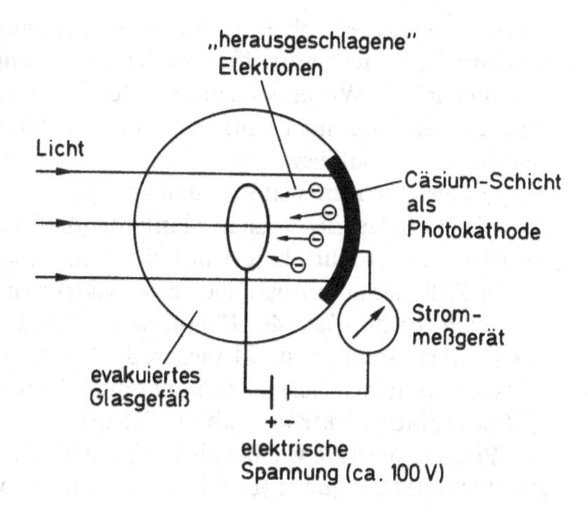


Der Photoeffekt gehört aber auch zu den Erscheinungen, die die Physiker zu Beginn dieses Jahrhunderts zu einem revolutionären Umdenken zwangen. Die moderne Atomvorstellung (Orbitale) und der Laser sind Beispiele für die Ergebnisse dieses Denkprozesses.

Zur genauen Untersuchung des Photoeffekts wird die Zahl und die (maximale) kinetische Energie der ausgetretenen Elektronen bei Belichtung einer Metalloberfläche mit jeweils monochromatischem Licht verschiedener Wellenlängen und Intensitäten gemessen. Außerdem werden verschiedene Metalle als Photokathode eingesetzt.
Die Ergebnisse sind folgende:
Für den Photoeffekt existiert eine **langwellige Grenze,** die nur vom jeweiligen Metall abhängt. Wird beispielsweise das extrem unedle Alkalimetall Cäsium mit Licht bestrahlt, dessen Wellenlänge größer als 640 nm (Rot) ist, treten selbst bei hoher Lichtintensität keine Elektronen aus. Bei dem etwas weniger unedlen Lithium werden nur Elektronen ausgelöst, wenn die Lichtwellenlänge unter 500 nm (Grün) liegt. Für die meisten anderen (edleren) Metalle ist sogar ultraviolettes Licht erforderlich.

**Anmerkung**
Da eine solche langwellige Grenze auch beim photographischen Prozeß existiert, müssen Sie bei der Entwicklung von Papierbildern (Positiven) nicht in völliger Dunkelheit arbeiten; das langwellige Rotlicht vermag offenbar die lichtempfindliche Schicht des Papiers nicht zu schwärzen. Tritt jedoch weißes Licht, das ja auch kurzwelligere Anteile enthält, durch eine winzige Ritze in den Raum ein, so ist das Bild verdorben.

Bei einem bestimmten Metall hängt die **kinetische Energie** der ausgetretenen Elektronen nur von der **Wellenlänge,** nicht jedoch von der Intensität des auftreffenden Lichts ab. Bei der jeweiligen Grenzwellenlänge ist die kinetische Energie der Elektronen praktisch Null und nimmt mit kürzer werdender Lichtwellenlänge zu.
Die **Zahl** der ausgelösten Elektronen ist proportional zur **Intensität** des auftreffenden Lichts.
Ist die Lichtwellenlänge kleiner als die Grenzwellenlänge (langwellige Grenze), tritt selbst bei Belichtung mit **geringsten** Intensitäten **sofort** (einschließlich Elektronenlaufzeit etwa $10^{-9}$ s) ein elektrisches Signal der Photozelle auf.

Was erwarten wir nach dem Wellenmodell des Lichts?
Bei gleichmäßiger Ausleuchtung der Fläche sollte die Lichtenergie auch gleichmäßig auf die gesamte Fläche verteilt werden. Je stärker dieser einfallende Energiestrom, d. h. die Intensität des Lichts ist, desto eher sollten dann Elektronen ausreichend Energie aus der Welle aufgenommen haben, um die Metalloberfläche zu durchdringen, und desto höher sollte auch die ihnen verbleibende kinetische Energie sein.
Bei enorm schwacher Intensität müßte es andererseits mehrere Stunden (!) dauern, bis die Welle auf jede Stelle der Metalloberfläche ausreichend Energie transportiert hat; erst nach dieser Zeit sollten die ersten Elektronen austreten.

Das sofortige Ansprechen der Photozelle läßt nur den Schluß zu, daß das Licht eben **nicht** gleichmäßig verteilt auftrifft, sondern eine **körnige** Struktur besitzt.
Genauer gesagt: Wir müssen uns vorstellen, die Lichtenergie sei in kleinen **Energiepaketen** verpackt, die sich mit Lichtgeschwindigkeit vorwärtsbewegen. Diese nennen wir **Lichtquanten** oder **Photonen.**
Bei geringer Lichtintensität treffen eben nur wenige solche Energiepakete auf die Metalloberfläche. Jedes dieser Lichtquanten enthält aber offensichtlich genügend Energie, um sofort ein an der Aufschlagstelle befindliches Elektron aus dem Metall herauszuschlagen.
Da die Zahl der herausgeschlagenen Elektronen proportional zur **Lichtintensität** ist, muß dies auch für die **Zahl der Photonen** des Lichts gelten.
Je edler das Metall, desto kleiner ist die Grenzwellenlänge für das Auftreten des Photoeffekts, desto mehr Energie wird aber auch benötigt, um ein Elektron abzulösen (Cäsium gibt ja leichter Elektronen ab als Platin).
Die **Photonenenergie** wächst also offensichtlich mit abnehmender Lichtwellenlänge bzw. zunehmender Frequenz ($c = \lambda \cdot \nu$), d. h. die Photonen des blauen Lichts sind energiereicher als die des roten.
Aus der Sicht des Teilchenmodells für das Licht ist der **Photoeffekt** damit ein Wechselwirkungsprozeß zwischen **einem** Photon und **einem** Elektron:
Absorbiert (verschluckt) eines der im Metall frei beweglichen Elektronen ein auftreffendes Photon, so verfügt es über dessen Energie. Ist diese größer als die sogenannte **Austrittsarbeit** des jeweiligen Metalls, so kann es das Metall verlassen. Die Überschußenergie nimmt es in Form von kinetischer Energie mit. Ist die Energie des Lichtquants dagegen zu klein, so kann das Elektron das Metall nicht verlassen; die aufgenommene Energie führt dann letztlich zur Erwärmung des Metalls.
Die **Intensität** des Lichts hat mit dem Einzelprozeß selbst gar nichts zu tun: Sie bestimmt lediglich die Anzahl der Photonen, die auf die Metalloberfläche auftreffen und damit die **Anzahl der Einzelprozesse.**
Diese Aussagen gelten prinzipiell für alle atomaren Vorgänge, die mit der Absorption oder Emission von Licht zusammenhängen. Alle derartigen Prozesse sind daher im oben besprochenen Sinn **Elementarprozesse.**

### 4.2.2 Lichtquanten (Photonen)

Eine quantitative Auswertung der im letzten Abschnitt erwähnten Messungen zum Photoeffekt zeigt, daß die **Energie** $E$ eines Lichtquants zur **Lichtfrequenz** $\nu$ proportional ist. Als Proportionalitätskonstante ergibt sich das berühmte **Plancksche Wirkungsquantum** $h$:

$$E = h \cdot \nu$$

$$h = 6{,}626 \cdot 10^{-34}\,\text{Js}$$

Dies ist eine der grundlegendsten und wichtigsten Gleichungen der gesamten Physik; sie wurde 1905 von **Einstein** zur Erklärung des Photoeffekts aufgestellt. Die ihr zugrunde liegende Quantenhypothese hatte **Planck** schon 1900 zum Verständnis der (von uns bereits diskutierten) Schwarzkörperstrahlung entwickelt.
Die obige Gleichung gilt nicht nur für das sichtbare Licht, sondern für den Gesamtbereich der elektromagnetischen Strahlung, d. h. für Radiowellen ebenso wie für $\gamma$-Strahlen.
Immer, wenn elektromagnetische Strahlung absorbiert oder emittiert wird, können wir sie als einen Strom von Teilchen auffassen, von denen jedes die Energie $E = h \cdot \nu$ besitzt und sich mit Lichtgeschwindigkeit bewegt.

In der Praxis spielt allerdings der Teilchencharakter der Radiowellen keine Rolle – aufgrund ihrer niedrigen Frequenz sind ihre Energiepakete winzig klein –, während er bei den energiereichen $\gamma$-Strahlen ganz im Vordergrund steht. (Mit dem Adjektiv **energiereich** meinen wir nicht die Gesamtenergie der elektromagnetischen Strahlung, sondern die Energie einzelner Quanten.)

Machen wir uns mit dem Photonenbegriff und seiner Bedeutung anhand zweier Beispiele vertraut:

**Beispiel 1**
Welche Energie besitzt
a) ein einzelnes Photon
b) 1 mol Photonen
bei einer Lichtwellenlänge von 400 nm (violettes Licht)?

**Lösung 1**
a) $E = h \cdot \nu$, wobei $\nu = \frac{c}{\lambda}$ (Erinnerung: $c = \lambda \cdot \nu$)

$$\Rightarrow \quad E = \frac{h \cdot c}{\lambda} \quad \Rightarrow \quad E = \frac{6{,}626 \cdot 10^{-34}\,\mathrm{Js} \cdot 3 \cdot 10^{8}\,\mathrm{m}}{400 \cdot 10^{-9}\,\mathrm{m} \cdot \mathrm{s}} = 4{,}97 \cdot 10^{-19}\,\mathrm{J} \approx 5 \cdot 10^{-19}\,\mathrm{J}$$

b) 1 mol Photonen bedeutet $N_A \cdot 1$ mol Photonen
($N_A$ = Avogadro-Konstante, auch als Loschmidtsche Zahl bezeichnet;
$N_A = 6{,}022 \cdot 10^{23}\,\mathrm{mol}^{-1}$)

$$\Rightarrow \quad E_{mol} = E \cdot N_A$$

$$\Rightarrow \quad E_{mol} \approx 5 \cdot 10^{-19}\,\mathrm{J} \cdot 6 \cdot 10^{23}\,\mathrm{mol}^{-1} = 300\,\frac{\mathrm{kJ}}{\mathrm{mol}}$$

Die Energie von 1 mol Photonen ist dabei für den Chemiker die wichtigere Angabe, da chemische Energien normalerweise stets auf 1 mol bezogen werden.
So bedeutet die Angabe: „Bindungsenergie der C—H-Bindung in Alkanen = 420 kJ/mol", daß 1 mol Bindungen, also $N_A \cdot 1$ mol Bindungen, zu ihrer Spaltung dieser Energie bedürfen bzw. daß bei ihrer Knüpfung diese Energie frei wird.
Da die Energie von 1 mol Photonen des violetten Lichts aber nur etwa 300 kJ beträgt, ist auch die Energie eines einzelnen Photons geringer als die Energie einer einzelnen C—H-Bindung. Violettes Licht kann daher – unabhängig von seiner Intensität – keine C—H-Bindung spalten, da der Elementarprozeß (die Spaltung **einer** Bindung durch **ein** Photon) nicht ablaufen kann; für die energieärmeren Lichtquanten der anderen Spektralfarben gilt dies natürlich erst recht.
Chlormoleküle, deren Bindungsenergie 240 kJ/mol beträgt, können dagegen prinzipiell durch violettes Licht gespalten werden, da hier die Photonenenergie größer als die Bindungsenergie ist. (Die Photolyse von Chlormolekülen, d. h. die Spaltung ihrer Bindung durch Lichteinstrahlung, ist der erste Schritt bei der Radikalkettenreaktion zur Chlorierung von Kohlenwasserstoffen.)
Die Bindungsspaltung ist jedoch nur ein Sonderfall; allgemein können Moleküle durch die Absorption eines Photons (wie Atome) in angeregte Zustände übergehen. Die Reaktivität dieser angeregten Moleküle ist meist so hoch, daß sie trotz ihrer kurzen Verweilzeit in diesem Zustand chemische Reaktionen eingehen können, zu denen sie im Grundzustand nicht fähig sind.
Diese **photochemischen Reaktionen** zerstören häufig die Struktur und mechanische Stabilität von Kunststoffen, die dem (ultravioletthaltigen) Sonnenlicht ausgesetzt sind (berühm-

tes Beispiel: die Schäden am riesigen Kunststoff-Zeltdach des Münchner Olympiastadions).

**Beispiel 2**
Eine Lichtquelle strahlt monochromatisches Licht der Wellenlänge 400 nm (violett) ab; ihre Strahlungsleistung $P_{St}$ beträgt 1 Watt (die elektrische Leistungsaufnahme ist ein Vielfaches davon).
Nach welcher Zeit hat sie 1 mol Photonen abgestrahlt?

**Lösung 2**
Eine Lichtquelle der Strahlungsleistung $P_{St}$ strahlt in der Zeit $t$ als Gesamtenergie ab:

$$E_{ges} = P_{St} \cdot t$$

Dabei sollen 1 mol Photonen, also $N_A \cdot 1$ mol Photonen entstehen, die jeweils die Energie $E$ besitzen; für die Gesamtenergie muß also gelten

$$E_{ges} = N_A \cdot 1\,\text{mol} \cdot E$$

$$\Rightarrow \quad P_{St} \cdot t = N_A \cdot 1\,\text{mol} \cdot E$$

$$\Rightarrow \quad t = \frac{N_A \cdot 1\,\text{mol} \cdot E}{P_{St}} \qquad (E \approx 5 \cdot 10^{-19}\,\text{J bei 400 nm, s. \textbf{Beispiel 1}})$$

$$\Rightarrow \quad t \approx \frac{6 \cdot 10^{23} \cdot 5 \cdot 10^{-19}\,\text{Ws}}{1\,\text{W}} = 3 \cdot 10^5\,\text{s} \approx 3{,}5\,\text{Tage (!)}$$

**Direkte** Photoreaktionen in größerem Maßstab sind also sehr zeit- und energieaufwendig und damit teuer!
Bei **Radikalkettenreaktionen** dagegen müssen nur die Startradikale durch Photolyse erzeugt werden, wodurch der Zeit- und Energieaufwand erheblich gesenkt wird (typische Kettenlänge z. B. 10000).
Abschließend sei hier nochmals auf die Konsequenzen des Welle-Teilchen-Dualismus für das Licht hingewiesen:
Da Licht sowohl Wellen- wie Teilchencharakter aufweist, müssen wir häufig von einem Modell zum anderen springen, wenn wir nicht völlig auf jede Veranschaulichung verzichten wollen. Manchmal benützen wir sogar beide Modelle gleichzeitig, etwa, wenn wir von der Wellenlänge eines Photons reden.

### 4.2.3 Absorption und Emission des Lichts durch Atome (bzw. Moleküle)

Nicht nur das Licht, auch die Materie besitzt zugleich Teilchen- und Wellencharakter (s. S. 52).
Zur Erklärung des Atombaus ist das Wellenmodell der Elektronen gut geeignet; die darauf beruhende **Quantenmechanik** wird daher auch als Wellenmechanik bezeichnet. Sie zeigt, daß ein Elektron in einem Atom nur gewisse Aufenthaltsbereiche (Orbitale) einnehmen kann, denen genau festgelegte Energiewerte entsprechen. Der energetisch tiefste dieser Zustände heißt **Grundzustand,** die energiereicheren werden **angeregte Zustände** genannt. Ein Atom kann einfallendes Licht nur dann absorbieren, wenn die **Energie eines Photons** genau mit der **Energiedifferenz** zwischen zwei Zuständen – meist dem Grundzustand und einem angeregten Zustand – übereinstimmt. (Diesen Zusammenhang postulierte **Bohr** schon vor der Entwicklung der modernen Quantenmechanik, um die Linienspektren der Atome deuten zu können.)
Das Elektron wird bei der **Absorption** eines solchen Photons in den entsprechenden angeregten Zustand angehoben.

Befindet sich das Elektron andererseits in einem angeregten Zustand, z. B. durch vorherige Lichtabsorption oder durch thermische Anregung (Flamme), so fällt es innerhalb von etwa $10^{-8}$ s direkt oder auch über dazwischenliegende Zustände in den Grundzustand zurück. Die jeweilige **Energiedifferenz** wird dabei in Form eines **Photons** abgestrahlt. Dieser von selbst – also spontan – ablaufende Prozeß heißt **spontane Emission.**
Das Absorptions- und Emissionsspektrum von Atomen ist daher stets ein **Linienspektrum,** denn die absorbierten bzw. emittierten Photonen besitzen jeweils eine scharfe Energie, die einer ebenso genau festgelegten Lichtwellenlänge entspricht.
Für die Anregung von Elektronen in **Molekülen** gelten prinzipiell dieselben Aussagen, aber der Energiehaushalt von Molekülen ist zusätzlich durch deren **Schwingung** und (in der Gasphase) **Rotation** bestimmt. Auch für die Schwingung und Rotation sind nur bestimmte Energiezustände möglich, die aber viel dichter beieinander liegen als die der Elektronen. Da sich zugleich mit der Änderung des Elektronenzustands auch der Schwingungs- und Rotationszustand eines Moleküls in vielfältiger Weise ändern kann, entstehen so sehr viele dicht nebeneinander liegende Spektrallinien, die nicht mehr getrennt werden können. Man spricht daher vom **Bandenspektrum** von Molekülen.

### 4.2.4 Laser

Obwohl der Laser erst vor rund zwanzig Jahren erfunden wurde, ist er heute aus Forschung und Technik nicht mehr wegzudenken. Sein Licht besitzt nämlich einige ganz besondere Eigenschaften, die das von herkömmlichen Lichtquellen emittierte Licht niemals alle zugleich in solcher Vollkommenheit aufweisen kann:
Es ist **monochromatisch, kohärent** (alle Wellenzüge gleichphasig) und exakt **parallel** gebündelt; die nebenstehende Abbildung zeigt dies schematisch.

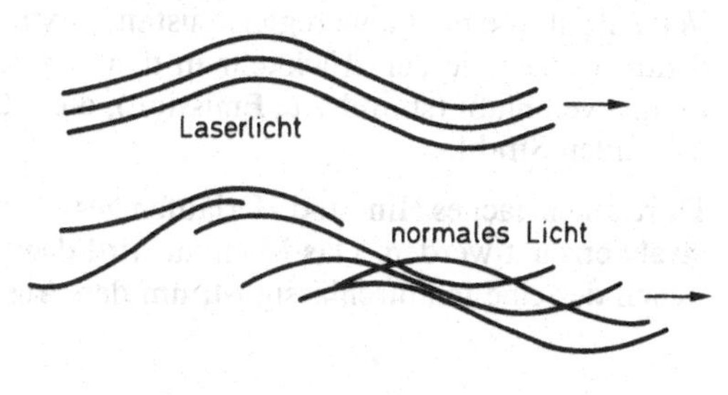


Von normalem Licht unterscheidet sich Laserlicht mindestens so sehr wie ein eingespieltes Balettensemble von einer Horde spielender Kinder.
Diese besonders geordneten Eigenschaften des Laserlichts sind mit der regellosen, voneinander völlig unabhängigen spontanen Emission von Licht durch angeregte Atome nicht vereinbar. Tatsächlich verdankt das Laserlicht seine Entstehung einem dritten Elementarprozeß zwischen Licht und Materie, der **stimulierte Emission** genannt wird (auch als **induzierte Emission** bezeichnet).

Das Wort **Laser** drückt dies aus:

**l**ight **a**mplification by **s**timulated **e**mission of **r**adiation
(Lichtverstärkung durch stimulierte Emission von Strahlung)

Die nachstehende Abbildung zeigt die drei elementaren Wechselwirkungsprozesse zwischen Licht und Materie schematisch für einen Übergang zwischen zwei bestimmten Zu-

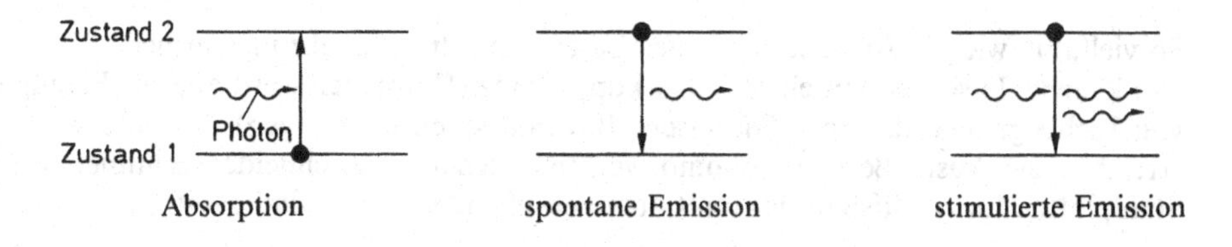

ständen eines Atoms (z. B. Grundzustand und energetisch tiefster angeregter Zustand). Die spontane Emission, die auf den ersten Blick der Umkehrprozeß der Absorption zu sein scheint, hängt – im Gegensatz zu dieser – von der Lichteinstrahlung **nicht** ab.
Dagegen stellt die stimulierte Emission das genaue Gegenstück zur Absorption dar: Trifft ein Lichtquant der passenden Energie auf ein Atom im Zustand 1, so kann dieses das Photon absorbieren und in den Zustand 2 übergehen. Umgekehrt wird ein im angeregten Zustand 2 befindliches Atom durch ein Photon mit der Energie des Übergangs zur Abgabe eines Photons derselben Energie und damit zur Rückkehr in den Zustand 1 aufgefordert, d. h. **stimuliert.**
Das so emittierte Photon besitzt nicht nur exakt dieselbe Energie wie das ankommende, es stimmt auch in allen anderen Eigenschaften genau mit diesem überein. Im Wellenbild gesprochen, besitzen beide Wellenzüge also dieselbe Wellenlänge, Ausbreitungsrichtung und Phasenlage (Wellenberge und Wellentäler in derselben Ebene), sind also kohärent zueinander.
Auch die Wahrscheinlichkeit für Absorption und stimulierte Emission ist genau gleich. Enthält ein Medium daher mehr Atome im Zustand 1 als im Zustand 2, so wird ein Lichtstrahl mit der Energie des Übergangs beim Durchlaufen des Mediums geschwächt.
Will man dagegen eine **Verstärkung** des durchlaufenden Lichtstrahls erreichen, müssen sich mehr Atome des Mediums in Zustand 2 als in Zustand 1 befinden. Diese **Besetzungsumkehr** kann durch Lichtanregung, durch besondere Stoßvorgänge oder auch durch chemische Prozesse erfolgen.
Bei der häufig verwendeten **Anregung durch Licht** müssen die Elektronen zunächst in ein drittes, energetisch über Zustand 2 liegendes, Niveau angehoben werden, von wo aus ein Teil der Elektronen sehr rasch in Zustand 2 übergeht. Dieser Zustand ist **metastabil,** d. h. die Elektronen verweilen dort normalerweise (im Vergleich mit den sonst üblichen $10^{-8}$ s Verweilzeit in einem angeregten Zustand) extrem lange. Erst durch den durchlaufenden Strahl werden sie zur Rückkehr in den Grundzustand unter Aussendung eines Lichtquants veranlaßt (stimulierte Emission); diese Lichtquanten **verstärken** dann den durchlaufenden Strahl.

Durch mehrfaches Hin- und Herlaufen des Lichtstrahls kann so ein sehr intensiver **Laserstrahl** erzeugt werden. Das Medium wird dazu zwischen zwei Spiegeln angeordnet, von denen der eine teildurchlässig ist, um den Austritt des Laserlichts zu ermöglichen:

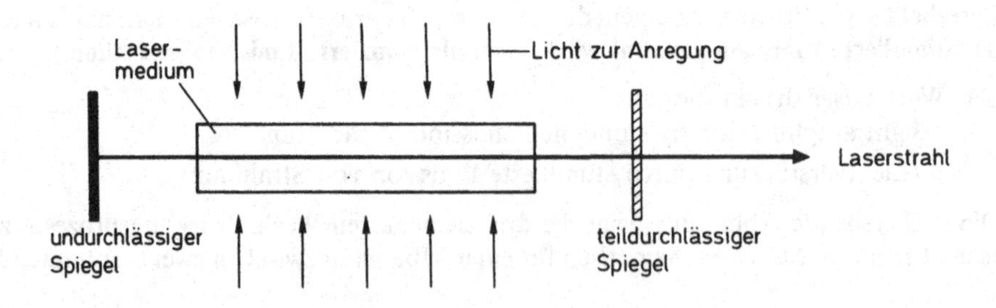


So vielfältig wie die Anwendungen des Lasers sind die Ausführungsformen:
Der kleinste Laser hat auf einer Fingerkuppe Platz (Halbleiterlaserdiode zur Erzeugung von Lichtsignalen, die über Glasfasern Informationen übertragen), die größten Laser erreichen die Ausmaße von Lokomotiven (maßgenaues Zuschneiden zentimeterdicker Stahlplatten für Schiffsbau usw. mit atemberaubender Geschwindigkeit).

Es gibt Laser, die ununterbrochen arbeiten (Dauerstrichlaser) und solche, die unvorstellbar kurze Lichtpulse erzeugen (bis unter $10^{-12}$ s).
Ultraviolettes Laserlicht steht dabei genauso zur Verfügung wie infrarotes; Farbstofflaser lassen sich sogar durchstimmen, d. h. man kann mit ihnen Laserlicht beinahe beliebiger Wellenlänge erzeugen.
Neben den eben erwähnten Farbstoffen, die in Form von Lösungen verwendet werden, dienen Festkörper (z. B. Rubinlaser) und Gase (z. B. Helium-Neon-Laser) als Lasermedien.

Kapitel 3

# Wärmelehre

Weite Bereiche der Wärmelehre – auch **Thermodynamik** genannt – fallen in die Physikalische Chemie, so z. B. die Zustandsänderungen der Gase und die Hauptsätze. Wir beschränken uns deshalb hier auf einfache Grundlagen.

## 1. Temperatur und Wärmeausdehnung

### 1.1 Temperatur und ihre Messung

Unsere Haut besitzt Nervenzellen, die ein Temperaturgefühl vermitteln (kalt, lau, warm, heiß). Zur Messung von Temperaturen ist dieser subjektive Eindruck, der zudem auf einen engen Temperaturbereich beschränkt ist, nicht zu gebrauchen.
Geeignet sind vielmehr sämtliche meßbaren Eigenschaften von Stoffen, die von der Temperatur in eindeutiger Weise abhängen; wir gehen weiter unten darauf ein.

#### 1.1.1 Celsius- und Kelvin-Skala

Im täglichen Leben wird die Temperatur in **Grad Celsius** (°C) gemessen. Für die **Celsius-Skala** dient Wasser als Bezugssubstanz:
Der **Gefrierpunkt** des Wassers (bzw. Schmelzpunkt des Eises) wird **als 0 °C** gewählt, der **Siedepunkt als 100 °C** (jeweils bei Normaldruck, also 1013 mbar).
Ein Hundertstel der Temperaturdifferenz dieser beiden Fundamentalpunkte ist also 1 °C.

Wie Sie wissen, tauchen bei Verwendung der Celsius-Skala positive und negative Temperaturwerte auf. Während zu hohen Temperaturen hin keine Beschränkung existiert, zeigen theoretische Überlegungen und Experimente übereinstimmend, daß es eine **tiefste Temperatur** gibt. Sie liegt bei **– 273,15 °C** und kann weder unterschritten noch ganz erreicht werden.
Dieser **absolute Nullpunkt** ist zugleich der Nullpunkt einer anderen Temperaturskala, in der es dann natürlich nur noch **positive Temperaturen** gibt, der sogenannten **Kelvin-Skala.**

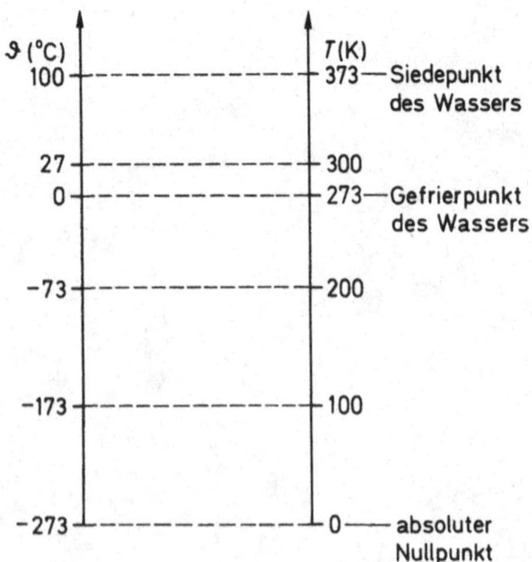


Der Abstand zweier Skalenstriche ist bei der Celsius- und Kelvin-Skala gleich, d. h. eine Temperaturänderung von 1 °C ist auch eine Temperaturänderung von 1 K (Kelvin).
Die beiden Skalen sind also lediglich gegeneinander so verschoben, daß der Nullpunkt der Celsius-Skala bei 273,15 Kelvin liegt.
Für die meisten Anwendungen reicht es jedoch aus, sich nur eine **Verschiebung von 273 K** zu merken, wie es die nebenstehende Abbildung zeigt.

Die **Temperatureinheit 1 K (Kelvin)** ist im SI Grundeinheit der **Grundgröße Temperatur.** In der Praxis wird sie vor allem für theoretische Überlegungen und für Berechnungen verwendet; so lassen sich z. B. die Gasgesetze viel einfacher formulieren, wenn die in Kelvin gemessene Temperatur verwendet wird.
Um eine Verwechslung mit der in Industrie und Technik weiterhin überwiegend verwendeten Temperatureinheit 1 °C zu vermeiden, werden für die Temperatur je nach Einheit verschiedene Symbole eingesetzt:
Die in **Kelvin** gemessene Temperatur wird als **absolute Temperatur** bezeichnet und besitzt das **Formelzeichen** $T$.
Die **Celsius-Temperatur** wird mit dem **Formelzeichen** $\vartheta$ bezeichnet. Mit hinreichender Genauigkeit gilt für die Umrechnung:

$$T = \left(273 + \frac{\vartheta}{°\mathrm{C}}\right)\mathrm{K} \quad \text{bzw.} \quad \vartheta = \left(\frac{T}{\mathrm{K}} - 273\right)°\mathrm{C}$$

**Beispiel**
Die Temperatur flüssigen Stickstoffs beträgt − 196 °C. Wie groß ist seine absolute Temperatur?
**Lösung**

$$T = \left(273 + \frac{-196\,°\mathrm{C}}{°\mathrm{C}}\right)\mathrm{K} = (273 - 196)\,\mathrm{K} = 77\,\mathrm{K}$$

Umgekehrt entsprechen 300 K etwa einer Raumtemperatur von 27 °C.

## 1.1.2 Temperaturmeßverfahren

Das **Gasthermometer**, das sich die Volumenausdehnung idealer Gase bei Erwärmung zunutze macht, wird nur zu Eichzwecken verwendet, da seine Handhabung sehr umständlich ist.

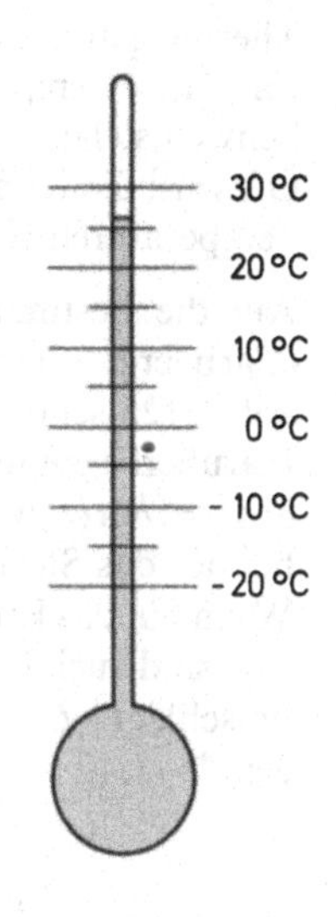


**Flüssigkeitsthermometer** beruhen auf der im Vergleich zu festen Stoffen großen Wärmeausdehnung von Flüssigkeiten. Für exakte Messungen werden Quecksilberthermometer verwendet, da sich Quecksilber zwischen seinem Gefrierpunkt (− 39 °C) und seinem Siedepunkt (357 °C) sehr gleichmäßig ausdehnt.
Für tiefere Temperaturen kann Alkohol (bis etwa − 70 °C) oder Pentan (bis knapp − 200 °C) benutzt werden.
Je größer das in dem kleinen Glasgefäßchen befindliche Flüssigkeitsvolumen und je dünner die angeschmolzene Kapillare ist, desto genauer ist das Thermometer. Entsprechend kleiner ist dafür der Meßbereich: Das Beckmann-Thermometer beispielsweise erlaubt eine Ablesegenauigkeit von 0,01 °C, es erfaßt jedoch nur eine Temperaturänderung von maximal 5 °C.

Das **Bimetallthermometer** beruht auf der unterschiedlichen Längenausdehnung verschiedener Metalle beim Erwärmen.
Sind beispielsweise Kupfer und Zink in Form eines dünnen Streifens aufeinandergewalzt, so krümmt sich der Streifen bei Temperaturänderung (Zink dehnt sich bei Erwärmung stärker aus als Kupfer, s. Abbildung S. 136 oben). Um den Effekt zu verstärken, wird ein langes Stück Bimetallstreifen zu einer Spirale geformt, deren eines Ende fest eingespannt ist, und deren anderes Ende einen Zeiger vor einer Skala bewegt.

Auch in Thermostaten, elektrischen Gerätesicherungen und Feuermeldern werden Bimetallstreifen eingesetzt.

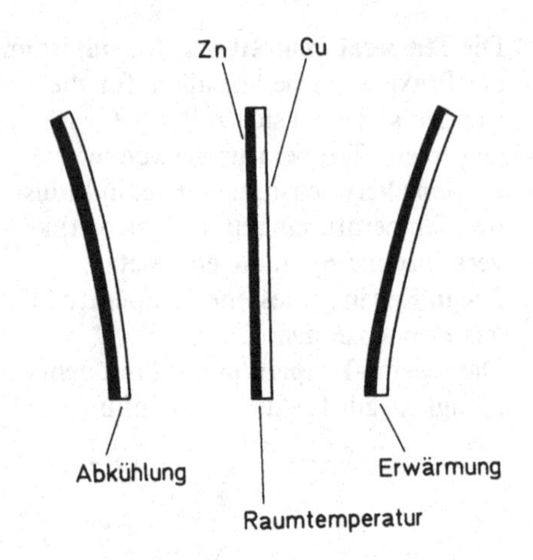


Die **elektrischen Temperaturmeßverfahren** besitzen einen großen Meßbereich und sind sehr genau. Außerdem sind sie zur automatischen Registrierung und Steuerung von Temperaturen besonders geeignet.
Das **elektrische Widerstandsthermometer** benutzt die jeweils charakteristische Temperaturabhängigkeit des elektrischen Widerstands von Metallen oder Halbleitern (Meßbereich: von tiefsten Temperaturen bis etwa 700 °C).
Das **Thermoelement** liefert selbst eine (verhältnismäßig geringe; Millivolt-Bereich) Spannung:
Besteht ein Stromkreis aus zwei verschiedenen Metallen, so bildet sich eine Spannung aus, wenn sich die beiden Verbindungsstellen der beiden Metalle (Schweißstellen oder Lötstellen genannt) auf verschiedenen Temperaturen befinden.
Taucht die eine Schweißstelle beispielsweise in Eiswasser (definitionsgemäß 0 °C) ein, so ist die gemessene Thermospannung ein direktes Maß für die Temperatur der zweiten Schweißstelle.

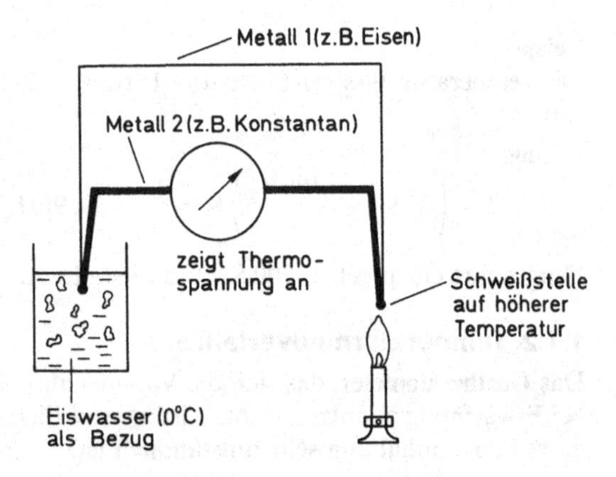


Oft wird die Kombination Eisen/Konstantan verwendet (bis etwa 800 °C); für sehr hohe Temperaturen (bis etwa 3000 °C) sind andere Thermopaare verfügbar.

Auf die Bestimmung der (hohen) Temperaturen glühender Körper durch **Pyrometer** (Farbvergleich mit z. B. einem Glühdraht bekannter und regelbarer Temperatur) sind wir auf S. 125 schon eingegangen; dieses Verfahren ist bis etwa 3000 °C anwendbar.
Darüberliegende Temperaturen lassen sich aus dem Spektrum der glühenden Substanz abschätzen (z. B. mittels des Wienschen Verschiebungsgesetzes: Messung der Wellenlänge, bei der das Strahlungsmaximum auftritt).
Wenn nur das Erreichen oder Überschreiten bestimmter Temperaturen signalisiert werden soll, sind auch Farbanstriche geeignet, deren Farbton bei der entsprechenden Temperatur umschlägt (z. B. Überhitzung von Reaktionsgefäßen oder damit verbundener Leitungen).*

---

* Dieses Verhalten zeigt auch Cadmiumsulfid, was einem bekannten Cadmium-Nachweis zugrunde liegt. Vorhandene Cadmium-Verbindungen werden in Cadmiumsulfid überführt, das in der Hitze rot, in der Kälte gelbrot gefärbt ist (Thermochromie)

## 1.2 Wärmeausdehnung

### 1.2.1 Längen- und Volumenausdehnung fester Körper

Wenn wir ein Messingrohr von 1 m Länge von Zimmertemperatur auf etwa 100 °C erwärmen (z. B. indem wir Wasserdampf durchleiten), so verlängert es sich dabei um 1,5 mm. Eine etwas verschiedene, aber ähnlich geringe Längenausdehnung zeigen auch andere feste Stoffe, wenn sie entsprechend erwärmt werden. Die Längenzunahme ist dabei proportional zur Temperaturerhöhung.
Als Gesetzmäßigkeit für die Längenänderung $\Delta l$ eines festen Körpers, der bei 0 °C die Länge $l_0$ besitzt, ergibt sich bei einer Temperaturerhöhung um $\Delta \vartheta$:

$$\Delta l = \alpha \cdot l_0 \cdot \Delta \vartheta$$

$\alpha$ stellt dabei den **Längenausdehnungskoeffizienten** des jeweiligen Stoffs dar, d. h. der Zahlenwert von $\alpha$ gibt die relative Verlängerung des festen Körpers bei einer Temperaturerhöhung von 1 °C (bzw. 1 K) an.
Zink dehnt sich dabei mit $\alpha = 30 \cdot 10^{-6}/°C$ vergleichsweise stark aus, Eisen mit $\alpha = 12 \cdot 10^{-6}/°C$ und Glas mit $\alpha = 9 \cdot 10^{-6}/°C$ liegen im Mittelfeld, während sich Quarzglas mit $\alpha = 0{,}5 \cdot 10^{-6}/°C$ äußerst wenig ausdehnt.

**Anmerkung**
Wenn Sie die Temperaturänderung in K messen, müssen Sie lediglich für $\alpha$ die Einheit 1/K verwenden – die Temperaturunterschiede besitzen in der Celsius- und Kelvin-Skala denselben Zahlenwert. Entsprechendes gilt für den auf S. 138 eingeführten Volumenausdehnungskoeffizienten $\gamma$.
Infolge der geringen Längenänderung ist es bei einer Temperaturerhöhung von z. B. 20 °C auf 80 °C nicht erforderlich, zunächst $l_0$ durch Zurückrechnen auf 0 °C zu bestimmen. Sie können stattdessen für $l_0$ die Länge bei 20 °C einsetzen, ohne einen merklichen Fehler zu machen. Wir schreiben daher in der obigen Gleichung $\Delta \vartheta$ statt $\vartheta$ (was bei Bezug auf 0 °C dasselbe ist), um sie auch für andere Anfangstemperaturen verwenden zu können.

**Beispiel**
Eine Eisenbahnbrücke ist 35,2 m lang. Wie groß ist die maximal auftretende Längendifferenz, wenn sie aus Eisen besteht, und die Temperaturen zwischen + 60° und − 30 °C schwanken können?

**Lösung**
Wir setzen ein: $l_0 = 35{,}2\,\text{m}$, $\Delta \vartheta = 90\,°C$

$$\Delta l = \frac{12 \cdot 10^{-6}}{°C} \cdot 35{,}2\,\text{m} \cdot 90\,°C = 0{,}038\,\text{m} = 3{,}8\,\text{cm}$$

Würde diese mögliche Längenänderung nicht berücksichtigt, könnten die Auflager der Brücke oder die Brücke selbst beschädigt werden; Eisenbahnbrücken werden daher auf einer Seite auf Walzenlager aufgelegt. Bei Schwimmbädern, zwischen den Betonplatten von Autobahnen und bei großen Gebäuden sind aus diesem Grund Dehnungsfugen vorhanden.
Auch bei der Kombination von Werkstoffen muß die Wärmeausdehnung berücksichtigt werden (z. B. Einschmelzen von Metalldrähten in Glasapparaturen); Eisen und Beton dehnen sich gleich stark aus, deshalb läßt sich Eisenbeton (Stahlbeton) für Gebäude verwenden.
Starkwandige Glasgefäße zerspringen bei ungleichmäßiger Erwärmung bzw. raschem Temperaturwechsel. Glasgeräte im Labor bestehen deshalb aus einem speziellen Glas mit einem ähnlich geringen $\alpha$ wie Quarzglas und sind ziemlich dünnwandig.

Festkörper dehnen sich natürlich beim Erwärmen in alle Richtungen aus.
Für diese Volumenausdehnung $\Delta V$ gilt entsprechend ($V_0$ = Volumen bei 0 °C):

$$\Delta V = \gamma \cdot V_0 \cdot \Delta \vartheta$$

Für den **Volumenausdehnungskoeffizienten** $\gamma$ ergibt sich in guter Näherung

$$\gamma = 3\alpha$$

Am Beispiel eines Würfels können Sie dies leicht ableiten: Setzen Sie für sein Volumen $V = l^3$ mit $l = l_0(1 + \alpha \cdot \Delta\vartheta)$ und Sie erhalten $V = V_0(1 + \alpha \cdot \Delta\vartheta)^3$, wenn Sie $V_0 = l_0^3$ berücksichtigen. Wenn Sie die beim Ausmultiplizieren entstehenden Glieder mit $\alpha^2$ und $\alpha^3$ aufgrund der Kleinheit von $\alpha$ vernachlässigen, bleibt $V = V_0(1 + 3\alpha \cdot \Delta\vartheta)$ bzw. $\Delta V = 3\alpha \cdot V_0 \cdot \Delta\vartheta$.

### 1.2.2 Volumenausdehnung von Flüssigkeiten

Von einer Längenausdehnung von Flüssigkeiten können wir natürlich nicht reden, da sie keine feste Form besitzen; für ihre Volumenausdehnung gilt dieselbe Gesetzmäßigkeit wie bei festen Körpern

$$\Delta V = \gamma \cdot V_0 \cdot \Delta \vartheta$$

Der Volumenausdehnungskoeffizient $\gamma$ von Flüssigkeiten ist allerdings etwa zehn- bis hundertmal so groß wie der von festen Stoffen, z. B. beträgt er für Petroleum $1 \cdot 10^{-3}$/°C und für Quecksilber sowie Wasser $2 \cdot 10^{-4}$/°C.
Bei Verwendung von Geräten aus Glas mit geringer Wärmeausdehnung kann diese meist gegenüber der der eingefüllten Flüssigkeit vernachlässigt werden (gilt nicht für Präzisionsbestimmungen).
Während sich Quecksilber bei Erwärmung sehr gleichmäßig ausdehnt, zeigt Wasser das nebenstehend skizzierte Verhalten (**Anomalie** des Wassers); Wasser von 4 °C besitzt also die höchste Dichte.
Im Sommer zeigt ein See daher die normale Temperaturschichtung, d. h. das kälteste Wasser befindet sich am Grund, da es die höchste Dichte besitzt. Im Winter dagegen ist es selbst beim Gefrieren des Sees normalerweise am Grund noch 4 °C warm, weil die kälteren Wasserschichten spezifisch leichter sind und sich daher oberhalb befinden (ermöglicht ein Überleben der Fische im Winter).
Daher ist Wasser natürlich als Thermometersubstanz – zumindest für Temperaturen unter 8 °C – völlig ungeeignet.

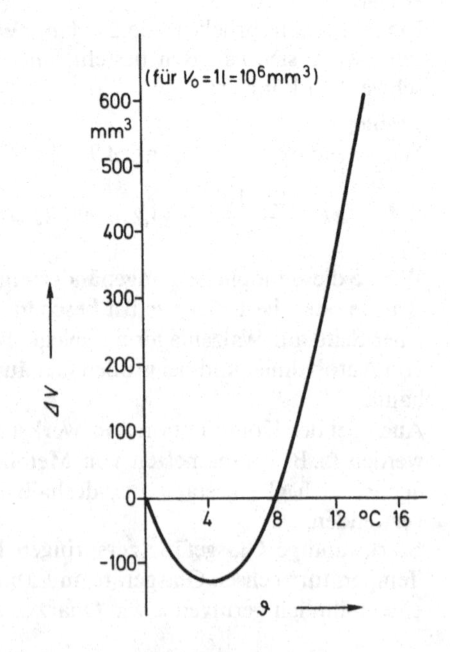

### 1.2.3 Volumenausdehnung von Gasen; ideales Gasgesetz

Im Gegensatz zu festen Körpern und Flüssigkeiten sind Gase leicht kompressibel; zur Bestimmung der Volumenausdehnung bei der Erwärmung von Gasen halten wir daher deren Druck konstant. Dann gilt ebenfalls:

$$\Delta V = \gamma \cdot V_0 \cdot \Delta \vartheta$$

Theorie und Experiment ergeben, daß sich praktisch **alle** Gase gleich ausdehnen; sie besitzen stets den Volumenausdehnungskoeffizienten:

$$\gamma = \frac{1}{273\,°\mathrm{C}}$$

Dieser ist im Vergleich zu Flüssigkeiten und festen Körpern sehr groß (schon bei Erwärmung von 0 auf 27 °C etwa 10% Volumenzunahme). Wir müssen deshalb bei Anwendung der obigen Gleichung auf Gase für $V_0$ wirklich das Volumen bei 0 °C einsetzen, um größere Fehler zu vermeiden (vor allem bei Festkörpern spielt ja die Anfangstemperatur kaum eine Rolle, wenn die Temperaturdifferenz gleich ist; s. o.).

Die beträchtliche Volumenzunahme bei der Erwärmung von Gasen bzw. die entsprechende Dichteverminderung führt zu einem vergleichsweise kräftigen Auftrieb erhitzter Luft, die von kälterer Luft umgeben ist (Heißluftballon, Sogwirkung von Kaminen, Nutzung der Thermik durch Segelflieger und Vögel).
Umgekehrt verringert sich das Volumen eines Gases bei Abkühlung um 1 °C um 1/273 seines Wertes bei 0 °C. Bei Temperaturerniedrigung um 273 °C, also am absoluten Nullpunkt müßte ein Gas demnach genau das Volumen Null besitzen. Tatsächlich wird ein reales Gas vorher flüssig (bedingt durch anziehende Wechselwirkungskräfte zwischen den Atomen bzw. Molekülen) und verringert dann sein Volumen nur noch wenig (Eigenvolumen der Atome bzw. Moleküle).
Als **ideales Gas** bezeichnen wir ein Gas, das eine beliebige Extrapolation der Gasgesetze zuläßt (seine Atome bzw. Moleküle üben weder Kräfte aufeinander aus, noch besitzen sie ein Eigenvolumen); ein solches Gas existiert natürlich nicht. **Reale Gase** verhalten sich allerdings bei ausreichend hoher Temperatur und nicht zu hohem Druck praktisch wie ideale Gase, so daß dieses Modell unter den genannten Bedingungen eine sehr nützliche und gute Näherung darstellt.
Übersichtlicher sind die thermischen Eigenschaften der Gase darstellbar, wenn wir statt der Celsius-Temperatur die **absolute Temperatur** verwenden.
In der Gleichung für die Volumenausdehnung ersetzen wir dazu $\Delta\vartheta$ $(= \vartheta - 0\,°\mathrm{C})$ durch $\Delta T$ $(= T - 273\,\mathrm{K})$ (Temperaturdifferenzen sind in der Celsius- und Kelvin-Skala gleich groß); $\gamma$ erhält dann die Einheit 1/K:

$$\Delta V = \gamma \cdot V_0 \cdot \Delta T \quad \text{mit} \quad \gamma = \frac{1}{273\,\mathrm{K}}$$

Einsetzen von $\gamma$ und $\Delta T$ ergibt

$$\Delta V = \frac{1}{273\,\mathrm{K}} \cdot V_0 \cdot (T - 273\,\mathrm{K}) = V_0 \cdot \frac{T}{273\,\mathrm{K}} - V_0 \cdot \frac{273\,\mathrm{K}}{273\,\mathrm{K}} = V_0 \cdot \frac{T}{273\,\mathrm{K}} - V_0$$

und mit $\Delta V = V - V_0$ erhalten wir

$$V - V_0 = V_0 \cdot \frac{T}{273\,\mathrm{K}} - V_0 \quad \Rightarrow \quad V = V_0 \cdot \frac{T}{273\,\mathrm{K}} \quad \Rightarrow \quad V = V_0 \cdot \frac{T}{T_0},$$

wobei $T_0 = 273\,\mathrm{K}$ die Bezugstemperatur (0 °C) für das Volumen $V_0$ darstellt. Umformen ergibt das Gay-Lussacsche Gesetz:

$$\frac{V}{T} = \frac{V_0}{T_0} \quad \text{für} \quad p = \text{const.}$$

Der Quotient aus dem Volumen und der absoluten Temperatur einer bestimmten Gasmenge (eines idealen Gases) ist also bei gleichbleibendem Druck konstant. Die nebenstehende Abbildung zeigt dies für 1 mol ($= N_A \cdot 1$ mol Gasatome bzw. -moleküle) eines idealen Gases und 1013 mbar.

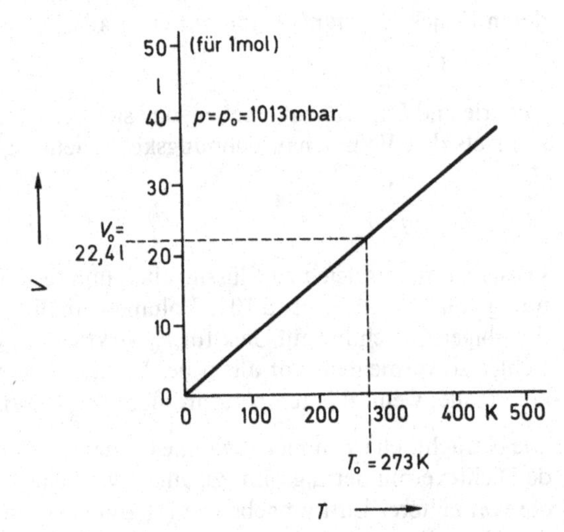


Erwärmen wir dagegen ein Gas bei konstantem Volumen, so gilt das Gesetz von Amontons:

$$\frac{p}{T} = \frac{p_0}{T_0} \quad \text{für} \quad V = \text{const.}$$

Ferner kennen wir schon (s. S. 29) das Boyle-Mariottesche Gesetz:

$$p \cdot V = p_0 \cdot V_0 \quad \text{für} \quad T = \text{const.}$$

Für eine **beliebige** Änderung der drei Zustandsgrößen $p$, $T$, $V$ eines idealen Gases gilt:

$$\frac{p \cdot V}{T} = \frac{p_0 \cdot V_0}{T_0}$$

Dies stellt eine Form des **idealen Gasgesetzes** dar, das auch als **allgemeine Gasgleichung** oder **Zustandsgleichung des idealen Gases** bezeichnet wird.

**Anmerkung**
Die Zustandsgleichung des idealen Gases wird häufig auch in der Form

$$p \cdot V = n \cdot R \cdot T$$

geschrieben, wobei $R = 8{,}314\,\mathrm{J/(K \cdot mol)}$ als **universelle Gaskonstante** bezeichnet wird, und $n$ die Stoffmenge des Gases darstellt. Diese Formulierung ergibt sich aus unserer obigen Schreibweise, wenn wir auf der rechten Seite die Normbedingungen einsetzen (s. S. 141 oben) und die Gleichung mit $T$ multiplizieren.

Diese Gleichung enthält die drei oben genannten Gesetze, wovon Sie sich leicht durch Konstanthalten der jeweiligen Größe überzeugen können.
Wir müssen also nur die Werte von Druck, Temperatur und Volumen für irgendeinen

beliebigen Zustand einer bestimmten Gasmenge kennen, um diese Werte für alle anderen Zustände berechnen zu können.
Üblicherweise wählt man als **Bezugszustand** (Normbedingungen):

| | |
|---|---|
| $p_0 = 1013{,}25\,\text{mbar}$ | (normaler Luftdruck) |
| $T_0 = 273{,}15\,\text{K}$ | (entspricht 0 °C) |

Alle (idealen) Gase besitzen unter diesen Bedingungen ein **molares Volumen von 22,4 l/mol** (genauer: 22,414 l/mol; 1 mol sind z. B. 2 g Wasserstoff oder 32 g Sauerstoff). Durch Multiplikation mit der Stoffmenge des Gases ergibt sich das **Normvolumen** $V_0$ der Gasmenge.

**Beispiel**
Welches Volumen nehmen 9,2 g Methan bei 60 °C und 975 mbar etwa ein (Näherung: ideales Gas)?

**Lösung**

$$\frac{p \cdot V}{T} = \frac{p_0 \cdot V_0}{T_0} \quad \Rightarrow \quad V = \frac{T \cdot p_0}{T_0 \cdot p} \cdot V_0$$

Berechnung des Normvolumens $V_0$:

Methan ($CH_4$) besitzt die molare Masse $M = 16\,\text{g/mol}$

9,2 g Methan sind also $\dfrac{9{,}2\,\text{g} \cdot \text{mol}}{16\,\text{g}} = 0{,}575\,\text{mol}$

0,575 mol eines idealen Gases besitzen **bei Normbedingungen** das Volumen:

$$V_0 = 0{,}575\,\text{mol} \cdot 22{,}4\,\frac{\text{l}}{\text{mol}} = 12{,}9\,\text{l}$$

Mit den obigen Werten für $p_0$ und $T_0$ sowie $T = (273 + 60)\,\text{K}$ folgt

$$V = \frac{(273 + 60)\,\text{K} \cdot 1013\,\text{mbar}}{273\,\text{K} \cdot 975\,\text{mbar}} \cdot 12{,}9\,\text{l} = 16{,}3\,\text{l} \quad \text{bei } 60\,°\text{C}.$$

# 2. Wärme als Energieform

## 2.1 Wärme als Energie der ungeordneten Molekularbewegung

In der Mechanik haben wir gesehen, daß durch Reibungsvorgänge Wärme erzeugt wird. Vom Standpunkt der Mechanik aus geht also durch Reibung Energie verloren.
Schon früher haben wir jedoch vom Gesetz von der Erhaltung der Energie gehört (s. S. 21), d. h. Energie kann weder geschaffen noch vernichtet werden, wenn wir von der Umwandlung zwischen Masse und Energie einmal absehen.

**Anmerkung**
Einstein hat gezeigt, daß sich Masse in Energie und Energie in Masse umwandeln läßt, wobei die berühmte Gleichung $E = m \cdot c^2$ gilt ($m$ = Masse; $c$ = Vakuumlichtgeschwindigkeit). Bei der Energiegewinnung durch chemische Reaktionen (z. B. Verbrennung von Kohle, Erdöl und Erdgas) ist allerdings die relative Massenänderung so winzig – unter einem Milliardstel –, daß sie nicht nachweisbar ist. Wir sprechen daher bei chemischen Reaktionen mit Recht von der **Erhaltung der Masse.**
Bei der Kernspaltung dagegen wird etwa ein Promille der reagierenden Masse in Energie umgewandelt.

Die verschiedenen Energieformen können ineinander umgewandelt werden, wobei übrigens eine vollständige Umwandlung von Wärme in mechanische Energie – im Gegensatz zum umgekehrten Prozeß – nicht möglich ist (2. Hauptsatz der Wärmelehre bzw. Thermodynamik).

Wärme stellt also eine Energieform dar.
In welcher Form aber speichern Stoffe die ihnen zur Erwärmung zugeführte Energie, d. h. was ist Wärmeenergie?
Alle Stoffe sind aus Atomen, Ionen oder Molekülen aufgebaut, die sich in regelloser Bewegung befinden. Während die Atome bzw. Moleküle bei Gasen und Flüssigkeiten an keine festen Plätze gebunden sind, sich also fast frei bewegen, können die Bausteine eines festen Körpers nur um ihre feste Gleichgewichtslage im Kristallgitter schwingen.
Bei Energiezufuhr, also Erwärmung des Stoffs, wird diese Bewegung heftiger. Wir können die Wärmeenergie somit als die Energie der ungeordneten Molekularbewegung auffassen.
Betrachten Sie beispielsweise mit Milch getrübtes Wasser unter dem Mikroskop, so sehen Sie kleine Fetttröpfchen umherwimmeln. Diese ungeordnete Zick-Zack-Bewegung wird **Brownsche Molekularbewegung** genannt. Sie wird durch den ungleichmäßigen Aufprall der wesentlich schnelleren Wassermoleküle verursacht, die selbst natürlich nicht sichtbar sind.

## 2.2 Mischungsversuche; spezifische Wärmekapazität

Wenn das Badewasser zu warm eingelaufen ist, mischen Sie mit kaltem Wasser, um die geeignete Temperatur einzustellen. Auch beim Kontakt anderer Stoffe bzw. Körper miteinander erfolgt ein Temperaturausgleich, indem der heißere Körper so lange Wärmeenergie auf den kälteren Körper überträgt, bis kein Temperaturunterschied mehr besteht.
Falls keine Wärmeenergie nach außen treten kann (Isolierung), ist die vom heißen Körper abgegebene Wärmemenge gleich der vom kälteren Körper aufgenommenen Wärmemenge, was als **Mischungsregel** bezeichnet wird.

Bringen wir immer dieselbe Substanz, z. B. Wasser, mit verschiedenen anderen Stoffen in Kontakt, deren Masse und Temperatur wir jeweils variieren, stellen wir fest:
Die zur Erwärmung eines Körpers notwendige Wärmemenge $Q$ ist proportional zu seiner Masse $m$ und zu seiner Temperaturzunahme $\Delta\vartheta$

$$Q \sim m \cdot \Delta\vartheta .$$

Außerdem hängt die Wärmemenge vom jeweiligen Stoff ab; die noch fehlende Proportionalitätskonstante ist darum **stoffspezifisch.** Sie heißt **spezifische Wärmekapazität** $c$:

$$\boxed{Q = c \cdot m \cdot \Delta\vartheta}$$

Z. B. durch Erwärmung mit einer elektrischen Heizvorrichtung ergibt sich für Wasser:

$$c = 4{,}1868 \frac{\text{kJ}}{\text{kg} \cdot {}^\circ\text{C}} \quad \text{bzw.} \quad \boxed{c = 4{,}1868 \frac{\text{J}}{\text{g} \cdot {}^\circ\text{C}}}$$

**Anmerkung**
Der angegebene Wert bezieht sich auf eine Temperaturerhöhung von 14,5 auf 15,5 °C; die spezifische Wärmekapazität von Wasser ist jedoch nur wenig temperaturabhängig: Sie variiert im gesamten Temperaturintervall von 0 bis 100 °C um knapp 1%.

Um 1 g Wasser um 1 °C zu erwärmen muß ihm also eine Wärmeenergie von etwa 4,19 J zugeführt werden; dieselbe Wärmemenge gibt es beim Abkühlen um 1 °C wieder ab. Damit können wir die spezifische Wärmekapazität anderer Stoffe allein durch Mischungsversuche bestimmen.

**Beispiel**
100 g Metall werden in siedendem Wasser auf 100 °C erhitzt und anschließend in 250 g Wasser von 20 °C gebracht, wobei sich eine Mischungstemperatur von 25 °C ergibt. Bestimmen Sie die spezifische Wärmekapazität des Metalls unter der Annahme perfekter Isolierung nach außen!

**Lösung**
Das Metall mit $c_M$, $m_M$, $\vartheta_M$ gibt die Wärmemenge $Q_{ab}$ ab, die das Wasser mit $c_W$, $m_W$, $\vartheta_W$ als Wärmemenge $Q_{auf}$ aufnimmt.

$$Q_{ab} = Q_{auf}$$

$$Q_{ab} = c_M \cdot m_M \cdot \Delta\vartheta_M \quad ; \quad Q_{auf} = c_W \cdot m_W \cdot \Delta\vartheta_W$$

Wenn die Mischungstemperatur $\vartheta$ ist, hat sich das Metall um $\Delta\vartheta_M = \vartheta_M - \vartheta$ abgekühlt, und das Wasser um $\Delta\vartheta_W = \vartheta - \vartheta_W$ erwärmt.

$$\Rightarrow \quad c_M \cdot m_M \cdot (\vartheta_M - \vartheta) = c_W \cdot m_W \cdot (\vartheta - \vartheta_W)$$

$$\Rightarrow \quad c_M = \frac{m_W \cdot (\vartheta - \vartheta_W)}{m_M \cdot (\vartheta_M - \vartheta)} \cdot c_W = \frac{250\,\text{g} \cdot (25\,°\text{C} - 20\,°\text{C})}{100\,\text{g} \cdot (100\,°\text{C} - 25\,°\text{C})} \cdot 4{,}19\,\frac{\text{J}}{\text{g} \cdot °\text{C}}$$

$$\Rightarrow \quad c_M = 0{,}167\,\frac{\text{J}}{\text{g} \cdot °\text{C}}$$

Tatsächlich ist der eben unter Vernachlässigung der Miterwärmung der Umgebung errechnete Zahlenwert sicher recht ungenau. Selbst bei Verwendung von **Kalorimetergefäßen,** die wie Thermosflaschen aufgebaut sind (Dewargefäße, Innenbehälter aus doppelwandigem Glas, evakuiert und verspiegelt) muß deren Miterwärmung berücksichtigt werden. Dazu wird beispielsweise zu kaltem Wasser, das sich im Kalorimeter befindet (Kalorimetertemperatur gleich dieser Wassertemperatur), heißes Wasser gegossen. Aus der Abweichung der Mischungstemperatur vom ideal berechneten Wert ergibt sich die **Wärmekapazität** des Kalorimeters (sie gibt die Wärmeenergie an, die nötig ist, um das Kalorimeter um 1 °C zu erwärmen). Diese wird bequemerweise als **Wasserwert** angegeben, d. h. das Kalorimeter wird einfach als zusätzlich zu erwärmende Wassermasse gleicher Wärmekapazität betrachtet. (Beachten Sie dabei den Unterschied zwischen spezifischer Wärmekapazität und Wärmekapazität; erstere bezieht sich auf 1 g bzw. 1 kg eines Stoffes, letztere auf einen ganzen Körper.)
Wenn wir von Wasserstoff und Helium absehen, besitzt Wasser von allen Stoffen die höchste spezifische Wärmekapazität, es ist darum als Kühlflüssigkeit ebenso geeignet wie zur Wärmespeicherung (z. B. Bettflasche, Heizkörper).
Bei den meisten anderen Flüssigkeiten sind die Werte etwa halb so groß, d. h. um 2 J/(g · °C), z. B. bei Alkohol, Benzol oder Öl.
Die spezifischen Wärmekapazitäten nichtmetallischer Festkörper liegen etwa zwischen 2 J/(g · °C) und 1 J/(g · °C), z. B. für Eis, Erdreich, Mauerwerk oder Holz.
Metalle dagegen besitzen deutlich kleinere Werte (s. o. Beispiel), die mit zunehmender Atommasse abnehmen (wir kommen weiter unten darauf zurück). Quecksilber beispielsweise besitzt nur eine spezifische Wärmekapazität von 0,14 J/(g · °C); die daraus resultierende leichte Erwärmbarkeit macht es als Thermometersubstanz besonders geeignet.

Bei **Gasen** müssen wir zwischen der Erwärmung bei **konstantem Volumen** und **konstantem Druck** unterscheiden. Bei konstantem Druck dehnen sich Gase beträchtlich aus und verrichten dabei sogenannte **Volumenarbeit** (Ausdehnungsarbeit), wie aus der nebenstehenden Abbildung hervorgeht.

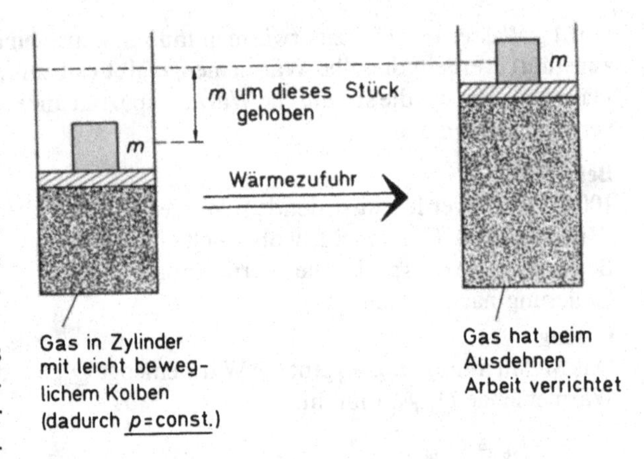


Für dieselbe Erwärmung eines Gases muß daher bei konstantem Druck deutlich mehr Wärmeenergie zugeführt werden als bei konstantem Volumen. Entsprechend ist die spezifische Wärmekapazität $c_p$ (Erwärmung bei $p = \text{const.}$) eines Gases erheblich **größer** als $c_V$ (Erwärmung bei $V = \text{const.}$).
(Bei Festkörpern und Flüssigkeiten unterscheiden wir hier normalerweise nicht, da die entsprechenden Werte nur wenig voneinander abweichen.)

Verläßlich meßbar ist nur $c_p$, wozu ein sogenanntes **Strömungskalorimeter** dient (Erwärmung einer bekannten Wassermenge durch eine relativ große Menge heißen Gases, das in einer Metallschlange durch das Wasser strömt, und dessen Menge und Temperaturabnahme gemessen werden).
Dagegen ist $c_V$ direkt nur sehr ungenau bestimmbar, da eine in einen Behälter eingeschlossene Gasmenge natürlich viel weniger Wärme beim Erwärmen aufnimmt als der Behälter selbst, und der Meßfehler für $c_V$ entsprechend groß ist (entspricht dem Abwiegen einer Fliege auf einer Küchenwaage).
Indirekt läßt sich $c_V$ dagegen recht genau aus experimentellen Daten ermitteln, so erhalten wir das Verhältnis $\varkappa = c_p/c_V$ (als Adiabatenexponent bezeichnet) z. B. aus der Schallgeschwindigkeit in dem betreffenden Gas; bei bekanntem $c_p$ ergibt sich daraus $c_V$.
Die so ermittelten Werte der spezifischen Wärmekapazität $c_V$ der Gase unterscheiden sich erheblich. Multiplizieren wir diese jedoch jeweils mit der zugehörigen molaren Masse $M$, bilden also

$$C_V = c_V \cdot M \quad ,$$

so besitzt diese **molare Wärmekapazität** $C_V$ (früher Molwärme genannt) für alle gleichartigen Gase **denselben** Wert. (Beachten Sie die Schreibweise: Die massenbezogene Größe wird klein, die auf die Stoffmenge 1 mol bezogene Größe groß geschrieben.)
Für alle **einatomigen Gase** (Edelgase, Metalldämpfe) erhalten wir:

$$C_V = 12{,}5 \frac{\text{J}}{\text{K} \cdot \text{mol}}$$

Um 1 mol eines einatomigen Gases um 1 K zu erwärmen, wird bei $V = \text{const.}$ stets dieselbe Energie von 12,5 J benötigt.

Dies bestätigt unsere Interpretation von der Wärme als Energie der ungeordneten Bewegung der Atome bzw. Moleküle:
Die gleiche Anzahl von Gasatomen (z. B. $N_A \cdot 1$ mol) benötigt offenbar unabhängig von

ihrer Art oder Masse stets dieselbe Energiezufuhr, wenn sich die Temperatur des Gases um jeweils denselben Betrag erhöhen soll.
Einatomige Gase können Energie nur in Form der kinetischen Energie ihrer Atome besitzen; zu ihrer **inneren Energie** tragen keine weiteren Energieformen bei.
Wir nehmen daher an, daß die **durchschnittliche kinetische Energie** der Gasatome gleichmäßig mit der **Temperatur** anwächst und daß sie außerdem bei einer bestimmten Temperatur für alle Arten von Gasatomen jeweils **gleich** ist.
Experimente beweisen, daß sich schwere Gasatome bzw. -moleküle tatsächlich bei derselben Temperatur entsprechend langsamer bewegen als leichte. Jetzt wissen wir, was sich unter dem Begriff der **Temperatur** eines Gases verbirgt:

> Die Temperatur eines Gases ist ein Maß für die mittlere kinetische Energie seiner Atome bzw. Moleküle.

Zwei- und mehratomige Gase (z. B. $O_2$, $CO_2$, $CH_4$) besitzen weitere Möglichkeiten, Energie aufzunehmen:
Ihre Moleküle können sich nicht nur umherbewegen, sie können auch schwingen und rotieren. Bei Temperaturerhöhung können auch diese Bewegungen heftiger werden.

**Anmerkung**
Diese Möglichkeiten der Energieaufnahme werden als **Freiheitsgrade** bezeichnet: Die Bewegung im Raum oder Translation kann in 3 zueinander senkrechte Richtungen zerlegt werden und entspricht 3 Freiheitsgraden. Ein zweiatomiges Molekül besitzt darüber hinaus 2 Freiheitsgrade der Rotation und 2 der Schwingung. Nach dem **klassischen Gleichverteilungssatz** liefert jeder dieser Freiheitsgrade denselben Beitrag zu $C_V$, nämlich $1/2\,R$; für einatomige Gase gilt also: $C_V = 3 \cdot 1/2\,R = 3/2\,R = 3/2 \cdot 8{,}314$ J/(K · mol) $\approx 12{,}5$ J/(K · mol), s. S. 144 unten.

Eine dem Gas zugeführte Energiemenge steht also nicht nur zur Erhöhung der Translations-Energie der Moleküle (die für die Temperatur charakteristisch ist, s. o.) zur Verfügung; sie kann vielmehr auch auf die Rotation und Schwingung verteilt werden.
Zur Erwärmung von zwei- und mehratomigen Gasen muß daher eine vergleichsweise größere Energie zugeführt werden als bei einatomigen Gasen. Die molare Wärmekapazität mehratomiger Gase ist daher größer als die der einatomigen Gase.
Im Gegensatz zur konstanten molaren Wärmekapazität einatomiger Gase nimmt die der mehratomigen Gase zu hohen Temperaturen hin zu, während sie zu tiefen Temperaturen hin auf den Wert für einatomige Gase absinkt. Für die meisten Gase ist sie jedoch im Bereich der üblichen Umwelttemperaturen praktisch konstant.

**Anmerkung**
Dieses als **Einfrieren von Freiheitsgraden** bezeichnete Verhalten bei tiefen Temperaturen ist nach der klassischen Physik völlig unverständlich. Die Quantenmechanik zeigt, daß auch für die Rotation und Schwingung nur bestimmte Energiezustände möglich sind. Der energetische Abstand dieser Zustände ist bei der Rotation so klein, daß bei Zimmertemperatur praktisch jeder Zusammenstoß von Gasmolekülen energiereich genug ist, um einen Übergang der Moleküle in höhere Rotationszustände zu ermöglichen. Die zur Schwingungsanregung nötige Energieportion ist dagegen so groß, daß die kinetische Energie der zusammenstoßenden Moleküle erst bei sehr hoher Temperatur deren Wert erreicht; vorher trägt die Schwingung nichts zur inneren Energie des Gases und damit zur molaren Wärmekapazität bei. Aus dem Temperaturverlauf der molaren Wärmekapazität $C_V$ lassen sich umgekehrt Rückschlüsse auf die Abstände der Energieniveaus von Rotation und Schwingung – und damit auf den Molekülbau – ziehen.

Schon die Messung des vorher erwähnten Adiabatenexponenten $\varkappa = c_p/c_V$ ($= C_p/C_V$) erlaubt einen Rückschluß auf die Art der Gaspartikel (für einatomige Gase ergibt sich stets $\varkappa = 5/3$, für zweiatomige Gase bei Zimmertemperatur $\varkappa = 7/5$).

Berechnen wir bei den festen Elementen ebenfalls die molaren Wärmekapazitäten (multiplizieren Sie die spezifische Wärmekapazität in Tabellen mit der jeweiligen molaren Masse!), so ergibt sich für die allermeisten etwa der doppelte Wert wie bei den einatomigen Gasen:

$$C = 25 \frac{\text{J}}{\text{K} \cdot \text{mol}}$$

Dies wird als die **Regel von Dulong-Petit** bezeichnet. Bei den leichteren Elementen wird dieser Wert allerdings erst bei höherer Temperatur erreicht.

**Anmerkung**
Die Gitterbausteine eines festen Körpers können lediglich Schwingungen um ihre Ruhelage ausführen. Dafür stehen ihnen 3 Raumrichtungen zur Verfügung. Da bei einer Schwingung 2 Energieformen beteiligt sind (kinetische Energie und Spannenergie) ergeben sich formal 6 Freiheitsgrade. Nach dem vorher erwähnten klassischen Gleichverteilungssatz also $C_V = 6 \cdot 1/2 R = 3R = 3 \cdot 8{,}314$ J/(K · mol), was mit dem obigen Zahlenwert übereinstimmt. Dies gilt wiederum nur für ausreichend hohe Temperaturen, da sonst die Schwingungsfreiheitsgrade – um im Bild zu sprechen – einfrieren.

Die Dulong-Petitsche Regel war für die Chemiker im letzten Jahrhundert von großer Bedeutung. Gestattete sie doch auf einfache Weise (kalorimetrische Messung) die Bestimmung der relativen Atommassen auch solcher fester Elemente (z. B. schwerer Metalle), bei denen andere Methoden schlecht anwendbar waren.

## 2.3 Phasenumwandlungen

### 2.3.1 Schmelzwärme und Verdampfungswärme

Zur Temperaturänderung eines Stoffes wird diesem Wärme zugeführt oder entzogen. Aber auch bei gleichbleibender Temperatur kann ein Wärmeaustausch eines Stoffes mit seiner Umgebung stattfinden, wenn der Stoff dabei seinen **Aggregatzustand** ändert, also eine **Phasenumwandlung** stattfindet.
Die nebenstehende Skizze zeigt schematisch die möglichen Übergänge zwischen den drei Aggregatzuständen und ihre Bezeichnungen.

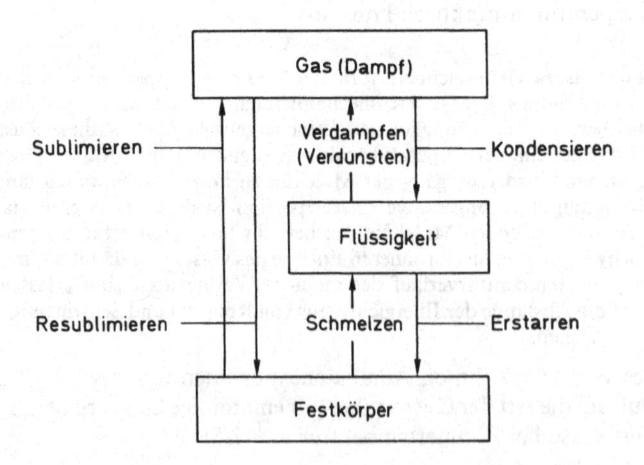

Die mit Phasenumwandlungen verknüpften **latenten Wärmen** (verborgenen Wärmen) sind recht groß: Auch wenn im Frühling die Temperatur längst wieder auf über 0 °C angestiegen ist, finden Sie noch vereinzelte Schnee- und Eisreste. Die hohe Schmelzwärme des Eises benützen Sie auch, wenn Sie Getränke mit Eiswürfeln kühlen.
Die Verdampfungswärme des Wassers ist jedoch noch weit größer, so müssen Sie schon lange Zeit einen auf den Herd gestellten Teekessel vergessen, bis alles Wasser verdampft ist.

Die untenstehende Abbildung zeigt den Temperaturverlauf bei der Erwärmung von 1 g Eis von 0 °C (statt der Wärmemenge $Q$ können Sie sich auch die Einschaltdauer eines elektrischen Heizgerätes nach rechts aufgetragen denken), der **Erwärmungskurve** genannt wird.

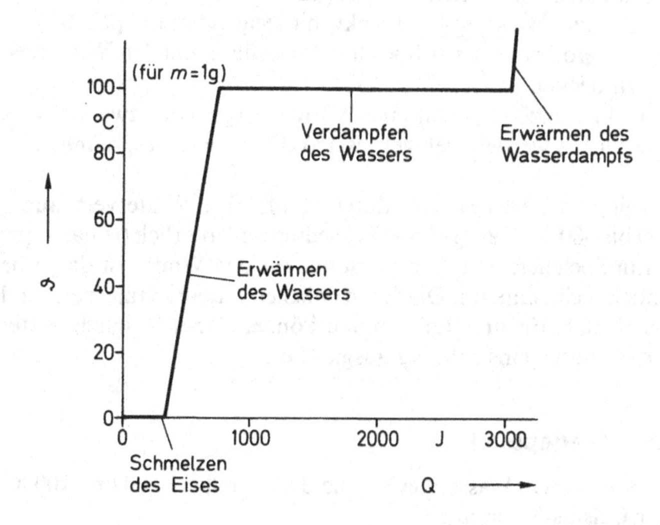


Bei den beiden Umwandlungstemperaturen (Haltepunkten) verläuft die Kurve waagrecht; erst wenn alles Eis geschmolzen bzw. alles Wasser verdampft ist, steigt die Temperatur wieder an.
Beachten Sie, welch – im Vergleich zur Erwärmung – große Wärmemenge $Q$ zum Schmelzen des Eises und vor allem zum Verdampfen des Wassers notwendig ist (schon mit der Schmelzwärme könnte man das entstandene Wasser von 0 auf 80 °C erwärmen!).

Die auf 1 g bezogene Umwandlungswärme wird **spezifische Schmelzwärme** bzw. **spezifische Verdampfungswärme** genannt; daneben existieren natürlich noch die entsprechenden molaren Größen.

Beim Wasser (Eis) beträgt die spezifische Schmelzwärme 335 J/g
(zum Vergleich: Aluminium 400 J/g, Eisen 270 J/g, Blei 25 J/g)
und die spezifische Verdampfungswärme 2257 J/g
(zum Vergleich: Ethanol 860 J/g, Benzol 395 J/g, Quecksilber 285 J/g).

Sie können die oben abgebildete Kurve aber auch als **Abkühlungskurve** von Wasserdampf interpretieren: Er kondensiert bei 100 °C unter Abgabe der Kondensationswärme, die denselben Betrag wie die Verdampfungswärme besitzt. Das entstandene Wasser gibt beim Abkühlen ebenfalls die der Kurve zu entnehmende Wärmemenge ab, bis es 0 °C erreicht hat. Dann bleibt die Temperatur konstant, bis alles Wasser zu Eis erstarrt ist; die dabei freiwerdende Erstarrungswärme ist betragsmäßig gleich der Schmelzwärme.

Phasenumwandlungen erlauben also, bei der entsprechenden Umwandlungstemperatur relativ viel Wärme zu speichern und sie auch bei genau dieser Temperatur wieder freizusetzen.
Wärmespeicher, die dies ausnützen, heißen **Latentwärmespeicher;** sie sind vor allem im Hinblick auf die Nutzung der Sonnenenergie zu Heizzwecken von Interesse.
Wegen des hohen Raumbedarfs von Dampf oder der sonst erforderlichen hohen Drücke kommt in der Praxis nur der Phasenübergang fest/flüssig in Frage. Die Schmelztemperatur des Speichermediums soll dabei etwa zwischen 50 und 60 °C liegen. Bei niedrigerer Temperatur ist das mit der Latentwärme aufgeheizte Brauchwasser am Verbrauchsort zu kalt – oder es muß zusätzlich eine Wärmepumpe eingesetzt werden. Muß der Speicher dagegen auf eine höhere Temperatur aufgeheizt werden, wird die zur Erwärmung dienende Sonnenstrahlung unvorteilhaft genutzt (Wirkungsgrad sinkt mit steigender Temperatur).
Schätzen wir einmal ab, wie groß ein solcher Speicher sein müßte, um den Winterbedarf eines Einfamilienhauses zu decken:
Bei der Verbrennung von 1 g Heizöl entsteht eine Wärmeenergie von etwa 40 kJ; beim Erstarren von 1 g Wasser zu Eis werden weniger als 1% dieses Betrages, nämlich 335 J, frei.
Um die chemische Energie von 3000 l Heizöl (durchschnittlicher Winterverbrauch) zu ersetzen, wären etwa 300 bis 500 Tonnen (!) Speichermedium erforderlich (je nach spezifischer Schmelzwärme). Ein Speichern von Sommersonne für den Winter ist daher heute wirtschaftlich gesehen noch nicht sinnvoll. Die heute üblichen Latentwärmespeicher dekken etwa den Heißwasserbedarf für drei Tage ab und können daher lediglich wetterbedingte Schwankungen der Sonneneinstrahlung ausgleichen.

### 2.3.2 Gefrierpunkt und Siedepunkt

Gefrier- und Siedepunkt von reinem Wasser bei Normaldruck stellen mit 0 und 100 °C die Fundamentalpunkte der Celsius-Skala dar.
Auch bei anderen Substanzen ist der Gefrierpunkt der flüssigen Phase (bzw. der Schmelzpunkt des Feststoffs) ebenso wie ihr Siedepunkt eine stoffspezifische Konstante, die – vor allem bei organischen Substanzen – häufig zu ihrer Identifizierung herangezogen wird.
Die Gefrier- bzw. Schmelzpunkte reichen dabei von allertiefsten Temperaturen (Helium gefriert bei Normaldruck überhaupt nicht, Wasserstoff bei – 259 °C) bis zu Werten von über 3000 °C (Wolfram, Kohlenstoff als Diamant und Graphit).
Die Siedepunkte überdecken einen noch größeren Temperaturbereich (Helium: – 269 °C, Wolfram: knapp 6000 °C).
Auf Verunreinigungen der Substanz reagieren die Umwandlungspunkte relativ empfindlich, was zur Reinheitskontrolle dienen kann.
Lösen wir beispielsweise Salz in Wasser, so wird der Gefrierpunkt erniedrigt und der Siedepunkt erhöht. Genaue Untersuchungen zeigen, daß die **Gefrierpunktserniedrigung** und die **Siedepunktserhöhung** verdünnter Lösungen nicht von der Art des gelösten (nichtflüchtigen) Stoffs abhängen, sondern nur von der Zahl der gelösten Teilchen.
Die darauf beruhende **Kryoskopie** und **Ebullioskopie** stellen wichtige Verfahren zur Bestimmung der molaren Massen von Feststoffen dar. Bei bekannter molarer Masse kann stattdessen auch die Zahl der Ionen ermittelt werden, in die eine Formeleinheit der Substanz in wäßriger Lösung dissoziiert (z. B. ergibt 1 mol NaCl 2 mol Ionen, 1 mol $CaCl_2$ 3 mol Ionen).

Die Umwandlungspunkte sind aber auch vom **Druck** abhängig.
Ein Anwachsen des Drucks führt dabei stets zu einer Erhöhung des Siedepunkts (erlaubt

beispielsweise die Herstellung von Flüssiggas), während eine Druckverminderung eine Erniedrigung des Siedepunkts bewirkt (Vakuumdestillation, s. S. 31).
Die Druckabhängigkeit des Gefrierpunkts ist wesentlich schwächer ausgeprägt. Bei den meisten Stoffen erhöht sich der Gefrierpunkt unter hohem Druck ein wenig. Nur bei wenigen Substanzen, z. B. Wasser und Wismut, bewirkt eine Druckerhöhung eine Gefrierpunktserniedrigung.
Sie können dies verstehen, wenn Sie das **Prinzip des kleinsten Zwangs** anwenden, das Sie sicher aus der Chemie kennen:
Beim Verdampfen nimmt das Volumen aller Substanzen sehr stark zu (meist auf mindestens das Tausendfache). Bei Druckerhöhung versucht das System dem äußeren Zwang dadurch auszuweichen, daß es den Aggregatzustand mit dem kleineren Volumen, hier also den flüssigen Zustand, einnimmt. Wird umgekehrt der Druck vermindert, so geht das System in den Zustand mit dem größeren Volumen, hier also in die Gasphase über.

Die meisten Stoffe sind im festen Zustand dichter gepackt als im flüssigen, verringern also beim Erstarren ihr Volumen. Bei Druckerhöhung versuchen sie daher den festen Zustand einzunehmen, da dieser das kleinere Volumen besitzt; entsprechend schmelzen diese Stoffe bei Druckerniedrigung schon bei tieferer Temperatur. Da der Volumenunterschied zwischen Feststoff und Flüssigkeit vergleichsweise gering ist (meist unter 10%), ist die Verschiebung des Gefrierpunkts durch Druck viel geringer als die des Siedepunkts; für eine quantitative Betrachtung müssen jedoch noch die jeweiligen Umwandlungswärmen berücksichtigt werden.
Wasser und einige andere Stoffe dagegen dehnen sich beim Erstarren aus. Daher schwimmt Eis und platzen wassergefüllte Rohre (Autokühler) beim Gefrieren. Bei Druckerhöhung nimmt auch das System Wasser/Eis den Zustand mit dem kleineren Volumen ein; dieser ist aber jetzt der flüssige Aggregatzustand. Das leichte Gleiten auf Schlittschuhen wird beispielsweise durch einen dünnen Wasserfilm ermöglicht, der sich aufgrund des hohen Drucks kurzzeitig unter den schmalen Schlittschuhkufen ausbildet.

### 2.3.3 Molekulare Vorgänge; Oberflächenspannung und Dampfdruck

Führen wir einem festen Körper Energie zu, so verstärkt sich die Schwingungsbewegung der Gitterbausteine, und seine Temperatur steigt. Ab einer bestimmten Temperatur, dem Schmelzpunkt, sind die Schwingungen so heftig, daß die Bindungen im Kristallgitter gesprengt werden. Die dazu benötigte Energie ist die Schmelzwärme.
In der entstandenen Flüssigkeit sind die Moleküle (bzw. Atome oder Ionen) immer noch auf Tuchfühlung, üben also starke gegenseitige Wechselwirkungskräfte aufeinander aus.
Ein Molekül, das sich im Innern der Flüssigkeit befindet, erfährt dabei im Mittel keine resultierende Kraft, da es allseitig von anderen Molekülen umgeben ist, und sich deren Anziehungskräfte gegenseitig aufheben.
Die direkt an der Flüssigkeitsoberfläche befindlichen Moleküle werden jedoch nur einseitig angezogen, und es entsteht eine in die Flüssigkeit hineinweisende Kraft, die senkrecht zur Flüssigkeitsoberfläche steht.
Soll ein Molekül aus dem Flüssigkeitsinnern an die Oberfläche gebracht werden, so muß dazu Arbeit

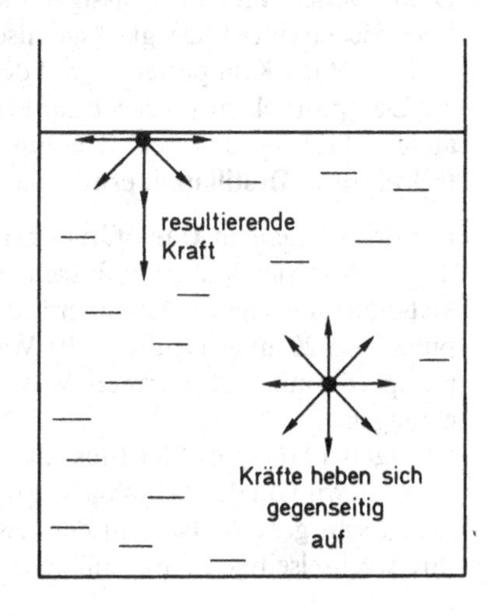

gegen diese Kraft verrichtet werden. Die Vergrößerung einer Flüssigkeitsoberfläche kostet also Energie. Flüssigkeiten versuchen daher, eine möglichst kleine Oberfläche einzunehmen (bei verschüttetem Quecksilber ist die dem entsprechende Kugelform der Tröpfchen gut zu sehen).
Eine Flüssigkeitsoberfläche verhält sich in dieser Hinsicht wie ein gespanntes Gummihäutchen (vergleichen Sie eine Seifenblase und einen Luftballon); wir reden daher von der **Oberflächenspannung** einer Flüssigkeit.
Durch chemische Zusätze kann die Oberflächenspannung z. B. von Wasser erheblich verringert werden (wenn dem Wasser Spülmittel oder Waschmittel zugesetzt wird, bricht ein Wasserläufer ein und ertrinkt); das Wasser benetzt dann andere Stoffe besser, es wird gewissermaßen nasser und damit waschaktiver.

Mit zunehmender Temperatur der Flüssigkeit vergrößert sich die mittlere kinetische Energie der Moleküle. Damit wächst auch die Zahl der Moleküle, die energiereich genug sind, um den Bereich starker gegenseitiger Anziehung zu verlassen, also die Flüssigkeitsoberfläche zu durchstoßen.
Da nur die energiereichsten Moleküle aus der Flüssigkeit austreten können, sinkt die Durchschnittsenergie der zurückbleibenden. Die Flüssigkeit kühlt also ab, wenn von außen keine Energie nachgeliefert wird.
Dieser Prozeß heißt **Verdunstung,** die dabei der Flüssigkeit entzogene Wärmemenge wird auch als Verdunstungskälte bezeichnet. Wenn Sie sich mit Kölnisch Wasser erfrischen, machen Sie von diesem Effekt Gebrauch.
In einem geschlossenen Gefäß bildet sich nach kurzer Zeit ein **dynamisches Gleichgewicht** zwischen Flüssigkeit und darüber gebildetem Dampf aus. Im Mittel durchstoßen dann gleichviele Moleküle die Flüssigkeitsoberfläche in beiden Richtungen, und an der jeweiligen Teilchenzahl ändert sich nichts mehr.
Der Druck des Dampfes über der Flüssigkeit wird dann als ihr **Dampfdruck** (oder Sättigungsdampfdruck) bezeichnet; mit zunehmender Temperatur wächst er rasch an. Sobald der Dampfdruck einer Flüssigkeit den Wert des auf ihr lastenden äußeren Drucks (im offenen Gefäß also den Luftdruck) erreicht, bilden sich im Innern der Flüssigkeit Dampfblasen, und die Flüssigkeit **siedet.**
Beim Sieden eines Flüssigkeitsgemisches sind im Dampf die Komponenten mit dem höheren Dampfdruck im Vergleich zur Flüssigkeit angereichert, was deren Trennung durch **fraktionierte Destillation** ermöglicht.

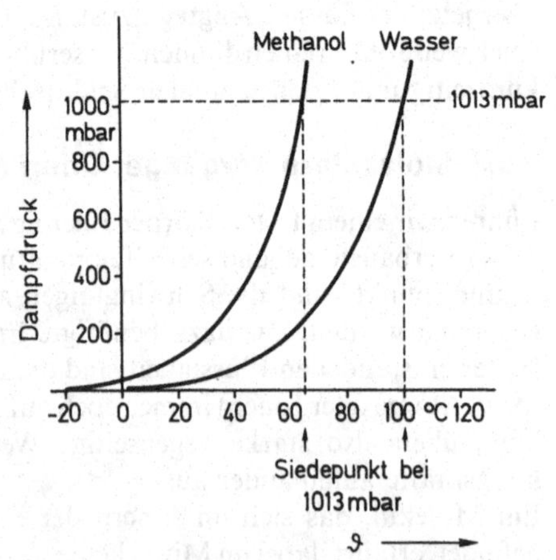


Die obenstehenden **Dampfdruckkurven** von Wasser und Methanol können Sie auch als deren **Siededruckkurven** auffassen. Sie können daraus für jeden Druck über der Flüssigkeit die zugehörige Siedetemperatur ablesen; für 1013 mbar ergibt sich der normale Siedepunkt. Bei 20 mbar Druck siedet Wasser beispielsweise bei etwa 20 °C; eine Wasserstrahlpumpe, die mit 20 °C warmen Wasser betrieben wird, kann daher keinen geringeren Druck erzeugen.
Erfolgt der Übergang der Flüssigkeitsmoleküle in den gasförmigen Zustand beim Sieden, so reden wir von der **Verdampfung** der Flüssigkeit. Die dazu benötigte Verdampfungswärme ist sehr groß (entspricht der erwähnten Verdunstungskälte), da alle Moleküle gegen ihre wechselseitigen Anziehungskräfte praktisch völlig voneinander getrennt werden.

## 2.4 Mechanisches Wärmeäquivalent und Energieerhaltung

Wir haben schon zu Beginn dieses Abschnitts Wärme als Energieform beschrieben. Vielleicht kommt es Ihnen merkwürdig vor, daß sich diese uns natürlich erscheinende Betrachtungsweise der Wärme erst um die Mitte des letzten Jahrhunderts durchsetzen konnte.
Davor wurde Wärme nämlich für etwas ganz Eigenes gehalten und erhielt dementsprechend eine eigene Einheit, die Kalorie:

> 1 Kalorie (1 cal) ist die Wärmemenge, die 1 g Wasser von 14,5 auf 15,5 °C erwärmt.

Nach unserer heutigen Sicht existierten also gleichzeitig zwei verschiedene Einheiten für die Energie:
Die mechanische (bzw. elektrische) Arbeit und Energie wurde in der Einheit 1 Nm ( = 1 J = 1 Ws) gemessen, während für die Wärmeenergie die Einheit 1 cal verwendet wurde.

Wir wissen, daß durch Reibungsarbeit Wärme entsteht.
**Joule** (nach dem die Einheit der Energie benannt ist) versuchte, einen quantitativen Zusammenhang zwischen diesen beiden – nach der damaligen Auffassung grundverschiedenen – Größen herzustellen. Dazu führte er verschiedene Versuche durch, bei denen er sowohl die aufgebrachte Reibungsarbeit als auch die dadurch entwickelte Wärmemenge (in der jeweiligen Einheit) maß. Beispielsweise trieb er ein in ein wassergefülltes Kalorimetergefäß eintauchendes Rührwerk durch ein herabsinkendes Gewichtsstück an. Durch Reibungsvorgänge im Wasser wurde schließlich die gesamte Lageenergie des Gewichtsstücks in Wärmeenergie des Wassers umgewandelt.
Unabhängig von der jeweiligen Versuchsanordnung mußte er stets dieselbe mechanische Arbeit von etwa 4,2 J verrichten, um durch Reibungsvorgänge eine Wärmemenge von 1 cal zu erzeugen.
Als genauer Wert für dieses **mechanische Wärmeäquivalent** gilt heute:

> 1 cal = 4,1868 J

**Mayer** gelang es kurz darauf, durch grundsätzliche Überlegungen zu zeigen, daß bei der umgekehrten Umwandlung von Wärme in mechanische Arbeit bzw. Energie aus einer Wärmemenge von 1 cal gerade wieder eine mechanische Energie von 4,1868 J entsteht.

**Anmerkung**
Dies soll nicht bedeuten, daß wir die in Wärme umgewandelte mechanische Energie wieder vollständig zurückgewinnen können; es läßt sich vielmehr allgemein nur ein Teil der erzeugten Wärme in mechanische Arbeit zurückverwandeln – s. Physikalische Chemie, 2. Hauptsatz der Thermodynamik. Für diesen Anteil jedoch gilt, daß pro 1 cal genau 4,1868 J entstehen.

Auch bei Einbeziehung der elektrischen Energie gilt wiederum derselbe Umwandlungsfaktor zwischen elektrischer Energie und Wärmeenergie für beide Richtungen der Umformung.
Gleichgültig, auf welche Weise wir die verschiedenen Energieformen ineinander umwandeln, können wir dabei keine Energie gewinnen oder vernichten. Ein lediglich auf trickreichen Energieumwandlungen beruhendes **Perpetuum mobile**, das im Endeffekt Energie aus dem Nichts erzeugen würde, ist darum **unmöglich.** Bei der Behandlung des hydrostatischen Drucks sind wir schon auf diesen Sachverhalt aufmerksam geworden (s. S. 21).

Dieses **Gesetz von der Erhaltung der Energie,** oft auch als (verallgemeinerter) **Energieerhaltungssatz** oder kurz **Energiesatz** bezeichnet, können wir auch so formulieren:

> Wenn wir einem System weder Energie zuführen noch Energie entziehen (abgeschlossenes System), so ändert sich die **innere Energie** des Systems (sein Energievorrat) nicht.

Dies gilt unabhängig von allen im System stattfindenden Energieumwandlungen.

## 2.5 Wärmeerzeugung

Bei praktisch allen Energieumwandlungen entsteht Wärme, oft als unerwünschtes Nebenprodukt.
Die Abwärme großer Kraftwerke beispielsweise stellt häufig ein Umweltproblem dar (Veränderung des Kleinklimas). Auch die beim Betrieb von Automotoren anfallende Wärme (etwa 70% der eingesetzten chemischen Energie des Treibstoffs!) wird (von der Autobeheizung im Winter abgesehen) nutzlos an die Umgebung abgegeben. Ein noch höherer Prozentsatz an Wärme entsteht bei der Umwandlung der Sonnenstrahlung in elektrische Energie mit Solarzellen (Energieverluste etwa 90%). Ebenso ist die Umwandlung von elektrischer in mechanische Energie und umgekehrt in der Praxis stets mit einer (allerdings vergleichsweise geringen) Wärmeentwicklung verbunden, die durch die mechanische Reibung und die innere Reibung der den Strom transportierenden Ladungsträger entsteht. Selbst die gegenseitige Umwandlung der mechanischen Energieformen ineinander führt wegen der Reibung zu Wärme; ohne Energiezufuhr kommt so ein schwingendes Pendel bald zum Stillstand.
Es ist nicht einfach, bei Energieumwandlungen den Anteil der erzeugten Wärme zu verringern und dadurch den Anteil der hier erwünschten mechanischen oder elektrischen Energie (Nutzenergie) zu erhöhen, also den **Wirkungsgrad** der entsprechenden Maschine oder Anlage zu erhöhen.
Unter dem Wirkungsgrad $\eta$ verstehen wir das Verhältnis von Nutzenergie und aufgewendeter Energie:

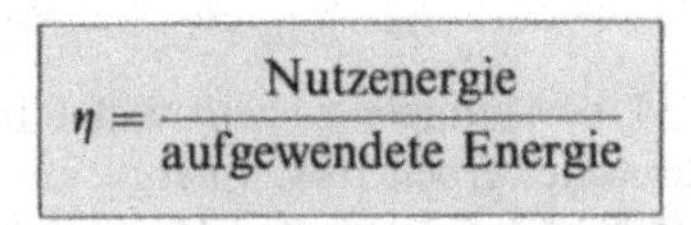

$$\eta = \frac{\text{Nutzenergie}}{\text{aufgewendete Energie}}$$

Der Wärmeanteil ist dagegen sehr leicht zu erhöhen; am einfachsten ist es, andere Energieformen praktisch vollständig in Wärme umzuwandeln.
Für die mechanische Energie haben wir dies im letzten Abschnitt gesehen, genauso einfach ist es bei der elektrischen Energie (Tauchsieder, Heizlüfter, Kochplatte). Bei der Verbrennung von Heizmaterial wird chemische Energie in Wärme umgewandelt; dies geschieht auch beim Kurzschließen einer Batterie. Auch die Sonnenenergie wird beim Auftreffen auf eine geschwärzte Fläche nahezu vollständig zu deren Erwärmung genutzt (Solarheizung).

Betrachten wir einige Wärmequellen näher:

An erster Stelle steht die **Sonne.**
Die Messung der Erwärmung eines geschwärzten Körpers durch die Sonnenstrahlung zeigt: Bei völlig wolkenlosem Himmel und klarer Luft können pro Quadratmeter der

Erdoberfläche bei senkrechtem Sonnenstand bis zu 1,4 kJ Sonnenenergie pro Sekunde auftreffen (bei üblichen Wetterbedingungen allerdings wesentlich weniger). Die maximale Flächenleistung der Sonnenstrahlung beträgt also

$$1{,}4\ \frac{\text{kW}}{\text{m}^2}$$

und wird als **Solarkonstante** bezeichnet.
Die meisten anderen Energieträger stellen Umwandlungsprodukte der Sonnenenergie dar: Wasserkraft, Windenergie, aber auch Holz, Kohle, Erdöl und Erdgas sowie Bioalkohol und unsere Nahrungsmittel.

Durch die Verbrennung der **Heizmaterialien** decken wir den größten Teil des industriellen und privaten Energiebedarfs. Die auf die Masse bezogene Wärmemenge, die bei der Verbrennung von Heizmaterialien entsteht, heißt ihr **spezifischer Heizwert.**
Bei Benzin und Heizöl liegt er bei 40 kJ/g, bei Kohle und Holz schwankt er (je nach Wassergehalt und chemischer Zusammensetzung) zwischen etwa 35 kJ/g (Steinkohle) und knapp 15 kJ/g (Holz).
Die bei der Verbrennung von 10 g Steinkohle freiwerdende Energie reicht (ohne Berücksichtigung von Verlusten) aus, um 1 kg Wasser von Zimmertemperatur bis zum Sieden zu erhitzen.
Tatsächlich liegt der Wirkungsgrad der meisten Heizungsanlagen nicht über 70%, die restlichen 30% der erzeugten Wärmeenergie entweichen in Form von heißen Verbrennungsgasen durch den Schornstein.

In manchen Ländern wird heute schon mehr als ein Drittel der benötigten elektrischen Energie in Kernkraftwerken erzeugt. Bei der **Kernspaltung** des Kernbrennstoffs – normalerweise an U 235 angereichertes Uran – wird zunächst Wärme erzeugt, die dann – wie bei einem herkömmlichen Verbrennungskraftwerk – in elektrische Energie umgewandelt wird (Wirkungsgrad unter 40%). Bei der Spaltung von 1 Gramm Uran 235 entsteht allerdings soviel Energie wie beim Verbrennen von 2,5 Tonnen Steinkohle!

## 2.6 Wärmeausbreitung

Wärmeenergie kann sich durch Wärmeströmung (auch Konvektion oder Wärmemitführung genannt), Wärmeleitung und Wärmestrahlung ausbreiten.

Unser Klima wird entscheidend durch die **Wärmeströmung** der Luft- und Wassermassen beeinflußt (z. B. Passatwinde, Golfstrom). Wie die Beobachtung der über einem heißen Ofen oder einer heißen Straße aufsteigenden Luft (Schlierenbildung) zeigt, bewirkt eine ungleichmäßige Erwärmung von Gasen (und Flüssigkeiten) Dichteunterschiede, die zu Wärmeströmungen führen.
Da für technische Anwendungen meist eine schnellere Wärmeübertragung erforderlich ist, werden Umwälzpumpen verwendet (z. B. Kühlkreislauf des Autos oder Heizungskreislauf der Zentralheizung). Andererseits können wir durch Unterbinden der Wärmeströmung die Wärmeübertragung (also unerwünschte Wärmeverluste oder unerwünschte Aufheizung) erheblich reduzieren. In Styropor wird dazu die Luft eingeschlossen, dem selben Zweck dient auch das Aufplustern von Vögeln bei Kälte oder die Doppelverglasung von Fenstern.

Aber auch ohne Materietransport kann sich die Wärme noch ausbreiten, nämlich durch **Wärmeleitung** (und Wärmestrahlung, s. u.). Hier wird die Energie von Molekül zu Molekül übertragen (bzw. von Atom zu Atom; bei Metallen insbesondere durch die frei beweglichen

Elektronen). Während Metalle – analog zu ihrer elektrischen Leitfähigkeit – sehr gute Wärmeleiter sind, leiten Nichtmetalle die Wärme sehr viel schlechter. Flüssigkeiten sind dabei noch schlechtere Wärmeleiter als die meisten Festkörper. Noch geringer ist jedoch die Wärmeleitfähigkeit von Gasen; dabei ist Wasserstoff wegen der kleinen Molekülmasse bzw. der daraus resultierenden hohen Molekülgeschwindigkeit der beste gasförmige Wärmeleiter.
Die Abhängigkeit der Wärmeleitfähigkeit von der Molekülmasse dient bei der Gaschromatographie häufig zur Registrierung der verschiedenen Substanzen am Ende der Säule. Das Trägergas muß dazu eine möglichst hohe Wärmeleitfähigkeit besitzen; neben dem etwas gefährlichen Wasserstoff wird vor allem Helium eingesetzt.
Durch Evakuieren doppelwandiger Gefäße läßt sich die Wärmeleitung weitgehend unterbinden (Thermosflasche bzw. Kalorimetergefäß).

Unter **Wärmestrahlung** verstehen wir die im infraroten Spektralbereich liegende Temperaturstrahlung heißer Körper (Strahlungsgesetze, s. S. 124ff). Allerdings ruft nicht nur die Infrarotstrahlung eine Erwärmung von Stoffen hervor, sondern ebenso sichtbares und ultraviolettes Licht, soweit es von Körpern absorbiert wird.
Für die Energieausbreitung in Form elektromagnetischer Strahlung ist kein materieller Träger nötig, so überträgt z. B. die Sonnenstrahlung große Energiemengen durch das Vakuum. Trotz dieser laufenden Energiezufuhr bleibt die Temperatur der Erde im Mittel konstant, da die Erde Wärmestrahlung aussendet. Das Strahlungsmaximum liegt – der vergleichweise niederen Erdtemperatur entsprechend – im Infraroten (Wiensches Verschiebungsgesetz)*. Wenn wir an einem heißen Sommertag nach Einbruch der Dunkelheit durch die Stadt gehen, spüren wir diese Strahlung. Auch die Infrarotstrahler in Badezimmern oder über dem Wickeltisch von Säuglingen sind Ihnen sicher bekannt.
Bei Körpern niedriger Temperatur spielt der Wärmeverlust durch Abstrahlung meist keine sehr große Rolle, bei hoher Temperatur dagegen kann er gewaltige Größenordnungen erreichen (Stefan-Boltzmannsches Gesetz, denken Sie an die Energieabstrahlung der Sonne). Durch Verspiegelung der Innenflächen von Begrenzungswänden (z. B. der doppelwandigen Thermosflasche) wird die Wärmestrahlung reflektiert und damit am Austreten gehindert bzw. in eine bestimmte Richtung gelenkt (Heizkörperreflektoren).

---

* Im Gegensatz zum sehr viel kurzwelligeren Sonnenlicht durchdringt die Wärmestrahlung der Erde die Atmosphäre nicht ungestört. Vor allem Kohlendioxid absorbiert in diesem Spektralbereich stark und behindert somit die Wärmestrahlung beim Verlassen der Erde. Eine Erhöhung des Kohlendioxid-Gehalts der Luft bewirkt daher eine verringerte Energieabstrahlung der Erde und damit eine Erhöhung der Durchschnittstemperatur, die unter Umständen zu verheerenden Naturkatastrophen (Abschmelzen des Polareises mit nachfolgenden Überschwemmungen der Küstengebiete) führen könnte. Die verstärkte Verbrennung fossiler Brennstoffe und die Abholzung ganzer Urwälder ist daher nicht unproblematisch

**Kapitel 4**

# Elektrizitätslehre

Elektrische Geräte sind zu unentbehrlichen Helfern in allen Lebensbereichen geworden. Insbesondere die rasche Entwicklung der Mikroelektronik führt zu Umwälzungen in Arbeitswelt und Gesellschaft, die schon als zweite industrielle Revolution bezeichnet werden. Die meisten der in Industrie und Forschung verwendeten Meßverfahren (z. B. Bestimmung von Temperatur, Druck, Konzentration, Füllstand, Lichtintensität, ...) beruhen auf der Umwandlung der Meßgröße in ein elektrisches Signal; bei der Photozelle, dem elektrischen Widerstandsthermometer und dem Thermoelement ist Ihnen dies bekannt. Da auch die Nervenleitung in unserem Körper über elektrische Vorgänge erfolgt, lassen sich Herz- und Hirnfunktionen (Herzstromkurve = EKG, Hirnstromkurve = EEG) elektrisch registrieren. **Galvani** stellte zu Ende des 18. Jahrhunderts schon fest, daß ein feuchter Froschschenkel zusammenzuckt, wenn er von zwei miteinander verbundenen Metalldrähten berührt wird. **Volta** untersuchte die Abhängigkeit der Stärke des Nervenreizes von den verwendeten Metallen und entwickelte aus diesen Ergebnissen die erste Batterie, die er **Galvanisches Element** nannte; die Einheit der Spannung **1 Volt** ist jedoch nach Volta selbst benannt.
Aber auch wenn Sie sich nur für Chemie interessieren, müssen Sie sich mit der Elektrizitätslehre befassen, denn chemische und elektrische Vorgänge sind eng miteinander verknüpft (denken Sie an die Spannungsreihe). Beispielsweise werden viele Metalle elektrolytisch dargestellt bzw. gereinigt, und in Batterien bzw. Akkumulatoren wird chemische in elektrische Energie umgewandelt – und umgekehrt.

## 1. Grundbegriffe und Beziehungen zwischen den elektrischen Größen

### 1.1 Aufbau des elektrischen Stromkreises; Grundbegriffe

Bei den im letzten Kapitel erörterten Energieumwandlungen haben wir mehrfach von der elektrischen Energie geredet; in der Tat ist keine andere Energieform so vielseitig einsetzbar wie sie.

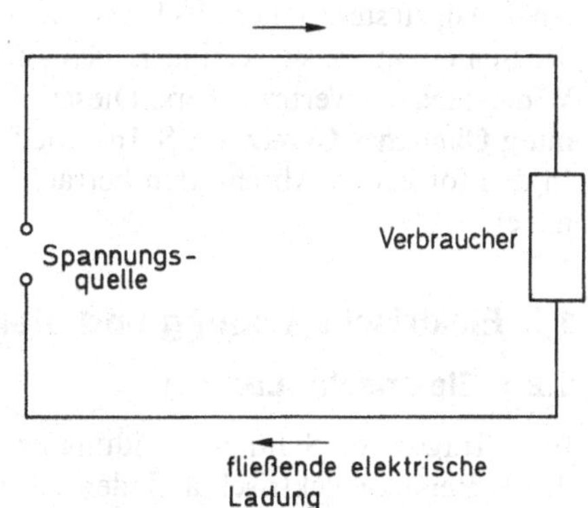


Entsprechend hoch ist unser Verbrauch an elektrischer Energie. Würden wir pro Tag 10 Stunden körperlich arbeiten, so könnten wir dabei eine Arbeit von etwa 1 kWh (1 Kilowattstunde; Durchschnittsleistung des Menschen etwa 100 W = 0,1 kW) verrichten. In den Industrieländern beträgt jedoch der Durchschnittsverbrauch pro Kopf der Bevölkerung 10 kWh elektrische Energie pro Tag!
Die Umwandlung der elektrischen Energie in die gewünschte Energieform erfolgt dabei

stets in einem geschlossenen **elektrischen Stromkreis,** dessen Schaltskizze auf S. 155 unten wiedergegeben ist.
Dabei müssen **Strom-** bzw. **Spannungsquelle** und **Verbraucher** durch Stoffe verbunden sein, die den elektrischen Strom leiten, also über bewegliche **Ladungen** verfügen. (Übrigens wäre es sinnvoller, statt des irreführenden, aber allgemein gebräuchlichen Begriffs **Verbraucher** eine Bezeichnung wie **Energiewandler** zu verwenden.)

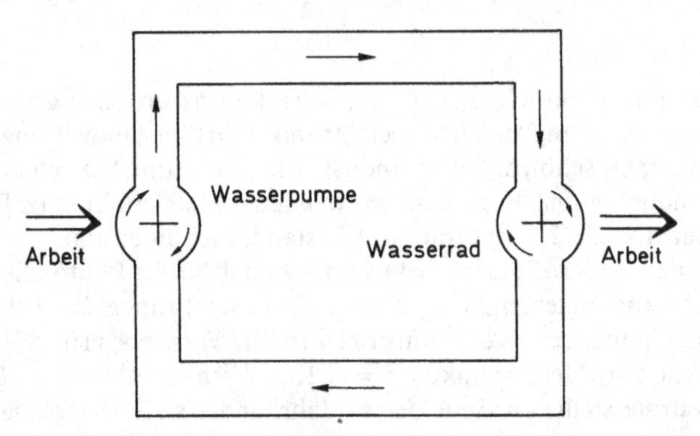


Wenn wir vereinfachenderweise den Stromkreis mit einem geschlossenen Wasserkreislauf vergleichen (s. obige schematische Darstellung), können wir annehmen, daß die Spannungsquelle (analog zur Wasserpumpe) die vorhandenen Ladungen in Bewegung versetzt, wobei sie Arbeit an ihnen verrichtet.
Der Verbraucher (entspricht dem Wasserrad) entzieht den durch ihn strömenden Ladungen diese Energie, wobei er Arbeit nach außen abgibt.
Diese ist gleich groß wie die von der Spannungsquelle erbrachte Arbeit, wenn keine sonstigen Energieverluste auftreten.
Um das Wasser in Bewegung zu versetzen, ist eine Druckdifferenz nötig, die von der Wasserpumpe aufgebaut werden muß. Diese wird wieder abgebaut, wenn das Wasser das Wasserrad antreibt.
Der Druckdifferenz des Wassers entspricht die von der Spannungsquelle erzeugte **elektrische Spannung.** Die Arbeitsfähigkeit, also Energie, der durch den Verbraucher fließenden Ladungen wächst mit der Spannung an. Außerdem wird dem Verbraucher um so mehr Energie zugeführt, je mehr Ladungen fließen, je höher also die **elektrische Stromstärke** ist.

Beim Wasserkreislauf nimmt die pro Sekunde umgewälzte Wassermenge zu, wenn die von der Pumpe erzeugte Druckdifferenz wächst. Die Wassermenge ist jedoch trotzdem gering, wenn der Strömungswiderstand des Wasserrads groß ist.
Analog dazu steigt einerseits beim elektrischen Stromkreis die Stromstärke mit wachsender Spannung an, sie verringert sich andererseits jedoch mit zunehmendem **elektrischem Widerstand** des Verbrauchers. Diesem Zusammenhang begegnen wir unter der Bezeichnung **Ohmsches Gesetz** auf S. 167 wieder.
In den folgenden Abschnitten betrachten wir die oben erwähnten elektrischen Größen näher.

## 1.2 Elektrische Ladung und elektrisches Feld

### 1.2.1 Elektrische Ladung

Beim Tragen von Synthetikkleidung ist Ihnen sicher schon aufgefallen, daß sich Körper durch Reibung elektrisch aufladen können. Tatsächlich handelt es sich dabei nicht um

**Reibungselektrizität,** sondern um eine **Kontakt-** bzw. **Berührungselektrizität,** da die Elektronen bereits beim Kontakt zweier verschiedenartiger Stoffe übertreten. Durch Reiben wird lediglich die Anzahl der in Kontakt gebrachten Atome bzw. Moleküle beträchtlich erhöht, so daß die elektrische Aufladung beobachtbar wird.

**Lichtenberg** entdeckte auf diese Weise vor über 200 Jahren, daß es zwei verschiedene Arten von elektrischer Ladung gibt. Rieb er nämlich einen Glasstab mit einem Wollappen oder Fell und näherte ihn einem zweiten geriebenen Glasstab, so stellte er eine geringe Abstoßungskraft zwischen den beiden Glasstäben fest. Auch zwei geriebene Hartgummistäbe stießen sich gegenseitig leicht ab.
Zwischen einem geriebenen Glasstab und Hartgummistab dagegen beobachtete er eine schwache Anziehung.
Die Art der elektrischen Ladung geriebener Glasstäbe nannte er willkürlich **positiv,** die geriebener Hartgummistäbe **negativ.**
Wir wissen, daß in Atomen **Protonen** die Träger der positiven elektrischen Ladung und **Elektronen** die der negativen elektrischen Ladung sind.

Beide besitzen eine betragsmäßig gleich große Ladung, die **Elementarladung** $e$ genannt wird. An sich wäre sie die natürliche Maßeinheit der elektrischen Ladung.
Im SI wurde jedoch statt der elektrischen Ladung die elektrische Stromstärke $I$ als Grundgröße ausgewählt; sie besitzt die Einheit 1 A (Ampere).
Bei gleichbleibender Stromstärke $I$ ist die in der Zeit $t$ durch einen Leiterquerschnitt fließende Ladung $Q$ gegeben durch:

$$Q = I \cdot t$$

Aus dieser Berechnungsvorschrift ergibt sich als Einheit der elektrischen Ladung im SI:

$[Q] = 1\,\text{As}$ (Amperesekunde) $= 1\,\text{C}$ (Coulomb)

Für die Elementarladung $e$ gilt:

$$e = 1{,}602 \cdot 10^{-19}\,\text{C}$$

Die Bezeichnung der beiden verschiedenen Arten elektrischer Ladung als positiv und negativ ist insofern sinnvoll, als sich diese unterschiedlichen Arten von elektrischer Ladung wie positive und negative Zahlenwerte ausgleichen können.
Atome beispielsweise sind elektrisch neutrale, ungeladene Teilchen, da sie ebenso viele Protonen wie Elektronen besitzen. Gibt ein Atom jedoch ein oder mehrere Elektronen ab, so überwiegt die positive Kernladung, und es entsteht ein positiv geladenes Ion (z. B. $Na^+$ oder $Ca^{2+}$). Entsprechend werden aus Atomen durch Elektronenaufnahme negativ geladene Ionen (z. B. $Cl^-$, $S^{2-}$).
Alle Körper sind normalerweise elektrisch neutral, denn sie bestehen aus Atomen, Molekülen oder äquivalenten Anzahlen positiver wie negativer Ionen (im Kochsalzkristall beispielsweise besetzen $Na^+$- und $Cl^-$-Ionen abwechselnd die Gitterplätze, während der $CaCl_2$-Ionenkristall doppelt so viele $Cl^-$- wie $Ca^{2+}$-Ionen enthält).
Da in festen Körpern die Atome selbst – und damit die positiven Ladungen der Atomkerne – an feste Plätze gebunden sind, bedeutet eine positive elektrische Aufladung eines festen Körpers Elektronenentzug, während eine negative elektrische Aufladung durch die Übertragung überschüssiger Elektronen zustande kommt.

Von Glasstäben beispielsweise werden demnach beim Reiben Elektronen abgestreift, und auf Hartgummistäbe übertragen wir beim Reiben Elektronen.
Stets ist jedoch zur Ladungstrennung, also zur Erzeugung überschüssiger Ladungen bzw. geladener Körper, eine Arbeitsverrichtung erforderlich; dies ist die Aufgabe einer Spannungsquelle.
Der oben geschilderte Versuch zur Reibungselektrizität zeigt ferner, daß zwischen geladenen Körpern Kräfte auftreten.
Elektrische Ladungen **gleichen** Vorzeichens (gleichnamige Ladungen) **stoßen sich** offensichtlich gegenseitig **ab,** während sich elektrische Ladungen **entgegengesetzten** Vorzeichens (ungleichnamige Ladungen) gegenseitig **anziehen.**
Diese vom Bewegungszustand der Ladungen unabhängige Art von Wechselwirkungskraft heißt **elektrostatische Kraft** oder **Coulomb-Kraft.** (Oft reden wir in diesem Fall einfach von **elektrischer Kraft;** die zwischen **bewegten** elektrischen Ladungen bzw. elektrischen Strömen zusätzlich auftretende Kraftwirkung wird als **magnetische Kraft** bezeichnet – s. S. 202f).

Nähern Sie einen geriebenen Glasstab kleinen Papierschnitzeln oder Ihren Haaren, so werden diese angezogen, obwohl sie neutral sind (wären sie geladen, würden sie auch untereinander Kräfte ausüben). Dieselbe Beobachtung machen Sie bei Verwendung eines geriebenen Hartgummistabs. (Sie können diesen Versuch selbst auch mit einem Plastiklineal durchführen.) Unter dem Einfluß der elektrischen (Überschuß-)Ladung des Stabs werden im Innern des betreffenden neutralen Körpers die entgegengesetzten elektrischen Ladungen etwas gegeneinander verschoben. Bei dieser sogenannten **elektrischen Verschiebung** bildet sich während der Dauer der Einwirkung der äußeren Ladung ein **induzierter elektrischer Dipol** (Zwei-Pol) aus; auf das Verhalten von Materie im elektrischen Feld gehen wir auf S. 184ff näher ein.

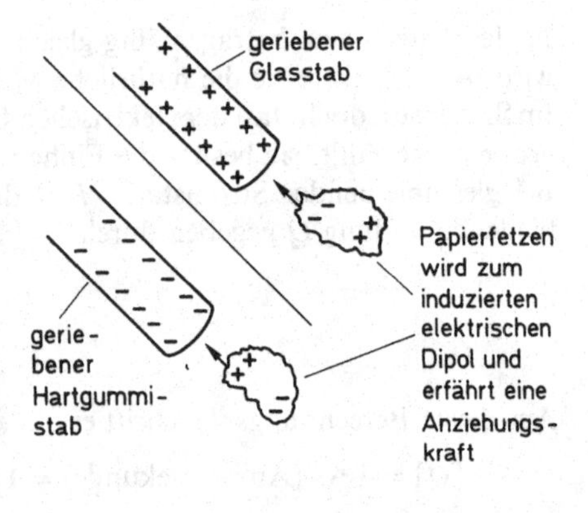


Die dem elektrisch geladenen Stab zugewandte Seite des elektrischen Dipols erfährt eine Anziehungskraft durch den Stab (ungleichnamige Ladungen), während die vom Stab abgewandte Seite des Dipols vom Stab abgestoßen wird (gleichnamige Ladungen).
Der Versuch zeigt, daß die Anziehungskraft überwiegt.
Wir nehmen daher an, daß die Kraftwirkung zwischen Ladungen mit ihrer Entfernung voneinander abnimmt.
Genaue Versuche zeigen, daß die elektrostatische Kraft zwischen zwei (im Vergleich zur Entfernung sehr kleinen) elektrisch geladenen Körpern mit dem Quadrat ihrer Entfernung $r$ abnimmt und zum Produkt der beiden elektrischen Ladungen $Q_1$ und $Q_2$ proportional ist. Dieser Sachverhalt wird als **Coulombsches Gesetz** bezeichnet:

$$F \sim \frac{Q_1 \cdot Q_2}{r^2}$$

### 1.2.2 Der Feldbegriff

Elektrisch geladene Körper üben Kräfte aufeinander aus, ohne sich zu berühren. Dasselbe gilt für Dauer- und Elektromagnete bzw. elektrische Ströme. Auch Massen (z. B. Erde und Sonne) ziehen sich über große Entfernungen an.
Während man früher an eine Art von Fernwirkung glaubte, sind wir heute davon überzeugt, daß irgend etwas die Kräfte zwischen den Körpern übertragen muß (s. a. S. 53): Wenn es Sie beispielsweise nach einem zu hoch hängenden Apfel gelüstet, so versuchen Sie, Ihre Muskelkraft auf den Apfel zu übertragen; dazu können Sie eine Stange oder ein hochgeworfenes Holzstück verwenden.
Da Ladungen auch im Vakuum Kräfte aufeinander ausüben, scheidet hier eine materielle Vermittlung aus. Der Physiker behauptet stattdessen, der Raum um elektrische Ladungen werde selbst verändert, und nennt den Raum in diesem Zustand **elektrisches Feld.** Zwei Ladungen üben demnach durch ihr gegenseitiges elektrisches Feld Kräfte aufeinander aus. Da durch die Vermittlung des Feldes die Kraft jeweils direkt am Körper angreift, reden wir von einer **Nahewirkungstheorie.** Bewegungen einer Ladung wirken sich demgemäß nicht sofort auf andere Ladungen aus, sondern um so mehr verzögert, je weiter die bewegte Ladung entfernt ist. Feldänderungen können sich nämlich nicht beliebig schnell ausbreiten, sondern höchstens mit Lichtgeschwindigkeit.

Sie können sich den Feldbegriff anhand eines mechanischen Beispiels veranschaulichen: Wenn Sie eine Kugel auf ein Trampolin legen, so wird das Gummituch dadurch verformt, und es bildet sich eine Mulde. Eine zweite, auf das verformte Gummituch gelegte Kugel erfährt daher eine Kraft. Sie verformt aber ihrerseits ebenfalls das Gummituch, wodurch sie indirekt auf die erste Kugel eine Kraft ausübt. Durch die Vermittlung des Gummituchs können die Kugeln Kräfte aufeinander ausüben, ohne sich dabei zu berühren. Wenn Sie jemals gezwungen waren, zu zweit in einem französischen Bett zu übernachten, kennen Sie diese Art von Kraftvermittlung.

### 1.2.3 Elektrisches Feld

Um das von elektrisch geladenen Körpern erzeugte elektrische Feld – zumindest ebene Schnitte durch solche Felder – sichtbar zu machen, können wir auf dünne Metallfolien der gewünschten Form eine Glasplatte legen und diese beispielsweise mit Grießkörnern bestreuen. Wenn die Metallfolien stark genug aufgeladen sind, ordnen sich die als Probekörperchen verwendeten Grießkörner in systematischer Weise an – man hilft durch Klopfen auf die Glasplatte etwas nach.
Die Probekörperchen werden nämlich unter dem Einfluß des von dem elektrisch geladenen Körper erzeugten elektrischen Feldes zu induzierten elektrischen Dipolen. Wie die nebenstehende Abbildung zeigt, lagern sich dabei aufgrund der wechselseitigen Anziehung bzw. Abstoßung der Dipolenden die Probekörperchen zu Ketten zusammen.
Solche Ketten bilden sich stets längs der sogenannten **elektrischen Feldlinien** aus. Diese – gedachten – Feldlinien zeigen den Verlauf des elektrischen Feldes in der Ebene der Glasplatte an, d. h. sie geben in jedem Punkt die Wirkungslinie der Kraft an, die eine dort angebrachte kleine elektrische Ladung (eine Probeladung) erfahren würde.

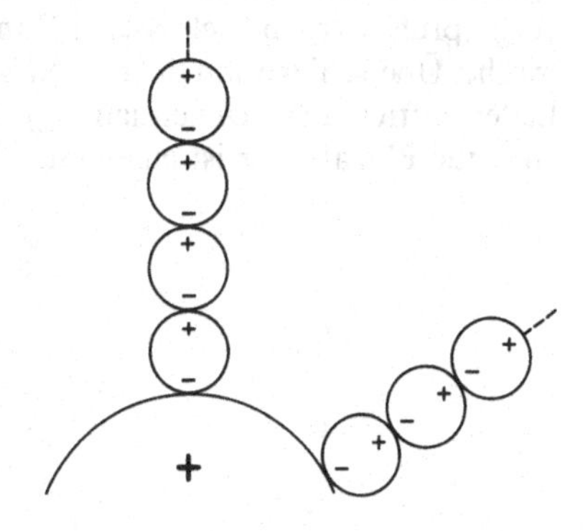

Definitionsgemäß bezieht man sich dabei auf eine **positive** Probeladung und ordnet dadurch den Feldlinien willkürlich eine Richtung zu:

> **Elektrische Feldlinien beginnen an positiven und enden an negativen Ladungen.**

Die nachstehend abgebildeten Feldlinienbilder einiger elektrisch geladener Leiteranordnungen lassen sich z. B. auf die oben beschriebene Art gewinnen.

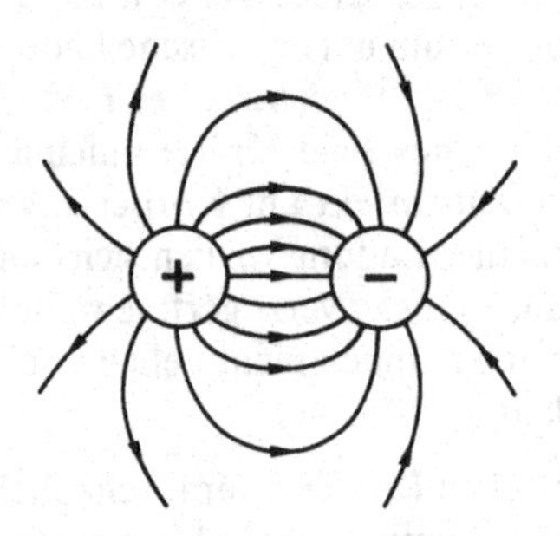


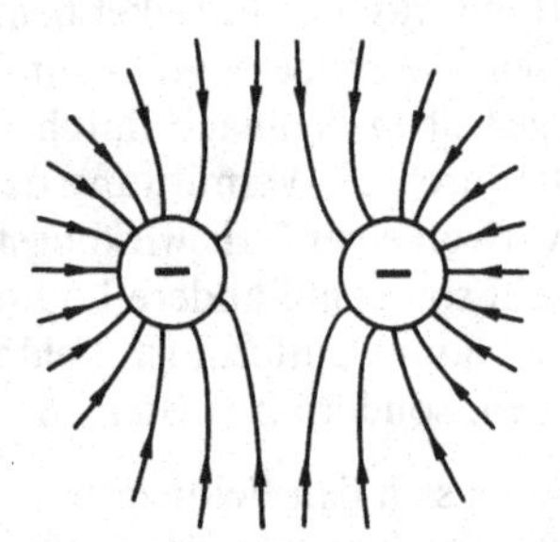


Feldlinien können offensichtlich nur ungleichnamige Ladungen verbinden. Bei den beiden gleichnamigen Ladungen haben wir uns die entgegengesetzten Ladungen in großer Entfernung (z. B. Wände des Raums) verteilt vorzustellen, so daß die eingezeichneten Feldlinien nur einen Ausschnitt aus dem gesamten Feldverlauf wiedergeben.
Die Feldlinien scheinen sich gegenseitig abzustoßen. Außerdem stehen sie stets senkrecht auf den Leiteroberflächen. (Sonst würden nämlich in der Leiteroberfläche noch zur Oberfläche parallele elektrische Kraftkomponenten auftreten, die die Ladungen verschieben würden; wir könnten also nicht von ruhenden elektrischen Ladungen sprechen.)

Versuche zeigen, daß die Kraft auf eine ins elektrische Feld gebrachte elektrische Probeladung dort besonders groß ist, wo die Feldlinien sehr dicht liegen.
Dies ist besonders an den Spitzen elektrisch geladener Metallgegenstände der Fall. Hier drängen sich die Elektronen im Innern des Metalls so, daß unter Umständen sogar Elektronen aus dem Metall herausgesprüht werden (elektrischer Wind) bzw. elektrische Überschläge auf in der Nähe befindliche Leiter auftreten (Spitzenentladung). Der spitz zulaufende Blitzableiter ist eine Nutzanwendung.

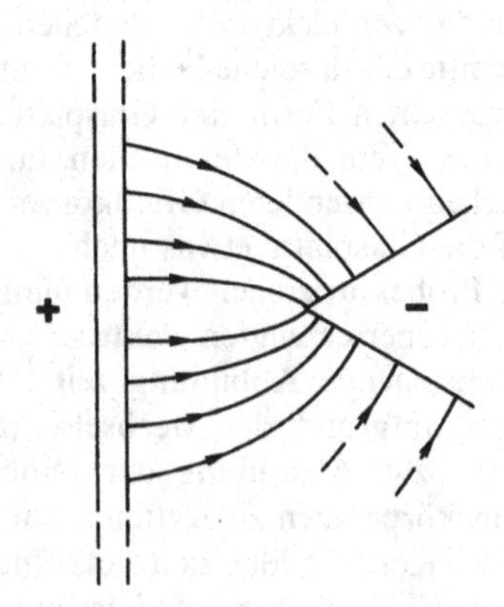

Zwischen den Metallplatten eines sogenannten **Plattenkondensators** liegen die Feldlinien überall gleich dicht und verlaufen parallel – wenn wir von den Randgebieten absehen. Im Gegensatz zu den oben abgebildeten inhomogenen Feldern erfährt eine elektrische Ladung in einem solchen **homogenen** elektrischen Feld an jeder Stelle dieselbe Kraft.

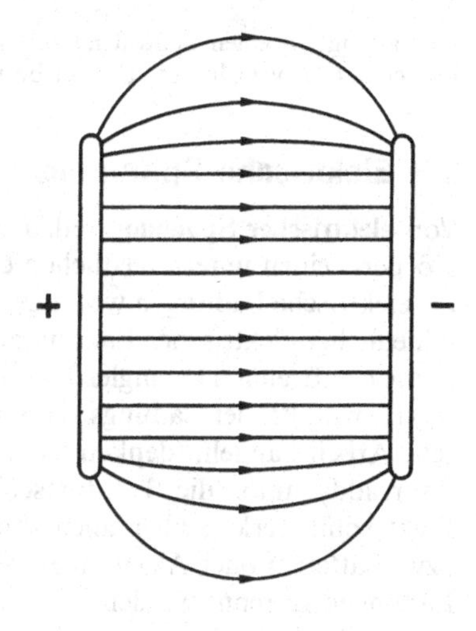


Ein allseitig von Metall abgeschirmter Raum ist feldfrei; im Innern dieses **Faradayschen Käfigs** wirkt keine elektrostatische Kraft auf elektrische Ladungen.

Ein in ein Auto einschlagender Blitz kann Sie daher normalerweise nicht gefährden. Im Deutschen Museum in München können Sie sogar beobachten, wie ein meterlanger Blitz (angelegte Spannung nahezu 1 Million Volt!) in einen Drahtkäfig einschlägt, ohne daß einem darin sitzenden Menschen etwas geschieht.

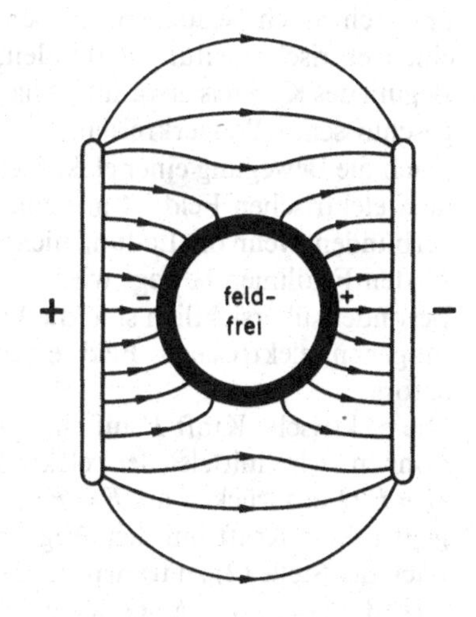


Zur **Abschirmung** von Signalleitungen vor äußeren Störfeldern (z. B. Antennenleitung des Fernsehapparats) umgibt ein schlauchförmiges Drahtgeflecht die isoliert in der Mitte des Kabels verlaufende Signalleitung; man nennt dieses Kabel Koaxialkabel.

Die elektrostatische Kraft $F$ auf eine Probeladung $Q$ an einer bestimmten Stelle eines elektrischen Feldes ist (s. S. 158) proportional zur Probeladung $Q$ selbst. Für eine bestimmte Stelle eines elektrischen Feldes ist daher der Quotient $F/Q$ konstant und charakterisiert die Stärke des elektrischen Feldes an dieser Stelle.

Wir nennen diesen Quotienten **elektrische Feldstärke** $E$:

$$E = \frac{F}{Q}$$

$$[E] = 1\frac{N}{C}\left(= 1\frac{\mathrm{V}}{\mathrm{m}}\left(\frac{\mathrm{Volt}}{\mathrm{Meter}}\right);\ \text{s. S. 164}\right)$$

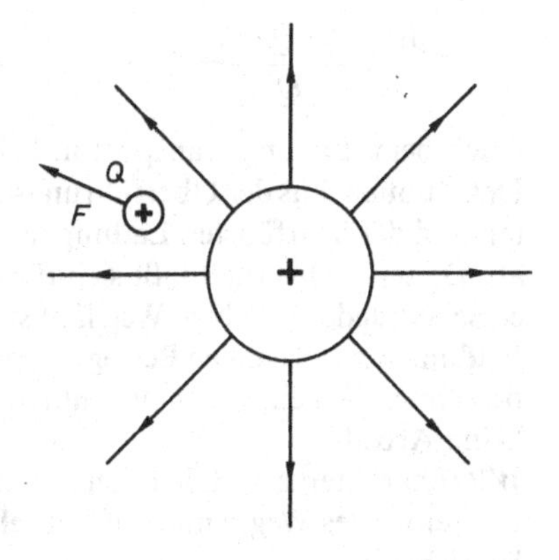


Wie die Kraft stellt die elektrische Feldstärke eine gerichtete Größe dar, d. h. sie ist durch Betrag und Richtung gekennzeichnet.

**Anmerkung**

Ein anderes Maß für die Stärke eines elektrischen Feldes ist die **elektrische Verschiebung:** Die entgegengesetzten Ladungen in einem neutralen Körper werden nämlich unter dem Einfluß eines elektrischen Feldes gegeneinander verschoben. Darauf beruht der auf S. 158 erwähnte induzierte elektrische Dipol.

## 1.3 Elektrische Spannung

Von **elektrischer Spannung** reden wir, wenn zwei Körper (bzw. zwei Stellen desselben Körpers) einen unterschiedlichen elektrischen Ladungszustand aufweisen.
Da elektrische Ladungen weder erzeugt noch vernichtet werden können, kann ein unterschiedlicher elektrischer Ladungszustand nur durch das Trennen entgegengesetzter Ladungen auftreten. Die ungleichnamigen Ladungen ziehen sich gegenseitig an; gegen diese Kräfte wird bei der Ladungstrennung Arbeit verrichtet. Dabei kann es sich um mechanische Arbeit handeln (denken Sie an die eingangs erwähnte Reibungselektrizität, an den Fahrraddynamo, die Lichtmaschine des Autos und die großen Generatoren der Elektrizitätswerke); aber auch durch chemische Umsetzungen (galvanische Elemente bzw. Batterien oder Akkumulatoren) oder durch Lichteinstrahlung (Solarzelle) können Ladungen getrennt werden.
Die bei der Ladungstrennung verrichtete Arbeit wird wieder frei, wenn wir die elektrisch unterschiedlich geladenen Körper (z. B. die beiden Pole einer Spannungsquelle) durch eine elektrische Leitung verbinden, die einen Verbraucher enthält (denken Sie an die zu Beginn des Kapitels erwähnte Analogie zwischen dem elektrischen Stromkreis und einem geschlossenen Wasserkreislauf).
Auch die Bewegung einer elektrischen Ladung in einem elektrischen Feld ist mit einem Arbeitsumsatz verbunden, wenn die Ladung nicht gerade senkrecht zu den Feldlinien bewegt wird.
Besonders übersichtlich sind die Verhältnisse im homogenen elektrischen Feld eines Plattenkondensators:
Die elektrische Kraft $F$ auf eine positive Ladung $Q$ können wir mittels der elektrischen Feldstärke $E = F/Q$ ausdrücken als $F = E \cdot Q$. Um die Ladung gegen diese Kraft um den Weg $s$ von der Stelle (1) nach der Stelle (2) zu transportieren, müssen wir die Arbeit $W = F \cdot s = E \cdot Q \cdot s$ verrichten.

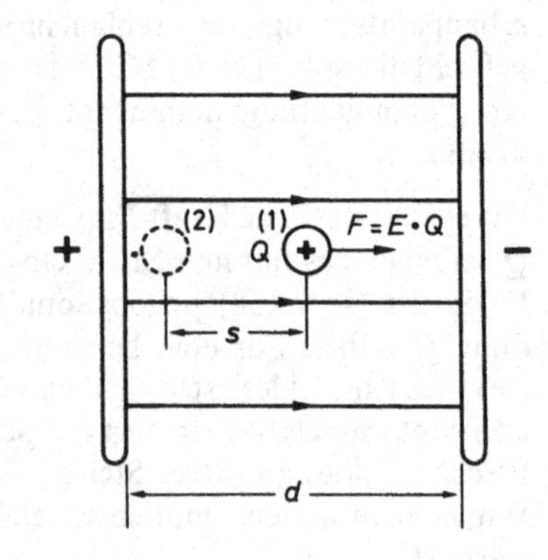


Diese Arbeit ist von $Q$ abhängig, nicht jedoch der Quotient:

$$\frac{W}{Q} = \frac{E \cdot Q \cdot s}{Q} = E \cdot s$$

Auch beim Ladungstransport in beliebig komplizierten elektrischen Feldern gilt stets: Der Quotient aus der Überführungsarbeit einer elektrischen Ladung zwischen zwei Punkten und der überführten Ladung hängt weder von der Ladung noch vom gewählten Weg ab. Dieser Sachverhalt läßt sich für den Fall eines homogenen elektrischen Feldes leicht einsehen: Jeder beliebige Weg läßt sich in kleine Wegstücke parallel und senkrecht zu den Feldlinien zerlegen. Die Bewegung parallel zu den Feldlinien erfordert insgesamt die oben berechnete Arbeit, diejenige senkrecht zu den Feldlinien ist kräftefrei und erfordert daher keine Arbeit.
$W/Q$ charakterisiert daher den unterschiedlichen elektrischen Zustand von Anfangs- und Endpunkt des Weges und wird als **elektrische Spannung** $U$ zwischen den beiden Punkten bezeichnet:

$$U = \frac{W}{Q}$$

$$[U] = 1\frac{\mathrm{J}}{\mathrm{C}} = 1\frac{\mathrm{Ws}}{\mathrm{As}} = 1\frac{\mathrm{W}}{\mathrm{A}} = 1\,\mathrm{V}\ (\mathrm{Volt})$$

Die mit Arbeitsaufwand verbundene Bewegung von Ladungen entgegen der elektrischen Feldkraft und der mögliche Arbeitsgewinn beim Zurückfließen der Ladungen erinnert uns an die entsprechenden Vorgänge beim Heben oder Senken eines Gewichtsstücks: Genauso, wie die Höhendifferenz zwischen zwei Punkten ein Maß für die Überführungsarbeit einer Einheitsmasse zwischen den beiden Punkten darstellt, ist die elektrische Spannung zwischen zwei Punkten ein Maß für die Überführungsarbeit einer Einheitsladung. Ebenso wenig, wie es die Höhendifferenz eines Punktes gibt, hat die Spannung eines Punktes einen Sinn!

Spannung muß immer zwischen zwei Punkten gemessen werden; wird der zweite Punkt nicht angegeben, so ist damit die Erde gemeint, d. h. die angegebene Spannung bezieht sich auf die Überführungsarbeit einer elektrischen Ladung zwischen dem Punkt und der Erde.

In der Praxis treten Spannungen von Bruchteilen eines Millivolts (z. B. als Thermospannung, s. S. 136) auf, aber auch Spannungen von mehreren Millionen Volt (z. B. Teilchenbeschleuniger, Gewitter). Galvanische Elemente besitzen Spannungen von 1 bis 2 V; Spannungen über 42 V gelten als gefährlich für den Menschen; die Netzspannung beträgt 220 V und in modernen Hochspannungsleitungen fließt der Strom bei einer Spannung von 380000 V.

Übrigens sind die Netzspannung und die Hochspannung in den Versorgungsleitungen Wechselspannungen, d. h. beide Pole sind abwechselnd Plus- und Minuspol. Da sich außer der Polarität der Spannung auch ihr Betrag ständig ändert, wird üblicherweise der sogenannte **Effektivwert** der Spannung angegeben: Eine Gleichspannung dieses Werts erzeugt beispielsweise in elektrischen Heizgeräten dieselbe Wärmeleistung wie die entsprechende Wechselspannung.

Beim Hintereinanderschalten von Spannungsquellen wird mehrfach Arbeit an derselben Ladung verrichtet, d. h. die Spannungen addieren sich.
Beim Parallelschalten von Spannungsquellen wird an mehr Ladungen Arbeit verrichtet, die Spannung bleibt dabei gleich, aber die verfügbare Stromstärke erhöht sich.

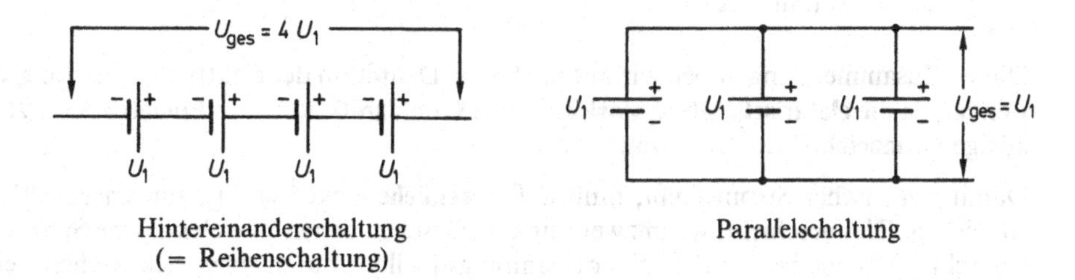

Hintereinanderschaltung (= Reihenschaltung)    Parallelschaltung

Kommen wir nochmals zum Kondensator zurück:
Überführen wir die Ladung um den gesamten Plattenabstand $d$, hier also von der rechten zur linken Platte, so wird $W = E \cdot Q \cdot d$ und daher $U = E \cdot d$, woraus wir für die elektri-

sche Feldstärke im Innern eines Plattenkondensators erhalten:

$$E = \frac{U}{d}$$

Daraus ergibt sich für die elektrische Feldstärke (außer der uns schon bekannten Einheit 1 N/C) die gleichwertige Einheit 1 V/m (Übung: Zeigen Sie, daß gilt: 1 N/C = 1 V/m).

**Beispiel**
Welche elektrische Feldstärke herrscht zwischen den 1 cm voneinander entfernten Platten eines Plattenkondensators bei einer Spannung von 1000 V?
**Lösung**

$$E = \frac{U}{d} \quad \Rightarrow \quad E = \frac{1000\,\mathrm{V}}{10^{-2}\,\mathrm{m}} = 10^5\,\frac{\mathrm{V}}{\mathrm{m}}$$

Die in Atomen bzw. Molekülen herrschenden inneren elektrischen Felder sind millionenfach stärker! Die Hüllenelektronen von Atomen oder Molekülen lassen sich daher vergleichsweise wenig von äußeren elektrischen Feldern beeinflussen.
Die leicht beweglichen Leitungselektronen in Metallen können allerdings aus einem äußeren elektrischen Feld soviel Energie aufnehmen, daß sie an Stellen mit besonders hoher elektrischer Feldstärke, z. B. an feinen Spitzen, sogar aus dem Metall austreten können (Spitzenentladung, s. S. 160).

Die in der Praxis zur Spannungsmessung überwiegend verwendeten Drehspulmeßgeräte sind umgeeichte Strommesser, wir kommen später darauf zurück. Zur Messung sehr hoher Spannungen und zu Schulversuchen werden auch sogenannte Elektroskope bzw. Elektrometer verwendet. Diese **statischen Spannungsmesser** verwenden die elektrische Kraft zwischen den Ladungen und benötigen daher keinen Strom.

## 1.4 Elektrischer Strom

**Elektrischer Strom** ist fließende (strömende) elektrische Ladung:
Wenn in der Zeit $t$ die Ladung $Q$ durch einen Leiterquerschnitt fließt, beträgt die (durchschnittliche) Stromstärke:

$$I = \frac{Q}{t}$$

$$[I] = 1\,\mathrm{A}\ (\text{Ampere}) = 1\,\frac{\mathrm{C}}{\mathrm{s}}$$

Diesen Zusammenhang haben wir auf S. 157 zur Definition der elektrischen Ladung verwendet, da die **elektrische Stromstärke** als eine **Grundgröße** und ihre **Einheit 1 A** als zugehörige **Grundeinheit** des SI gewählt wurde.

Damit elektrischer Strom fließt, muß auf **bewegliche** elektrische Ladungen eine Kraft einwirken. Dies geschieht, wenn zwei Punkte, zwischen denen eine elektrische Spannung herrscht – z. B. die beiden Pole einer Spannungsquelle –, durch einen elektrischen Leiter verbunden sind. Dann treibt die elektrische Feldkraft die beweglichen Ladungen durch den Leiter.
In **Metallen** und **Halbleitern** treten ausschließlich Elektronen als Ladungsträger auf (Näheres s. S. 187ff). In **Elektrolyten** dagegen, wie Flüssigkeiten mit frei beweglichen Ionen

genannt werden (verdünnte Säuren und Basen sowie Salzlösungen und -schmelzen) erfolgt der Ladungstransport durch Ionen beiderlei Vorzeichens.
Auch **Gase,** die normalerweise Isolatoren sind, d. h. den elektrischen Strom nicht leiten, verfügen bei niederem Druck und hoher elektrischer Feldstärke über Ladungsträger. Hierbei handelt es sich sowohl um Elektronen als auch um positiv und negativ geladene Ionen.
Schon lange, bevor bekannt war, welche Ladungsträger die Elektrizitätsleitung in den einzelnen Stoffen übernehmen, experimentierte man mit elektrischen Spannungen und Strömen: Die Existenz von Elektronen wurde erst gegen Ende des letzten Jahrhunderts nachgewiesen; dazu dienten vor allem Experimente zur Elektrizitätsleitung in verdünnten Gasen (Gasentladungsröhren). Wie schon erwähnt, entwickelte Volta bereits ein Jahrhundert früher Galvanische Elemente.
Die Richtung, in die **positive** Ladungen fließen, also die Richtung vom Pluspol zum Minuspol der Spannungsquelle, wurde willkürlich als Stromrichtung definiert. Diese sogenannte **technische Stromrichtung** ist noch heute die für Gesetze, Regeln usw. gültige Stromrichtung.

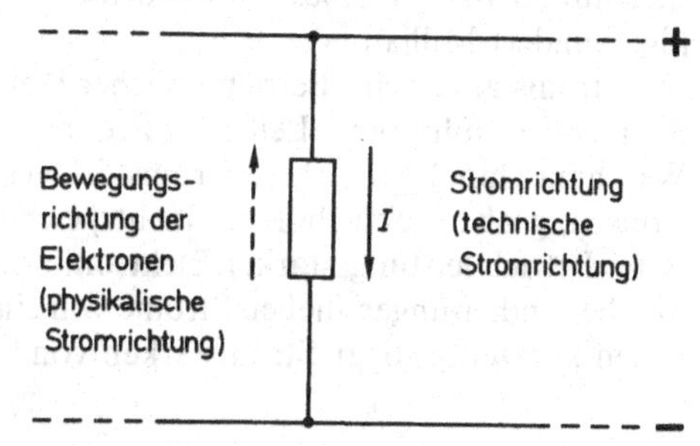


Die meisten elektrischen Stromkreise bestehen aus Metallen; die Elektronen fließen als **negative** elektrische Ladungen jedoch genau entgegengesetzt zur technischen Stromrichtung, nämlich vom Minus- zum Pluspol; diese Richtung heißt **physikalische Stromrichtung**.
Der Strompfeil in dem obenstehenden Ausschnitt aus einem Schaltplan zeigt daher definitionsgemäß von „+" nach „–", obwohl die Elektrizitätsleitung in der umgekehrten Richtung erfolgt (Elektronen).
Drei Wirkungen des elektrischen Stroms sind zu erwähnen:
Die **Wärmewirkung** wird verwendet in einer Vielzahl elektrischer Heizgeräte (elektrischer Boiler, Elektroherd, Tauchsieder, Heizlüfter, Bügeleisen), in Glühbirnen und in Schmelzsicherungen (diese enthalten einen dünnen Draht, der bei Überschreiten einer gewissen Stromstärke durchbrennt und damit eine Beschädigung elektrischer Geräte oder Leitungen, z. B. durch Kurzschluß, verhindert).
Die **chemische Wirkung** ist für die Elektrizitätsleitung in Elektrolyten charakteristisch; früher wurde die Einheit der elektrischen Ladung über die bei der Elektrolyse erfolgende Stoffabscheidung definiert. Eine Vielzahl chemischer Substanzen wird elektrolytisch dargestellt oder gereinigt. Galvanische Bäder sind aus der Oberflächenbehandlung bzw. -beschichtung nicht mehr wegzudenken (Verkupfern, Versilbern, ...).
Die **magnetische Wirkung** des elektrischen Stroms wird bei Elektromagneten sichtbar. Ohne die magnetische Wirkung gäbe es auch keine elektrische Klingel, keine elektrischen Lautsprecher und keine Elektromotoren (also keine elektromechanischen Haushaltsgeräte und keinen Aufzug). Die Messung von elektrischen Strömen und Spannungen erfolgt überwiegend mittels Drehspulmeßgeräten, d. h. durch die magnetische Wirkung des elektrischen Stroms.
Auch die Definition des Ampere als Einheit der elektrischen Stromstärke im SI beruht auf der magnetischen Wirkung; dies ist insofern berechtigt, als die magnetische Wirkung als einzige naturnotwendig mit dem elektrischen Strom verbunden ist.
In Metallen beispielsweise tritt keine chemische Wirkung auf und in **Supraleitern** ist keine Wärmeentwicklung festzustellen.

**Anmerkung**
Unter Supraleitern versteht man spezielle, i. a. nichtmetallische Stoffe, die bei sehr tiefen Temperaturen zu völlig verlustfreien Leitern werden. Vor allem für den Bau der sehr starken Elektromagnete, die in Beschleunigungsanlagen für Elementarteilchen oder in der Resonanzspektroskopie – ESR, NMR, s. S. 59 – benötigt werden, bieten Supraleiter enorme Vorteile bzw. neue Möglichkeiten, da sie sich auch bei sehr hohen Stromdichten nicht erwärmen.

Die üblicherweise auftretenden Stromstärken überdecken einen weiten Bereich:
In den Schaltkreisen integrierter Schaltungen, z. B. dem Chip Ihrer Quarzuhr oder Ihres Taschenrechners, reichen teilweise schon Ströme von Bruchteilen eines Mikroampere zur Signalübermittlung bzw. Steuerung.
Ströme von wenigen Milliampere fließen beim Betrieb von Glimmlampen oder kleinen Leuchtdioden; ein kleines Transistorradio oder ein Taschenlampenbirnchen benötigt wenige hundert Milliampere.
Die Stromstärke beim Betrieb üblicher Haushaltsgeräte reicht von einigen hundert Milliampere (Glühbirne, Leuchtstoffröhre, Handrührgerät) bis zu 16 A (Heizlüfter, Waschmaschine); für höhere Stromstärken sind Starkstromanschlüsse erforderlich (Elektroherd, große Elektroboiler, Nachtspeicheröfen).
Beim Betrieb leistungsstarker Elektromotoren (Autoanlasser, Elektrolokomotiven) und in Überlandleitungen fließen Ströme von einigen hundert bis tausend Ampere. In Blitzen treten kurzzeitig sogar Stromstärken von mehr als zehntausend Ampere auf.

## 1.5 Elektrischer Widerstand und elektrische Leitfähigkeit

### 1.5.1 Strom- und Spannungsmessung

Zur Messung der elektrischen Stromstärke und der elektrischen Spannung dienen meist **Drehspulstrommeßgeräte.**
Wie die nebenstehende Abbildung zeigt, ist eine kleine Spule drehbar zwischen den beiden Polen eines Dauermagneten gelagert; ihre Drehung können wir anhand eines Zeigers auf einer Skala ablesen.

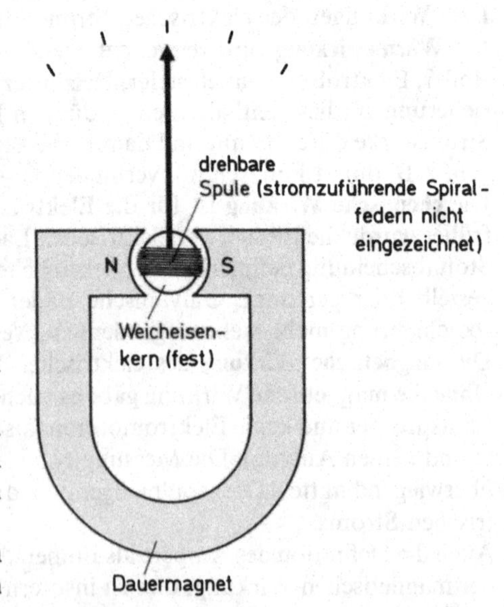


Zwei Spiralfedern, die gleichzeitig als elektrische Zuleitungen dienen, üben auf die Spule eine mit der Drehung zunehmende Rückstellkraft aus.
Fließt elektrischer Strom durch die Spule, so wird diese aufgrund der magnetischen Wirkung des elektrischen Stroms selbst zum (Elektro-)Magneten, und es treten magnetische Kräfte zwischen dem Dauermagneten und der Spule auf. Der Weicheisenkern, um den die Spule drehbar ist, verstärkt diesen Effekt.
Unter dem Einfluß dieser Kräfte dreht sich die Spule so lange, bis sich die Wirkungen der magnetischen Kräfte und der Rückstellkräfte der Spiralfedern gegenseitig aufheben. Die Anordnung ist dabei so gewählt, daß der Drehwinkel der Spule proportional zur Stromstärke ist.

Da ein eindeutiger Zusammenhang zwischen dem durch die Spule fließenden Strom und der an der Spule liegenden Spannung herrscht (siehe unten, Ohmsches Gesetz), können wir das Drehspulmeßwerk auch zur Spannungsmessung verwenden.
Die in Vielfachmeßgeräten verwendeten Drehspulmeßwerke zeigen teilweise schon bei einer Stromstärke von etwa 50 μA bzw. einer Spannung von etwa 100 mV Vollausschlag. Ihr Meßbereich läßt sich auf einfache Weise erweitern (s. S. 176f); die meisten Vielfachmeßgeräte sind mit Drehschaltern zur Wahl des Meßbereichs ausgestattet (meist bis zu Stromstärken von 3 A und Spannungen von 3 kV).
Noch empfindlicher sind **Spiegelgalvanometer.** Sie beruhen auf demselben Meßprinzip, jedoch hängt die Spule an einem feinen Draht, dessen Verdrillung zu einer Rückstellkraft führt. Der Draht trägt gleichzeitig einen kleinen Spiegel, der einen einfallenden Lichtstrahl auf eine weit entfernte Skala reflektiert und so schon geringste Drehwinkel sichtbar macht. Damit lassen sich noch Ströme von Bruchteilen eines Mikroampere messen.

Ändern wir die Stromrichtung in einem Drehspulinstrument, so schlägt der Zeiger nach der entgegengesetzten Richtung aus. Schließen wir das Drehspulinstrument an Wechselstrom an, so kann der Zeiger dem raschen Wechsel der Polarität nicht folgen, und zittert allenfalls um die Ruhelage. Zur Messung der Effektivwerte wird der Wechselstrom bzw. die Wechselspannung gleichgerichtet; in den meisten Vielfachmeßgeräten sind entsprechende Gleichrichterschaltungen eingebaut.

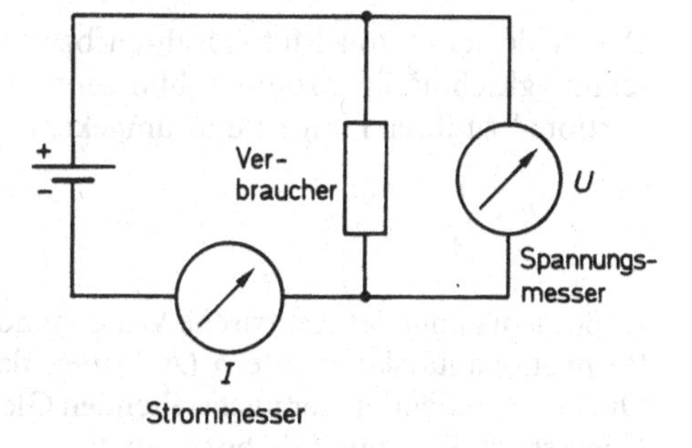


Beachten Sie, daß Strommesser und Spannungsmesser in grundsätzlich verschiedener Weise angeschlossen werden:
Der Strommesser soll den im elektrischen Stromkreis fließenden Strom registrieren; dazu muß er selbst Teil des Stromkreises sein, also vom gesamten Strom durchflossen werden. Der Strommesser wird daher **in** den Stromkreis geschaltet (in Reihe zum Verbraucher).
Der Spannungsmesser mißt die Spannung zwischen zwei Punkten des Stromkreises; mit diesen beiden Punkten sind seine beiden Zuleitungen zu verbinden. Der Spannungsmesser wird also **an** den Stromkreis gelegt (parallel zum Verbraucher).

## 1.5.2 Ohmsches Gesetz; spezifischer Widerstand und Leitfähigkeit

Wieviel Strom bei einer gegebenen Spannung durch einen Stromkreis fließt, hängt einerseits vom Verbraucher ab, andererseits wächst bei einem bestimmten Verbraucher die Stromstärke im allgemeinen mit der Spannung an.
Für die meisten Verbraucher ist sogar die Stromstärke $I$ proportional zur angelegten Spannung $U$, zumindest, wenn der Verbraucher durch den Strom nicht zu sehr erwärmt wird. Nach seinem Entdecker heißt dieser Zusammenhang **Ohmsches Gesetz**. Der Quotient $U/I$ ist dann eine Konstante, die den hemmenden Einfluß des Verbrauchers auf den elektrischen Strom charakterisiert; in Analogie zum Strömungswiderstand eines Rohres in einem Wasserkreislauf heißt $U/I$ **elektrischer Widerstand:**

$$R = \frac{U}{I} \qquad [R] = 1\frac{\mathrm{V}}{\mathrm{A}} = 1\,\Omega\,(\mathrm{Ohm})$$

Nicht gültig ist das Ohmsche Gesetz für Halbleiterbauelemente oder Elektronenröhren. Für derartige Bauelemente gibt man im allgemeinen Kennlinien an, aus denen die Stromstärke als Funktion der angelegten Spannung abzulesen ist.
Aber auch für Metalle, Graphit und Elektrolyte gilt das Ohmsche Gesetz nur bei konstanter Temperatur: Bei den meisten Metallen nimmt der elektrische Widerstand um etwa 4 bis 5% pro 10 °C Temperaturerhöhung zu, nur bei besonderen Legierungen, z. B. Konstantan, ist er praktisch temperaturunabhängig. Bei Halbleitern, Graphit und Elektrolyten sinkt der elektrische Widerstand dagegen bei Erwärmung.
Auf die Möglichkeit der Temperaturmessung mit elektrischen Widerstandsthermometern sind wir auf S. 136 eingegangen.

In der Chemie wird statt des elektrischen Widerstands häufig der **elektrische Leitwert** $G$ verwendet, der als Kehrwert des Widerstands definiert ist:

$$G = \frac{1}{R} = \frac{I}{U}$$

$$[G] = 1\frac{\mathrm{A}}{\mathrm{V}} = \frac{1}{\Omega} = 1\,\mathrm{S}\ \text{(Siemens)}$$

Der Widerstand von Metalldrähten bzw. Kohlestäben oder über den gesamten Querschnitt gleichmäßig stromdurchflossenen Elektrolysezellen ist anschaulicherweise proportional zu ihrer Länge $l$ und umgekehrt proportional zu ihrem Querschnitt $A$:

$$R \sim \frac{l}{A}$$

Außerdem hängt der elektrische Widerstand natürlich vom verwendeten Material ab; die Proportionalitätskonstante $\varrho$ (Achtung: dasselbe Symbol wird auch für die stoffliche Dichte verwendet) in der nachstehenden Gleichung wird daher als **spezifischer elektrischer Widerstand** des Materials bezeichnet:

$$R = \varrho \cdot \frac{l}{A}$$

Umformen der Gleichung ergibt:

$$\varrho = \frac{R \cdot A}{l}$$

$$[\varrho] = 1\frac{\Omega \cdot \mathrm{mm}^2}{\mathrm{m}}$$

Der Zahlenwert des in dieser Einheit gemessenen spezifischen Widerstands gibt also den elektrischen Widerstand eines Drahts bzw. Stabs von 1 m Länge und 1 mm² Querschnitt aus dem betreffenden Material an; üblicherweise bezieht man sich dabei auf eine Temperatur von 18 °C.

Übrigens wird der spezifische Widerstand auch in den – weniger anschaulichen – Einheiten $1\,\Omega \cdot \text{m}$ bzw. $1\,\Omega \cdot \text{cm}$ angegeben; es gilt:

$$1\,\frac{\Omega \cdot \text{mm}^2}{\text{m}} = 1\,\frac{\Omega \cdot 10^{-6}\,\text{m}^2}{\text{m}} = 10^{-6}\,\Omega \cdot \text{m} = 10^{-4}\,\Omega \cdot \text{cm}$$

Der Kehrwert des spezifischen elektrischen Widerstands heißt **elektrische Leitfähigkeit**:

$$\sigma = \frac{1}{\varrho} = \frac{l}{R \cdot A} = G \cdot \frac{l}{A}$$

$$[\sigma] = 1\,\frac{\text{m}}{\Omega \cdot \text{mm}^2} = 1\,\text{S} \cdot \frac{\text{m}}{\text{mm}^2} \qquad \left(= 10^6\,\frac{\text{S}}{\text{m}} = 10^4\,\frac{\text{S}}{\text{cm}}\right)$$

**Beispiel**
Durch eine Spule aus Kupferdraht von 90 m Länge und $0{,}2\,\text{mm}^2$ Querschnitt fließt bei einer Spannung von 3 V ein Strom von 400 mA. Wie groß sind demnach spezifischer Widerstand und Leitfähigkeit von Kupfer?

**Lösung**
Berechnung des Widerstands nach dem Ohmschen Gesetz:

$$R = \frac{U}{I} \quad \Rightarrow \quad R = \frac{3\,\text{V}}{0{,}4\,\text{A}} = 7{,}5\,\Omega$$

Daraus ergibt sich für den spezifischen Widerstand

$$\varrho = \frac{R \cdot A}{l} \quad \Rightarrow \quad \varrho = \frac{7{,}5\,\Omega \cdot 0{,}2\,\text{mm}^2}{90\,\text{m}} = 0{,}017\,\frac{\Omega \cdot \text{mm}^2}{\text{m}}$$

bzw. für die Leitfähigkeit:

$$\sigma = \frac{1}{\varrho} \quad \Rightarrow \quad \sigma = 60\,\frac{\text{m}}{\Omega \cdot \text{mm}^2} = 60\,\text{S} \cdot \frac{\text{m}}{\text{mm}^2}$$

Der spezifische Widerstand von Kupfer ist vergleichsweise sehr niedrig, lediglich das wesentlich teurere Silber besitzt mit $0{,}016\,\Omega \cdot \text{mm}^2/\text{m}$ einen geringfügig kleineren Wert. Für Stromleitungen (z. B. Kabel, Transformatorenspulen) werden daher praktisch ausschließlich Kupferdrähte verwendet; die Elektroindustrie verbraucht dazu den Großteil der gesamten Kupferproduktion.
Erstaunlicherweise besitzt nur sehr reines Kupfer einen so geringen spezifischen Widerstand. Überwiegend kupferhaltige Legierungen wie Konstantan oder Manganin (wichtig wegen der geringen Temperaturabhängigkeit ihres elektrischen Widerstands) weisen einen etwa 30mal höheren spezifischen Widerstand als reines Kupfer auf.
Für Widerstandsdrähte und Heizwicklungen ist dieser hohe spezifische Widerstand erwünscht; Chromnickeldraht besitzt sogar $\varrho \approx 1\,\Omega \cdot \text{mm}^2/\text{m}$. Nichtmetalle besitzen deutlich höhere Werte von $\varrho$: Elektrodenkohle liegt bei $100\,\Omega \cdot \text{mm}^2/\text{m}$, die Halbleiter Silicium und Germanium um $1000\,\Omega \cdot \text{mm}^2/\text{m}$.
Elektrolyte haben noch wesentlich höhere spezifische Widerstände, z. B. 20% $H_2SO_4$ (Akkusäure) etwa $15\,000\,\Omega \cdot \text{mm}^2/\text{m}$; durch den bei Elektrolysen meist geringen Elektrodenabstand und den großen Querschnitt ergibt sich trotzdem ein geringer elektrischer Widerstand.
Der spezifische Widerstand von Isolatoren liegt im Vergleich zu diesen Werten astrono-

misch hoch; bei Porzellan beträgt er etwa $10^{14}\,\Omega \cdot mm^2/m$, bei Glas $10^{17}\,\Omega \cdot mm^2/m$, und bei Bernstein oder Bakelit ist er noch höher.

### 1.5.3 Reihenschaltung von Verbrauchern

Wenn wir uns nur für den elektrischen Widerstand des Verbrauchers interessieren, bezeichnen wir ihn kurzerhand selbst als Widerstand.
Elektriker bzw. Elektroniker verwenden in Schaltungen eine Vielzahl von Widerständen; teilweise geschieht dies zur Strombegrenzung, teilweise zur Spannungsteilung (s. u.).
Alle noch so kompliziert aussehenden Verknüpfungen (Netzwerke) von Widerständen lassen sich auf zwei Grundschaltungen, nämlich die **Reihenschaltung** (Hintereinanderschaltung) und die **Parallelschaltung** zurückführen, die wir schon bei den Spannungsquellen kennengelernt haben.

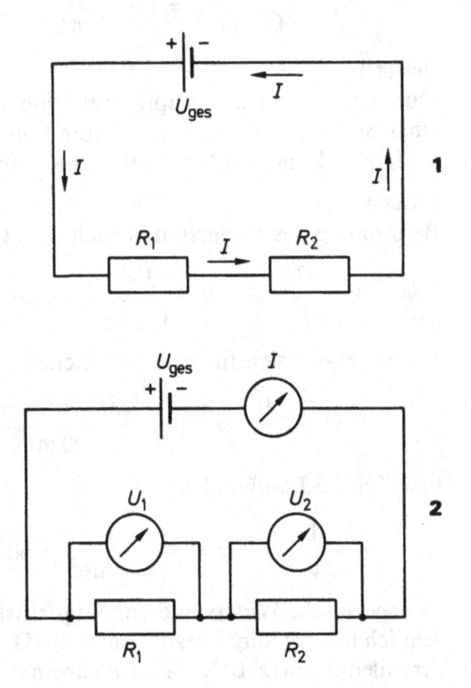


Im nebenstehend skizzierten unverzweigten Stromkreis **1** sind zwei Widerstände hintereinander (in Reihe) geschaltet.
Die Schaltung **2**, in der zwei Drehspulinstrumente als Spannungsmesser und eines als Strommesser eingesetzt werden, erlaubt die Messung des durch die Widerstände fließenden Stroms und der an ihnen liegenden Spannungen.
Dabei nehmen wir vorläufig an, daß im Stromkreis **2** derselbe Strom fließt und dieselben Spannungen auftreten wie im Stromkreis **1**. Dies ist zwar meistens hinreichend gut erfüllt, aber in einigen Fällen werden Strom und Spannung bei direkter Messung mit Drehspulinstrumenten in unzulässiger Weise beeinflußt (s. u.).

Versuchen wir, die Anzeige der Meßgeräte vorherzusagen:
Aufgrund der Ladungserhaltung muß die Stromstärke an jeder Stelle im Stromkreis gleich groß sein (denken Sie an den geschlossenen Wasserkreislauf). Die beiden Widerstände werden also vom selben Strom $I$ durchflossen.
Das Ohmsche Gesetz können wir sowohl für den Stromkreis im Ganzen als auch für jeden Einzelwiderstand anwenden. An den Widerständen $R_1$ bzw. $R_2$ müssen demnach die Spannungen

$$U_1 = R_1 \cdot I \quad \text{bzw.} \quad U_2 = R_2 \cdot I$$

anliegen bzw. abfallen, damit diese jeweils vom Strom $I$ durchflossen werden.
Die Teilspannungen $U_1$ bzw. $U_2$ verhalten sich also wie die entsprechenden Widerstände:

$$U_1 : U_2 = R_1 : R_2$$

Die Spannung ist definitionsgemäß ein Maß für die Überführungsarbeit einer Ladung (s. S. 163). Die von der Spannungsquelle bei der Trennung der Ladungen verrichtete Arbeit wird beim Zurückfließen der Ladungen im Stromkreis wieder freigesetzt (vergleichen Sie damit die Vorgänge beim Heben und Senken eines Gewichtsstücks um dieselbe Höhendifferenz). Deshalb muß die Gesamtspannung $U_{ges}$ gleich der Summe der Teilspannungen sein:

$$U_{ges} = U_1 + U_2$$

Im Stromkreis fließt derselbe Strom, wenn wir die beiden in Reihe geschalteten Widerstände durch einen einzigen **Gesamtwiderstand** $R_{ges}$ ersetzen, der gleich der Summe der Einzelwiderstände ist:

$$\boxed{R_{ges} = R_1 + R_2}$$

Es gilt nämlich:

$$R_{ges} = \frac{U_{ges}}{I} = \frac{U_1 + U_2}{I} = \frac{U_1}{I} + \frac{U_2}{I} = R_1 + R_2$$

**Beispiel**

An zwei in Reihe geschaltete Widerstände von 8 Ω bzw. 40 Ω wird eine Spannung von 24 V angelegt.

Berechnen Sie, welcher Strom fließt und welche Spannungen an den beiden Widerständen abfallen.

**Lösung**

$$R_{ges} = R_1 + R_2 \quad \Rightarrow \quad R_{ges} = 8\,\Omega + 40\,\Omega = 48\,\Omega$$

$$I = \frac{U_{ges}}{R_{ges}} \quad \Rightarrow \quad I = \frac{24\,\text{V}}{48\,\frac{\text{V}}{\text{A}}} = 0{,}5\,\text{A}$$

$$U_1 = R_1 \cdot I \quad \Rightarrow \quad U_1 = 8\,\frac{\text{V}}{\text{A}} \cdot 0{,}5\,\text{A} = 4\,\text{V}$$

$$U_2 = R_2 \cdot I \quad \Rightarrow \quad U_2 = 40\,\frac{\text{V}}{\text{A}} \cdot 0{,}5\,\text{A} = 20\,\text{V}$$

**Probe:**

$$U_{ges} = U_1 + U_2 \quad \Rightarrow \quad 24\,\text{V} = 4\,\text{V} + 20\,\text{V}$$

$$U_1 : U_2 = R_1 : R_2 \quad \Rightarrow \quad 4\,\text{V} : 20\,\text{V} = 8\,\Omega : 40\,\Omega$$

Dieselben Überlegungen gelten entsprechend für die Reihenschaltung von mehr als zwei Widerständen.

Im obigen Beispiel haben wir die anliegende Spannung von 24 V in eine Spannung von 4 V und eine Spannung von 20 V geteilt. Derartige **Spannungsteilerschaltungen** dienen in elektrischen bzw. elektronischen Geräten dazu, um aus einer einzigen Versorgungsspannung (z. B. der eingesetzten Batterie) eine Vielzahl benötigter Hilfsspannungen herzustellen.

Bei Halbleiterbauelementen nimmt der elektrische Widerstand bei Erwärmung ab, wodurch der Strom ansteigt; ohne eine Strombegrenzung durch einen Vorwiderstand könnte dies zur Selbstzerstörung führen.

Die in elektronischen Schaltungen verwendeten Widerstandswerte reichen von wenigen Ohm bis zu vielen Megaohm.

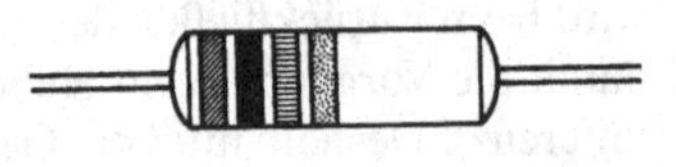

Zur Herstellung von Widerständen wird auf zylindrische Keramikkörperchen ein dünner Metall- oder Kohlefilm aufgedampft und anschließend durch einen Lacküberzug geschützt.
Der Wert des Widerstands und seine Toleranz (z. B. ± 10% des Nennwerts) wird durch einen aus vier Ringen bestehenden Farbcode angegeben. Derartige Widerstände sind – wie inzwischen die meisten elektronischen Bauteile – Pfennigartikel.

Die Verwendung eines Widerstands mit verstellbarem Mittelabgriff (z. B. eines Schiebewiderstands) statt zweier getrennter Widerstände ermöglicht eine variable Spannungsteilung. Eine derartige Schaltung wird als **Potentiometerschaltung** bezeichnet.
Mit ihrer Hilfe lassen sich unbekannte Spannungen sehr genau bestimmen, falls eine etwas größere, bekannte Spannung zur Verfügung steht.

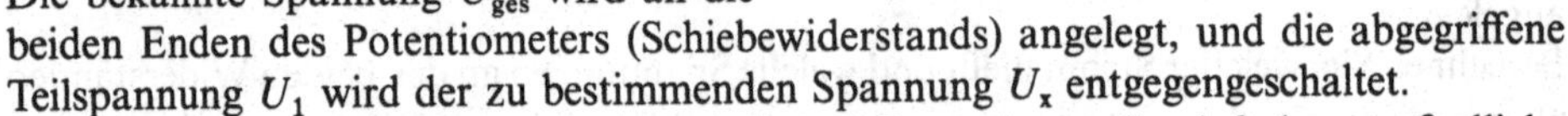


Die bekannte Spannung $U_{ges}$ wird an die beiden Enden des Potentiometers (Schiebewiderstands) angelegt, und die abgegriffene Teilspannung $U_1$ wird der zu bestimmenden Spannung $U_x$ entgegengeschaltet.
$U_1$ wird nun durch Verschieben des Mittelabgriffs so eingestellt, daß der empfindliche Strommesser keinen Ausschlag zeigt.
Dann herrscht zwischen den Punkten (1) und (2) offensichtlich keine Spannung, d. h. $U_1$ und $U_x$ kompensieren sich gerade, sind also betragsmäßig gleich.
Für den Betrag der unbekannten Spannung gilt dann

$$U_x = U_1 = \frac{R_1}{R_1 + R_2} \cdot U_{ges},$$

wobei $R_1$ und $R_2$ aus der Einstellung des Mittelabgriffs abzulesen sind.

Diese als **Poggendorffsche Kompensationsmethode** bekannte Art der Spannungsmessung gestattet eine **stromlose** Bestimmung der unbekannten Spannung.
Dies ist deshalb wichtig, weil jede Spannungsquelle einen sogenannten **Innenwiderstand** $R_i$ besitzt. Bei sehr großer Stromstärke (z. B. Kurzschluß) bricht daher jede Spannung zusammen, d. h. die Klemmenspannung wird verschwindend klein. Bei dem relativ hohen Innenwiderstand mancher galvanischer Elemente bzw. Zellen führt jedoch schon ein sehr geringer Strom, etwa wie er zur direkten Spannungsmessung mittels eines Drehspulinstruments notwendig ist, zu einem merklich zu niedrigen Meßwert der Spannung der galvanischen Zelle.

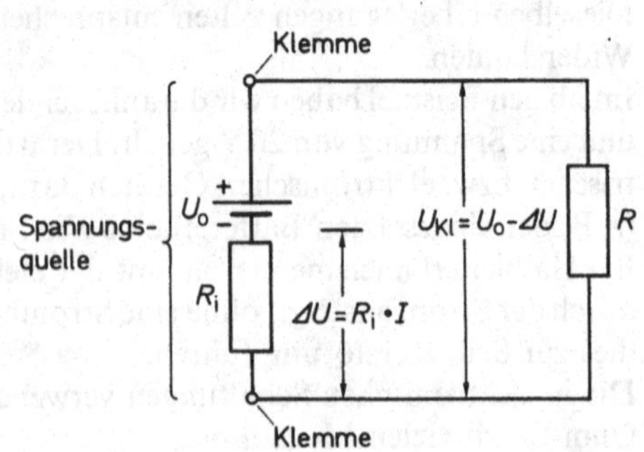


Das nebenstehende Ersatzschaltbild, in dem die reale Spannungsquelle gedanklich in eine ideale Spannungsquelle und einen separaten Innenwiderstand $R_i$ zerlegt ist, macht dies deutlich:
Nur im **stromlosen** Zustand ($I = 0$) herrscht an den Klemmen des galvanischen Elements die sogenannte **Urspannung** $U_0$ (in der Elektrochemie auch als **EMK** = **E**lektro-**M**otorische-**K**raft bezeichnet); so-

bald Strom fließt, herrscht nur noch die **Klemmenspannung** $U_{Kl}$, die um den Spannungsabfall $\Delta U = R_i \cdot I$ am Innenwiderstand $R_i$ kleiner ist als die Urspannung:

$$U_{Kl} = U_0 - R_i \cdot I$$

Wir können die Schaltung auch als eine Spannungsteilerschaltung mit den beiden Widerständen $R_i$ und $R$ ansehen. Solange $R_i$ wesentlich kleiner als $R$ ist, ist die Klemmenspannung praktisch gleich der Urspannung, da praktisch die gesamte Spannung an $R$ abfällt. Die Spannung handelsüblicher Batterien können wir ohne weiteres mit einem üblichen Vielfachmeßgerät bestimmen, beispielsweise ist hier $R_i$ der Batterie 2 Ω und $R$ des Vielfachmeßgeräts im Voltbereich 10 kΩ. Bei manchen galvanischen Zellen liegt jedoch der Innenwiderstand ebenfalls bei einigen Kiloohm, dann ist eine direkte (strombehaftete) Messung unzulässig.

**Beispiel**
Mit der Poggendorffschen Kompensationsmethode ergibt sich die Spannung einer galvanischen Zelle zu 1,10 V; bei Verwendung eines Drehspulinstruments mit $R = 10\,\text{k}\Omega$ wird nur noch eine Spannung von 740 mV gemessen. Wie hoch ist der Innenwiderstand der galvanischen Zelle?

**Lösung**
Die Poggendorffsche Kompensationsmethode liefert $U_0$, während die Messung mit dem Drehspulinstrument $U_{Kl}$ für $R = 10\,\text{k}\Omega$ ergibt; also fällt bei dieser Messung $\Delta U = U_0 - U_{Kl} = 1{,}10\,\text{V} - 0{,}74\,\text{V} = 0{,}36\,\text{V}$ am Innenwiderstand $R_i$ der galvanischen Zelle und $U_{Kl} = 0{,}74\,\text{V}$ am Widerstand $R$ des Drehspulinstruments ab.
Bei der vorliegenden Reihenschaltung der beiden Widerstände $R_i$ und $R$ verhalten sich die Teilspannungen wie die Widerstände:

$$\frac{\Delta U}{U_{Kl}} = \frac{R_i}{R} \quad \Rightarrow \quad R_i = \frac{\Delta U}{U_{Kl}} \cdot R \quad \Rightarrow \quad R_i = \frac{0{,}36\,\text{V}}{0{,}74\,\text{V}} \cdot 10\,\text{k}\Omega$$

$$\Rightarrow \quad R_i = 4{,}9\,\text{k}\Omega$$

### 1.5.4 Parallelschaltung von Verbrauchern; Kirchhoffsche Gesetze

Beim **verzweigten Stromkreis**, d. h. für die Parallelschaltung von Verbrauchern (Widerständen), können wir ebenfalls leicht alle interessierenden Größen berechnen. Dazu gehen wir von zwei einfachen Grundtatsachen aus, den **Kirchhoffschen Gesetzen.**

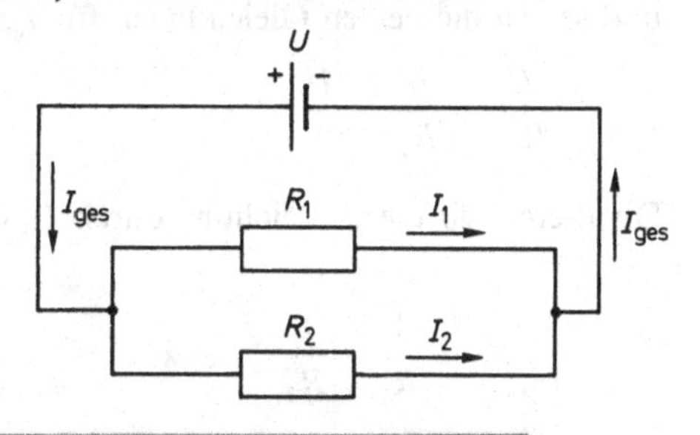


1. Kirchhoffsches Gesetz:

> Bei einer Stromverzweigung ist der Gesamtstrom gleich der Summe der Teilströme (Zweigströme).

Für die obige Parallelschaltung zweier Widerstände gilt also:

$$I_{ges} = I_1 + I_2$$

2. Kirchhoffsches Gesetz:

> Bei einer Stromverzweigung verhalten sich die Zweigströme **umgekehrt** wie die Widerstände in den Zweigen.

$$I_1 : I_2 = R_2 : R_1$$

Das 1. Gesetz folgt unmittelbar aus der Ladungserhaltung, das 2. Gesetz aus folgender Überlegung:
Zwischen zwei Punkten eines Stromkreises kann nur eine Spannung herrschen (analog: zwischen zwei Punkten im Gelände gibt es nur einen Höhenunterschied). An $R_1$ und $R_2$ liegt somit dieselbe Spannung $U$ an. Nach dem Ohmschen Gesetz muß also gelten:

$$U = R_1 \cdot I_1 \quad \text{und} \quad U = R_2 \cdot I_2$$

Gleichsetzen liefert: $R_1 \cdot I_1 = R_2 \cdot I_2$
Durch Umformen dieser Gleichung erhalten wir das 2. Kirchhoffsche Gesetz.

Der Gesamtwiderstand (Ersatzwiderstand) $R_{ges}$ der beiden parallel geschalteten Widerstände ist der Widerstand, der bei derselben Spannung denselben Gesamtstrom fließen läßt; für ihn gilt demnach:

$$I_{ges} = \frac{U}{R_{ges}}$$

Andererseits ist $I_{ges} = I_1 + I_2$.
Ersetzen wir noch die beiden Zweigströme gemäß dem Ohmschen Gesetz

$$I_1 = \frac{U}{R_1} \quad \text{bzw.} \quad I_2 = \frac{U}{R_2}$$

und setzen die beiden Gleichungen für $I_{ges}$ gleich:

$$\frac{U}{R_{ges}} = \frac{U}{R_1} + \frac{U}{R_2}$$

Dividieren wir diese Gleichung durch $U$, erhalten wir:

$$\frac{1}{R_{ges}} = \frac{1}{R_1} + \frac{1}{R_2} \quad \text{bzw.} \quad G_{ges} = G_1 + G_2$$

Bei einer Parallelschaltung von Widerständen ist also der Kehrwert des Gesamtwiderstands gleich der Summe der Kehrwerte der Einzelwiderstände bzw. der Gesamtleitwert $G$ gleich der Summe der Einzelleitwerte.

**Beispiel**
An zwei parallel geschaltete Widerstände von 8 Ω und 40 Ω wird eine Spannung von 24 V angelegt (vergleiche Beispiel zur Reihenschaltung von Widerständen, S. 171).
Wie groß ist der Gesamtstrom?

**Lösung**

$$\frac{1}{R_{ges}} = \frac{1}{R_1} + \frac{1}{R_2} \quad \Rightarrow \quad \frac{1}{R_{ges}} = \frac{1}{8\,\Omega} + \frac{1}{40\,\Omega} \quad \Rightarrow \quad R_{ges} = 6{,}7\,\Omega$$

$$I_{ges} = \frac{U}{R_{ges}} \quad \Rightarrow \quad I_{ges} = \frac{24\,\mathrm{V}}{6{,}7\frac{\mathrm{V}}{\mathrm{A}}} = 3{,}6\,\mathrm{A}$$

**Probe:**

$$I_1 = \frac{U}{R_1} \quad \Rightarrow \quad I_1 = \frac{24\,\mathrm{V}}{8\frac{\mathrm{V}}{\mathrm{A}}} = 3\ \mathrm{A}; \quad I_2 = \frac{U}{R_2} \quad \Rightarrow \quad I_2 = \frac{24\,\mathrm{V}}{40\frac{\mathrm{V}}{\mathrm{A}}} = 0{,}6\,\mathrm{A}$$

$$I_{ges} = I_1 + I_2 \quad \Rightarrow \quad 3{,}6\,\mathrm{A} = 3\,\mathrm{A} + 0{,}6\,\mathrm{A}$$

$$I_1 : I_2 = R_2 : R_1 \quad \Rightarrow \quad 3\,\mathrm{A} : 0{,}6\,\mathrm{A} = 40\,\Omega : 8\,\Omega$$

Der Gesamtwiderstand bei einer Parallelschaltung von Widerständen ist also immer kleiner als der kleinste Einzelwiderstand (dem Strom stehen ja mehrere Pfade zur Verfügung). Der Strom wählt dabei vorzugsweise den Weg des geringsten Widerstands, durch den kleinsten Widerstand fließt der größte Strom.

Zur genauen Messung eines unbekannten Widerstands $R_x$ dient die **Wheatstonesche Brückenschaltung,** eine Kombination von Reihen- und Parallelschaltung von Widerständen. Die untere Hälfte der Schaltung ist Ihnen schon von der Poggendorffschen Kompensationsmethode her als Potentiometerschaltung bekannt:

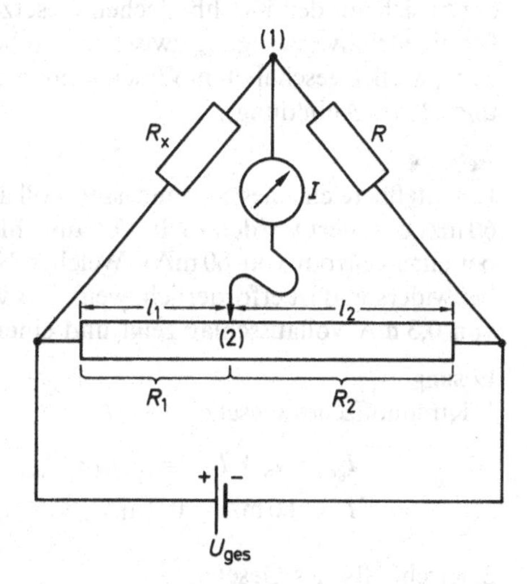


Die an den geeichten Schiebewiderstand (oder Meßdraht) angelegte Spannung wird je nach Stellung des beweglichen Abgriffs in zwei Teilspannungen zerlegt, die sich zueinander verhalten wie die entsprechenden Teilwiderstände $R_1$ und $R_2$ (bzw. wie die entsprechenden Teillängen $l_1$ und $l_2$ des Schiebewiderstands bzw. Meßdrahts).

Dieselbe Spannung wie am Schiebewiderstand liegt auch an den beiden in Reihe geschalteten Widerständen $R_x$ und $R$; die an den beiden Widerständen abfallenden Teilspannungen verhalten sich zueinander wie die Widerstände. $R_x$ ist dabei der zu bestimmende Widerstand, $R$ ein bekannter, geeichter Widerstand.

Der bewegliche Abgriff wird so lange entlang des Schiebewiderstands bzw. Meßdrahts verschoben, bis der in der Verbindungsleitung der Punkte (1) und (2), der sogenannten Brücke, liegende empfindliche Strommesser keinen Ausschlag mehr zeigt. Dann herrscht zwischen den beiden Punkten (1) und (2) keine Spannung, d. h. die anliegende Gesamtspannung wird in den beiden Zweigen im selben Verhältnis geteilt. Daher gilt:

$$R_x : R = R_1 : R_2 \quad \text{bzw.} \quad R_x : R = l_1 : l_2 \quad \Rightarrow \quad R_x = \frac{l_1}{l_2} \cdot R$$

Neben technischen Anwendungen (z. B. Fehlersuche bei Telefonleitungen) werden Brükkenschaltungen vor allem zur Bestimmung des elektrischen Widerstands bzw. der Leitfähigkeit von Elektrolyten eingesetzt. Die üblichen Leitfähigkeitsmeßapparaturen verwenden allerdings Wechselstrom, um chemische Veränderungen an den Elektroden (Polarisation der Elektroden) zu vermeiden.

### 1.5.5 Erweiterung des Meßbereichs von Strom- und Spannungsmessern

Wir haben bereits erwähnt, daß die üblichen Vielfachmeßgeräte ein recht empfindliches Drehspulmeßwerk enthalten, das schon bei sehr geringen Strömen bzw. Spannungen Vollausschlag zeigt. Mit Hilfe eines Drehschalters lassen sich die Vielfachmeßgeräte auf andere (gröbere) Meßbereiche umstellen; wie diese **Meßbereichserweiterung** vor sich geht, wollen wir untersuchen:

Ein **Strommesser** wird **in** den Stromkreis gelegt und vom gesamten zu messenden Strom durchflossen.

Durch die Spule selbst darf jedoch höchstenfalls der für Vollausschlag erforderliche Strom fließen. Der größte Teil des Gesamtstroms muß deshalb im Innern des Strommessers umgeleitet werden. Er fließt durch einen **parallel** zur Spule geschalteten sogenannten **Nebenwiderstand;** gleichzeitig gilt natürlich eine andere Skaleneinteilung. Die Dimensionierung dieses Nebenwiderstands ergibt sich aus den Kirchhoffschen Gesetzen für die Stromverzweigung zwischen den beiden parallel geschalteten Widerständen $R_S$ und $R_N$ (s. Abbildung).

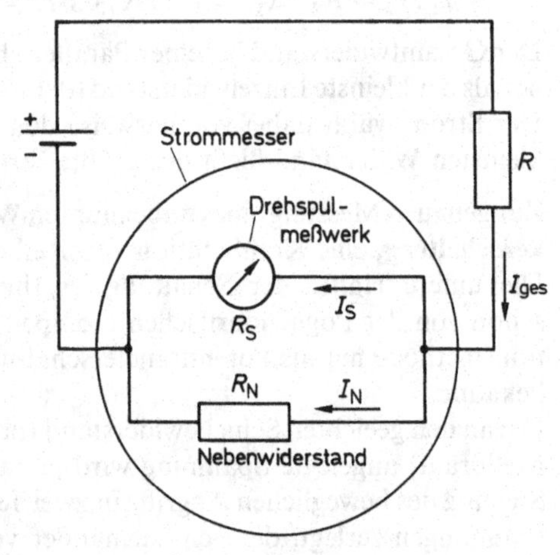


**Beispiel**

Der Meßbereich eines Strommessers soll auf 60 mA erweitert werden (d. h. Vollausschlag bei einem Strom von 60 mA). Welcher Nebenwiderstand ist erforderlich, wenn das verwendete Drehspulmeßwerk bei einem Strom von 0,3 mA Vollausschlag zeigt und einen Widerstand von 800 Ω besitzt?

**Lösung**

1. Kirchhoffsches Gesetz:

$$I_{ges} = I_S + I_N \quad\Rightarrow\quad I_N = I_{ges} - I_S$$
$$\Rightarrow\quad I_N = 60\,\text{mA} - 0{,}3\,\text{mA} \quad\Rightarrow\quad I_N = 59{,}7\,\text{mA}$$

2. Kirchhoffsches Gesetz:

$$I_S : I_N = R_N : R_S$$
$$\Rightarrow\quad R_N = \frac{I_S}{I_N}\cdot R_S \quad\Rightarrow\quad R_N = \frac{0{,}3\,\text{mA}}{59{,}7\,\text{mA}}\cdot 800\,\Omega$$
$$\Rightarrow\quad R_N = 4{,}02\,\Omega$$

Für den gesamten Innenwiderstand $R_{ges}$ des Strommessers gilt:

$$\frac{1}{R_{ges}} = \frac{1}{R_S} + \frac{1}{R_N} \quad\Rightarrow\quad \frac{1}{R_{ges}} = \frac{1}{800\,\Omega} + \frac{1}{4{,}02\,\Omega} \quad\Rightarrow\quad R_{ges} = 4\,\Omega$$

Offensichtlich sinkt der Gesamtwiderstand eines Strommessers in demselben Maß, wie der Meßbereich erweitert wird: Im obigen Beispiel wird der Meßbereich auf den 200fachen Wert vergrößert (von 0,3 mA auf 60 mA), dabei verringert sich der Gesamtwiderstand auf 1/200 des Ausgangswerts (von 800 Ω auf 4 Ω).
Dieser Gesamtwiderstand des Strommessers liegt in Reihe zum Widerstand des Verbrauchers und führt somit zu einem kleineren Gesamtstrom, als er ohne Meßgerät fließen würde.
Ein Strommesser soll einen möglichst geringen Widerstand besitzen, um den Meßwert möglichst wenig zu verfälschen.

Ein **Spannungsmesser** wird **an** den Stromkreis gelegt, an ihm fällt die gesamte zu messende Spannung ab:

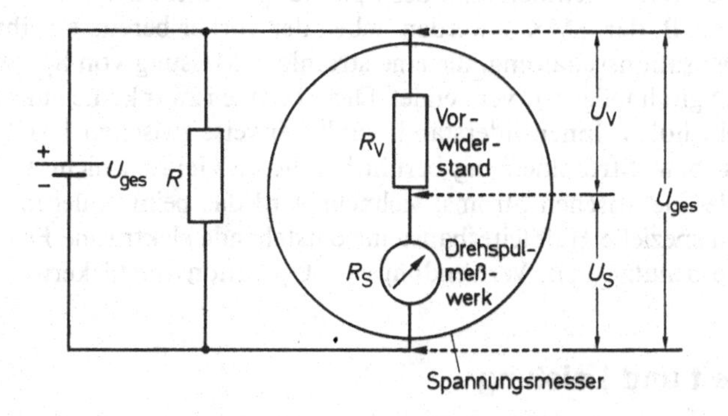


An der Drehspule darf jedoch höchstenfalls die für Vollausschlag erforderliche Spannung anliegen.
Der überwiegende Teil der Gesamtspannung muß daher an einem in Reihe zum Drehspulmeßwerk geschalteten **Vorwiderstand** abfallen. Je nach Größe des Vorwiderstands gilt eine andere Skala.
Der Vorwiderstand verhält sich zum Widerstand der Drehspule wie die entsprechenden Spannungen zueinander (Reihenschaltung von Widerständen).

**Beispiel**
Das im vorigen Beispiel beschriebene Drehspulmeßwerk soll mittels eines geeigneten Vorwiderstands zu einem Spannungsmesser mit Meßbereich 12 V geschaltet werden. Wie ist der Vorwiderstand zu bemessen?

**Lösung**
Für die verwendete Drehspule gilt (s. o.):
Widerstand $R_S = 800\,\Omega$

Vollausschlag für $I_S = 0{,}3\,\text{mA}$ bzw. für $U_S = 800\frac{\text{V}}{\text{A}} \cdot 0{,}3\,\text{mA} = 240\,\text{mV}$

$$U_{ges} = U_S + U_V \quad \Rightarrow \quad U_V = U_{ges} - U_S \quad \Rightarrow \quad U_V = 12\,\text{V} - 0{,}24\,\text{V}$$

$$\Rightarrow \quad U_V = 11{,}76\,\text{V}$$

$$R_V : R_S = U_V : U_S \quad \Rightarrow \quad R_V = \frac{U_V}{U_S} \cdot R_S \quad \Rightarrow \quad R_V = \frac{11{,}76\,\text{V}}{0{,}24\,\text{V}} \cdot 800\,\Omega$$

$$\Rightarrow \quad R_V = 39{,}2\,\text{k}\Omega$$

Für den gesamten Innenwiderstand des Spannungsmessers gilt:

$$R_{ges} = R_S + R_V \quad \Rightarrow \quad R_{ges} = 0{,}8\,\text{k}\Omega + 39{,}2\,\text{k}\Omega \quad \Rightarrow \quad R_{ges} = 40\,\text{k}\Omega$$

Bei Erweiterung des Meßbereichs eines Spannungsmessers wächst sein Innenwiderstand offenbar im selben Maß an; im obigen Beispiel wird der Meßbereich auf das 50fache vergrößert (von 0,24 V auf 12 V), wobei sich der Innenwiderstand ebenfalls auf das 50fache erhöht (von 0,8 kΩ auf 40 kΩ).

Der Gesamtwiderstand des Spannungsmessers liegt parallel zum Widerstand des Verbrauchers. Dadurch steigt die Stromstärke im Stromkreis an (dem Strom steht ein zusätzlicher Pfad zur Verfügung), und die Spannungsverhältnisse können sich verschieben (z. B. erhöhter Spannungsabfall am Innenwiderstand der Spannungsquelle). Dieser Fehler ist um so kleiner, je größer der Gesamtwiderstand des Spannungsmessers ist.

Für genaue Messungen – z. B. der EMK – werden neben der vorher bereits erwähnten Poggendorffschen Kompensationsschaltung, die eine stromlose Messung von Spannungen erlaubt, zunehmend Digitalmeßgeräte verwendet. Diese besitzen zwar keinen unendlichen, aber doch einen sehr hohen Innenwiderstand – üblicherweise zwischen 1 MΩ und 100 MΩ. Die Spannungs- bzw. Strommessung beruht bei diesen Geräten nicht auf der magnetischen Wirkung des elektrischen Stroms; vielmehr wird das beim Anlegen einer elektrischen Spannung an spezielle Halbleiterbausteine entstehende elektrische Feld zur Steuerung der Meßgeräte benutzt (z. B. Verwendung von Operationsverstärkern).

## 1.6 Elektrische Arbeit und Leistung

Die Höhendifferenz zwischen zwei Punkten ist ein Maß für die Arbeit, die Gewichtsstücke beim Herabsinken verrichten können. Entsprechend gibt die elektrische Spannung zwischen zwei Punkten, z. B. zwischen den beiden Polen einer Spannungsquelle, die Arbeitsfähigkeit von Ladungen beim Übergang zwischen diesen beiden Punkten an; auf S. 163 haben wir sie als Quotient aus der Überführungsarbeit einer Ladung und der Ladung definiert:

$$U = \frac{W}{Q}$$

Umgekehrt können wir bei gegebener Spannung $U$ die **elektrische Arbeit** $W$ beim Übergang der Ladung $Q$ zwischen den beiden Punkten berechnen:

$$\boxed{W = U \cdot Q}$$

Mit $Q = I \cdot t$ erhalten wir:

$$\boxed{W = U \cdot I \cdot t}$$

Die elektrische Arbeit ist also das Produkt aus Spannung, Stromstärke und Zeit.

Die obige Gleichung gilt sowohl für Gleichspannung bzw. Gleichstrom als auch für die Effektivwerte von Wechselspannung bzw. -strom.

Für die SI-Einheit der elektrischen Arbeit bzw. Energie ergibt sich aus $W = U \cdot I \cdot t$

$$[W] = 1\,\text{VAs} \qquad \text{bzw. mit} \quad 1\,\text{V} = 1\,\frac{\text{J}}{\text{C}} = 1\,\frac{\text{J}}{\text{As}} \quad \text{wie erwartet}$$

$$[W] = 1\,\text{J} = 1\,\text{Ws}$$

Die gebräuchlichere elektrische Arbeits- bzw. Energieeinheit ist jedoch die **Kilowattstunde (kWh):**

$$1\,\mathrm{kWh} = 1000\,\mathrm{W} \cdot 3600\,\mathrm{s} = 3\,600\,000\,\mathrm{Ws} = 3{,}6 \cdot 10^6\,\mathrm{Ws}$$

Leistung ist Arbeit durch Zeit; für die **elektrische Leistung** $P$ ergibt sich damit:

$$P = \frac{W}{t} \quad \Rightarrow \quad P = \frac{U \cdot I \cdot t}{t}$$

$$\boxed{P = U \cdot I}$$

$$[P] = 1\,\mathrm{VA} = 1\,\mathrm{W}$$

Die Glühbirne einer Taschenlampe nimmt etwa eine elektrische Leistung von 1 W auf. Die Leistungsaufnahme von Quarzuhren oder Taschenrechnern mit Flüssigkristallanzeige beträgt nur Bruchteile eines Milliwatts, die elektrischer Lokomotiven dagegen einige Megawatt. Große Kraftwerke erzeugen elektrische Leistungen bis über 1 Gigawatt ($10^9$ W). Bei elektrischen Haushaltsgeräten ist neben der Betriebsspannung (üblicherweise 220 V) auch die Leistungsaufnahme aufgedruckt, z. B. bei Glühbirnen 15 W bis 100 W, bei elektrischen Heizgeräten 1 kW bis 3 kW, bei Waschmaschinen etwa 3 kW.

**Beispiel 1**

Eine Gefriertruhe benötigt beim Betrieb eine elektrische Leistung von 200 W.

a) Welcher elektrische Strom fließt, welchen elektrischen Widerstand besitzt das Gerät (bei einer Betriebsspannung von 220 V)?

b) Welche Stromkosten verursacht die Tiefkühltruhe in einem Monat, wenn ihr Kompressor durchschnittlich 6 h pro Tag läuft, und für 1 kWh 0,14 DM verrechnet werden?

**Lösung 1**

a) $$P = U \cdot I \quad \Rightarrow \quad I = \frac{P}{U} \quad \Rightarrow \quad I = \frac{200\,\mathrm{VA}}{220\,\mathrm{V}} \quad \Rightarrow \quad I = 0{,}91\,\mathrm{A}$$

$$R = \frac{U}{I} \quad \Rightarrow \quad R = \frac{220\,\mathrm{V}}{0{,}91\,\mathrm{A}} \quad \Rightarrow \quad R = 242\,\Omega$$

b) $$P = \frac{W}{t} \quad \Rightarrow \quad W = P \cdot t \quad \text{mit} \quad t = 30 \cdot 6\,\mathrm{h} = 180\,\mathrm{h}$$

$$\Rightarrow \quad W = 200\,\mathrm{W} \cdot 180\,\mathrm{h} \quad \Rightarrow \quad W = 36\,\mathrm{kWh}$$

monatl. Stromkosten $= 36 \cdot 0{,}14\,\mathrm{DM} = 5{,}04\,\mathrm{DM} \approx 5\,\mathrm{DM}$

**Beispiel 2**

Eine Autobatterie (genauer: ein Akkumulator) trägt die Aufschrift: 12 V, 40 Ah. Die Beleuchtungsanlage des Autos, die eine elektrische Leistung von 130 W aufnimmt, bleibt versehentlich eingeschaltet. Nach welcher Zeit ist die vorher vollgeladene Batterie etwa entladen?

**Lösung 2**

Die vollgeladene Batterie kann etwa eine elektrische Arbeit von $W = U \cdot I \cdot t$ verrichten, wobei $U = 12\,\mathrm{V}$ und $I \cdot t = 40\,\mathrm{Ah}$

$$\Rightarrow \quad W = 12\,\mathrm{V} \cdot 40\,\mathrm{Ah} = 480\,\mathrm{Wh} \quad \Rightarrow \quad W \approx 0{,}5\,\mathrm{kWh}$$

$$P = \frac{W}{t} \quad \Rightarrow \quad t = \frac{W}{P} \quad \Rightarrow \quad t = \frac{480\,\mathrm{Wh}}{130\,\mathrm{W}} \quad \Rightarrow \quad t \approx 3{,}7\,\mathrm{h}$$

Die Autobatterie des obigen Beispiels vermag eine elektrische Energie von etwa 0,5 kWh zu speichern; sie besitzt eine Masse von etwa 10 kg.
Der Motor eines PKW der Mittelklasse besitzt eine Leistung von 50 kW (oder mehr). Um den PKW auch nur eine Stunde bei Vollast anzutreiben, wäre der Energieinhalt von 100 (!) Autobatterien des obigen Typs erforderlich (100 · 0,5 kWh = 50 kWh). Diese würden eine Masse von 1000 kg besitzen (100 · 10 kg), also etwa dieselbe Masse wie der PKW selbst.
Zur Herstellung von 1 kWh mechanischer bzw. elektrischer Energie sind (Umwandlungsverluste bereits berücksichtigt) etwa 0,3 kg bis 0,4 kg Benzin oder Dieselöl (Heizöl) erforderlich.
Wenn ein Diesel- oder Benzinmotor eine Stunde lang eine mechanische Leistung von 50 kW abgeben soll, benötigt er dazu etwa 15 bis 20 kg Treibstoff (50 · 0,3 kg bzw. 50 · 0,4 kg).
Anders ausgedrückt: Aus 15 bis 20 kg Treibstoff läßt sich dieselbe mechanische oder elektrische Energie gewinnen wie beim Entladen von Akkumulatoren der Masse 1000 kg! Solange keine Batterien bzw. Akkumulatoren mit höherer Energiedichte zur Verfügung stehen, sind Reichweite und Leistung von Elektroautos im Vergleich zu Autos mit Verbrennungsmotor entsprechend eingeschränkt.
Eine direkte Speicherung elektrischer Energie in großem Umfang ist aus demselben Grund völlig unwirtschaftlich. Elektrizitätswerke produzieren normalerweise rund um die Uhr. Da tagsüber mehr elektrische Energie benötigt wird als nachts, versuchen die Elektrizitätswerke einerseits, den Nachtstrom durch günstige Preise attraktiv zu machen, z. B. für die Nutzung in Nachtspeicheröfen. Andererseits speichern sie die überschüssige elektrische Energie nachts teilweise in Form von mechanischer Energie. Dazu dienen Pumpspeicherwerke, bei denen bei Nacht Wasser in hochgelegene Staubecken gepumpt wird; die Lageenergie des Wassers wird tagsüber zur Deckung des Spitzenbedarfs in elektrische Energie zurückverwandelt (die unvermeidlichen Umwandlungsverluste nimmt man notgedrungen in Kauf).*

## 1.7 Der Kondensator; Materie im elektrischen Feld

### 1.7.1 Der Kondensator; Kapazität

Wenn wir uns das Innenleben z. B. eines Radio- oder Fernsehgeräts näher betrachten, finden wir neben Widerständen und einigen anderen Bauteilen eine Vielzahl sogenannter Kondensatoren; auf ihre verschiedenen Ausführungsformen gehen wir weiter unten ein.
Den einfachsten Fall eines Kondensators, den Plattenkondensator, haben wir schon bei der Besprechung des elektrischen Feldes kennengelernt. Von ihm leitet sich das Schaltzeichen für den Kondensator ab, und an seinem Beispiel wollen wir auch die wichtigsten Eigenschaften eines Kondensators kennenlernen.

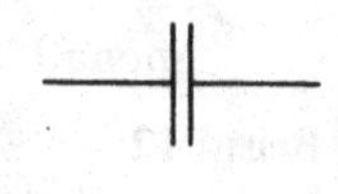

Schließen wir einen Kondensator an eine Gleichspannungsquelle an, so zeigt ein Strommesser nur einen kurzen Stromstoß, der den in Abbildung **1a** dargestellten Zeitverlauf

* Die vor allem in Trockengebieten in der Nähe des Äquators ganzjährig reichlich anfallende Sonnenenergie könnte zur Erzeugung elektrischer Energie verwendet werden. Entsprechende Projekte sehen einen Transport bzw. eine Speicherung der gewonnenen Energie in Form des hochwertigen (aber sicherheitstechnisch nicht unbedenklichen) Brennstoffs Wasserstoff vor; dazu wird die zunächst erzeugte elektrische Energie zur Elektrolyse von Wasser eingesetzt. Aus preislichen Gründen sind derartige Verfahren heute noch uninteressant: 1 kWh würde auf etwa 1 DM kommen (nahezu das 10fache des Normalpreises)

besitzt. Während des Ladevorgangs fällt nämlich die Differenz zwischen $U_0$ und $U$ am Widerstand von Strommesser, Zuleitungen und Spannungsquelle ab; sind diese Widerstände gering, so ist die am Anfang auftretende maximale Stromstärke $I_{max}$ sehr hoch.

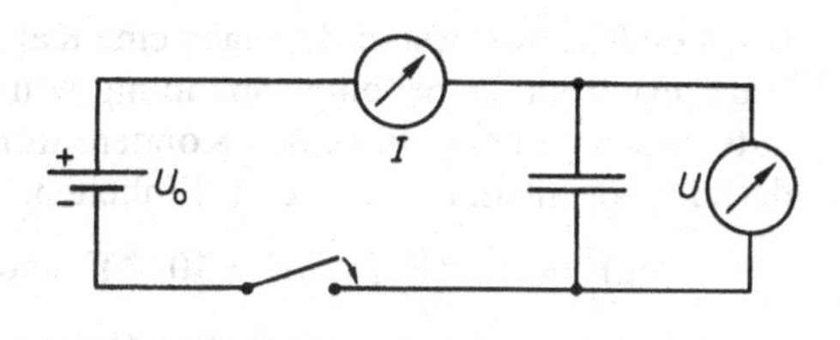


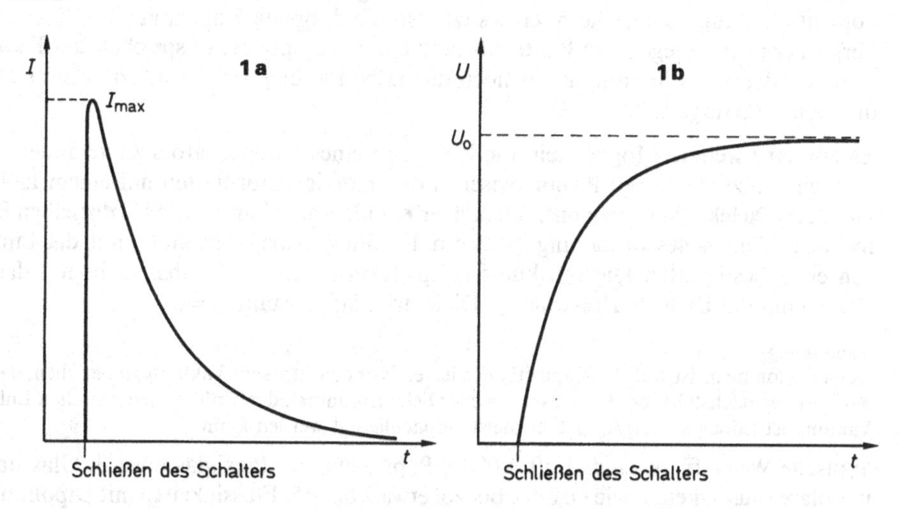


Die Spannung am Kondensator steigt dabei zunächst rasch an und erreicht schließlich den Wert der angelegten Spannung $U_0$ (Abbildung **1b**).
Entfernen wir die Spannungsquelle und schließen den Kondensator kurz, so fließt kurzzeitig ein Stromstoß in der entgegengesetzten Richtung wie beim Aufladevorgang, während die Spannung am Kondensator auf 0 absinkt (versuchen Sie, die zugehörige Schaltung sowie die Strom-Zeit- und die Spannungs-Zeit-Kurve zu skizzieren!).

Dies deuten wir so: Beim Anschluß eines Kondensators an eine Gleichspannungsquelle pumpt diese Elektronen von der einen Kondensatorplatte in die andere (Aufladen des Kondensators). Werden die Platten eines geladenen Kondensators elektrisch leitend verbunden, z. B. durch ein Glühbirnchen, so fließen die getrennten Ladungen zurück und verrichten dabei elektrische Arbeit (z. B. kurzzeitiges Aufleuchten des Glühbirnchens); der Kondensator wirkt kurzzeitig als Spannungsquelle (Entladen des Kondensators).
Der maximale Ausschlag des Strommessers ist (wegen $Q = I \cdot t$) ein Maß für die auf den Platten eines geladenen Kondensators gespeicherte elektrische Ladung; Versuche zeigen, daß sie zur angelegten Spannung proportional ist: $Q \sim U$ bzw. $Q = C \cdot U$.
Die Proportionalitätskonstante $C$ ist für den jeweiligen Kondensator ebenso charakteristisch wie der elektrische Widerstand für einen Verbraucher; sie heißt **Kapazität** (Fassungsvermögen) des Kondensators. Durch Umformen der obigen Gleichung wird ihre Bedeutung klar:

$$C = \frac{Q}{U}$$

$$[C] = 1\,\frac{\mathrm{C}}{\mathrm{V}} = 1\,\mathrm{F}\ \text{(Farad)}$$

Ein Kondensator besitzt demnach eine Kapazität von 1 F (Farad; zu Ehren Faradays so benannt), wenn er bei einer Spannung von 1 V eine Ladung von 1 C speichert.
Tatsächlich gibt es kaum einen Kondensator mit so großer Kapazität. Gebräuchlich sind deshalb vor allem die kleineren Einheiten:

$$1\,\mu F = 10^{-6}\,F\;,\; 1\,nF = 10^{-9}\,F \text{ und } 1\,pF = 10^{-12}\,F$$

Ein Kondensator doppelter Plattenfläche vermag unter sonst gleichen Bedingungen die doppelte Ladung zu speichern, er besitzt also die doppelte Kapazität.
Vergrößern wir dagegen den Plattenabstand auf das Doppelte, so speichert der Kondensator bei derselben Spannung nur noch die halbe Ladung; seine Kapazität hat sich auf die Hälfte verringert.

Es gibt eine weitere Möglichkeit, die Kapazität eines Kondensators zu verändern: Wir können den zuvor leeren Raum zwischen den Kondensatorplatten mit einem Isolator, hier auch **Dielektrikum** genannt, füllen. Der Kondensator kann dann bei derselben Spannung ein Mehrfaches an Ladung speichern. Erhöht sich die Kapazität durch das Einbringen eines bestimmten Dielektrikums beispielsweise auf das 5fache, so besitzt das Dielektrikum die **Dielektrizitätszahl** $\varepsilon_r$ (Dielektrizitätskonstante) = 5.

**Anmerkung**
Genaugenommen, ist auf die Kapazität des leeren Kondensators im Vakuum zu beziehen, da auch die Luft – s. nachstehende Zahlenwerte – ein Dielektrikum ist; der Unterschied zwischen Luft und Vakuum ist jedoch so gering, daß er meist vernachlässigt werden kann.

Typische Werte für $\varepsilon_r$ sind: Luft 1,0006, Papier etwa 2, Plexiglas etwa 3, Glas um 10, unpolare Flüssigkeiten wie Öl oder Benzol etwa 2 bis 2,5, Flüssigkeiten mit Dipolmolekülen: Ethanol 24, Wasser 81. Rutil ($TiO_2$) liegt bei 100 und keramische Massen mit BaO erreichen sogar Werte bis über 10000!
Warum ein Dielektrikum die Kapazität eines Kondensators erhöht, besprechen wir auf S. 186.

Für die Kapazität eines Plattenkondensators gilt also:
($A$ = Plattenfläche, $d$ = Plattenabstand)

$$C \sim \varepsilon_r \cdot \frac{A}{d}$$

Durch Vergleich mit der experimentell ermittelten Kapazität eines Kondensators ergibt sich

$$C = \varepsilon_0 \cdot \varepsilon_r \cdot \frac{A}{d}$$

$$\varepsilon_0 = 8{,}85 \cdot 10^{-12}\,\frac{F}{m}$$

Diese universelle Konstante hat grundlegende Bedeutung und wird als **elektrische Feldkonstante** bezeichnet.
Kondensatoren hoher Kapazität werden vor allem in Netzgeräten zur Glättung des durch Gleichrichtung von Wechselstrom erzeugten pulsierenden Gleichstroms benötigt.
Derartige Kondensatoren, z. B. Blockkondensatoren, bestehen aus zwei Aluminiumfolien, die oft mehrere Meter lang und durch eine dünne Isolierschicht (z. B. Ölpapier) voneinander getrennt sind. Aus Platzgründen sind sie wie ein Stoffballen aufgewickelt.

Neben einer großen Fläche ist auch ein geringer Plattenabstand – und damit eine sehr dünne Isolierschicht – Voraussetzung für eine hohe Kapazität. Bei den sogenannten **Elektrolytkondensatoren** werden die Aluminiumschichten elektrolytisch mit einer sehr dünnen Oxidschicht versehen, die als Dielektrikum (Isolator) wirkt. Diese Kondensatoren besitzen zwar außerordentlich hohe Kapazitäten (in Daumengröße mehrere tausend Mikrofarad), dürfen jedoch nur bei relativ geringen Spannungen (z. B. 20 V) betrieben werden, da sie sonst durchschlagen. Außerdem muß bei Elektrolytkondensatoren die Polung beachtet werden, da sonst die isolierende Oxidschicht abgebaut wird.

Bei **Drehkondensatoren** können zwei gegeneinander isolierte, halbkreisförmige Plattensätze mehr oder weniger stark gegeneinander verdreht werden; dadurch ändert sich die wirksame Plattenfläche und damit die Kapazität des Kondensators. Wenn Sie an der Sendereinstellung eines Radiogeräts drehen, bedienen Sie einen Drehkondensator. Dieser ist Bestandteil eines elektrischen Schwingkreises, der an die Antenne des Radios angekoppelt ist. Der Schwingkreis wird nur dann zu starken Schwingungen angeregt, wenn Resonanz auftritt (s. S. 39), d. h. die Eigenfrequenz des Schwingkreises mit der Frequenz eines von der Antenne empfangenen Senders übereinstimmt. Je nach eingestellter Kapazität des Drehkondensators ist diese Bedingung für eine verschiedene Frequenz erfüllt, was die Senderauswahl ermöglicht. Ähnlich wie Schiebewiderstände in einer Brückenschaltung die genaue Bestimmung unbekannter Widerstände ermöglichen, werden Drehkondensatoren zur Ermittlung der Kapazität anderer Kondensatoren eingesetzt; dadurch kann beispielsweise die Dielektrizitätszahl des in einen Kondensator eingebrachten Dielektrikums gemessen werden (s. S. 187).

### 1.7.2 Der Kondensator als Energiespeicher

Beim Aufladen eines Kondensators trennt die Spannungsquelle Ladungen, indem sie Elektronen von der einen Kondensatorplatte in die andere pumpt. Wie Sie wissen, ist die zum Überführen der Ladungen benötigte Arbeit das Produkt aus Spannung und Ladung. Beim Laden eines Kondensators wächst jedoch die Spannung mit der auf die Platten gebrachten Ladung an. Die ersten Ladungen werden daher nahezu bei der Spannung 0 (sozusagen mühelos) getrennt, die letzten Ladungen bei der vollen Spannung $U$. Dabei wird insgesamt dieselbe Arbeit verrichtet, wie wenn die gesamte Ladung $Q$ des Kondensators bei der mittleren Spannung $1/2\,U$ getrennt bzw. überführt worden wäre. Die Spannungsquelle verrichtet daher beim Laden des Kondensators die **elektrische Arbeit:**

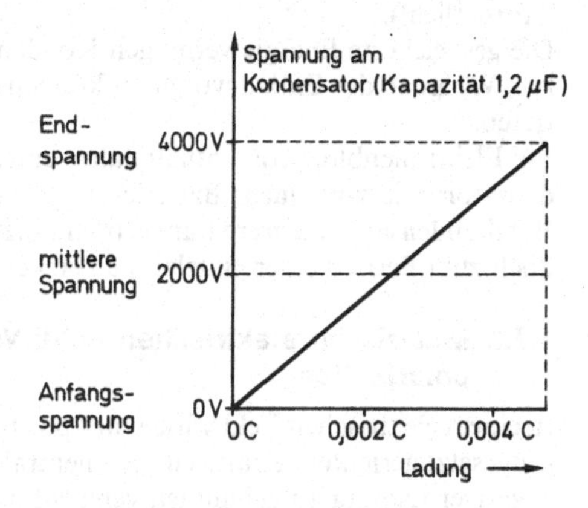


$$W = \frac{1}{2} Q \cdot U$$

bzw., wenn wir $Q = C \cdot U$ einsetzen:

$$W = \frac{1}{2} C \cdot U^2$$

Diese Arbeit speichert der Kondensator, d. h. dieselbe Arbeit können die Elektronen beim Zurückfließen wieder verrichten. Die beiden Gleichungen auf S. 183 geben also auch die **elektrische Energie** an, die der geladene Kondensator enthält.
Dabei können wir uns vorstellen, daß die elektrische Energie in Form des zwischen den Kondensatorplatten herrschenden elektrischen Feldes vorliegt. Zum Aufbau eines elektrischen Feldes wird also Energie benötigt, die bei seinem Abbau wieder frei wird; die entsprechende Aussage gilt auch für das magnetische Feld (erinnern Sie sich noch an die Ausbreitung elektromagnetischer Wellen und den damit verknüpften Energietransport?).
Die Zahlenwerte des nachfolgenden Beispiels entsprechen der Abbildung auf S. 183.

**Beispiel**

Der Kondensator eines Elektronenblitzgerätes besitzt eine Kapazität von 1,2 µF.

a) Welche Ladung und welche Energie speichert der Kondensator bei einer Spannung von 4000 V?

b) Der Kondensator wird über die Blitzlampe in 1 ms entladen. Wie hoch sind der elektrische Strom und die elektrische Leistung dabei im Mittel?

**Lösung**

a)
$$C = \frac{Q}{U} \Rightarrow Q = C \cdot U \Rightarrow Q = 1{,}2 \cdot 10^{-6} \frac{\mathrm{C}}{\mathrm{V}} \cdot 4000\,\mathrm{V}$$
$$\Rightarrow Q = 0{,}0048\,\mathrm{C}$$
$$\text{Energie} = W = \frac{1}{2} Q \cdot U \Rightarrow W = \frac{1}{2} \cdot 0{,}0048\,\mathrm{C} \cdot 4000\,\mathrm{V}$$
$$\Rightarrow W = 9{,}6\,\mathrm{Ws} = 9{,}6\,\mathrm{J}$$

b)
$$I = \frac{Q}{t} \Rightarrow I = \frac{0{,}0048\,\mathrm{As}}{0{,}001\,\mathrm{s}} \Rightarrow I = 4{,}8\,\mathrm{A}$$
$$P = \frac{W}{t} \Rightarrow P = \frac{9{,}6\,\mathrm{Ws}}{0{,}001\,\mathrm{s}} \Rightarrow P = 9600\,\mathrm{W} = 9{,}6\,\mathrm{kW}$$

Das Zahlenbeispiel zeigt, daß Kondensatoren verhältnismäßig wenig elektrische Energie speichern können (für 1 kWh wären nahezu 400 000 Kondensatoren des obigen Typs erforderlich!).
Die gespeicherte Energie vermögen Kondensatoren jedoch in sehr kurzer Zeit freizusetzen. Während des Entladevorgangs können daher sehr hohe Ströme und Leistungen auftreten.
Ein Elektronenblitzgerät enthält daher unter anderem einen Batteriesatz und einen Kondensator: Die von einem Batteriesatz gelieferte elektrische Energie reicht aus, um den Blitzkondensator mehrere hundertmal aufzuladen; die Leistung der Batterien würde jedoch zum Betrieb einer Blitzlampe bei weitem nicht ausreichen.

### 1.7.3 Materie im elektrischen Feld; Verschiebungs- und Orientierungspolarisation

In einem elektrischen Feld wirken auf positive und negative elektrische Ladungen entgegengesetzt gerichtete Kräfte ein. Da neutrale Materie aus gleichen Mengen positiver wie negativer Ladung aufgebaut ist, versucht das elektrische Feld gewissermaßen, diese Ladungen voneinander zu trennen. Dadurch kommt es zu einer Ladungsverschiebung, der sogenannten **elektrischen Verschiebung.**

Dabei haben wir zwischen Metallen und Isolatoren (Dielektrika) zu unterscheiden:
Die frei beweglichen Elektronen der **Metalle** ordnen sich unter dem Einfluß der elektri-

schen Feldkraft so an, daß das Innere metallischer Leiter feldfrei ist; d. h. alle elektrischen Feldlinien enden auf den Metalloberflächen. An die entsprechenden Feldlinienbilder sowie den Effekt des Faradayschen Käfigs (s. S. 160f) erinnern Sie sich bestimmt noch. Die elektrische Ladungsverschiebung in Metallen heißt **elektrische Influenz.**

In den **Dielektrika** dagegen stehen keine beweglichen Ladungen zur Verfügung, denn die Elektronen sind fest an die jeweiligen Atome bzw. Moleküle gebunden. Unter dem Einfluß eines elektrischen Feldes verschieben sich jedoch die Elektronen und die Atomkerne um Bruchteile eines Atomdurchmessers gegeneinander. Durch diese Ladungsverschiebung, die proportional zur elektrischen Feldstärke ist, werden die vorher unpolaren Atome oder Moleküle zu **induzierten elektrischen Dipolen.**

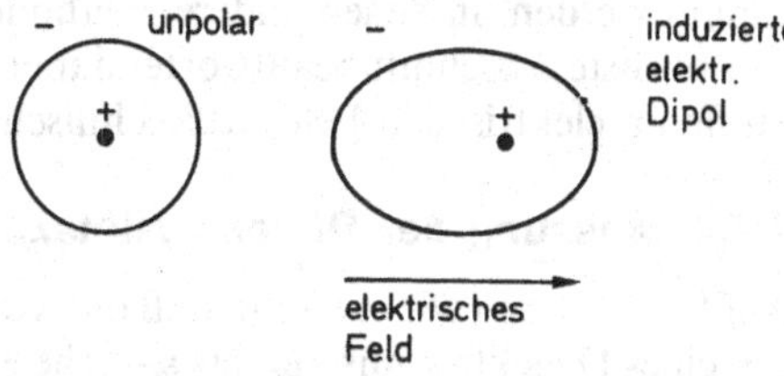

Im Innern eines Dielektrikums heben sich die positiven und negativen Ladungen gegenseitig auf, an den Begrenzungsflächen treten jedoch entsprechende Überschußladungen in Erscheinung.

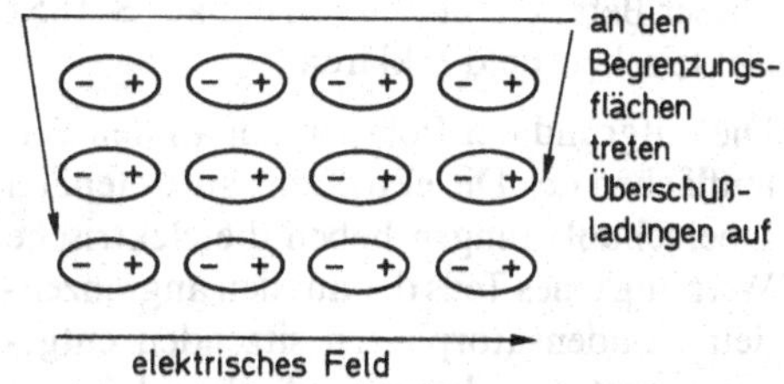

Auf die Ausbildung induzierter Dipole in der Nähe elektrisch geladener Körper, die wir als **Verschiebungspolarisation** bezeichnen, sind wir schon bei den Versuchen zur Reibungselektrizität und bei den Grießkörnerbildern elektrischer Felder aufmerksam geworden.

Die Moleküle mancher Isolatoren stellen jedoch von vorneherein elektrische Dipole dar. Wie stark der Dipolcharakter eines Moleküls ausgeprägt ist, wird durch sein **Dipolmoment** beschrieben, das als Produkt aus der verschobenen Ladung und dem Abstand der beiden Ladungsschwerpunkte voneinander definiert ist. Wasser-, Ethanol- und Chlorwasserstoff-Moleküle sind Beispiele für **permanente elektrische Dipole.** Werden derartige polare Substanzen in ein elektrisches Feld gebracht, so werden die vorher regellos in alle Richtungen weisenden Dipole teilweise orientiert; wir sprechen daher von **Orientierungspolarisation.**

Dem ordnenden Einfluß des elektrischen Feldes wirkt die ungeordnete Wärmebewegung entgegen; im allgemeinen kann daher nur ein kleiner Teil der vorhandenen elektrischen Dipole ausgerichtet werden. Dieser Anteil ist naturgemäß um so höher, je größer die elektrische Feldstärke und je geringer die Wärmebewegung und damit die Temperatur ist. Stoffe mit unpolaren Molekülen werden auch als **dielektrisch,** solche mit polaren Molekülen als **parelektrisch** und einige besondere Kristalle (z. B. Seignettesalz oder Spezialkeramik mit BaO) als **ferroelektrisch** bezeichnet. Die Ferroelektrika besitzen zwar sehr hohe Werte von $\varepsilon_r$, diese hängen jedoch von der elektrischen Feldstärke und der Vorgeschichte des Kristalls ab.

Auch bei Stoffen, die drehbare Dipolmoleküle enthalten, tritt zusätzlich zur Orientierungspolarisation die Verschiebungspolarisation auf. Obwohl die Orientierungspolarisation betragsmäßig bei weitem überwiegt, lassen sich die beiden Anteile prinzipiell getrennt erfassen: Die Verschiebungspolarisation ist nämlich – im Gegensatz zur Orientierungspolarisation – nicht von der Temperatur abhängig; Messungen bei verschiedenen Temperaturen liefern daher die notwendige Information.

Art und Ausmaß der bei einem (nichtmetallischen) Stoff auftretenden Polarisation im elektrischen Feld verraten offensichtlich Einzelheiten über den Aufbau des Stoffs, z. B. ob

er drehbare Dipolmoleküle enthält, wie stark deren Dipolcharakter ausgeprägt ist bzw. wie leicht (oder schwer) sich die Elektronen seiner Atome bzw. Moleküle verschieben lassen. Bei Stoffgemischen (z. B. einem Gemisch von *cis/trans*-Isomeren mit unterschiedlicher Polarität der Moleküle) kann die Konzentration oder der Anteil etwaiger Verunreinigungen (z. B. Spuren von Wasser in einem Pulver) oft gerade in solchen Fällen gut bestimmt werden, in denen andere Methoden nur schwer anwendbar sind.
Der nächste Abschnitt beantwortet daher die Frage, wie wir das Verhalten dielektrischer Stoffe im elektrischen Feld meßtechnisch erfassen können.

### 1.7.4 Messung der Dielektrizitätszahl (Dekametrie)

Auf S. 182 haben wir erwähnt, daß die Kapazität eines Kondensators durch das Einbringen eines Dielektrikums auf das $\varepsilon_r$-fache erhöht wird ($\varepsilon_r$ = Dielektrizitätszahl des betreffenden Stoffs).
Dieser Befund läßt sich mit der auf S. 185 erörterten Polarisation eines Dielektrikums im elektrischen Feld erklären:

Die aufgrund der Polarisation an den Seitenflächen des Dielektrikums auftretenden Überschußladungen heben die elektrische Wirkung eines Teils der auf den angrenzenden Kondensatorplatten sitzenden entgegengesetzten Ladungen auf, ohne dabei jedoch auf die Kondensatorplatten überzugehen.
Die nebenstehende Abbildung zeigt die gegenseitige Bindung bzw. (scheinbare) Neutralisation der Ladungen an der Grenzfläche zwischen Kondensatorplatten und Dielektrikum schematisch.



Lediglich die restlichen Ladungen auf den Kondensatorplatten wirken als freie Ladungen; nur sie üben nämlich bei der Überführung weiterer Ladungen auf diese Kräfte aus. Nur die freien Ladungen tragen demnach zum elektrischen Feld bzw. zur elektrischen Spannung zwischen den Kondensatorplatten bei. 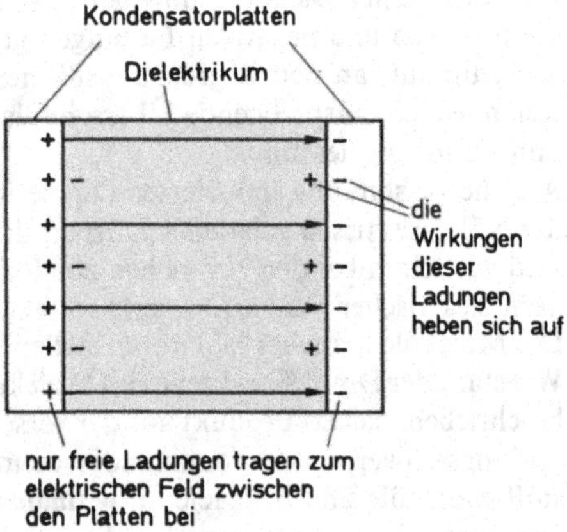
Bei gleicher Ladung des Kondensators ist daher die Kondensatorspannung um so geringer, je höher der Anteil der Ladungen ist, die durch das Dielektrikum gebunden werden.
Ein Maß für die Fähigkeit des Dielektrikums, Ladungen zu binden ist seine **Polarisierbarkeit**; darunter versteht man den Quotienten aus der **Polarisation** des Dielektrikums und der äußeren elektrischen Feldstärke*.
Ein Kondensator mit Dielektrikum vermag somit bei derselben Spannung insgesamt mehr Ladungen zu speichern als der leere Kondensator, besitzt also eine entsprechend größere Kapazität; dies wird durch die Dielektrizitätszahl des betreffenden Mediums beschrieben. Die Dielektrizitätszahl ist also mit der Polarisierbarkeit des betreffenden Stoffs direkt verknüpft.

* Die **Polarisation** eines Stoffes beschreibt das Ausmaß der Ladungsverschiebung im elektrischen Feld, das zur elektrischen Feldstärke proportional ist (genauer gesagt: sie gibt das **Dipolmoment** pro Volumeneinheit des Dielektrikums an). Der Quotient aus Polarisation und Betrag der elektrischen Feldstärke hängt deshalb nicht mehr vom elektrischen Feld ab; diese als **Polarisierbarkeit** bezeichnete Größe ist charakteristisch für das Dielektrikum

Die Messung der Dielektrizitätszahl (Dielektrizitäts**konstanten**), **Dekametrie** genannt (von: DK-Metrie), ist daher für die Strukturbestimmung (Ermittlung von Dipolmomenten) und die quantitative Analyse von Substanzen von erheblicher Bedeutung.
Üblicherweise wird die Dielektrizitätszahl durch Vergleich der Kapazität eines Kondensators mit und ohne Dielektrikum bestimmt (kapazitive Meßmethode). Form und Größe des Meßkondensators richten sich dabei danach, ob die Dielektrizitätszahl von Gasen, Flüssigkeiten oder Feststoffen bestimmt werden soll.
Die Direktbestimmung der Kapazität des Meßkondensators als Quotient aus seiner Ladung und Spannung ist für quantitative Auswertungen zu ungenau.
Präzisionsgeräte, z. B. das Oehme-Dekameter, ermitteln die Kapazität des Meßkondensators anhand der für die **Resonanz zweier Schwingkreise** notwendigen Einstellung eines geeichten Drehkondensators.
Das Meßprinzip können Sie sich vereinfacht folgendermaßen vorstellen:
Zum Empfang eines bestimmten Radiosenders wird die Frequenz des an die Antenne angekoppelten Empfängerschwingkreises mit Hilfe eines Drehkondensators auf die feste Frequenz des gewünschten Senders eingestellt (s. S. 183).
Beim Dekameter tritt ein quarzstabilisierter elektrischer Schwingkreis an die Stelle des Senders und der nebenstehend abgebildete Schwingkreis – einmal ohne und einmal mit Meßkondensator – an die Stelle des Empfängerschwingkreises.

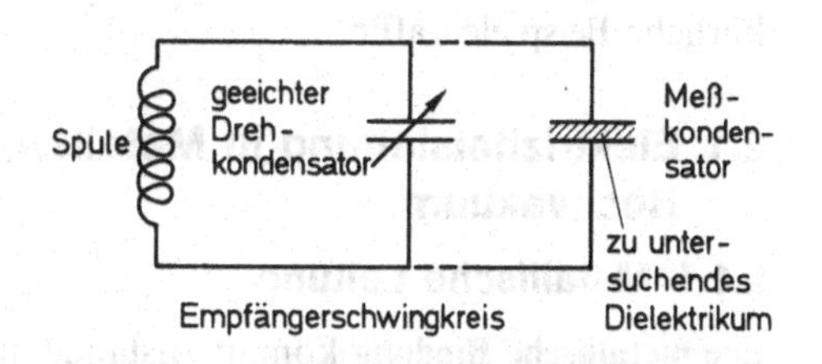


Zunächst wird der Empfängerschwingkreis ohne Meßkondensator mit Hilfe des Drehkondensators auf Resonanz mit dem Senderschwingkreis eingestellt; die exakte Frequenzgleichheit wird durch ein magisches Auge oder einen Oszillographen kontrolliert.
Wird nun der Meßkondensator parallel zum Drehkondensator geschaltet, so addieren sich die Kapazitäten beider Kondensatoren zur Gesamtkapazität (beide Kondensatoren tragen bei derselben Spannung zur Ladungsspeicherung bei). Damit wieder Resonanz auftritt, muß die Gesamtkapazität des Empfängerschwingkreises gleich groß wie vorher sein. Die dafür erforderliche neue Einstellung des Drehkondensators ist also genau um die Kapazität des Meßkondensators niedriger als die vorige.
Durch vergleichende Messungen an Substanzen mit bekannter Dielektrizitätszahl läßt sich die Eichung überprüfen.

## 2. Mechanismen der Elektrizitätsleitung

Wir wissen bereits, daß elektrischer Strom aus bewegten Ladungen besteht, und daß – je nach Art des Leiters – Elektronen und/oder Ionen beiderlei Vorzeichens als bewegliche Ladungsträger auftreten können.

Die Untersuchung der Leitungsvorgänge hat einerseits wesentlich zur **Entwicklung grundlegender Vorstellungen** vom Aufbau der Materie beigetragen:
Die um die Mitte des letzten Jahrhunderts aufgestellten **Faradayschen Gesetze** für die Elektrolyse führten beispielsweise zur Entwicklung der Ionentheorie der **Elektrolyte** durch Arrhenius, und bei Experimenten zur Elektrizitätsleitung in **verdünnten Gasen** wurde gegen Ende des 19. Jahrhunderts das Elektron entdeckt.
Andererseits besitzen die jeweiligen Leitungsvorgänge **wichtige Anwendungen:**

Die elektrolytische Leitfähigkeit beispielsweise ist in der Analytik eine wichtige Meßgröße (z. B. Leitfähigkeitstitration).
Bei Glimmlampen und Leuchtstoffröhren wird die Elektrizitätsleitung in Gasen genutzt. Der Elektronenstrahl in der Bildröhre (Braunsche Röhre) von Fernsehgeräten bzw. Oszillographen bewegt sich – ebenso wie der Elektronenstrahl im Elektronenmikroskop oder der Ionenstrahl im Massenspektrometer – im **Hochvakuum.**

Der erste Teil dieses Abschnitts gibt einen kurzen Überblick über diese Arten der Elektrizitätsleitung; der für den Chemiker wichtige Stromdurchgang durch Elektrolyte wird allerdings nur gestreift, da dieses Thema in der Physikalischen Chemie ausführlich abgehandelt wird.
Im zweiten Teil des Abschnitts gehen wir auf die elektrische Leitung in Halbleitern ein. Die Bedeutung der Halbleiterelektronik können Sie nämlich kaum überschätzen: Halbleiterbauelemente haben nicht nur die klassischen Elektronenröhren praktisch völlig verdrängt (vergleichen Sie eine moderne HiFi-Anlage mit Opas Radio), sondern auch in Form der Mikroelektronik völlig neue Möglichkeiten eröffnet. Taschenrechner, Quarzuhr, Computer, Industrieroboter und elektronische Flugabwehrsysteme sind einige willkürliche Beispiele dafür.

## 2.1 Elektrizitätsleitung in Metallen, Elektrolyten, Gasen und im Hochvakuum

### 2.1.1 Metallische Leitung

Die **metallische Bindung** kommt zustande, indem jedes Metallatom sein Valenzelektron (bzw. seine Valenzelektronen) zur Bildung des sogenannten Elektronengases zur Verfügung stellt. Diese Elektronen bewegen sich mit der sehr hohen Diffusionsgeschwindigkeit von größenordnungsmäßig $10^5$ m/s (!) regellos durch das aus den positiven Atomrümpfen bestehende Kristallgitter des Metalls. Da diese (nahezu) frei beweglichen Elektronen die Elektrizitätsleitung ermöglichen, heißen sie auch **Leitungselektronen.**
Legen wir nämlich eine elektrische Spannung an die beiden Enden eines Metallstücks an, so herrscht im Metall ein elektrisches Feld, und die Leitungselektronen werden unter dem Einfluß der elektrischen Feldkraft in Richtung des Pluspols der Spannungsquelle, der sogenannten Anode, in Bewegung versetzt.
Durch ständige Stöße, vor allem mit den um ihre Gleichgewichtslagen schwingenden Atomrümpfen, geben jedoch die Elektronen die zusätzlich aus dem elektrischen Feld aufgenommene Energie immer wieder an das Metallgitter ab. Dadurch wird dessen Schwingungsbewegung verstärkt, d. h. das Metall erwärmt sich (so erklärt sich die Wärmewirkung des elektrischen Stroms).
Durch die elektrische Spannung bekommt die zuvor regellose Diffusionsbewegung der Elektronen eine Vorzugsrichtung, d. h. die Elektronen bewegen sich auf ihren Zickzackbahnen im Mittel mit einer etwas höheren Geschwindigkeit in die Richtung der Anode als in die Gegenrichtung.



Die Geschwindigkeit, mit der sich die Elektronen im Endeffekt der Anode nähern, wird als **Driftgeschwindigkeit** (Wanderungsgeschwindigkeit) bezeichnet; sie ist überraschend gering: Für übliche Feldstärken liegt sie in der Größenordnung von 0,1 mm/s. Ein Elektron benötigt demnach in einem Metalldraht etwa 3 Stunden, um sich der Anode um 1 m zu nähern!

Da sich die Änderung des elektrischen Feldes im Metall jedoch praktisch mit Lichtgeschwindigkeit ausbreitet, setzen sich alle Elektronen nach dem Anlegen der Spannung beinahe gleichzeitig in Bewegung. Deshalb erfolgen elektrische Schaltvorgänge auch bei langen Leitungen nahezu verzögerungsfrei.
Mit zunehmender Temperatur verstärkt sich die Schwingungsbewegung der Gitterbausteine, wodurch die Behinderung der Elektronen wächst bzw. die Driftgeschwindigkeit abnimmt. Der elektrische Widerstand eines Metalls nimmt daher beim Erwärmen zu.

### 2.1.2 Elektrolyse, Faradaysche Gesetze

Unter einem Elektrolyten verstehen wir eine Flüssigkeit, meist Wasser, die gelöste Ionen enthält (Säure, Lauge, Salzlösung), oder die Schmelze eines Salzes. Legen wir an zwei in den Elektrolyten eintauchende Elektroden (Metallplatten oder Kohlestäbe) eine Gleichspannung von einigen Volt an, so werden die ladungstragenden Ionen bewegt, und es findet eine mit dem Stromfluß gekoppelte Zerlegung des Elektrolyten, eine **Elektrolyse,** statt.

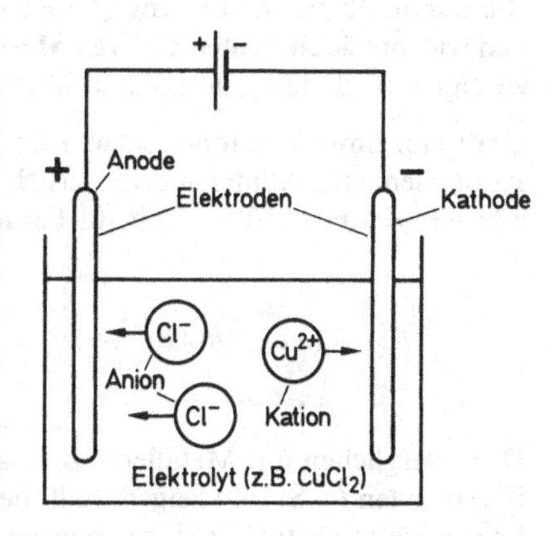


Unter dem Einfluß des elektrischen Feldes wandern die positiv geladenen Ionen zur negativen Elektrode, der Kathode; sie heißen daher Kationen. Dort nehmen sie – je nach Ionenwertigkeit – ein oder mehrere Elektronen auf und scheiden sich elementar an der Kathode ab bzw. gehen Folgereaktionen ein.
Entsprechend bewegen sich die negativ geladenen Ionen, die Anionen, zur Anode, wo sie – wiederum entsprechend der Ionenwertigkeit – ein oder mehrere Elektronen abgeben und dadurch zum neutralen Atom oxidiert werden. Die abgegebenen Elektronen werden von der Spannungsquelle zur Kathode gepumpt, wo sie zur Reduktion der Kationen dienen. An Anode und Kathode werden daher äquivalente Stoffmengen abgeschieden (z. B. bei der Elektrolyse von Wasser: Wasserstoff und Sauerstoff im Volumenverhältnis 2 : 1).
Eine Elektrolyse ist also eine durch die äußere elektrische Spannung erzwungene Redoxreaktion.
Auf die Bedeutung der Elektrolyse für die Darstellung bzw. Reinigung chemischer Substanzen sowie zur Oberflächenveredlung haben wir bereits früher hingewiesen.

Die von **Faraday** entdeckten Beziehungen zwischen der bei der Elektrolyse abgeschiedenen Stoffmenge und der dabei transportierten Ladung folgen aus unseren obigen Überlegungen:

**1. Faradaysches Gesetz**
Die bei der Elektrolyse an einer Elektrode abgeschiedene Masse $m$ eines Stoffs ist der durch den Elektrolyten geflossenen Ladung $Q$ proportional:

$$m = A \cdot Q$$

Der Proportionalitätsfaktor $A$ wird **elektrochemisches Äquivalent** des entsprechenden Stoffs genannt.

Das elektrochemische Äquivalent von Silber beträgt beispielsweise 1,118 mg/C. Speziell die elektrolytische Abscheidung von Silber (aus einer wäßrigen Silbernitrat-Lösung) wurde früher zur Definition der Ladungseinheit 1 C und der Stromstärkeeinheit 1 A bzw. zur genauen Messung von Gleichströmen verwendet: Aus der abgeschiedenen Masse des Silbers und seinem elektrochemischen Äquivalent ergibt sich nach der obigen Gleichung die transportierte Ladung. Aus dieser und der für die Abscheidung erforderlichen Zeit erhält man nach $I = Q/t$ die Stromstärke $I$ des Gleichstroms (solche Elektrolyseanordnungen heißen **Voltameter**).

**2. Faradaysches Gesetz**
Die durch die gleiche Ladung $Q$ abgeschiedenen Massen verschiedener Stoffe verhalten sich wie ihre **äquivalenten molaren Massen,** d. h. wie die durch die entsprechenden Ionenwertigkeiten dividierten molaren Massen der Ionen.

Um 1 mol einwertige Ionen (bzw. 1/2 mol zweiwertige Ionen usw.) abzuscheiden, ist stets 1 mol Elementarladungen erforderlich. Das Produkt aus $N_A$ ($N_A = 6{,}022 \cdot 10^{23}\,\text{mol}^{-1}$) und $e$ ($e = 1{,}602 \cdot 10^{-19}\,\text{C}$) heißt **Faraday-Konstante** $F$:

$$F = N_A \cdot e = 96490 \frac{\text{C}}{\text{mol}}$$

Die – verglichen mit Metallen – sehr geringen Werte der elektrischen Leitfähigkeit von Elektrolyten (s. S. 169) zeigen, daß die Driftgeschwindigkeit von Ionen im elektrischen Feld noch wesentlich geringer sein muß als die der Leitungselektronen in Metallen.
Tatsächlich ist die Driftgeschwindigkeit der Ionen – bedingt durch die große innere Reibung der Flüssigkeiten (die Ionen schleppen ihre Hydrathülle mit) – bei üblichen Elektrolysen etwa hundert- bis tausendmal kleiner als die der Elektronen in Metallen. Dabei bestehen zwischen den einzelnen Ionen erhebliche Unterschiede.
Bei allen elektrischen Leitern, für die das Ohmsche Gesetz gilt, ist die Driftgeschwindigkeit proportional zur elektrischen Feldstärke; dies ist auch bei Elektrolyten erfüllt.
Um die einzelnen Ionen bezüglich ihrer elektrolytischen Leitfähigkeit besser miteinander vergleichen zu können, wird ihre Driftgeschwindigkeit $v$ durch den Betrag der dabei vorliegenden elektrischen Feldstärke $E$ dividiert. Für eine bestimmte Ionensorte und eine bestimmte Temperatur erhalten wir so eine charakteristische Konstante, die **Beweglichkeit** $u$ des Ions heißt (bei konzentrierten Lösungen treten Abweichungen durch gegenseitige Behinderung auf):

$$u = \frac{v}{E}$$

Auch bei anderen Leitern (Metalle, Halbleiter, Gase) wird dieser Begriff verwendet.

### 2.1.3 Elektrizitätsleitung in Gasen

Normalerweise leiten Gase den elektrischen Strom nicht, da ihre Atome bzw. Moleküle elektrisch neutral sind.
Werden die Atome oder Moleküle eines Gases jedoch ionisiert, so stehen bewegliche Ladungsträger zur Verfügung, und das Gas wird elektrisch leitfähig (denken Sie an die Blitze bei Gewittern).

Legen wir beispielsweise an einen luftgefüllten Plattenkondensator von einigen Zentimetern Plattenabstand eine Spannung von etwa tausend Volt, so fließt nach Ende der Aufladung normalerweise kein Strom.
Bringen wir zwischen die Platten jedoch eine Flamme oder setzen die Luft im Zwischenraum radioaktiver Strahlung oder Röntgenstrahlung aus, so beobachten wir einen elektrischen Strom.

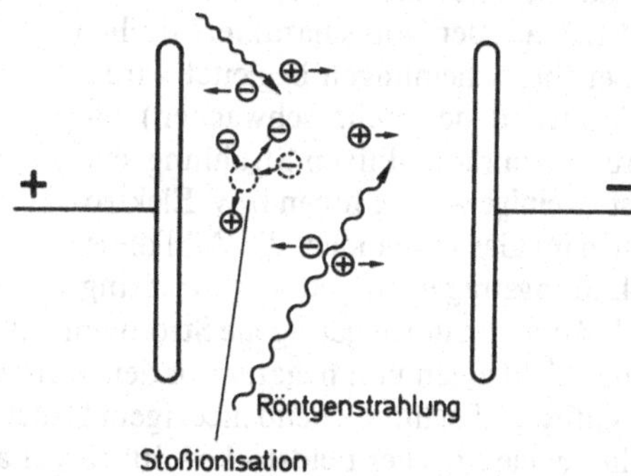


In der Flamme z. B. entstehen durch energiereiche Stöße zwischen den Gasatomen bzw. -molekülen zum Teil positive und negative Ionen bzw. positive Ionen und Elektronen (Stoßionisation).
Die gebildeten Ionen und Elektronen werden unter dem Einfluß des elektrischen Feldes in Richtung der jeweils entgegengesetzt geladenen Kondensatorplatte beschleunigt. Bei der Bewegung dorthin erleiden sie nach sehr kurzen Wegstücken Zusammenstöße mit neutralen Gasatomen bzw. -molekülen – in Luft beträgt die **mittlere freie Weglänge** bei Normalbedingungen nur etwa 50 nm. Bei diesen Stößen ändern die Ladungsträger ständig ihre Richtung und geben einen Teil ihrer Energie an den Stoßpartner ab (bei ausreichender Energie kann es zur **Stoßanregung** bzw. **Stoßionisation** kommen). Die geladenen Teilchen bewegen sich also nicht geradlinig im elektrischen Feld, sondern führen – wie die Elektronen des Elektronengases in Metallen – eine Zickzackbewegung aus; der ungeordneten Wärmebewegung ist demnach eine Drift in Feldrichtung überlagert.
Lassen wir die Flamme bzw. die radioaktive Strahlung oder die Röntgenstrahlung nicht mehr auf das Füllgas des Kondensators einwirken, so werden keine Ionen mehr nachgeliefert, und der Strom kommt zum Erliegen.
Da das elektrische Feld des Plattenkondensators die z. B. durch radioaktive Strahlung erzeugten Ionenpaare (bzw. Ionen und Elektronen) sammelt und damit quantitativ meßbar macht, werden Plattenkondensatoren (oder ähnliche Kondensatorformen) als **Ionisationskammern** zur Messung der Intensität ionisierender Strahlung verwendet.
Beim **Dosimeter,** das z. B. das Personal von Kernkraftwerken oder von Isotopenabteilungen in Krankenhäusern wie einen Füllfederhalter bei sich trägt, dient das Maß der Entladung eines eingebauten, einmal aufgeladenen Kondensators als Indiz für die durchschnittliche Strahlenbelastung der entsprechenden Person.
Das **Proportionalzählrohr** bzw. **Geiger-Müller-Zählrohr** beruht auf demselben Prinzip. Eine geeignete Formgebung der Metallelektroden, die eine Art Kondensator darstellen, erlaubt hier jedoch zusätzlich eine Vervielfachung der primär gebildeten Ionen durch energiereiche Stoßprozesse im Gas (auf diese Stoßionisation gehen wir weiter unten näher ein). Derartige Zählrohre erlauben aufgrund der Ladungsträgervermehrung im Gas die Messung bzw. den Nachweis von radioaktiver Strahlung sehr geringer Intensität (z. B. der natürlichen Strahlenbelastung).
Die eben beschriebene Ionisierung des Gases wird durch äußere Einwirkung ausgelöst; deshalb reden wir hier von **unselbständiger** Elektrizitätsleitung.
Bei niedrigem Druck bzw. hoher elektrischer Feldstärke kann es in Gasen jedoch auch zu **selbständiger** Elektrizitätsleitung (Glimmentladung) kommen:
Legen wir an eine sogenannte Gasentladungsröhre (s. Abbildung auf S. 192), die gewissermaßen einen Plattenkondensator (Plattenabstand z. B. 50 cm) in einer evakuierbaren Glasröhre darstellt, eine Spannung von mehreren tausend Volt, so wirkt die Luft zwischen den Elektroden zunächst als Isolator.

Erst beim Abpumpen der Luft bis auf sehr niedere Drucke (einige Millibar und weniger) fließt ein Strom durch das Gas, der von charakteristischen Leuchterscheinungen begleitet wird: Aufgrund der (sehr schwachen) natürlichen radioaktiven Strahlung sind stets einige wenige Ionen bzw. Elektronen im Gas vorhanden; die Zahl dieser Ladungsträger ist jedoch so gering, daß der von ihnen getragene Strom unmeßbar klein ist. Im elektrischen Feld bewegen sich die Elektronen und negativ geladenen Ionen zur Anode, die positiv geladenen Ionen zur Kathode. Bei hinreichend niedrigem Druck – also großer mittlerer freier Weglänge – sowie hoher elektrischer Feldstärke können vor allem die Elektronen zwischen zwei Stößen mit neutralen Gasatomen bzw. -molekülen so viel Energie aus dem elektrischen Feld aufnehmen, daß sie aus dem jeweiligen Stoßpartner ein Elektron herausschlagen können.

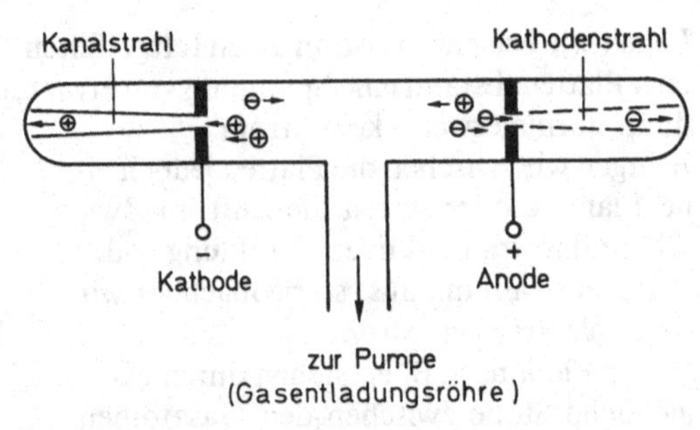

(Gasentladungsröhre)

Das durch diese **Stoßionisation** entstandene Elektron und das ursprüngliche Elektron können beim nächsten Stoß wieder jeweils ein positives Ion und ein Elektron erzeugen; aus den nun vorhandenen vier Elektronen sind nach dem nächsten Stoßprozeß acht Elektronen geworden usw.

Die gleichzeitig erzeugten positiven Ionen treffen mit solcher Wucht auf die Kathode auf, daß sie aus ihr ein oder mehrere Elektronen herausschlagen; wie oben beschrieben, vermehrt sich die Zahl dieser Elektronen auf dem Weg bis zur Anode lawinenartig. Dabei werden wiederum entsprechend viele positiv geladenen Ionen erzeugt. Durch diese Prozesse wächst die Zahl der verfügbaren Ladungsträger – und damit die elektrische Leitfähigkeit des Gases – blitzartig an; das Ohmsche Gesetz gilt also hier nicht.

Glimmlampen, Leuchtstoffröhren und die Vielzahl von Spektrallampen (z. B. Natrium-Dampf-Lampe) sowie die Hoch- und Höchstdrucklampen (z. B. Quecksilber, Xenon) basieren auf solchen Leitungsmechanismen. Zum stabilen Betrieb dieser Lampen muß daher der Strom durch einen Vorwiderstand begrenzt werden.

Die Lichterzeugung in diesen Lampen findet durch Stoßanregung der jeweiligen Gasteilchen statt; bei vielen Stößen ist nämlich die übertragene Energie zwar nicht zur Ionisation ausreichend, wohl aber zur Anregung der Valenzelektronen.

Übrigens stammen auch wichtige Erkenntnisse über den Feinbau der Materie aus Untersuchungen dieser Ströme geladener Teilchen in Gasentladungsröhren: Durchbohrt man nämlich die Elektroden, so können die auf sie zufliegenden geladenen Teilchen aufgrund ihrer Trägheit in den Raum hinter den Elektroden eindringen. Dort stehen sie als **Kathodenstrahlen** bzw. **Kanalstrahlen** (s. o. Skizze) getrennt für Untersuchungen zur Verfügung.

### 2.1.4 Bewegung elektrischer Ladungen im Hochvakuum; Anwendungen

Bei weiterer Verminderung des Drucks in der Gasentladungsröhre treffen noch vorhandene Elektronen auf ihrem Weg zur Anode auf keine Gasatome bzw. -moleküle mehr. Daher werden keine neuen Ladungsträger mehr gebildet und der Strom kommt zum Erliegen. Ersetzen wir die kalte Kathode in der Gasentladungsröhre jedoch durch eine elektrisch beheizte **Glühkathode,** so werden durch **Glühemission** aus dieser Elektronen freigesetzt. Unter ständiger Beschleunigung durch das elektrische Feld durchlaufen diese Elektronen den Weg zur Anode. Wir wollen die an ihnen dabei verrichtete Beschleunigungsarbeit berechnen:

Für die Überführungsarbeit $W$ einer Ladung $Q$ von Punkt 1 zu Punkt 2 gilt, wenn zwischen den beiden Punkten die Spannung $U$ herrscht (s. S. 178):

$$W = Q \cdot U$$

Ein Elektron besitzt die Ladung $Q = e$ (Elementarladung $e = 1{,}602 \cdot 10^{-19}\,\mathrm{C}$), also:

$$\boxed{W = e \cdot U}$$

Durchläuft ein Elektron beispielsweise eine Beschleunigungsspannung von $U = 1\,\mathrm{V}$, so vergrößert sich dabei seine kinetische Energie um:

$$W = 1\,\mathrm{e} \cdot 1\,\mathrm{V} = 1\,\mathrm{eV}\ \text{(Elektronenvolt)}$$

In der Physik ist das **Elektronenvolt** eine vor allem für Elementarprozesse gebräuchliche (und sehr zweckmäßige!) Energieeinheit. So wird die kinetische Energie geladener Teilchen (z. B. der beim lichtelektrischen Effekt aus dem Metall ausgelösten Elektronen) üblicherweise durch die Bremsspannung (Polung umgekehrt wie bei der Beschleunigungsspannung) bestimmt, die die geladenen Teilchen aufgrund ihrer kinetischen Energie gerade noch zu durchlaufen vermögen.
Das Elektronenvolt läßt sich durch andere Energieeinheiten ausdrücken:

$$1\,\mathrm{eV} = 1{,}602 \cdot 10^{-19}\,\mathrm{C} \cdot 1\,\mathrm{V} = 1{,}602 \cdot 10^{-19}\,\mathrm{C} \cdot 1\frac{\mathrm{J}}{\mathrm{C}}$$

$$\Rightarrow \quad 1\,\mathrm{eV} = 1{,}602 \cdot 10^{-19}\,\mathrm{J}$$

Für den Chemiker ist die auf die Stoffmenge 1 mol, also auf $N_A \cdot 1$ mol Teilchen ($N_A = 6{,}022 \cdot 10^{23}\,\mathrm{mol}^{-1}$), bezogene Energie besonders wichtig:
Wenn ein Teilchen die Energie 1 eV besitzt, beträgt die auf 1 mol bezogene Energie

$$E_{mol} = N_A \cdot 1\,\mathrm{eV} = 6{,}022 \cdot 10^{23}\,\mathrm{mol}^{-1} \cdot 1{,}602 \cdot 10^{-19}\,\mathrm{J}$$

$$\Rightarrow \quad 1\frac{\mathrm{eV}}{\text{Teilchen}} \quad \text{entspricht} \quad E_{mol} = 96{,}47\frac{\mathrm{kJ}}{\mathrm{mol}} \left(\approx 100\frac{\mathrm{kJ}}{\mathrm{mol}}\right)$$

Die Energie eines geladenen Teilchens wächst also proportional zur durchlaufenen Beschleunigungsspannung; diese Art der Energieübertragung wird vielfältig genutzt:
In **Elementarteilchenbeschleunigern** z. B. durchlaufen geladene Teilchen etappenweise Spannungen von bis zu mehreren Milliarden Volt (!); sie bewegen sich dann nahezu mit Lichtgeschwindigkeit. Mit derart energiereichen Teilchen lassen sich die Strukturen von Atomkernen und sogar einzelnen Elementarteilchen untersuchen.
Bei **Röntgenröhren** (s. Abbildung) werden die aus der Glühkathode ausgetretenen Elektronen durch eine Spannung in der Größenordnung von einigen zehntausend bis einigen hunderttausend Volt beschleunigt.

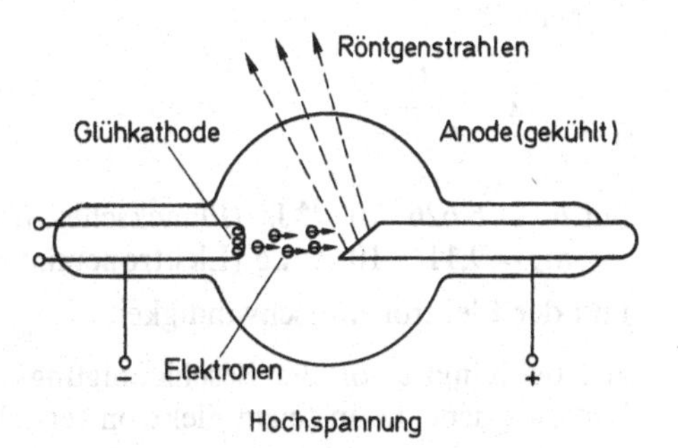


Beim Auftreffen auf das Anodenmaterial werden sie ruckartig abgebremst. Die dabei freiwerdende Energie wird teilweise in Form von elektromagnetischer Strahlung abgegeben, der sogenannten (Röntgen-) **Bremsstrahlung,** die entsprechend der ho-

hen Energie sehr kurzwellig ist. Ähnlich wie bei der Stoßionisation in Gasen können die energiereichen Elektronen hier sogar aus den inneren Schalen der Atome des Anodenmaterials Elektronen herausschlagen. Bei der nachfolgenden Auffüllung der so entstandenen Leerstellen wird – neben der oben erwähnten Bremsstrahlung – eine ebenfalls sehr energiereiche elektromagnetische Strahlung emittiert, die für das Anodenmaterial charakteristisch ist und daher **charakteristische Röntgenstrahlung** heißt (erinnern Sie sich an das auf S. 59 erwähnte Moseleysche Gesetz?).
Da diese hochenergetischen Röntgenstrahlen Materie sehr viel besser durchdringen als z. B. Licht, werden sie in Medizin und Technik für vielfältige Untersuchungen eingesetzt.

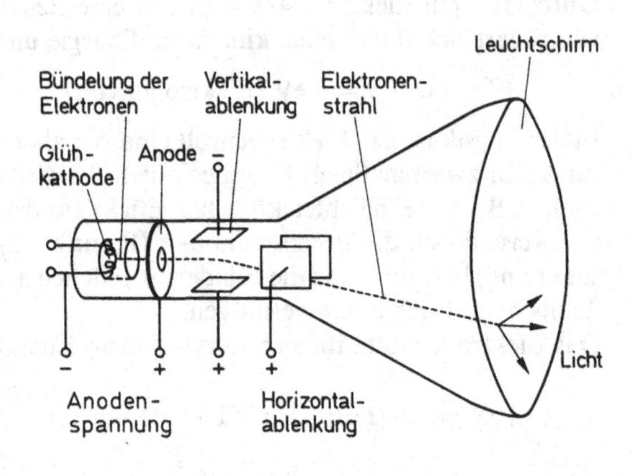


Die **Braunsche Röhre** ist Ihnen als Bildröhre des Fernsehapparats oder des Oszillographen bekannt. Zur Beschleunigung der Elektronen wird eine etwas niedrigere Spannung als bei der Röntgenröhre verwendet (meist 10 bis 30 kV).
Die von der Glühkathode emittierten und mittels einer negativ geladenen zylindrischen Elektrode gebündelten Elektronen fliegen durch eine Öffnung in der Anode weiter (s. Kathodenstrahlen).
Durch zwei senkrecht zueinander gerichtete elektrische (Ablenk-)Felder, die von zwei Plattenkondensatoren erzeugt werden, und deren Stärke variiert werden kann, läßt sich der Elektronenstrahl auf jeden beliebigen Punkt des Leuchtschirms richten. (Stattdessen werden häufig von stromdurchflossenen Spulen erzeugte Magnetfelder zur Steuerung des Elektronenstrahls verwendet; s. S. 202f.) Das Glas des Leuchtschirms ist auf der Innenseite mit einem speziellen Stoff (meist ZnS) beschichtet, dessen Atome bzw. Moleküle durch die auftreffenden Elektronen zur Lichtaussendung angeregt werden.

Ähnlich wie Lichtstrahlen durch Linsen lassen sich Elektronenstrahlen durch geeignete elektrische oder magnetische Felder steuern; man kann daher von **Elektronenoptik** reden. Für uns ist vor allem das **Elektronenmikroskop** interessant, da es Strukturen sichtbar zu machen gestattet, die ein Lichtmikroskop nicht mehr auflösen kann.
Das Elektronenmikroskop verwendet – wie die oben besprochenen Geräte – einen von einer Glühkathode emittierten und im Hochvakuum verlaufenden Elektronenstrahl. Wie bereits erwähnt (Materiewellen, s. S. 52) kann man hochenergetischen Elektronen eine äußerst kurze (Materie-)Wellenlänge $\lambda$ zuordnen.
Dabei gilt

$$\lambda = \frac{h}{m_e \cdot v}$$

mit $h = 6{,}626 \cdot 10^{-34}$ Js (Plancksches Wirkungsquantum),
$m_e = 9{,}11 \cdot 10^{-31}$ kg (Elektronenmasse)

und der Elektronengeschwindigkeit $v$.

Hierbei hängt $v$ von der Beschleunigungsspannung $U$, die der Elektronenstrahl durchläuft, ab, denn die an einem Elektron verrichtete Beschleunigungsarbeit $e \cdot U$ ist gleich der kinetischen Energie $1/2\,m_e \cdot v^2$, die das Elektron danach besitzt:

$$\frac{1}{2} m_e \cdot v^2 = e \cdot U \quad \Rightarrow \quad v = \sqrt{\frac{2e \cdot U}{m_e}}$$

Einsetzen in die obige Gleichung führt zu der Beziehung:

$$\lambda = \frac{h}{\sqrt{2m_e \cdot e \cdot U}}$$

Die bei Elektronenmikroskopen üblichen Beschleunigungsspannungen liegen zwischen 50000 V und über 100000 V; die entsprechende (Materie-)Wellenlänge der Elektronen nimmt dann nach der letzten Gleichung Werte zwischen 0,005 nm und 0,003 nm an. Aus technischen Gründen wächst das Auflösungsvermögen hier leider nicht im selben Maß, in dem die Wellenlänge kürzer wird (blaues Licht: rund 400 nm). Die numerische Apertur (s. S. 116) des Elektronenmikroskop-Objektivs ist nämlich etwa hundertmal kleiner als die eines Lichtmikroskop-Objektivs. In der Praxis kann man mit einem guten Elektronenmikroskop noch zwei Punkte im Abstand weniger nm getrennt sehen. Einzelne Atome bzw. kleinere Moleküle werden daher selbst durch ein Elektronenmikroskop noch nicht betrachtbar.

Wie wir schon bei der Besprechung der Gasentladungsröhre erwähnt haben, treten außer Elektronen auch Ionen als Ladungsträger in Gasen auf. Auch im Hochvakuum lassen sich derartige **Ionenstrahlen** erzeugen und ähnlich wie Elektronenstrahlen durch elektrische und magnetische Felder beeinflussen. Bei gleicher Geschwindigkeit erfährt jedoch ein Ion aufgrund seiner größeren Masse (und je nach seiner Ladung) eine andere Ablenkung als ein Elektron. Auch Ionen verschiedener Massen werden bei gleicher Ladung und Geschwindigkeit dementsprechend verschieden stark abgelenkt. Unter bestimmten Bedingungen kann daher aus der Ablenkung auf die Ionenmasse geschlossen werden. Diesen Sachverhalt macht sich das **Massenspektrometer** zunutze.
Die auf ihre Zusammensetzung zu untersuchenden Moleküle werden dabei zunächst in Bruchstücke zerlegt. Die dabei entstandenen positiv geladenen Fragment-Ionen durchlaufen eine Beschleunigungsspannung und werden dann durch elektrische und magnetische Felder so gelenkt, daß Ionen mit gleichem Verhältnis zwischen Masse und Ladung – nahezu unabhängig von ihrer Geschwindigkeit – auf die gleiche Stelle des Auffangschirms (Detektors) treffen.
Aus der Lage der Auftreffstellen lassen sich – nach entsprechender Eichung – die betreffenden Fragment-Ionen identifizieren. Die zugehörigen relativen Häufigkeiten, die z. B. anhand der Schwärzung einer Photoplatte ermittelt werden können, verraten auch die quantitative Zusammensetzung des Ionengemisches und damit letztlich die der untersuchten Substanz.
Man könnte die Massenspektrometrie daher als eine Art molekularer Unfallforschung bezeichnen: Das Molekül wird zuerst zerstört, damit man anschließend aus der Analyse der Molekültrümmer den Aufbau des ganzen Moleküls rekonstruieren kann.

## 2.2 Elektrizitätsleitung in Halbleitern

### 2.2.1 Isolatoren, Halbleiter und Leiter

Auf S. 169 haben wir gesehen, daß sich verschiedene Stoffe bezüglich ihres spezifischen Widerstands erheblich unterscheiden können. Neben den (metallischen) **Leitern** und den (nichtmetallischen) **Isolatoren** gibt es eine Reihe von Stoffen, die sogenannten **Halbleiter**, die hinsichtlich ihres elektrischen Widerstands eine mittlere Stellung einnehmen. Besonders auffällig ist, daß die Halbleiter ein den Metallen entgegengesetztes Temperaturverhalten des elektrischen Widerstands zeigen (s. Abbildung). In der Elektrotechnik/Elektronik werden daher Metalle wegen ihres mit der Temperatur wachsenden Widerstands als PTC-Widerstände (**p**ositive-**t**emperature-**c**oefficient) oder als **Kaltleiter** und Halbleiter als NTC-Widerstände (**n**egative-**t**emperature-**c**oefficient) bzw. **Heißleiter** bezeichnet.

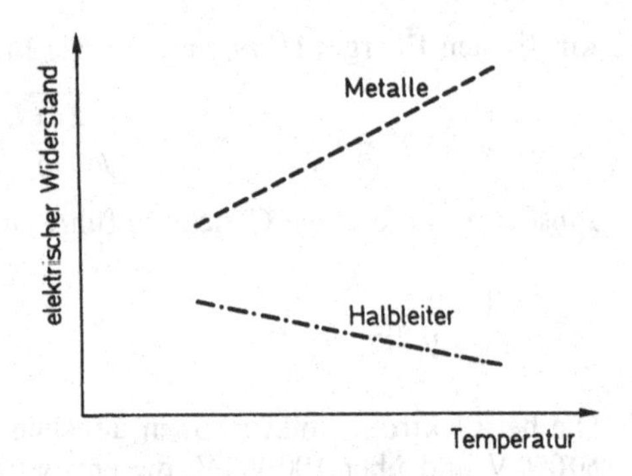

Schematische Temperaturabhängigkeit des Widerstands

Bei Metallen ist nämlich die Zahl der Leitungselektronen unabhängig von der Temperatur, wogegen ihre Behinderung durch die Gitterschwingungen der Atomrümpfe mit wachsender Temperatur zunimmt.
Bei Halbleitern dagegen wächst die Zahl der Ladungsträger mit der Temperatur außerordentlich stark (exponentiell) an. Dieser Effekt überwiegt bei weitem die auch hier mit der Temperatur zunehmende Behinderung durch Gitterschwingungen.

Die typischen Halbleitermaterialien Germanium und Silicium besitzen dieselbe Gitterstruktur wie der aus Kohlenstoff-Atomen aufgebaute Diamant, d. h. jeder Gitterbaustein geht vier kovalente Bindungen mit seinen in der Form eines Tetraeders angeordneten Nachbarn ein. Weshalb ist aber der Diamant ein Isolator, während Germanium und Silicium in geringem Maß über bewegliche Ladungsträger verfügen, obwohl doch alle drei Elemente in derselben Gruppe des Periodensystems stehen? Sie wissen vielleicht, daß Bindungen zwischen Elementen der ersten Achterperiode im allgemeinen wesentlich stärker sind als die entsprechender Elemente höherer Perioden (vergleichen Sie z. B. die unterschiedlichen Stabilitäten von Kohlenwasserstoff- und Siliciumwasserstoff-Verbindungen). Die Wärmebewegung des Gitters reicht daher nicht aus, um Elektronen aus ihren Bindungen im Diamant herauszureißen, während dies im Silicium- und Germanium-Kristall vereinzelt möglich ist; mit zunehmender Temperatur werden bei diesen Halbleitern immer mehr Ladungsträger freigesetzt.

### 2.2.2 Eigenleitung und Störstellenleitung von Halbleitern

Wenn ein aus seiner Bindung thermisch losgerissenes Elektron im Kristall umherwandert, bleibt das Atom, von dem es stammt, positiv geladen zurück. Eines der Nachbaratome kann das fehlende Elektron nachliefern, ist aber dann selbst positiv geladen; dieser Prozeß läßt sich beliebig fortsetzen. Statt vom Nachliefern eines Elektrons ist es einfacher, von der Wanderung eines **Defektelektrons,** oder kurz eines **Lochs,** zu sprechen.
In diesem Sinne entsteht bei der thermischen Loslösung eines Elektrons zugleich auch ein (positiv geladenes) Loch, d. h. ein sogenanntes **Elektron-Loch-Paar.** (Denken Sie z. B. an eine dicht gedrängt stehende Menge, aus der ein Mensch über die Absperrung springt, um danach schneller vorwärts zu kommen; die zurückgebliebene Lücke wird sukzessive gefüllt und wandert damit durch die Menschenmenge.)
Der eben besprochene Leitungsmechanismus heißt **Eigenleitung,** da er vom reinen Kristall selbst – ohne Beteiligung von Fremdatomen – getragen wird. Dabei sind gleichviele Elektronen und Löcher vorhanden.

Technisch weit bedeutender ist die sogenannte **Störstellenleitung,** kurz **Störleitung** genannt. Dabei wird größenordnungsmäßig ein Millionstel der Germanium- bzw. Silicium-Atome durch Fremdatome ersetzt (Dotierung).
Verwenden wir als Dotierungsmaterial ein Element der **5. Hauptgruppe** (z. B. As oder P), so besitzt dieses Atom in der tetraedrischen Umgebung ein Elektron zuviel für die vier eingegangenen Bindungen. Dieses **Elektron** ist (als 5. Rad am Wagen) besonders schwach gebunden und wird schon bei Zimmertemperatur **frei beweglich.** Zurück bleibt ein **ortsfestes, positives Donatorion.** Bei diesem Leitungsmechanismus tritt – im Gegensatz zur Eigenleitung – nur noch eine Art von Ladungsträgern, nämlich (negative) Elektronen, auf: Durch Dotierung mit Elementen der 5. Hauptgruppe erhalten wir die sogenannte **n-Leitung.**
Analog führt eine Dotierung mit Elementen der **3. Hauptgruppe** (z. B. In) zur sogenannten **p-Leitung:** Dem Indium-Atom fehlt nämlich zur Bindung mit seinen vier Nachbarn noch ein Elektron. Schon bei Zimmertemperatur wird dieses z. B. von einem benachbarten Germanium-Atom geliefert. Dabei entsteht ein **ortsfestes, negativ geladenes Akzeptorion;** außerdem fehlt einem Germanium-Atom ein Elektron, das aber von einem benachbarten Germanium-Atom nachgeliefert wird. Es ist also ein **bewegliches** (positives) **Loch** entstanden.
In beiden Fällen überwiegt die Störstellenleitung die Eigenleitung bei weitem.
Dies ist vergleichbar mit der Autodissoziation des Wassers (auch das Ionenprodukt des Wassers ist temperaturabhängig!), die so gering ist, daß ein mäßiger Zusatz von starker Säure oder Base den pH-Wert völlig bestimmt. Es gilt sogar ein Massenwirkungsgesetz für das Produkt aus Elektronen und Löchern, völlig analog zum Ionenprodukt des Wassers.

### 2.2.3 p-n-Übergang; Halbleiterdiode und Transistor

Bringt man eine **n-Schicht** mit einer **p-Schicht** in Kontakt, so grenzt im ersten Moment ein Gebiet mit beweglichen negativen Ladungen (den Elektronen) an ein Gebiet mit beweglichen positiven Ladungen (den Löchern). Wie beim Herausnehmen der Trennwand zwischen zwei verschiedenen Gasen beginnt sofort ein Konzentrationsausgleich durch Diffusion.
Da Löcher aber nichts anderes als fehlende Elektronen sind, **rekombinieren** Elektronen und Löcher bei Begegnung (wenn ein Elektron an einen Platz kommt, an dem ein Elektron fehlt, wird es dort gebunden). Durch diese Rekombination entsteht im Grenzgebiet zwischen n- und p-Schicht eine nahezu **ladungsträgerfreie Zone,** die sogenannte **Sperrschicht.**
Im Verlauf der Diffusion lädt sich die **n-Schicht positiv,** die **p-Schicht negativ** auf, da die ortsfesten Ionen in der Sperrschicht nicht mehr durch die entsprechenden, entgegengesetzt geladenen beweglichen Ladungsträger kompensiert werden. Diese entgegengesetzten Ladungen erzeugen eine Spannung zwischen n- und p-Schicht, die sogenannte Diffusionsspannung. Wenn die Diffusionsspannung einen genügend hohen Wert (abhängig von den verwendeten Halbleitermaterialien, wenige Zehntel Volt) erreicht hat, verhindert sie damit eine weitere Verbreiterung der Sperrschicht.

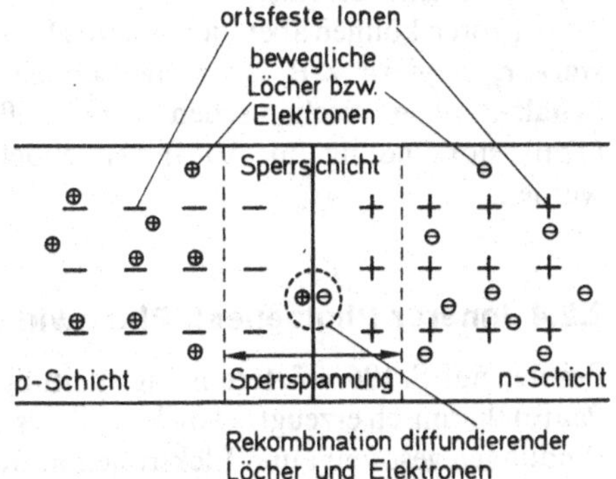


Legen wir eine Spannung an einen solchen p-n-Übergang, so hängt es vom Vorzeichen

dieser äußeren Spannung ab, ob ein kräftiger Durchlaßstrom oder nur ein (praktisch unbedeutender – vergleiche nebenstehende Kennlinie) Sperrstrom fließt:
Ein p-n-Übergang wirkt also wie ein Stromventil, man nennt eine solche Anordnung auch **Halbleiterdiode**. (Merkregel: Bei + an p und – an n fließt Durchlaßstrom.)
Der geringe Sperrstrom, der bei umgekehrter Polung auftritt, rührt von der thermischen Dissoziation von Bindungen in der Sperrschicht her (Eigenleitung).
Halbleiterdioden werden z. B. in Netzgeräten als Gleichrichter eingesetzt.

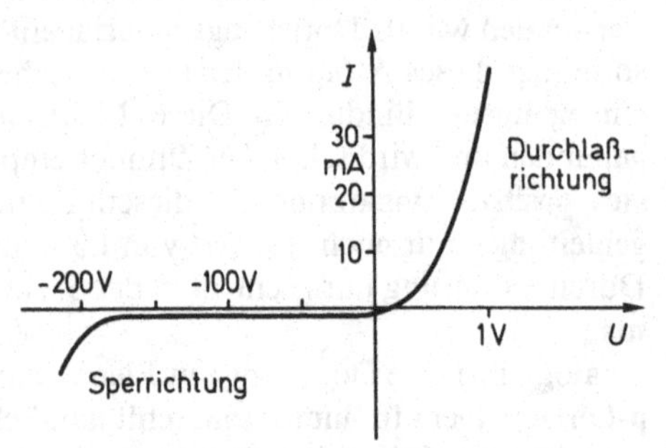

Kennlinie eines p-n-Übergangs

Schalten wir **drei Schichten,** also **pnp** oder **npn** hintereinander, so erhalten wir den **Transistor.** Die äußeren Schichten heißen **Emitter** bzw. **Kollektor,** die mittlere **Basis.**
Wir erläutern das Funktionsprinzip eines Transistors nur anhand der sogenannten **Basisschaltung:** Emitter und Basis bilden eine in Durchlaßrichtung gepolte Diode, während Basis und Kollektor in Sperrichtung gepolt sind.
Aufgrund ihrer Trägheit können die meisten vom Emitter ausgehenden Ladungsträger die dünne Basisschicht durchfliegen und in die Sperrschicht zwischen Basis und Kollektor eindringen. Dort werden sie aufgrund der Kollektorspannung abgesaugt, so daß nunmehr zwischen Basis und Kollektor ein Strom fließen kann.
Durch den geringen Strom zwischen Emitter und Basis wird ein weit stärkerer Strom zwischen Basis und Kollektor gesteuert, d. h. kleine Änderungen des Emitter-Basis-Stroms bewirken große Änderungen des Basis-Kollektor-Stroms.
Transistoren können aber nicht nur als **Verstärker,** sondern z. B. auch als schnelle **Schalter** ohne mechanischen Verschleiß (Transistorzündung im Auto) verwendet werden.

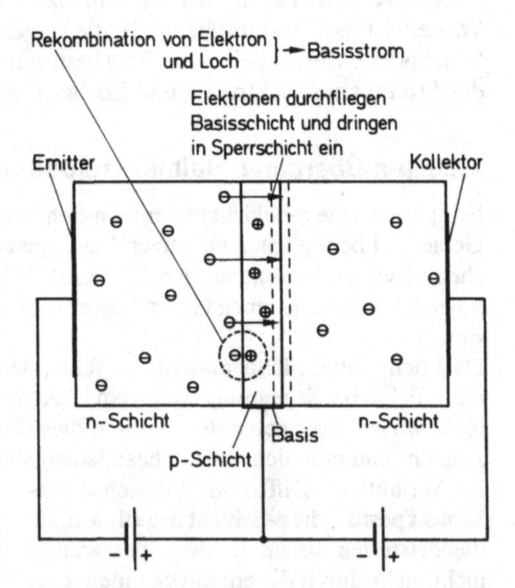

Schematische Darstellung eines n-p-n-Transistors (zur besseren Übersichtlichkeit sind nur die beweglichen Ladungsträger gezeichnet)

### 2.2.4 Innerer Photoeffekt; Photowiderstand und Photodiode

Bei der auf S. 196 erörterten Eigenleitung wurden die Ladungsträger (Elektron-Loch-Paare) thermisch erzeugt. Daneben gibt es noch weitere Mechanismen, bei denen einzelne Bindungen gesprengt und Elektronen im Kristall beweglich werden. Interessant ist dabei vor allem der sogenannte **innere Photoeffekt,** bei dem die Ladungsträger im Kristall durch Lichteinwirkung freigesetzt werden.

Während beim **äußeren** Photoeffekt (erinnern Sie sich an die auf S. 126f besprochene Photozelle?) die Energie eines Lichtquants ausreichen muß, um dem Elektron das **Verlassen** des (metallischen) Kristalls zu ermöglichen, genügt für den **inneren** Photoeffekt schon eine wesentlich geringere Energie, da das betreffende Elektron nur aus seiner lokalen Bindung im Kristall**innern** gelöst werden muß.

Entsprechend liegt die langwellige Grenze für das Einsetzen des äußeren Photoeffekts im sichtbaren oder ultravioletten Spektralbereich, wogegen beim inneren Photoeffekt schon die Quanten des (nahen) infraroten Lichts genügend Energie besitzen. Für die Infrarotspektroskopie sind daher Detektoren von Interesse, die sich den inneren Photoeffekt zunutze machen. Der einfachste Typ eines solchen Detektors ist der **Photowiderstand,** in dem eine aus einem Halbleitermaterial (meist CdS) bestehende Schicht für Licht zugänglich angeordnet ist.

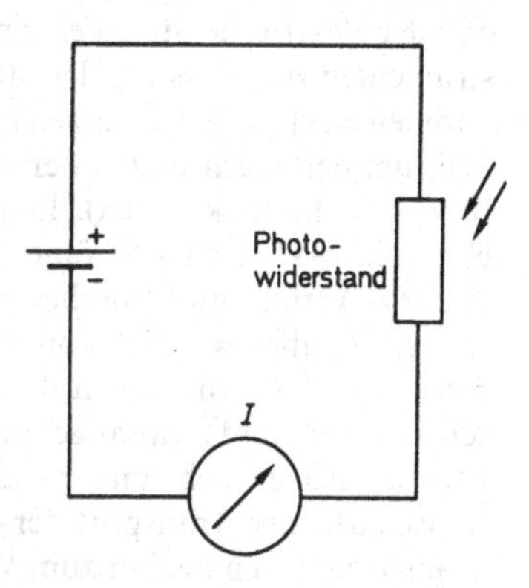


Ohne Belichtung fließt nur ein sehr geringer Dunkelstrom, der auf der thermischen Erzeugung von Ladungsträgern beruht. Mit zunehmender Lichtintensität (d. h. mit größerer Anzahl der auf den Photowiderstand treffenden Photonen) wächst die Zahl der beweglichen Ladungsträger, der Strom steigt also an. Dieser Zunahme der Leitfähigkeit entspricht eine Abnahme des Widerstands. Photowiderstände erlauben also – wie die auf dem äußeren Photoeffekt beruhende Photozelle – die Umwandlung von Lichtsignalen in elektrische Signale (Belichtungsmesser, Lichtschranke, Vidikon-Röhre in Fernsehkameras).

Ähnlich funktioniert die **Photodiode:**

Wird beispielsweise die p-Schicht eines p-n-Übergangs so dünn hergestellt, daß auftreffendes Licht in die nahezu ladungsträgerfreie Sperrschicht eindringen kann, dann erzeugen die Photonen in diesem Gebiet Elektron-Loch-Paare. Eine in Sperrichtung der Diode angelegte äußere Spannung trennt diese Ladungen, wodurch ein zur Lichtintensität proportionaler Strom fließt.

Eine Photodiode kann also wie ein Photowiderstand eingesetzt werden; da sie wesentlich schneller anspricht, kann sie beispielsweise bei der Übertragung von Informationen durch Glasfaser-Lichtleitkabel als Empfänger für das modulierte Licht dienen.

Aber auch schon ohne äußere Spannung herrscht in der Sperrschicht der Photodiode die bereits erwähnte Diffusionsspannung, die gegebenenfalls erzeugte Ladungsträger absaugt. Eine Photodiode wirkt daher bei Belichtung selbst als **Strom-** bzw. **Spannungsquelle;** in ihr wird **Lichtenergie** in **elektrische Energie** umgewandelt. **Solarzellen** sind Photodioden, die speziell für diese Art der Energieumwandlung entwickelt wurden.

In **Leuchtdioden** findet der umgekehrte Prozeß wie in Photodioden statt: Elektrische Energie wird – ohne den Umweg über Wärmeenergie – in Licht umgewandelt.

Neben der Anwendung als Anzeige in vielen elektronischen Geräten spielen Leuchtdioden wegen ihrer kurzen Ansprechzeit bei der optoelektronischen Signalübertragung häufig die Rolle des Lichtsenders.

# 3. Magnetische Erscheinungen; Wechselstromkreis

Wer hat nicht als Kind schon mit Dauermagneten gespielt oder sich über die Kräfte gewundert, die die Magnetnadel im Kompaß nach Norden ausrichten?
Häufig wird der Magnetismus als eigenständiges Gebiet behandelt. Wir wissen jedoch, daß der elektrische Strom eine magnetische Wirkung besitzt, die wir z. B. in Drehspulinstrumenten zur Messung der Stromstärke ausnutzen. Chemiker wissen auch, daß sich in Atomen elektrische Ladungen bewegen: Die Elektronen kreisen (im Bohrschen Atommodell) um den Kern und rotieren außerdem noch um ihre eigene Achse (Bahnbewegung bzw. Spin der Elektronen). Tatsächlich lassen sich auch die Dauermagnete aufgrund solcher mikroskopischer Ströme verstehen.
Die enge Verbindung zwischen elektrischen und magnetischen Phänomenen kommt einerseits in Begriffen wie Elektromagnet oder elektromagnetische Welle zum Ausdruck. Andererseits erleben wir täglich die immense technische Bedeutung elektromagnetischer Erscheinungen, und zwar angefangen von der Erzeugung elektrischer Energie (in Wirklichkeit handelt es sich um eine Energieumwandlung) mittels Generatoren über die zum wirtschaftlichen Transport der elektrischen Energie notwendige Spannungswandlung in Transformatoren bis hin zum Verbrauch in Elektromotoren und vielen anderen elektromagnetischen Geräten (z. B. Relais, Klingel, Lautsprecher).

## 3.1 Dauermagnete und Magnetfeld

Die Kraftwirkungen zwischen elektrischen Ladungen haben wir auf die Vermittlung eines elektrischen Feldes zurückgeführt (s. S. 159). Die eingangs erwähnten magnetischen Kräfte schreiben wir entsprechend einem **Magnetfeld** zu.
Die Analogie geht sogar noch weiter: So wie es einerseits zwei verschiedene Arten elektrischer Ladungen gibt, zwischen denen sich die elektrischen Feldlinien ausbilden, können wir andererseits bei Dauermagneten (aber auch bei Elektromagneten) zwei verschiedenartige magnetisch besonders aktive Gebiete beobachten, die durch magnetische Feldlinien verbunden sind. Da immer eine bestimmte Seite der Kompaßnadel nach Norden zeigt, wurde dieser der sogenannte **Nordpol** zugewiesen; der entgegengesetzte magnetische Pol wurde dementsprechend als **Südpol** bezeichnet. Wie bei elektrischen Ladungen gilt auch hier die Regel, daß sich gleichnamige Pole abstoßen und ungleichnamige Pole anziehen. Während es jedoch einzelne elektrische Ladungen gibt (z. B. Proton, Elektron), ist es bisher nicht gelungen, magnetische Monopole herzustellen. Magnete sind somit immer **magnetische Dipole.**
Die nachstehenden Abbildungen zeigen den Feldlinienverlauf zwischen zwei gleichnamigen und zwei ungleichnamigen Magnetpolen (vergleichen Sie mit den entsprechenden Darstellungen elektrischer Felder auf S. 160).

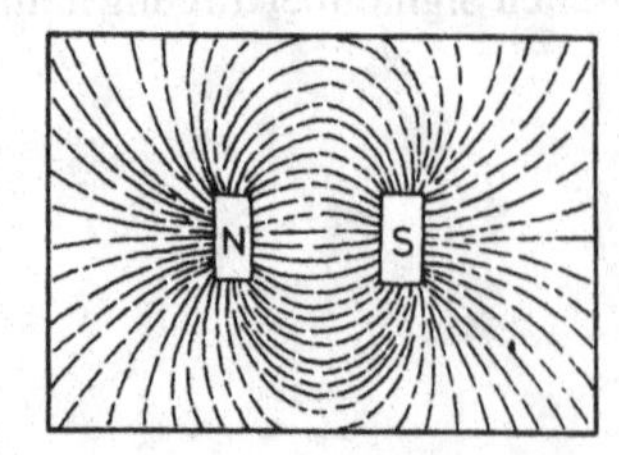


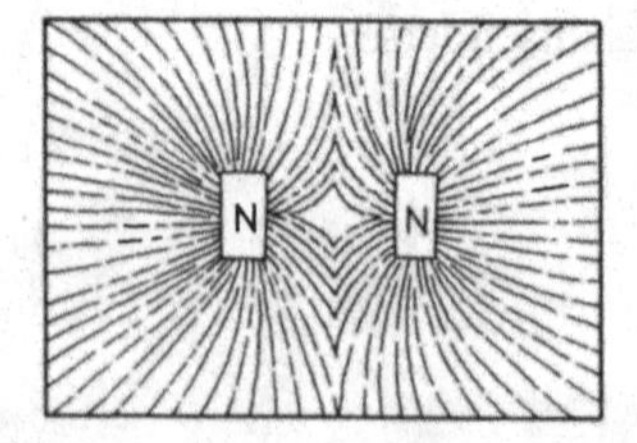

## 3.2 Materie im Magnetfeld; Magnetochemie

Wir können Stoffe hinsichtlich ihres Verhaltens im Magnetfeld in drei große Klassen einteilen: **diamagnetische, paramagnetische** und **ferromagnetische** Stoffe.
Auf den Ferromagnetismus gehen wir weiter unten kurz ein; für die Chemie ist der Dia- bzw. Paramagnetismus besonders wichtig. Die sogenannte **Magnetochemie** versucht aus der Kraftwirkung auf Proben im **inhomogenen** Magnetfeld Rückschlüsse auf die elektronische Struktur bzw. die Bindungsverhältnisse in den untersuchten Substanzen zu ziehen. Auf ein **inhomogenes** Feld muß man deshalb zurückgreifen, weil Magnete als Dipole in einem **homogenen** magnetischen Feld nach einer eventuellen Drehung keine resultierenden Kräfte mehr erfahren. Je ausgeprägter jedoch die **Inhomogenität** eines magnetischen Feldes und je größer das magnetische Dipolmoment der Probe ist, desto stärker ist die resultierende Kraft. Diese Aussage gilt nicht nur für die makroskopischen Magnete (z. B. Stabmagnet oder stromdurchflossene Spule), sondern auch für die mikroskopischen Elementarmagnete, die die Bausteine der Stoffe darstellen.

**Diamagnete** zeichnen sich dadurch aus, daß sie einerseits aus dem Bereich des starken Magnetfelds hinausgedrängt werden und andererseits das Magnetfeld geringfügig abschwächen.
**Paramagnete** werden dagegen in den Bereich des starken Feldes hineingezogen und verstärken überdies das Magnetfeld.

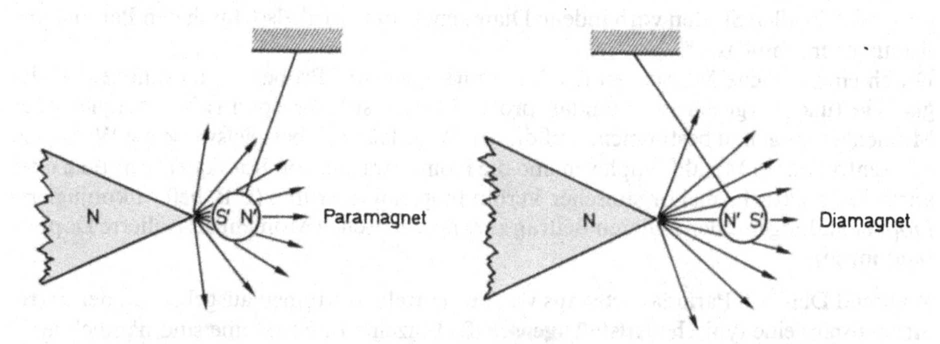


Schematische Darstellung des Verhaltens para- und diamagnetischer Stoffe im inhomogenen Magnetfeld

Wir wissen heute, daß sich die magnetischen Eigenschaften der Stoffe aus den mikroskopischen Ringströmen, d. h. der Bahnbewegung von Elektronen bzw. ihrer Eigendrehung, ableiten lassen.
Sehen wir uns daraufhin die Stoffe näher an, so stellen wir fest, daß die **Diamagnete** alle über abgeschlossene Elektronenschalen verfügen, d. h. alle Bahn- und Spinmomente kompensieren sich gegenseitig. Generell streben Atome beim Eingehen chemischer Bindungen eine sogenannte Edelgaskonfiguration an; die meisten Stoffe sind daher diamagnetisch. Diese Substanzen enthalten keine Bausteine, die von vornherein als Elementarmagnete wirken können.
Warum können aber solche – auf den ersten Blick unmagnetische Stoffe – eine Kraftwirkung im Magnetfeld erfahren bzw. diese schwächen?
Offenbar werden diamagnetische Substanzen erst beim Eindringen in ein Magnetfeld magnetisch aktiv. Dies können wir uns dadurch erklären, daß die Elektronenbahnen dabei etwas deformiert werden, wodurch sich die mikroskopischen Elektronen-Ringströme und die von ihnen hervorgerufenen Magnetfelder dann nicht mehr vollständig kom-

pensieren. (Diese Erscheinung ist übrigens mit der Polarisation unpolarer Dielektrika im elektrischen Feld vergleichbar: Auch hier sind die Elektronenhüllen nur während des Aufenthalts der Probe im Feld deformiert.)
Das daraus resultierende Magnetfeld einer diamagnetischen Probe ist stets so gerichtet, daß es der Ursache seiner Entstehung – hier also letztlich dem äußeren Magnetfeld – entgegenwirkt.
Dieser als **Lenzsche Regel** bezeichnete Zusammenhang gilt grundsätzlich für alle Induktionsvorgänge; wir kommen später darauf zurück.

Nur bei Stoffen, die **ungepaarte** Elektronen aufweisen, können wir ein anderes magnetisches Verhalten, z. B. **Paramagnetismus,** erwarten, da sich bei ihnen die magnetischen Momente der Ringströme insgesamt nicht kompensieren. Zu dieser Sorte von Stoffen gehören z. B. Radikale und die Übergangselemente mit nicht vollständig aufgefüllten inneren Schalen (z. B. NO, $O_2$ (!) und Cr, Mn).
Das äußere magnetische Feld versucht die Bausteine dieser Stoffe mit ihren **permanenten magnetischen Momenten** (Elementarmagneten) trotz der ungeordneten Wärmebewegung auszurichten – dies ist ähnlich zur Ausrichtung der Moleküle polarer Dielektrika im elektrischen Feld.
Auch in diesen Stoffen werden zusätzlich die Elektronenbahnen – wie bei den Diamagneten – deformiert; das daraus resultierende magnetische Moment ist nicht temperaturabhängig und meist erheblich kleiner als die permanenten magnetischen Momente. Der prinzipiell in allen Stoffen vorhandene Diamagnetismus wird also durch den Paramagnetismus überkompensiert.
Durch empfindliche Messungen der Kraftwirkungen auf Proben im inhomogenen Magnetfeld (und Vergleich mit Standardproben) lassen sich die spezifischen magnetischen Momente sehr genau bestimmen. Auf diesem Wege läßt sich beispielsweise die Wertigkeit des Zentralions in Metallkomplexen und die Konzentration von Radikalen ermitteln oder auch die Strukturformel organischer Verbindungen überprüfen (z. B. liefern konjugierte Doppelbindungen einen anderen Beitrag zum magnetischen Moment als isolierte Doppelbindungen).

Während Dia- und Paramagnetismus von den einzelnen Atomen ausgehen, ist der **Ferromagnetismus** eine typische **Kristalleigenschaft.** Einzelne Eisen-Atome sind nämlich nicht ferro-, sondern paramagnetisch! Nur die Übergangsmetalle Eisen, Kobalt und Nickel sowie einige spezielle Legierungen weisen Ferromagnetismus auf.
Im Gegensatz zum Paramagnetismus erfolgt beim Ferromagnetismus die Einstellung der einzelnen Elementarmagnete nicht erst durch ein äußeres Magnetfeld; vielmehr sind große Bereiche (Weißsche Bezirke) in einem Stück Eisen schon von vornherein einheitlich ausgerichtet. Das Magnetfeld verschiebt dann nur noch die Bereichsgrenzen so, daß die ursprünglich schon parallel zum äußeren Feld ausgerichteten Bereiche sprunghaft wachsen.
Die Verstärkung eines Magnetfelds durch einen Eisenkern ist sehr hoch (Größenordnung $10^3$), hängt jedoch von der magnetischen Vorgeschichte des Eisens ab. Weicheisen wird nach Abschalten des Magnetfelds wieder nahezu unmagnetisch, während bei Stahl die Verunreinigungen das Zurückspringen der Bereichswände erschweren; Stahl ergibt daher gute Dauermagnete, während Weicheisen als Spulenkern verwendet wird.

## 3.3 Kraft auf bewegte Ladungen im Magnetfeld

Haben Sie schon einmal einen starken Magneten in die Nähe des Fernsehgeräts gehalten und die dadurch bewirkte Verzerrung des Bildes beobachtet?
Offensichtlich vermag das Magnetfeld den Elektronenstrahl, der das Bild zeichnet, abzu-

lenken. Tatsächlich wird in modernen Fernsehröhren der Elektronenstrahl durch die Magnetfelder besonders geformter Spulen gesteuert (auf S. 194 haben wir gesehen, daß die von Plattenkondensatoren erzeugten elektrischen Felder ebenso zur Strahlablenkung in der Braunschen Röhre dienen können).
Während im elektrischen Feld die Kraft auf Ladungen unabhängig von deren Bewegungszustand ist – ruhende Ladungen erfahren dieselbe Kraft wie sehr schnell bewegte –, kann ein **Magnetfeld** nur auf **bewegte Ladungen** Kräfte ausüben. Die Kraftwirkung auf eine Ladung im Magnetfeld hängt davon ab, wie schnell und unter welchem Winkel zum Magnetfeld sich das Teilchen bewegt; außerdem ist sie proportional zur Stärke des Magnetfelds. Die Kraft steht dabei senkrecht zu der durch die Bewegungsrichtung der Ladung und das Magnetfeld festgelegten Ebene.
Wir haben den elektrischen Strom als bewegte Ladungen kennengelernt, demnach müssen auch auf **stromdurchflossene Leiter im Magnetfeld** Kräfte wirken:
Fließt durch den Leiter AB (s. Skizze) ein Strom in der eingezeichneten Richtung, so wird er nach außen gedrückt; bei Umkehrung der Stromrichtung wird er nach innen gezogen.

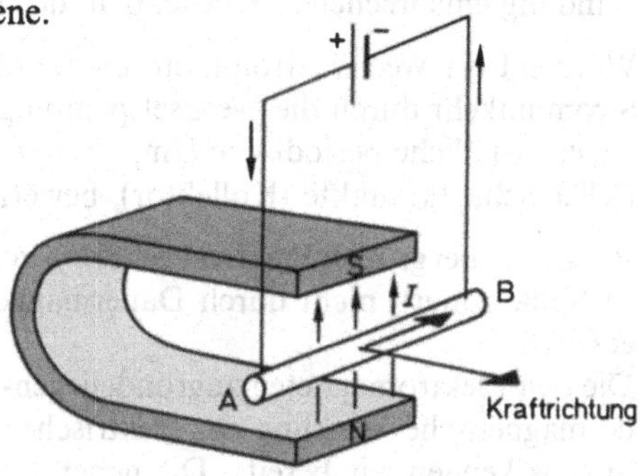

Die **Richtung** der wirkenden Kraft läßt sich mit Hilfe der sogenannten **UVW-Regel der rechten Hand** (Ursache-Vermittlung-Wirkung) bestimmen:
Zeigt der Daumen der – wie in der Skizze angegeben – gespreizten rechten Hand in die Richtung des durch den Leiter (in der technischen Stromrichtung) fließenden Stroms (Ursache) und der Zeigefinger in die Richtung der Magnetfeldlinien (Vermittlung), so weist der Mittelfinger in die Richtung der wirkenden Kraft (Wirkung).

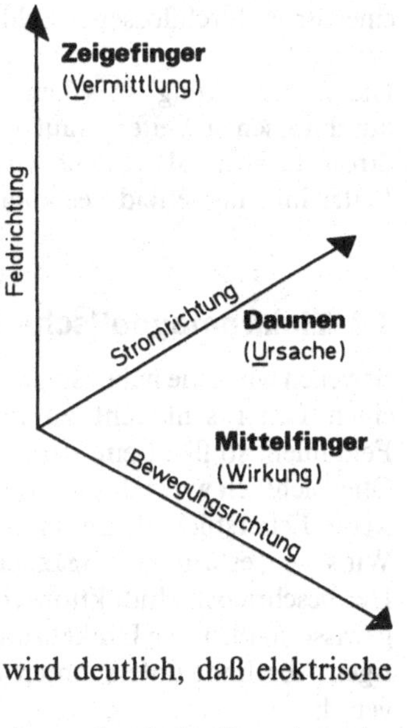

UVW-Regel der rechten Hand

Für den **Betrag** dieser Kraft gilt im homogenen Magnetfeld:

$$F = B \cdot I \cdot s$$

$I$ ist die Stromstärke und $s$ die im Magnetfeld befindliche wirksame Länge des stromdurchflossenen Leiters. $B$ ist ein Maß für die Stärke des Magnetfelds und beschreibt seine Kraftwirkung auf stromdurchflossene Leiter bzw. bewegte Ladungen ($B$ wird **magnetische Flußdichte** genannt).
Bei der oben skizzierten Leiterschaukel im Magnetfeld wird deutlich, daß elektrische Ströme mechanische Kräfte hervorrufen können.
Für eine technisch verwertbare Umwandlung elektrischer in mechanische Energie ist jedoch grundsätzlich eine andere geometrische Anordnung erforderlich, da bei der obigen Bewegung der Leiter das Magnetfeld verläßt.
Dagegen bleibt bei einer **Drehbewegung** der Leiter stets im Magnetfeld.

Das Prinzip des **Elektromotors** können wir uns leicht anhand des bereits besprochenen Drehspulinstruments (s. S. 166) klarmachen:

Ersetzen wir nämlich bei der Stromzuführung die Rückstellfedern durch Schleifkontakte, so wird sich die Spule bei Anlegen einer Wechselspannung im Gleichtakt mit dieser drehen (Synchronmotor). Nebenstehend ist eine Momentaufnahme einer stromdurchflossenen rotierenden Leiterschleife mit Strom- und Kraftrichtungspfeilen skizziert. Überprüfen Sie die jeweilige Kraftrichtung mit Hilfe der UVW-Regel!

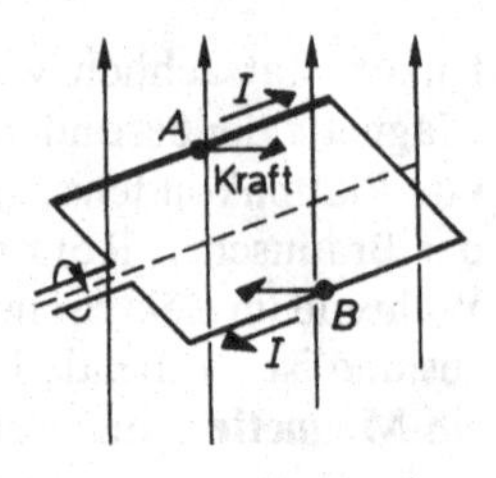


Verwenden wir statt der Leiterschleife eine Spule mit $n$ Windungen, so wirken auf jede Windung entsprechende Kräfte, d. h. der Effekt ist insgesamt n-mal so stark.

Während bei Wechselstrommotoren die für die Drehbewegung der Spule erforderliche Stromumkehr durch die Wechselspannung selbst erfolgt, muß bei Gleichstrommotoren die erforderliche periodische Umpolung mechanisch, und zwar durch Verwendung spezieller Schleifkontakte (Kollektor), bewerkstelligt werden.

Besonders bei großen Elektromotoren wird das Magnetfeld, in dem die stromdurchflossene Spule rotiert, nicht durch Dauermagneten sondern mit Hilfe von Elektromagneten erzeugt.

Die den Elektromagneten zugrundeliegende magnetische Wirkung des elektrischen Stroms kennen wir bereits. Die nebenstehende Abbildung zeigt schematisch den Verlauf des Magnetfelds in der Umgebung einer stromdurchflossenen Schleife bzw. einer Spule.

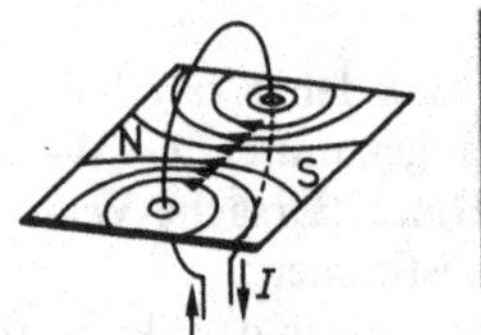


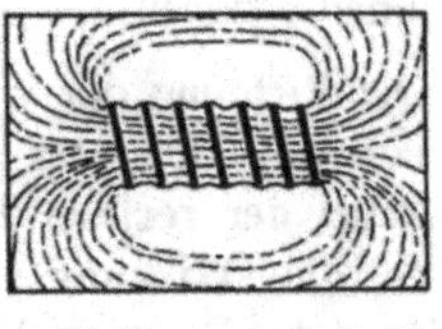

Die Kraftwirkung zwischen zwei stromdurchflossenen Leitern (auf ihr beruht unter anderem die Definition der elektrischen Stromstärke im SI) können wir formal so interpretieren, daß sich ein stromdurchflossener Leiter im Magnetfeld des anderen befindet.

## 3.4 Elektromagnetische Induktion

Bewegen wir – wie nebenstehend skizziert – einen Leiter senkrecht zu magnetischen Feldlinien, so fließt ein Strom.

Offensichtlich wirkt das im Magnetfeld bewegte Leiterstück als Spannungsquelle: Wir sagen, es wird eine **Spannung induziert.**

Der beschriebene Induktionsvorgang stellt gewissermaßen eine Umkehrung der im vorigen Abschnitt untersuchten Erscheinungen dar:

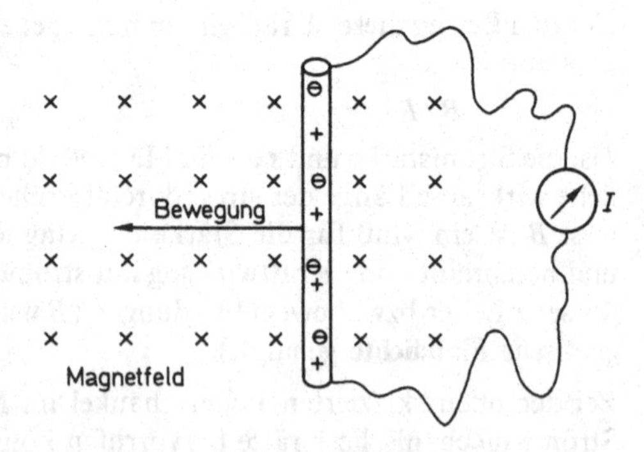


Während vorher ein elektrischer Strom Ursache einer Bewegung war, wird jetzt die Bewegung zur Ursache des elektrischen Stroms.

Beide Phänomene lassen sich jedoch aufgrund der Kraftwirkung verstehen, die bewegte Ladungen im Magnetfeld erfahren. Mit dem Leiter bewegen sich nämlich auch die in ihm enthaltenen elektrischen Ladungen im Magnetfeld (s. Abbildung). Die dadurch entstehenden Kräfte pumpen die frei beweglichen Elektronen durch den Stromkreis. Wie wir

wissen, wirkt die Kraft senkrecht zu den Feldlinien und senkrecht zur Bewegungsrichtung, hier also parallel zum Leiter. In welcher Richtung aber durchfließt der Strom den Kreis?
Nehmen wir an, der Strom (wir beziehen uns auf die technische Stromrichtung) fließe im bewegten Leiterstück nach oben, so wirkt nach der UVW-Regel aufgrund des induzierten Stroms auf den Leiter eine nach links gerichtete zusätzliche Kraft. Dadurch würde der Leiter beschleunigt, der Strom wiederum verstärkt: wir hätten ein Perpetuum mobile! Da es aller Erfahrung nach keine solche Energiegewinnung aus dem Nichts gibt, muß der induzierte Strom entgegengesetzt, also nach unten fließen. Dadurch wirkt auf den Leiter eine seiner Bewegung entgegengerichtete Kraft. Der induzierte Strom wirkt also seiner Ursache – hier der Bewegung des Leiters im Magnetfeld – entgegen. Dieser aus dem Energieerhaltungssatz folgende Zusammenhang heißt **Lenzsche Regel;** wir sind ihr bei der Erklärung des Diamagnetismus schon begegnet.
Mit anderen Worten: Je größer der Induktionsstrom ist, desto größer ist die zur Bewegung des Leiters im Magnetfeld erforderliche Kraft. Mit einer derartigen Anordnung läßt sich prinzipiell mechanische Energie in elektrische umwandeln. Die Energieumwandlung erfolgt hier also in umgekehrter Richtung wie beim Elektromotor.
Wenn wir daher die im Elektromotor befindliche Spule durch äußere Kräfte in Rotation versetzen, so können wir dadurch eine Spannung bzw. einen Strom erzeugen; wir benutzen den Elektromotor dann als **Generator** (bekannt sind Ihnen der Fahrraddynamo, die Lichtmaschine des Autos oder die großen Generatoren der Kraftwerke).

Gleichstromgeneratoren bzw. -motoren sind nur für Sonderanwendungen interessant und spielen insgesamt eine untergeordnete Rolle. Energieversorgungsunternehmen beliefern Haushalt und Industrie mit Wechselstrom. Der Grund für diese Bevorzugung des Wechselstroms ist seine Flexibilität. Wechselspannungen lassen sich nämlich relativ einfach und ohne größere Leistungsverluste den jeweiligen Bedürfnissen von Erzeugern und Verbrauchern anpassen. Wie bereits erwähnt, bringt der Transport der elektrischen Energie vom Erzeuger zum Verbraucher bei hoher Spannung wirtschaftliche Vorteile (dann genügen nämlich schon geringe Stromstärken und entsprechend kleine Leitungsquerschnitte für eine verlustarme Übertragung großer Energien). In Umspannwerken bzw. Transformatorstationen wird die Spannung auf haushalts- bzw. industrieübliche Werte herabgesetzt. Dazu – wie auch zur Spannungswandlung in vielen elektrischen Geräten (z. B. hohe Beschleunigungsspannung in der Fernsehbildröhre, niedrige Spannungen für elektronische Geräte wie z. B. Taschenrechner) – dienen sogenannte **Transformatoren.**

Wie die nebenstehende Abbildung zeigt, besteht ein Transformator im Prinzip aus zwei Spulen, die elektrisch voneinander isoliert, aber durch einen (lamellierten) Eisenkern magnetisch gekoppelt sind.
Die Spannung $U_1$ auf der Primärseite und die Spannung $U_2$ auf der Sekundärseite verhalten sich zueinander wie die entsprechenden Windungszahlen $n_1$ und $n_2$ der Primär- bzw. Sekundärspule:

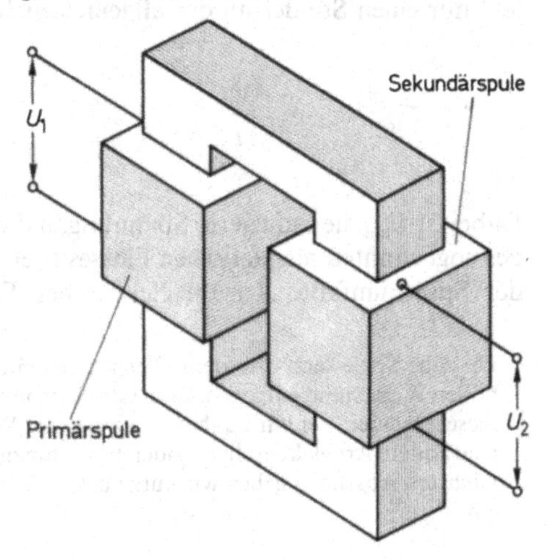


$$\frac{U_1}{U_2} = \frac{n_1}{n_2}$$

Im Idealfall kann auf der Sekundärseite dieselbe Leistung entnommen werden, die auf der Primärseite hineingesteckt wird:

$$P_1 = P_2 \quad \Rightarrow \quad U_1 \cdot I_1 = U_2 \cdot I_2 \quad \Rightarrow \quad \boxed{\frac{I_2}{I_1} = \frac{U_1}{U_2} = \frac{n_1}{n_2}}$$

Die Ströme verhalten sich also umgekehrt wie die entsprechenden Windungszahlen. Beim Schweißtrafo oder beim Induktionsschmelzofen besteht daher die Sekundärspule nur aus einigen wenigen bzw. sogar nur aus einer Windung, da es hier auf hohe Stromstärken ankommt.
Solange der Stromkreis auf der Sekundärseite nicht geschlossen ist, also kein Strom durch die Sekundärspule fließt, ist auch im Primärkreis die Stromstärke praktisch null. Wird im Sekundärkreis eine große Stromstärke benötigt, so steigt auch im Primärkreis die Stromstärke entsprechend an.
Da keine leitende Verbindung zwischen Primär- und Sekundärspule besteht, findet die Energieübertragung vom Primär- auf den Sekundärkreis offenbar durch das (vorzugsweise im geschlossenen Eisenkern verlaufende) Magnetfeld statt.
Wenn wir dagegen die Primärspule an eine **Gleichspannungsquelle** anschließen, so ist nur beim Ein- und Ausschalten auf der Sekundärseite ein Spannungs- bzw. Stromstoß zu registrieren. Außerdem fließt jetzt auf der Primärseite ein sehr großer Strom, wie er nach dem Ohmschen Gesetz (der Kupferdraht der Spule hat ja einen sehr geringen Widerstand*) zu erwarten ist; die Spule kann dabei leicht durchbrennen.
Die Energieübertragung findet demnach nur statt, während sich der die Primärspule durchfließende Strom ändert – was ja bei Wechselstrom ständig der Fall ist. Diese Stromänderung ist verknüpft mit einer Änderung des von der Primärspule erzeugten Magnetfelds, das in gleicher Stärke (geschlossener Eisenkern) die Sekundärspule durchsetzt. Anschaulich können wir sagen: In der Sekundärspule wird eine Spannung induziert, wenn sich die Zahl der von ihr umfaßten magnetischen Feldlinien **ändert.**
Dasselbe ist auch bei dem auf S. 204 unten geschilderten Versuch (senkrecht zum Magnetfeld bewegter Leiter) der Fall. Auch bei der rotierenden Spule im Generator ändert sich mit dem Winkel der einzelnen Windungen zum Feld die Zahl der von ihnen umfaßten Feldlinien.
Tatsächlich stellt die Induktion einer Spannung durch Bewegung eines Leiters im Magnetfeld nur einen Sonderfall des **allgemeinen Induktionsgesetzes** dar:

$$\boxed{U_{ind} = -n \cdot \frac{\Delta \Phi}{\Delta t}}$$

Dabei ist $U_{ind}$ die induzierte Spannung, $n$ die Windungszahl der Spule, $\Delta \Phi$ die Änderung des sogenannten **magnetischen Flusses** (der magnetische Fluß $\Phi$ ist ein Maß für die von der Spule umfaßte Anzahl elektrischer Feldlinien; genauer: $\Phi$ = magnetische Fluß-

* Dieselbe Spule setzt also dem Gleichstrom einen geringen, dem Wechselstrom jedoch einen sehr hohen Widerstand entgegen. Zum Gleichstromwiderstand einer Spule, den wir aus dem Ohmschen Gesetz kennen – er wird daher als Ohmscher Widerstand bezeichnet – tritt im Wechselstromkreis eine andere Art elektrischen Widerstands hinzu, die als **induktiver Widerstand** bezeichnet wird. Im nächsten Abschnitt gehen wir kurz auf die Arten elektrischen Widerstands im Wechselstromkreis ein

dichte $B \cdot$ Spulenquerschnitt $A$) und $\Delta t$ die dieser Änderung entsprechende Zeitspanne. Das negative Vorzeichen soll an die Lenzsche Regel erinnern.

Mit Hilfe des Induktionsgesetzes in der angegebenen Form können wir auf einfache Art zahlreiche Sachverhalte ableiten.
Beim Transformator beispielsweise umfassen – dank des geschlossenen Eisenkerns – beide Spulen stets dieselbe Anzahl magnetischer Feldlinien; die beiden Spulen werden also vom selben magnetischen Fluß durchsetzt. Damit ist der Quotient $\Delta \Phi / \Delta t$ für beide Spulen immer gleich und die Spannungen müssen sich wie die entsprechenden Windungszahlen verhalten, d. h. $U_1/U_2 = n_1/n_2$. (Beim idealen, unbelasteten Transformator ist die in der Primärspule induzierte Spannung nämlich betragsmäßig gleich der angelegten Spannung $U_1$, ihr jedoch entgegengerichtet – Lenzsche Regel.)

## 3.5 Der Wechselstromkreis

In der Elektrochemie wird häufig mit Wechselstrom gearbeitet, z. B. bei Leitfähigkeitsmessungen von Elektrolyten (zur Vermeidung der Elektrodenpolarisation). Bei derartigen Messungen wirken die beiden sich gegenüberstehenden Elektroden wie ein Plattenkondensator. Andererseits können Zuleitungen spulenähnliche Eigenschaften aufweisen.
Während wir im Gleichstromkreis nur den aus dem spezifischen Widerstand und den geometrischen Gegebenheiten des jeweiligen Leiters berechenbaren **Ohmschen Widerstand** zu berücksichtigen haben, müssen wir im Wechselstromkreis auch den möglichen Einfluß von Kondensator und Spule auf die Stromstärke in Betracht ziehen. Hierbei verhalten sich Kondensator und Spule völlig gegensätzlich: Während durch einen Kondensator kein Gleichstrom fließen kann, wird Gleichstrom durch eine Spule praktisch nicht behindert.
Beim **Kondensator** fließt nur während des Auf- und Entladevorgangs ein Strom (s. S. 181); im Wechselstromkreis pumpt die Spannungsquelle periodisch Ladungen zwischen den Platten hin und her – es fließt ein Wechselstrom. Je rascher der Wechsel der Stromrichtung erfolgt, desto weniger wird der Ladungstransport auf die Platten durch dort bereits aufgestaute Ladungen behindert: Der Wechselstromwiderstand eines Kondensators sinkt mit steigender Frequenz. Für den sogenannten **kapazitiven Widerstand** eines Kondensators mit der Kapazität $C$ gilt bei dem üblicherweise verwendeten sinusförmigen Wechselstrom und der Frequenz $\nu$:

$$R_C = \frac{1}{2\pi \cdot \nu \cdot C}$$

Beim unbelasteten Transformator ist uns bereits aufgefallen, daß kaum Wechselstrom durch die **Primärspule** fließt. Dies können wir uns mit Hilfe des Induktionsgesetzes bzw. der Lenzschen Regel verständlich machen: Legen wir eine Spannung an eine Spule, so beginnt sofort ein Strom zu fließen. Das dadurch in der Spule entstehende Magnetfeld durchsetzt auch die Spule; während der Änderung dieses Feldes – und des damit verbundenen magnetischen Flusses – wird in der Spule selbst eine Spannung induziert: Wir sprechen in diesem Fall von **Selbstinduktion.** Gemäß der Lenzschen Regel wirkt die induzierte Spannung der Ursache ihrer Entstehung entgegen, sie versucht hier also, eine weitere Zunahme des Stroms zu verhindern.
Eine Spule behindert den Wechselstrom um so mehr, je höher dessen Frequenz ist. Für den sogenannten **induktiven Widerstand** gilt:

$$R_L = 2\pi \cdot \nu \cdot L$$

Dabei ist $L$, die sogenannte **Selbstinduktivität,** eine für die jeweilige Spule charakteristische Größe.

Die Wirkung dieser verschiedenen Arten elektrischen Widerstands auf den Wechselstrom läßt sich nicht einfach durch Addition ermitteln:
Während beim Ohmschen Widerstand Spannung und Strom gleichzeitig ihre Maxima bzw. Minima erreichen (gleichphasig sind), fließt beim Kondensator gerade dann kein Strom, wenn die Kondensatorspannung maximal ist (voller Kondensator) bzw. maximaler Strom, wenn die Spannung null ist (leerer Kondensator). Die Phasenverschiebung zwischen Spannung und Strom ist bei der Spule entgegengesetzt. Gleichgroße kapazitive und induktive Widerstände können sich prinzipiell kompensieren. Ohmsche Widerstände vermögen jedoch weder kapazitive noch induktive Widerstände auszugleichen.
Wenn in einer Brückenschaltung diese verschiedenen Arten elektrischen Widerstands auftreten, ist deshalb im allgemeinen kein vollständiger Abgleich möglich – denken Sie z. B. an den angezeigten Reststrom bei Leitfähigkeitsmessungen an Elektrolyten.

Kapitel 5

# Radioaktivität und Kernenergie

Statt einer allgemeinen Atom- und Kernphysik wollen wir in diesem Kapitel nur einige kernphysikalische Aspekte betrachten. Die Physik der Atomhülle ist Ihnen nämlich einerseits aus der Chemie her vertraut, andererseits haben wir einige für uns wichtige Gesichtspunkte in den einzelnen Kapiteln gestreift.

## 1. Radioaktivität

### 1.1 Radioaktive Strahlung

Die ionisierende Wirkung der **radioaktiven Strahlung,** die zu ihrem Nachweis bzw. ihrer Untersuchung dient, haben wir bereits erwähnt (s. S. 191). Da selbst der ultraviolette Anteil des Sonnenlichts Gasatome bzw. -moleküle nicht zu ionisieren vermag, ist die Energie radioaktiver Strahlung offensichtlich erheblich höher (denken Sie an die ebenfalls ionisierende energiereiche Röntgenstrahlung).
Wegen dieser hohen Energie kann radioaktive Strahlung Materie besser durchdringen als Licht: **Becquerel** entdeckte 1896 die natürliche Radioaktivität aufgrund der Schwärzung lichtdicht verpackter Photoplatten, die zufällig in die Nähe eines radioaktiven Stoffs gerieten.
Vor allem die verschiedenartige Ablenkbarkeit der Strahlung in elektrischen und magnetischen Feldern zeigte, daß in der Natur vorkommende Elemente drei grundsätzlich verschiedene Arten radioaktiver Strahlung aussenden können, die auch heute noch als $\alpha$-, $\beta$- und **$\gamma$-Strahlung** bezeichnet werden.
Die $\gamma$-Strahlung erwies sich als wesensgleich mit der Röntgenstrahlung (s. S. 57); sie ist also eine sehr kurzwellige elektromagnetische Strahlung mit dementsprechend energiereichen Quanten. Dagegen handelt es sich bei der $\alpha$- und $\beta$-Strahlung um Teilchenstrahlen: die $\alpha$-Teilchen sind Helium-Kerne, die $\beta$-Teilchen Elektronen.
Die Reichweite und Wirkung der drei Strahlungsarten ist recht unterschiedlich. **$\alpha$-Teilchen** lassen sich trotz ihrer meist sehr hohen Energie (einige MeV; $1\,\mathrm{MeV} = 10^6\,\mathrm{eV}$) leicht abschirmen; schon ein dickes Blatt Papier genügt dazu. In Luft beträgt ihre Reichweite – je nach Energie – wenige Zentimeter. Die zerstörende Wirkung längs dieser kurzen Bahn ist jedoch enorm, d. h. die erzeugten Ionenpaare liegen sehr dicht. Für den Menschen sind – von Hautschäden einmal abgesehen – $\alpha$-Strahler nur dann gefährlich, wenn sie ins Körperinnere gelangen (z. B. radioaktiver Staub in der Lunge).
Die schnellen Elektronen der **$\beta$-Strahlung** durchdringen Materie schon besser, wobei die ihre Spur markierenden Ionen weniger dicht gesät sind. Zu ihrer Abschirmung ist beispielsweise schon ein Aluminiumblech erforderlich. Sie vermögen die menschliche Haut zu passieren, schädigen jedoch die tiefer im Körper liegenden Organe normalerweise nicht.
Das Durchdringungsvermögen von **$\gamma$-Strahlung** ist dagegen so hoch, daß ein Teil selbst noch mehrere Zentimeter dicke Bleiplatten durchfliegt. Obwohl die Abstände zwischen den erzeugten Ionen vergleichsweise groß sind, ist diese Strahlung für uns am gefährlich-

sten, da sie – wie auch die für Diagnosezwecke verwendete Röntgenstrahlung – den ganzen Körper durchdringt.
Selbst bei starker Belastung durch radioaktive Strahlung ist die insgesamt zugeführte Energie sehr klein. Durch die Ballung dieser Energie auf verhältnismäßig wenige Moleküle werden diese jedoch zerstört oder unkontrollierbar verändert. Beispielsweise können die betroffenen Zellen entarten (Krebs) oder die Geninformationen von Ei- bzw. Samenzellen deformiert werden (Erbschäden).

## 1.2 Natürliche Radioaktivität

Radioaktive Strahlung entstammt dem Atomkern. Wenn ein radioaktiver Kern X ein **α-Teilchen** emittiert, so gehen ihm die zwei Protonen und zwei Neutronen (insgesamt also vier Nukleonen bzw. Masseneinheiten) verloren, die den Helium-Kern bilden. Dabei entsteht ein neuer Kern Y, der zu einem anderen Element gehört als der ursprüngliche radioaktive:

$$\text{Massenzahl } A,\ \text{Kernladungszahl } Z:\quad {}^{A}_{Z}X \longrightarrow {}^{A-4}_{Z-2}Y + {}^{4}_{2}He$$

radioaktiver Kern — entstandener Kern — α-Teilchen

Der ***β*-Zerfall** ist nicht ganz so einfach zu verstehen. Wie kann ein Kern, der doch aus den positiv geladenen Protonen und den elektrisch neutralen (etwa gleich schweren) Neutronen aufgebaut ist, ein negativ geladenes Teilchen aussenden? Grob gesprochen wandelt sich ein Neutron dieses Kerns in ein Proton und ein Elektron um:

$${}^{1}_{0}n \longrightarrow {}^{1}_{1}p + {}^{0}_{-1}e$$

Neutron — Proton — Elektron

Für den Kern bedeutet dies, daß sich – ohne merklichen Massenverlust – die Kernladungszahl um eins erhöht:

$${}^{A}_{Z}X \longrightarrow {}^{A}_{Z+1}Y + {}^{0}_{-1}e$$

**Anmerkung**
Beachten Sie, daß bei Kernumwandlungen die Summen der Massen- und Ladungszahlen rechts und links jeweils gleich sind.

Die ***γ*-Strahlung** bewirkt keine Elementumwandlung. Ähnlich wie angeregte Atomhüllen durch Energieabgabe in Form von Lichtquanten in energetisch niedrigere Zustände übergehen, können angeregte Kerne ihre Überschußenergie teilweise oder ganz in Form von *γ*-Quanten abstrahlen:

$${}^{A}_{Z}X^{\star} \longrightarrow {}^{A}_{Z}X + h\nu$$

angeregter Atomkern — normaler Atomkern — *γ*-Quant

Häufig ist jedoch die beim Zerfall entstandene Kernsorte ihrerseits wieder radioaktiv, was zu einer **Zerfallsreihe** führt, wobei die drei Zerfallsarten abwechselnd und sogar miteinander konkurrierend auftreten können. Theoretisch sind vier Zerfallsreihen denkbar, von denen aber nur noch drei in der Natur auftreten. Alle drei Anfangselemente besitzen Halbwertszeiten in der Größenordnung des Erdalters (mehrere Milliarden Jahre) sowie Ordnungszahlen von 90 oder mehr (z. B. Uran). Am Ende der Zerfallsreihen stehen immer stabile Blei-Isotope, d. h. Blei-Atome mit verschiedener Neutronenzahl.

Unter **Halbwertszeit** versteht man dabei die Zeit, in der die Hälfte der anfangs vorhandenen radioaktiven Kerne zerfallen ist: nach vier Halbwertszeiten existieren z. B. nur noch

$$\left(\frac{1}{2}\right)^4 = \frac{1}{16} = 6{,}25\%$$

der ursprünglich vorhandenen Kerne, nach zehn Halbwertszeiten ist weniger als ein Promille übriggeblieben.

### 1.3 Künstlich erzeugte Radioaktivität

Neben den eben erwähnten natürlichen radioaktiven Isotopen spielen künstlich erzeugte eine wichtige Rolle: Nimmt ein Patient beispielsweise radioaktives Iod ($^{131}_{53}I$ ist im Gegensatz zum natürlich vorkommenden $^{127}_{53}I$ radioaktiv) ein, so wird dieses in die Schilddrüse eingelagert und liefert dank seiner radioaktiven Strahlung dem Arzt direkte Informationen über das Innere und den Zustand des erkrankten Organs. Auf ähnliche Weise lassen sich auch andere Organe (Niere, Herz) sowie bestimmte Stoffwechselvorgänge durch Verabreichung eines geeigneten radioaktiven Isotops darstellen. Auch zu einer gezielten lokalen Tumorbehandlung können – falls andere Mittel nicht mehr ausreichen – radioaktive Präparate herangezogen werden (Krebszellen können leichter durch radioaktive Strahlen vernichtet werden als gesunde Zellen!).
Da selbst geringe Mengen radioaktiver Strahlung noch quantitativ erfaßt werden können, ermöglicht der Einsatz entsprechender radioaktiver Isotope die Messung von Stoffkonzentrationen, die weit unter der Nachweisgrenze üblicher chemischer Verfahren liegen (Erforschung von Reaktionsmechanismen, Umweltschutzprobleme, Gerichtsmedizin). Auch bei Materialprüfungen und in der Werkstoffkunde werden künstlich radioaktive Isotope als Strahlenquellen verwendet.
Die benötigten radioaktiven Isotope kommen normalerweise in der Natur nicht oder nur in geringen Mengen vor. Verhältnismäßig einfach und in großem Umfang lassen sie sich als Nebenprodukte der Kernspaltung im Reaktor gewinnen.

## 2. Kernenergie

### 2.1 Kernreaktionen

Während sich bei der Radioaktivität ein Atomkern ohne Einwirkungen von außen umwandelt, können durch den Beschuß von normalerweise stabilen Atomkernen mit Protonen, Neutronen oder anderen Kernen (im allgemeinen α-Teilchen) **Kernreaktionen** ausgelöst werden.
1919 erfolgte die erste derartige künstliche Kernumwandlung; ein von einem α-Teilchen getroffener Stickstoffkern verwandelt sich in einen Sauerstoff-Kern und ein Proton:

$$^{14}_{7}N + ^{4}_{2}He \longrightarrow ^{17}_{8}O + ^{1}_{1}H$$

α-Teilchen — Proton

bzw. in der üblichen verkürzten Schreibweise:

$$^{14}_{7}N(\alpha,p)\,^{17}_{8}O$$

($^1_1H$, $^1_1p$ und p bedeutet in der Kernphysik – wo die Hüllenelektronen unberücksichtigt bleiben – stets einen Wasserstoff-Kern, d. h. ein Proton.)

Damit ein positiv geladenes Geschoßteilchen in den ebenfalls positiven Kern eindringen kann, muß es eine gewaltige kinetische Energie mitbringen (MeV-Bereich). Zunächst wurden nur die natürlich radioaktiven α-Strahler als Teilchenquellen eingesetzt; die später verwendeten Teilchenbeschleuniger erschlossen neue Möglichkeiten für Kernreaktionen. Derartigen Untersuchungen verdanken wir den größten Teil unseres Wissens über den Atomkern.

Eine interessante Kernreaktion läuft praktisch seit Bestehen der Erde unter dem Einfluß der kosmischen Strahlung in der Atmosphäre ab; dabei wird Stickstoff durch Neutronenbeschuß in ein radioaktives Kohlenstoff-Isotop umgewandelt:

$$^{14}_{7}N(n,p)\,^{14}_{6}C$$

Dieser nur in winzigen Mengen vorkommende radioaktive Kohlenstoff wird – in Form von $CO_2$ – von Pflanzen bei der Assimilation aufgenommen. Lebende Pflanzen enthalten daher einen bestimmten – auf der ganzen Erde und zu allen Zeiten gleichen – Anteil an C 14. Stirbt die Pflanze, so hört der Kohlenstoff-Austausch mit der Luft auf, und der C 14-Gehalt sinkt aufgrund des radioaktiven Zerfalls dieses Isotops ab. Im gleichen Maße wie sich die Anzahl der radioaktiven Atome verringert, nimmt auch die Intensität der ausgesandten radioaktiven Strahlung ab. Die Halbwertszeit des C 14-Isotops beträgt etwa 5500 Jahre; eine bestimmte Menge Kohlenstoff aus einem Holz dieses Alters strahlt daher nur halb so stark wie die gleiche Kohlenstoff-Menge aus frischem Holz. Aus der relativen Intensität der von einem Stück Holz ausgestrahlten radioaktiven Strahlung können wir also auf sein Alter schließen. Auch auf Knochen und andere organische Substanzen läßt sich diese für Archäologen und Historiker unentbehrliche Methode der Altersbestimmung (C 14-Methode) anwenden.

Die für die Energieversorgung so wesentliche Kernspaltung sowie die auf der Sonne ablaufende Kernfusion stellen weitere Beispiele für Kernreaktionen dar, mit denen wir uns anschließend beschäftigen.

## 2.2 Bau des Atomkerns

Um zu verstehen, warum sich aus Kernumwandlungen Energie gewinnen läßt, müssen wir uns mit dem Aufbau der Atomkerne beschäftigen: Die als Nukleonen bezeichneten Kernbausteine Proton und Neutron werden im Kern von einer besonderen Art von Kraft zusammengehalten. Diese sogenannten **Kernkräfte** sind äußerst kurzreichweitig und können außerdem in einem gegebenen Zeitpunkt immer nur zwei Partner aneinanderbinden; sie wirken auf Protonen und Neutronen in gleicher Weise.

Auf den ersten Blick sollten demnach alle Kerne gleich stabil sein. Ähnlich wie bei Flüssigkeiten spielt jedoch auch hier die Oberfläche eine Rolle, denn die dort befindlichen Nukleonen haben weniger Partner für das Kräftespiel zur Verfügung und sind entsprechend schwächer gebunden. Je kleiner der Kern, desto größer ist der Anteil der Nukleonen an der Oberfläche. Demnach sinkt die **mittlere Bindungsenergie pro Nukleon** mit abnehmender Massenzahl.
Der Zunahme der mittleren Bindungsenergie mit wachsender Kerngröße aufgrund dieses Oberflächeneffekts wirkt aber eine mit der Kernladungszahl stark zunehmende Abstoßung der Protonen (langreichweitige elektrostatische Kräfte) entgegen.
Kerne mit Massenzahlen im Bereich von 60 besitzen aufgrund dieser gegenläufigen Effekte die höchste mittlere Bindungsenergie pro Nukleon bzw. die größte Stabilität. Die letzten Elemente im Periodensystem sind bereits alle radioaktiv (also instabil), und in der Natur kommen keine Elemente jenseits des Urans vor (solche kurzlebigen Transurane können jedoch durch künstliche Kernumwandlungen erzeugt werden).

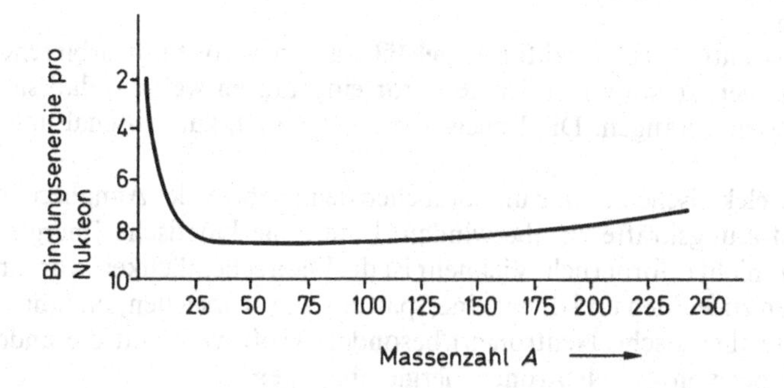


Die mittlere Bindungsenergie pro Nukleon in Abhängigkeit von der Massenzahl

Wie bei chemischen Reaktionen können wir Energie gewinnen, wenn wir schwache Bindungen durch starke ersetzen, also von instabilen Atomkernen (bzw. Verbindungen) zu stabileren übergehen.
Zur Energiegewinnung sind demnach prinzipiell zwei Wege denkbar: die Spaltung sehr schwerer Kerne oder die Verschmelzung (Fusion) sehr leichter Kerne.
Derzeit haben wir jedoch nur die Kernspaltung so gut im Griff, daß wir sie wirtschaftlich zur Energiegewinnung nutzen können.

## 2.3 Kernspaltung

Vor etwa vierzig Jahren wurden die Möglichkeiten der Kernspaltung erkannt und kurz darauf in furchtbarer Weise eingesetzt (Abwurf der ersten Atombomben auf Hiroshima und Nagasaki gegen Ende des Zweiten Weltkriegs).
Neben dieser destruktiven Verwendung bietet die Kernspaltung aber auch die Möglichkeit einer konstruktiven Nutzung zur Energiegewinnung. Aus chemischer Sicht ist dies die sauberste Art der Energiegewinnung (z. B. keine Verschmutzung der Luft mit $SO_2$, das die Ursache des sauren Regens darstellt). Dagegen sind die mit der Kernenergie verbundenen Sicherheitsfragen bzw. Risiken vergleichsweise schwer zu überschauen und lösen – ähnlich wie das Auftauchen der ersten Automobile – bei vielen Menschen Urängste aus.

Der derzeit wichtigste Kernbrennstoff ist Uran. Allerdings ist nur das im natürlichen Uran zu knapp 1% enthaltene U 235 zur Spaltung in herkömmlichen Reaktoren geeignet, nicht aber das mengenmäßig weit überwiegende U238. Reaktoren werden deshalb mit angereichertem Uran (U235-Gehalt ca. 3%) beschickt.

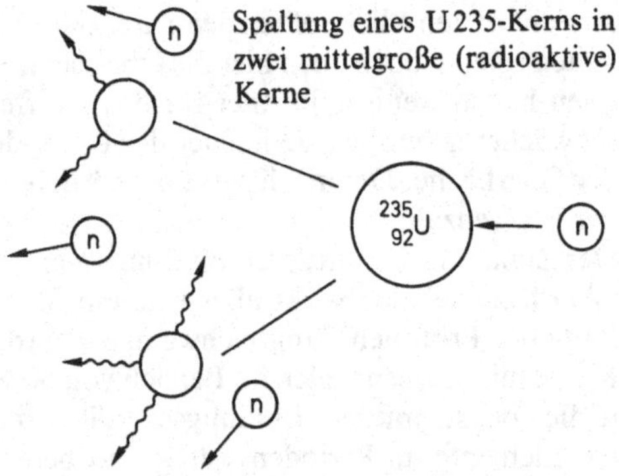

Spaltung eines U235-Kerns in zwei mittelgroße (radioaktive) Kerne



Die Spaltung eines Kerns wird durch Einfang eines Neutrons ausgelöst; dessen Bindungsenergie im Kern reicht aus, um diesen in zwei mittelschwere Atomkerne vergleichbarer Größe zu spalten.
Dabei werden im Mittel außerdem zwei bis drei Neutronen freigesetzt, die ihrerseits neue Kernspaltungen verursachen können, aber auch andere Kernreaktionen eingehen oder einfach aus dem Reaktor entweichen können. Um eine stationäre Kettenreaktion in Gang zu halten, muß im Mittel genau eines dieser Neutronen zu einer neuen Spaltung führen.
Neben den **Brennstäben** enthält ein Reaktor **Regelstäbe** aus neutronenabsorbierendem Material (z. B. Cd), die gerade soweit in den Reaktor eingefahren werden, daß sie die überschüssigen Neutronen abfangen. Die Regelstäbe dienen auch zur Abschaltung des Kernreaktors.
Neutronen tragen keine elektrische Ladung und brauchen demnach bei der Annäherung an einen Kern keine Abstoßungskräfte zu überwinden. Eine hohe kinetische Energie der Neutronen ist daher gar nicht erforderlich. Vielmehr ist die Wahrscheinlichkeit, von einem U235-Kern eingefangen zu werden und damit eine Spaltung zu verursachen, für langsame Neutronen (sogenannte thermische Neutronen) besonders groß, während die anderen Prozesse sehr viel weniger von der Neutronenenergie abhängen.
Zur Abbremsung der zunächst zu schnellen Neutronen dient eine **Moderatorsubstanz;** üblicherweise wird Wasser verwendet, das zugleich die Nutzenergie in Form von Wärme nach außen transportiert. Dort wird die Wärme – im Prinzip wie im konventionellen Kraftwerk – in elektrische Energie umgewandelt.
Die bei der Kernspaltung freiwerdende Energie ist – bezogen auf die eingesetzte Brennstoffmenge – so gewaltig, daß der ihr entsprechende Massenverlust ($E = m \cdot c^2$) gut meßbar ist (nahezu 1 Promille des gespaltenen Materials). Leider fällt neben der nutzbaren Wärmeenergie ein beträchtlicher Teil der Spaltenergie in Form von (z. T. sehr langlebigen) radioaktiven Folgeprodukten an. Außerdem wird das hauptsächlich vorhandene U238 durch Neutroneneinfang in das radioaktive Pu239 umgewandelt (dieses kann seinerseits als Kernbrennstoff dienen; Brutreaktor).
Vor allem die großenteils noch ungelösten Probleme bei der Beseitigung des **radioaktiven Mülls** (Entsorgung von Kernkraftwerken) rücken die Kernenergie immer wieder in den Mittelpunkt der Diskussion.

## 2.4 Kernfusion

Die Sonne produziert fortwährend ungeheure Energiemengen durch Kernfusion (s. **Beispiel** auf S. 126); als Kernbrennstoff dient dabei Wasserstoff.
Bisher ist es der Menschheit noch nicht gelungen, die Fusionsreaktion kontrolliert ablaufen zu lassen, d. h. wir verfügen zwar über die Wasserstoffbombe, nicht jedoch über den Wasserstoffreaktor.
Derzeit suchen viele Forschungsgruppen intensiv nach Möglichkeiten zur friedlichen

Nutzung der Kernfusion, denn der Fusionsreaktor würde unser Energieproblem praktisch für alle Zeiten lösen: Im Gegensatz zu Uran oder anderen Spaltbrennstoffen steht Wasserstoff (und seine Isotope Deuterium und Tritium) in nahezu unerschöpflicher Menge zur Verfügung (schließlich sind zwei Drittel der Erdoberfläche von Meeren bedeckt!). Entsorgungsprobleme wie bei der Kernspaltung treten bei der Fusion gleichfalls nicht auf. Bei allen Fusionsreaktionen müssen sich die Atomkerne einander so weit nähern, daß die kurzreichweitigen Kernkräfte wirksam werden und eine Verschmelzung herbeiführen können. Bei der Annäherung muß jedoch zunächst die zunehmende elektrostatische Abstoßungskraft zwischen den positiv geladenen Kernen überwunden werden; die kinetische Energie der aufeinander zufliegenden Kerne muß also entsprechend hoch sein (Kernreaktionen, s. S. 212). Mit anderen Worten: Der Fusionsbrennstoff muß auf eine so hohe Temperatur aufgeheizt werden, daß die Wärmebewegung der Kerne eine zur Verschmelzung ausreichende Annäherung gestattet; dazu sind Temperaturen von vielen Millionen Kelvin erforderlich.
Natürlich ist es unmöglich, ein derart heißes Plasma (so nennt man das bei dieser Temperatur völlig ionisierte Gas) in materielle Wände einzuschließen. Man versucht daher, das Plasma durch Magnetfelder zusammenzupressen; außerdem besteht die Möglichkeit, es durch konzentrierte Laserbestrahlung auf die erforderliche Temperatur zu bringen.
Von verschiedenen denkbaren Fusionsreaktionen sehr leichter Kerne ist dabei die Reaktion

$$^{2}_{1}D + {}^{3}_{1}T \longrightarrow {}^{4}_{2}He + {}^{1}_{0}n$$

eine der aussichtsreichsten.

Trotz gewisser Teilerfolge konnte bisher noch keine kontinuierliche Fusion realisiert werden. Weiterhin ist derzeit der energetische Aufwand zur Einleitung einer Fusion noch bedeutend höher als der mögliche Energiegewinn.
Es ist unwahrscheinlich, daß Fusionsreaktoren schon in diesem Jahrhundert zur Energieversorgung beitragen werden.

# Anhang

## SI-Einheiten

aus Schulausgabe von DIN 58122 mit Beiblatt, Beuth, 1978.

## 3. Internationales Einheitensystem (SI)

(nach DIN 1301 Teil 1, Ausgabe Februar 1978, Abschnitt 2 und 3 sowie Anhang A)

### 3.1 SI-Basiseinheiten

**3.1.1** Das Internationale Einheitensystem ist auf den sieben **SI-Basiseinheiten** aufgebaut, die in Tabelle 1 zusammen mit ihren Basisgrößen aufgeführt sind.

Tabelle 1. **SI-Basiseinheiten**

| Basisgröße | SI-Basiseinheit | |
|---|---|---|
| | Name | Zeichen |
| Länge | Meter | m |
| Masse | Kilogramm | kg |
| Zeit | Sekunde | s |
| elektrische Stromstärke | Ampere | A |
| thermodynamische Temperatur | Kelvin | K |
| Stoffmenge | Mol | mol |
| Lichtstärke | Candela | cd |

### 3.1.2 Definition der Basiseinheiten des Internationalen Einheitensystems

*3.1.2.1 Das Meter*

1 Meter ist das 1650763,73fache der Wellenlänge der von Atomen des Nuklids $^{86}$Kr beim Übergang vom Zustand $5d_5$ zum Zustand $2p_{10}$ ausgesandten, sich im Vakuum ausbreitenden Strahlung.
(11. CGPM**) (1960), Resolution 6)

*3.1.2.2 Das Kilogramm*

1 Kilogramm ist die Masse des Internationalen Kilogrammprototyps. (1. CGPM (1889) und 3. CGPM (1901)).

*3.1.2.3 Die Sekunde*

1 Sekunde ist das 9192631770fache der Periodendauer der dem Übergang zwischen den beiden Hyperfeinstrukturniveaus des Grundzustandes von Atomen des Nuklids $^{133}$Cs entsprechenden Strahlung.
(13. CGPM (1967), Resolution 1)

**) Conférence Générale des Poids et Mesures – Generalkonferenz für Maß und Gewicht

*3.1.2.4 Das Ampere*

1 Ampere ist die Stärke eines zeitlich unveränderlichen elektrischen Stromes, der, durch zwei im Vakuum parallel im Abstand 1 Meter voneinander angeordnete, geradlinige, unendlich lange Leiter von vernachlässigbar kleinem, kreisförmigen Querschnitt fließend, zwischen diesen Leitern je 1 Meter Leiterlänge die Kraft $2 \cdot 10^{-7}$ Newton hervorrufen würde. (9. CGPM (1948)).

*3.1.2.5 Das Kelvin*

1 Kelvin ist der 273,16te Teil der thermodynamischen Temperatur des Tripelpunktes des Wassers.
(13. CGPM (1967), Resolution 4).

*3.1.2.6 Das Mol*

1 Mol ist die Stoffmenge eines Systems, das aus ebensoviel Einzelteilchen besteht, wie Atome in 12/1000 Kilogramm des Kohlenstoffnuklids $^{12}C$ enthalten sind. Bei Verwendung des Mol müssen die Einzelteilchen des Systems spezifiziert sein und können Atome, Moleküle, Ionen, Elektronen sowie andere Teilchen oder Gruppen solcher Teilchen genau angegebener Zusammensetzung sein.
(14. CGPM (1971), Resolution 3)

*3.1.2.7 Die Candela*

1 Candela ist die Lichtstärke, mit der 1/600000 Quadratmeter der Oberfläche eines schwarzen Strahlers bei der Temperatur des beim Druck 101 325 Newton durch Quadratmeter erstarrenden Platins senkrecht zu seiner Oberfläche leuchtet.
(13. CGPM (1967), Resolution 5).

# Sachverzeichnis

9 783527 308538